U0187970

Practical Technology for Pulp Molding Production

纸浆模塑生产实用技术（第二版）

主　编｜黄俊彦
副主编｜吴姣平　苏炳龙　郑天波　赵宝琳　董正茂
主　审｜张新昌

图书在版编目（CIP）数据

纸浆模塑生产实用技术 / 黄俊彦主编. — 2版. —
北京 ：文化发展出版社，2021.6
ISBN 978-7-5142-3476-3

Ⅰ. ①纸… Ⅱ. ①黄… Ⅲ. ①纸浆－纸制品－生产工
艺 Ⅳ. ①TS767

中国版本图书馆CIP数据核字(2021)第101275号

纸浆模塑生产实用技术（第二版）

主　　编：黄俊彦
副 主 编：吴姣平　苏炳龙　郑天波　赵宝琳　董正茂
主　　审：张新昌

责任编辑：李　毅　朱　言　　　　责任校对：岳智勇
责任印制：杨　骏　　　　　　　　责任设计：侯　铮
出版发行：文化发展出版社（北京市翠微路2号 邮编：100036）
网　　址：www.wenhuafazhan.com
经　　销：各地新华书店
印　　刷：北京印匠彩色印刷有限公司

开　　本：787mm × 1092mm　1/16
字　　数：526千字
印　　张：21.5
版　　次：2021年8月第2版
印　　次：2021年8月第2次印刷
定　　价：228.00元
I S B N：978-7-5142-3476-3

◆ 如发现任何质量问题请与我社发行部联系。发行部电话：010-88275710

编委会

主　编

黄俊彦

副主编

吴姣平　苏炳龙　郑天波　赵宝琳　董正茂

编　者

（按姓氏笔画排序）

王晓雪　邓新桥　叶鹏峰　史晓娟　邢　浩　朱双建　刘　昊　刘　武
孙　昊　孙少锋　安书香　李士才　杨常辉　苏双全　苏红波　沈　超
范志交　周运岐　金　坤　郑陈华　姚乐乐　徐强波　郭利斌　黄　昕
黄昌海　黄茂荣　黄胜文　巢　邕　温剑辉　潘森中

技术支持

（按姓氏笔画排序）

王文成　王建东　戈俊伟　石海强　朱良方　伦永亮　刘健华　孙建伟
孙炳新　孙德强　李国安　张　雷　陈俊忠　陈　邓　岳文婷　孟华玥
赵　育　敖学武　袁健乐　莫灿梁　殷志丹　高慧明　郭素梅　黄文波
黄显南　黄崇杏　章　伟　葛复浩　赫荣梅　蔡伟达　魏高岭

主　审

张新昌

序

《纸浆模塑生产实用技术》是大连工业大学黄俊彦教授花费多年心血撰写的第一部引领我国纸浆模塑行业发展的指导性著作。他在二十多年纸浆模塑技术理论研究和生产实践经验的基础上，查阅了大量中外文相关资料，深入走访调研了数十家行业企业、高校和科研机构，与上百位行业技术专家和企业家进行了交流，邀请几十位行业专家和技术人员共同参与编写和完成了这部专业著作。本书第一次以翔实的资料对我国纸浆模塑行业的发展历史和纸浆模塑新技术、新工艺、新产品、新设备、新趋势做了系统的论述和详细的介绍。本书所涉及的领域之广泛、内容之深入都是令人震撼和叹服的。

通过《纸浆模塑生产实用技术》这本书，我们可以深入地了解纸浆模塑行业的发展历史、现代纸浆模塑新技术的发展趋势和广阔的市场前景、纸浆模塑的基本理论、主流的纸浆模塑生产工艺和设备、纸浆模塑的设计方法、纸浆模塑的质量控制和检测方法、纸浆模塑前沿和创新技术、发展潮流和趋势等。其内容涉及造纸、包装、化学、机械、电子、食品、生物、艺术设计、印刷、农学、医学、信息及工程技术等多个领域，这是第一部以系统而且翔实的资料全面介绍纸浆模塑生产实用技术的宏篇著作。

本书作者在编著过程中，将撰写内容与纸浆模塑生产实际紧密结合，力求将一本体现现代纸浆模塑新技术、新工艺、新产品及新趋势的书籍奉献给广大读者。这本书的出版不仅推动了我国纸浆模塑行业的蓬勃发展，也为促进我国纸浆模塑产品和设备走出国门，为构建人类命运共同体和环保事业的发展做出了应有的贡献。

再次修订出版的《纸浆模塑生产实用技术》极具创新性和实践性。本人作为我国纸浆模塑行业发展历程的见证人，仔细品读这本书，除了佩服黄俊彦教授渊博的专业知识和严谨的治学态度，以及感谢参与编写的行业技术专家的大力支持和协助外，更多的是为我国纸浆模塑行业的蓬勃发展势头感到自豪。经过一代代有志之士三十多年的努力，如今我国的纸浆模塑行业已初具规模，已开发生产出大量符合国情的纸浆模塑制品和生产设备。目前、全球绝大多数的纸浆模塑制品由我国生产制造，我国的纸浆模塑装备也出口到世界各地。我国的纸浆模塑生产工艺、设备和产品已达到了世界领先水平，正在引领全球纸浆模塑的发展潮流。

愿《纸浆模塑生产实用技术》再次修订出版，为我国纸浆模塑行业的从业人员提供重要的技术参考，助推我国纸浆模塑行业持续、快速、健康地向新的高度发展。

叶柏彰

2021 年 3 月

叶柏彰，研究员级高级工程师、中国包装联合会电子工业包装技术委员会常务副主任兼秘书长、国家注册咨询（投资）工程师、信息产业部包装办公室原主任。关注和支持纸浆模塑行业发展三十多年，“纸浆模塑产业高峰论坛”创始人。

前　言（第二版）

纸浆模塑制品是以天然植物纤维为原料，以特定的生产工艺制作出的绿色环保产品。这一绿色环保产品在我国规模化生产已有三十多年的历史。近年来，随着我国国民经济各个行业健康快速的发展，以及人们环保意识的不断增强，我国纸浆模塑行业也发生了日新月异的变化。生产规模不断扩大，技术水平不断提高，产品应用领域日益广泛。生产工艺从早期的干压生产工艺为主发展为干压、湿压工艺并举发展，而且更加环保节能的半干压、直压工艺技术已成为纸浆模塑技术研发的新方向。生产设备从简单的单机单工位和双工位生产，发展为连续化、自动化的湿压工艺生产高精纸浆模塑制品，更有智能化、无人化的生产设备也在研发和投入生产中。纸浆模塑制品的应用范围从要求相对不高的蛋托、果托、工业产品内衬、食品药品包装，发展到高精仪器仪表、电子产品的防护包装和高精一次性餐具等领域。纸浆模塑的相关研究的重心也从如何降低生产成本和拓展产品应用范围，转变到更深层次的结构创新、助剂研发、纸浆模塑制品性能监测及高精纸浆模塑制品加工工艺研发等。特别是2020年年初，国家发展和改革委员会与生态环境部发布了新版“限塑令”，拉开了一次性塑料制品逐渐退出历史舞台的序幕。包括纸浆模塑制品在内的可持续、绿色环保的包装产品进一步走向前台，成为许多企业与消费者的刚性需求。在全国各地逐步全面实施禁塑限塑政策的新形势下，纸浆模塑制品以其优异的环保和可降解性能，成为一次性塑料制品的主要替代品之一。可以预料，在今后几年，我国纸浆模塑行业将迎来其蓬勃发展的大好时期。

本书第一版自2008年出版以来，得到了纸浆模塑业内人士的热忱关注和高度评价，已成为纸浆模塑从业人员广泛认同的入门级教材。但由于其发行数量较少，目前已出现市场脱销、一书难求的局面。为适应当今纸浆模塑行业的迅猛发展和知识更新周期不断加快的新形势，本书作者在第二版的修订过程中，走访调研了数十家行业企业、高校和科研机构，与上百位行业技术专家和企业家进行了交流，邀请几十位行业专家和技术人员参与本书的修订和编写。努力将本书的编写内容与纸浆模塑生产实际紧密结合，力求将一本展现现代纸浆模塑新技术、新工艺、新产品及新趋势的书籍奉献给广大读者。

本书共分十四章。第一章紧密结合当前纸浆模塑行业发展形势和需求，对原书内容进行了大幅更新和修订，力求全面展现现代纸浆模塑新技术新产品的发展趋势和广泛应用的市场前景；第二章对纸浆模塑生产基本工艺过程进行了概述，按照纸浆模塑行业四大类型产品分类，对其中的典型纸浆模塑制品生产工艺进行了详细介绍；第三章对原有纸浆模塑的原料及其制浆工艺内容进行了修订和补充；第四章、第五章对目前主流的纸浆模塑的成型、干燥与整型的机理、工艺和设备进行了深入阐述；第六章新增加了对纸浆模塑的后加工工艺和设备的介绍；第七章紧密结合生产实际对纸浆模塑制品及模具设计方法进行了修订和充实，并对典型纸浆模塑制品的设计案例进行了点评；第八章结合纸浆模塑生产实际对纸浆模塑生产过程自动化进行了阐述；新增的第九章参照有关纸浆模塑的国家标准，对纸浆模塑的质量控制和性能检测方法进行了论述；第十章对原书纸浆模塑（干压工艺）工厂的工艺设计进行了补充和修订；新增的第十一章是对目前比较流行的纸浆模塑（湿压工艺）工厂的工艺设计进行了阐述，可为新建餐具或精品纸浆模塑制品工厂提供参考；第十二章论述了纸浆模塑生产废水处理技术；第十三章根据纸浆模塑生产向信息化、智能化和无人化方向发展的趋势，论述了纸浆模塑生产信息化管理的有关内容；本次修订还根据纸浆模塑行业创新技术迅猛发展的势头，增加了第十四章，主要介绍纸浆模塑生产过程中正在研发和逐步应用的前沿和创新技术，展望了纸浆模塑创新技术的发展趋势和前景。

本书第二版由大连工业大学黄俊彦教授任主编，广州华工环源绿色包装技术股份有限公司吴姣平、泉州市远东环保设备有限公司苏炳龙、浙江欧亚轻工装备制造有限公司郑天波高级工程师、佛山市必硕机电科技有限公司赵宝琳、江苏秸宝生物质新材料有限公司董正茂任副主编，参加编写和修订的还有昆山市海派环保科技有限公司邓新桥，大连工业大学邢浩、史晓娟，江南大学孙昊副教授，慈溪福山纸业橡塑有限公司叶鹏峰，佛山市必硕机电科技有限公司姚乐乐、安书香、黄昕，广州市南亚纸浆模塑设备有限公司朱双建，大连松通创成新能源科技有限公司李士才，东莞市汇林包装有限公司刘武，深圳市裕同包装科技股份有限公司刘昊，邢台市顺德染料化工有限公司孙少锋，永发模塑科技发展有限公司研发中心沈超，杭州品享科技有限公司苏红波高级工程师、郭利斌，吉特利环保科技（厦门）有限公司苏双全，佛山市南海区双志包装机械有限公司范志交，韶关市宏乾智能装备科技公司周运岐高级工程师，深圳威图数码科技有限公司郑陈华，浙江欧亚轻工装备制造有限公司金坤、王晓雪，上海粤强纸浆模塑设备有限公司杨常辉，苏州艾思泰自动化设备有限公司徐强波，常州市诚鑫环保科技有限公司黄茂荣，《上海包装》杂志社黄昌海高级工程师，中国包装联合会电子工业包装技术委员会黄胜文，湖南双环纤维成型设备有限公司巢邕，东莞斯道拉恩索正元包装有限公司温剑辉，纸浆模塑资深专家潘森中等。安徽迪维罗环保制品有限公司、广东思贝乐能源装备科技有限公司、哈尔滨绿帆科技有限公司、淄博华联轻工机械有限公司、济南哈特曼环保科技有限公司、广西华萱环保科技有限公司、湖南工业大学、陕西科技大学、广西大学、沈阳农业大学、扬力集团股份有限公司等为本书的再版修订提供了大力支持和帮助。

全书由大连工业大学黄俊彦教授统稿，江南大学张新昌教授主审。

在本书的调研和编写过程中承蒙纸浆模塑行业相关企业和业内专家的大力支持和帮助，对本书的编写提出了许多宝贵的意见和建议，为提高本书的编写质量和编写水平起到了重要作用，在此一并表示衷心的感谢。

由于编写时间仓促，编著者学识水平有限，书中难免出现错误和不妥之处，恳请各位读者不吝赐教，予以批评斧正。

编　者
2021 年 3 月

前　言（第一版）

早在20世纪初，发达国家就已出现了纸浆模塑，但由于种种原因，直到最近三十年才在各国引起了重视。目前，法国、美国、日本、加拿大、冰岛、英国、丹麦、新加坡、荷兰等国的纸浆模塑业都已具备了相当的规模。我国的纸浆模塑业近二十年来发展很快，目前，从事纸浆模塑工艺技术研制和产品生产厂家已具有相当的规模和数量，在生产设备上也由往复冲压式的单机发展到自动化生产线；在产品类别上，由简单的蛋托、果托之类的低档产品，发展到工业品包装和食品包装物；在工艺技术上，由原来简单废纸再造综合利用发展到能够制作具有无毒无味、防水阻油，便于使用的一次性餐具等高档产品，我国纸浆模塑生产工艺、生产设备的某些性能指标已达到世界领先水平；在营销渠道上，从单纯内销发展为内外销并举，纸浆模塑制品已与其包装的产品一道走进了国际市场。随着中国国民经济快速、健康的发展和人们环保意识的不断增强，纸浆模塑业已成为一个极具发展潜力的产业，许多新技术、新工艺、新材料及新设备已被应用于纸浆模塑业中。

面对现代纸浆模塑业的迅猛发展和知识更新周期不断加快的新形势，纸浆模塑从业人员和致力于纸浆模塑业发展的技术人员迫切需要能够详细阐述纸浆模塑基本理论、及时反映纸浆模塑最新技术和发展的专业著作，从而指导纸浆模塑研究、新产品开发和生产实践。为此，本书作者在多年纸浆模塑技术理论研究和生产实践经验的基础上，结合国内外纸浆模塑的新技术、新成果和新发展，编写了这本《纸浆模塑生产实用技术》，以满足纸浆模塑从业人员和有关专业人员对纸浆模塑基本理论和实践知识的需求。

本书以纸浆模塑生产工艺技术为主线，重点介绍纸浆模塑工艺技术的基本原理、生产工艺方法、生产设备、模具设计及自动化控制等方面的基本知识，书中列举了大量的设计和生产实例。努力为读者奉献一本体现现代纸浆模塑新技术、新方法和新趋势的实用专业书籍。

本书由黄俊彦、朱婷婷编著。

承蒙张运展教授、刘志忱高级工程师对本书的编著提出了许多宝贵的意见和建议，在此表示衷心的感谢。

由于作者学识水平有限，书中难免有错误和不妥之处，恳请各位专家、读者批评指正。

编　者

2007年11月

目录

第一章 绪 论

第一节 纸浆模塑及其发展概况

生态文明建设是我国的基本国策，禁止使用不可降解的一次性塑料也已成为全球的共识。建设资源节约型社会和环境友好型社会，是人类社会发展的必然需求，可持续发展、实现碳中和也是全球大多数国家的共识。

人类社会发展为包装行业带来了发展的机遇，也为建设资源节约、生态文明、环境友好型社会提出了挑战。包装产品使用范围广泛，但生命周期很短，通常使用一次即被废弃，不仅耗用大量资源，对生态环境的威胁也很大。为了节约日益减少的地球资源，保护人类赖以生存的生态环境，发展绿色包装产业势在必行。

纸质包装材料和容器是包装领域使用最广泛的材料，其中的主要产品之一纸浆模塑制品是使用特定模具将植物纤维原料加工成拟定结构形状，并加以整饰处理制成的具有保护、展示内装物的功能性产品。纸浆模塑制品原料来源于自然，使用后废弃物可回收再利用、可降解，是一种典型的环保型绿色包装产品，它在日益高涨的“渴望人与自然和谐相处”的呼声中被人们逐步认识和接受，其发展历程顺应了世界性的保护自然与生态环境的绿色浪潮。

一、纸浆模塑的发展概况

1. 国外纸浆模塑行业发展概况

纸浆模塑制品的雏形，如用土纸浆捏合晒干后制成的盛粮容器和皇家祭祀用品等，可以追溯到我国东汉时期。但使其真正成为一代新型包装材料，则是在1917年由丹麦人首创的。1936年丹麦人开始使用机器模制纸浆模塑制品，并于20世纪60年代制成纸浆模塑机械化流水线，当时丹麦哈特曼公司在这一领域居世界领先地位。纸浆模塑工业在一些发达国家已有80多年的历史。20世纪30年代后期，随着人们环保意识的增强及绿色包装的大力推广，国际上许多知名公司，如加拿大爱美利公司、法国埃尔公司、英国汤姆逊公司、新加坡BORAD WAY公司以及美国、日本、丹麦的一些公司纷纷推出了纸浆模塑包装制品生产线，并形成了较大生产规模。特别是近年来，国际社会对环境保护日益重视，对废弃物处理格外关注，许多国家先后以立法的形式出台了环保措施。美国、加拿大、日本、欧盟等国家和组织先后制定了严格的包装废弃物限制法。德国于1991年通过新包装法规，禁止使用不能循环使用的包装制品，并对包装使用的材料及回收制度实施强制性行政命令。日本政府也于1991年制定了促进资源回收使用的法律。欧盟和美国等组织和国家对包装材料进行了严格的规定，1991年9月欧盟12国共同颁布了强制执行标准《新包装规则》。明确规定从1992年起，在运输包装和销售包装中禁止使用聚苯乙烯泡沫塑料，而代之以纸浆模塑包装制品。这些法规的制定和实施为纸浆模塑制品的推广和应用创造了有利条件。而近年来，全球可持续风潮和全球禁塑法律法规的落实，也加速了纸浆模塑行业的发展。

据资料显示，2019年全球塑料年产量达到3.7亿吨，如不加以管控，巨量的塑料垃圾将最终流入海洋，造成海洋生物死亡且危害生态系统。由皮尤慈善信托基金会与SYSTEMIQ提供的报告《打破塑料浪潮》指出，到2040年海洋中塑料的累积总量可能达到6亿吨，比所有海洋鱼类总重量还多。另外，由于新型冠状病毒肺炎的持续流行，一次性塑料消费量的增加，也给治理海洋塑料污染带来了更多的挑战。

2020年7月，欧盟委员会成员同意对塑料包装废物征收新的欧盟税。该征税于2021年1月1日开始执行，征税额以未回收的塑料包装废料的重量为基准计算，征税标准为每千克废塑征收0.8欧元。2020年10月1日，英国环境、食品与农村事务大臣乔治·尤斯蒂斯（George Eustice）宣布，为了保护环境，英国正式开始实施禁止使用塑料吸管、塑料棉签和塑料搅拌器的禁令。该项禁令规定，英国将禁止使用一次性塑料吸管、搅拌器和棉签，企业出售此类物品皆为非法。该项禁令豁免医院、酒吧和餐馆向残疾人或有医疗需求的人提供塑料吸管。一次性塑料袋将由5便士翻倍至10便士，并从2021年4月开始扩展到英国所有零售商店。德国内阁在遵守欧盟要求的基础上，同意在2021年7月3日前结束多个品类的塑料制品的销售，包括一次性餐具、盘子、搅拌棒和气球架，以及聚苯乙烯杯子和盒子。荷兰颁布一项法规，从2021年7月3日起禁止使用多种一次性塑料产品，包括塑料餐盘、餐具、搅拌器和吸管。同时，还将提高塑料产品的循环利用性，并采用更好的可重复使用替代方案。法国、意大利、冰岛、希腊、葡萄牙、匈牙利、日本、加拿大、印尼、泰国、南非、肯尼亚、卢旺达、美国等全球大部分国家已经出台了禁塑限塑法律法规，大部分法律法规都明确提出，在2025年以前实现可持续发展，禁止使用一次性塑料。

据网上资料显示，目前，在欧洲和部分美洲、非洲国家，纸浆模塑和纸包装制品已经基本上取代了发泡塑料包装制品和一次性塑料餐具。法国、美国、日本、加拿大、冰岛、英国、丹麦、新加坡、荷兰、泰国、马来西亚、印度等国的纸浆模塑行业也已具备了相当的规模。国外纸浆模塑相关企业，正在走出一条纸浆模塑业创新技术的发展路线，如瑞典PulPac公司推出全球首条干法模塑纤维技术中试生产线， 可口可乐公司与丹麦初创公司Paboco合作开发出100%的纸瓶，丹麦嘉士伯公司推出全球首款“纸瓶啤酒”，还有造纸行业龙头企业芬兰维美德和芬林集团也在计划进入纸浆模塑行业，这些将给纸浆模塑行业发展带来更多新的元素，助推纸浆模塑行业的技术创新和市场发展。

国外纸浆模塑的发展主要有以下几个特点：

（1）应用领域广泛。纸浆模塑制品已经广泛应用于餐饮食品包装、农产品包装、工业产品包装、文化创意产品包装、礼品包装等领域。其中，纸浆模塑工业包装制品已应用于汽车行业、电子产品、五金器具、医疗器具、家庭用品和办公产品等的缓冲包装。

（2）加工工艺不断创新，产品应用场景不断扩大。除了传统的干压工艺以外，湿压、半干压、精品干压、无水干压等技术快速涌现，以适应快速发展的市场需求。

（3）制品设计标准化、模块化程度高。在纸浆模塑制品生产中，模具费用是重要的成本之一。国外厂商在纸浆模塑制品设计时注重考虑适用面广、通用性强，如设计通用的楞状衬板、护角、隔板等，可用于包装各种类型的内装产品。由于其生产批量大，模具利用率高，使模具摊销成本大大降低。

（4）快速研发智能化、自动化、远程协同的纸浆模塑生产装备，减少人力需求，实现纸浆模塑生产高效、节能、智能化、模块化、标准化、专业化成为纸浆模塑行业发展的方向。

2. 我国现代纸浆模塑行业发展概况

我国现代纸浆模塑工业的发展已有三十多年的历史。1984年，湖南纸浆模塑总厂投资1 000多万元从法国埃尔公司引进一条转鼓式自动纸浆模塑生产线，主要用于鸡蛋托的生产，开创了我国纸浆模塑设备引进、消化吸收和制品生产的新局面。之后辽宁、四川、江苏、北京及山东等地都先后从英国、丹麦等国家和中国台湾地区引进间歇式纸浆模塑生产线，主要用于鸡蛋托的生产。1988年，南京轻工业研究所与江阴机械五厂合作开发的第一条国产纸浆模塑生产线通过轻工部鉴定并投入生产使用，从此拉开了纸浆模塑生产装备国产化的序幕。1990年，纸浆模塑制品已被广泛应用于禽蛋、水果的包装。1993年，纸浆模塑制品向工业仪器仪表、电子元器件、家用电器及厨具等方面的包装发展。1992年8月，在南京轻工业研究所、中国包装和食品机械总公司及北京怀柔桥梓纸箱厂的共同努力下，为日本佳能公司试制的第一批纸浆模塑复印机墨盒包装制品获得成功。1993年，大连佳友包装产品制造有限公司的两条纸浆模塑工业品包装生产线投产，专门为日本佳能公司产品提供包装。1994年以后，随着国内外环保政策的实施和人们环保意识的增强，我国纸浆模塑工业的发展又有了新的飞跃。1993年，丹东生物降解应用技术研究开发中心利用纸浆模塑技术原理研究发明了“无环境污染的食品包装及其制造方法”（发明专利：ZL 94110038.3），以纸浆等材料采用真空吸附成型的方法制作一次性使用的食品盛装物或餐具制品，并于1994年年初在凤城电影彩印厂开始生产纸浆模塑餐具。1995年5月起，铁道部全面禁止一次性发泡塑料餐具在铁路站点和列车上使用，而用可降解及易回收的材料代替。1995年以后，在铁道部劳卫司的推动下，全国有一百多家企业生产纸浆模塑餐具，这些企业对我国纸浆模塑行业的发展起到很大的推动作用。

随着我国纸浆模塑行业的逐步发展，在广东珠江三角洲地区，沿海大中城市集中着一批生产纸浆模塑内衬包装产品的生产厂家。珠江三角洲地区凭借电子电器厂商集中、外向型企业众多的资源优势，较国内同行业更早地将纸浆模塑应用于工业产品包装。1994年，香港保达环保包装有限公司在东莞投资，建立了第一条工业纸浆模塑制品生产线。广州源隆新型包装制品有限公司和广州星光环保中心有限公司也是对纸浆模塑行业投入早、影响大、特别有贡献的企业。在湖南、山东、河南、北京等地主要集中着一批纸浆模塑蛋托、果托生产厂家，并涌现出一批设计、制造纸浆模塑生产设备的厂家。据不完全统计，目前我国从事纸浆模塑机械和制品生产的厂商及研究设计机构逾数千家，涉及包装、造纸、印刷、机械、化工、电子、铁路、交通、船舶、航空和教育等若干行业和部门，遍布全国各地。

根据天眼查2020年12月31日的数据，我国纸浆模塑相关企业有1 636 家，与纸托相关企业有1 220家，与蛋托有关企业有2 071家，与植物纤维有关企业有10 808家。这些企业主要集中在珠三角、长三角和环渤海地区，中西部地区纸浆模塑企业发展也非常快，我国纸浆模塑行业已经进入了快速发展期，在纸浆模塑的各个细分领域已涌现出一大批龙头企业。

在纸浆模塑装备制造方面，广州华工环源、佛山必硕科技、浙江欧亚轻工、广州南亚、湖南双环已经成为纸浆模塑行业具有较强综合实力的装备制造企业。生产的纸浆模塑装备除供应国内市场外，还远销到英国、法国、俄罗斯、伊朗、墨西哥、约旦、土耳其、沙特、泰国、马来西亚、阿根廷、埃及、加拿大、印度等国家。

而东莞汇林、常州迪乐、裕同科技、远东环保等企业在装备和制品两个方向一起发力，走向综合全产业链发展模式，是集纸浆模塑机械设备制造、产品设计、产品研发、模具制造、产品生产、销售为一体的领军企业，可为用户提供高端包装整体解决方案。

在纸浆模塑制品生产方面，永发印务、界龙集团、苏州金箭、东莞植本、东莞斯道拉恩索、重庆凯成、佛山文达、佛山昆保达、山鹰集团、深圳光大同创、贵州格林杜尔、福山纸业等企业主要关注纸浆模塑工业包装。而沙伯特、韶能绿洲、浙江金晟、浙江众鑫、广西福斯派、广西侨旺、广西华萱、浙江家得宝、济南圣泉、山东泉林、湖北麦秆科技、山东蓝沃、山东天和、杭州西红柿、浙江绿森、深圳青橄榄、大连松通创成等企业主要关注纸浆模塑餐饮包装。而纸浆模塑蛋品包装，水果包装制品企业基本局限在本地。另有专注秸秆育秧盘的湖北尼希米科技，专注纸浆模塑文创产品的广州创毅，专注纸浇道管和纸瓶的常州万兴，专注纸浆模塑装饰板的北京通蓝海，专注医疗纸浆模塑产品的浙江舒康，专注农产品纸浆模塑包装的上海英正辉，专注重型缓冲包装的江苏秸宝新材料等，都在纸浆模塑行业细分领域做出了贡献。

还有一些企业如专注纸浆模塑后道加工设备的苏州艾思泰，专注纸浆模塑化学品的邢台顺德染化，专注纸浆模塑覆膜设备的佛山双志机械，专注纸浆模塑制品彩印的深圳威图数码科技等，也为纸浆模塑行业的配套和产品升级起到了不可小视的重要作用。

2020年1月，国家发展改革委、生态环境部发布《关于进一步加强塑料污染治理的意见》，其中主要目标：到2020年年底，率先在部分地区和领域禁限生产、销售和使用部分塑料制品，到2022年，一次性塑料制品消费量明显减少，其替代产品得到推广使用，到2025年，代塑产品开发应用水平进一步提升，塑料产生的污染得到有效控制。在广泛实施禁塑限塑的新形势下，纸浆模塑制品由于其优异的环保和可降解性能，成为“限塑令”后主要替代品之一。因此，国内很多厂商纷纷将巨资投入纸浆模塑行业中来。

在纸浆模塑餐饮包装板块，2020年，山鹰国际与吉特利环保科技共同投资8. 5亿元，在四川宜宾建设竹纸浆模塑餐具及包装产品生产项目，项目建成后预计年生产竹纸浆环保餐具约8万吨，实现年销售收入约15亿元。吉特利环保科技在原有规模上追加投资，扩大产能可实现年销收入6亿元。福建绿威环保和广州绿洲（中国韶能集团）共同投资，拟打造一个纸浆模塑环保餐具年产能达4万吨，销售收入达7亿元的生产基地。

在纸浆模塑工业包装板块，东莞汇林是国内较早涉足环保纸浆模塑的生产企业，总投资4.3

亿元，是集纸浆模塑机械设备制造、产品研发与设计、模具制造、产品生产、销售为一体的大型企业。2020年，东莞汇林再次投资6.1亿元，建设可降解生物材料生产项目，主要从事研发和生产可降解生物基包装材料和产品。裕同科技自2016年以来积极布局纸浆模塑市场，在全国多地建立了纸浆模塑生产基地，其中四川宜宾项目投资约7.5亿元，建成达产后可实现产值12亿元；海南海口项目投资4亿元，建成达产后可实现年产值约6.4亿元，公司目前整个环保产品全部达产可以做到20多个亿。永发印务作为烟酒包装行业的百年企业，2014年就开始开展纸浆模塑业务，已建成了永发（上海）模塑、永发（河南）模塑、永发（江苏）模塑、青岛永发模塑等项目，主要为国际品牌手机提供配套服务，其产品遍及全球。界龙集团自2017年起先后投资3亿元用于建设纸浆模塑项目，分别在上海奉贤、江苏昆山、姜堰、安徽合肥、重庆永川等地建设现代化的纸浆模塑生产基地。大型电子产业科技制造服务企业富士康投资2.3亿元在河南建立了富士康兰考科技园，拓展纸浆模塑环保包装材料的研发制造业务。

国外纸浆模塑巨头也在关注我国如火如荼的纸浆模塑市场，2019年年底，全球最大的模塑纤维包装产品及模塑包装机械设备生产商丹麦THORNICO集团投资约1.2亿元建设滁州森沃纸质包装有限公司，计划年产2亿片模塑鸡蛋包装产品，并致力于环境友好与可持续发展的商业模式。

表1-1是国内纸浆模塑生产企业分布情况。

表1-1 国内纸浆模塑生产企业分布情况

纸模产品类型	主要分布地区	生产厂数量	备注
果托、蛋托、农产品包装	山东、陕西、湖南、河南、河北、湖北、东北三省等蛋禽养殖业发达地区和水果主要产地	2 500家左右	最为集中地为山东、陕西两省，占50%左右
工业品包装制品	广东、华东地区，京津唐地区，山东、福建、大连等工业发达地区	2 500家左右	最为集中地为广东，占50%左右，其次为珠三角、环渤海地区
一次性餐饮具	广东、广西、浙江、北京、福建、安徽、湖北等浆原料丰富、能源价格低的地区	150家左右	其中以广东、广西、浙江最为集中

国内纸浆模塑的发展有以下几个特点：

（1）纸浆模塑工业包装材料和纸浆模塑餐饮用具的市场正在迅速扩大。早在2002年，国内已形成珠江三角洲、长江三角洲和环渤海地区三个纸浆模塑技术发展中心，经过近二十年的发展，纸浆模塑工业包装制品的应用已遍及各大品牌产品。全球禁塑政策开始升温后，纸浆模塑行业将以每年30%以上速度增长，行业格局会发生更大的变化。尤其是最近几年，伴随着以苹果手机为代表的一批国际企业和以华为、小米手机为代表的一批国内企业都已选用纸浆模塑制品作为手机包装内衬垫，极大地促进了我国纸浆模塑行业技术进步和装备技术发展。2019年以后，伴随全球禁塑政策步入落实期，我国纸浆模塑行业步入高速发展期。据行业内人士交流预测，今后几年，我国纸浆模塑行业将迎来连续多年的高速发展期，到2025年，我国纸浆模塑行业有望形成千亿美元的市场规模。

（2）纸浆模塑行业的发展有较好经济基础。经过三十多年的发展，纸浆模塑行业在我国已经形成了比较好的行业产业基础和技术积累，完全有能力研发出符合市场需求的，替代一次性塑料制品的纸浆模塑制品，纸浆模塑制品和材料已广泛应用于各行各业、各种工农业产品的包装领域。

（3）纸浆模塑制品生产项目由进入门槛低、技术要求高，逐渐转变为进入门槛高、技术要求高；制造装备正在由五花八门的基本配置和功能向智能化、单元化、标准化方向发展。

纸浆模塑餐饮用具项目，产品生产批量大，对制造装备的自动化、智能化要求高，并且同样的产品市场规模大，需求量多，容易形成同质化竞争。

纸浆模塑工业包装项目所需的资金投入相对较少，设备技术含量较低。另外，用作工业品包装的纸浆模塑品种繁多，而且一般每一款式的产品连续生产的时间都不会太长，故不易出现同一产品互相压价竞争的局面。再者，纸浆模塑工业包装制品几何形状复杂，同一款式堆叠打包后的体积较大，长途运输费用高，不易出现跨地区的竞争。然而，纸浆模塑工业包装制品的每一款式都是一个专用的新产品，都得经过设计、制模、打样、测试、修正等程序才能正式批量生产，加上利润的多少与生产工艺和管理水平有很大关系，因此要求经营者除了考虑资金问题还要考虑制品结构设计、模具制造、专业培训、工艺配方及市场开拓等问题，其整体技术要求较高。

（4）我国的纸浆模塑生产工艺、技术水平居世界领先地位。据资料表明，尽管目前我国纸浆模塑生产厂家大多采用国产设备，但在国内外多次纸浆模塑产品质量测试和抽查中，不管是在物理性能、毒理分析方面，还是在卫生检疫、降解试验方面，我国的纸浆模塑食品包装产品都取得了令人放心的成果。目前，日本、韩国、东南亚地区甚至欧洲和北美一些商家都对中国的纸浆模塑食品包装产品产生了较大兴趣，有些外商还与国内纸浆模塑食品包装生产企业签订了供货协议。纸浆模塑食品包装产品向海外扩张还大有潜力。

三十多年来，经过一代代有志之士的努力，我国的纸浆模塑工业已初具规模，已开发生产出了符合国情的纸浆模塑生产设备和纸浆模塑制品，我国的纸浆模塑生产工艺、设备和产品，尤其在精品湿压方面，无论是产品质量还是装备性能，其生产技术已达到了世界领先水平。全球绝大多数的纸浆模塑制品由我国生产制造，我国的纸浆模塑装备也出口到世界各地。

二、纸浆模塑的发展前景

利用纸浆模塑技术生产的餐具制品及工业包装制品是真正的环保产品，它以天然植物纤维或废纸为原料，生产过程和使用过程无任何污染。纸浆模塑制品除了在替代一次性塑料餐具方面有积极作用外，也广泛用于工业产品尤其是电子产品的包装。纸浆模塑制品正逐步进入商品包装的主流，它是目前泡沫塑料制品的最佳替代产品，纸浆模塑行业正步入蓬勃发展期。

（1）当前，我国经济和世界经济高度关联，着力构建全方位开放新格局，深度融入世界经济体系，推进“一带一路”建设，加强与世界各国的互利合作。随着我国经济与国际市场深度融合，商品进出口交易量越来越大，商品防震包装制品的需求量也越来越大。而环保型的纸浆模塑包装制品取代泡沫塑料制品用作防震包装是必然趋势，未来纸浆模塑工业包装制品的市场潜力是相当巨大的。

（2）据资料介绍，欧美、日本等国家和地区已经严格禁止采用EPS泡沫塑料作为商品的内衬包装。近几年，国内市场对泡沫塑料包装制品的环保型替代品也有着十分迫切的需求。随着纸浆模塑制品工艺技术的不断成熟及其性能、价格等方面均已具备了取代泡沫塑料制品的优势，纸浆模塑制品以其优良的缓冲防震性能、价格低廉，尤其是可降解的环保优势，在我国珠江三角洲地区、长江三角洲地区、环渤海地区得到了较为广泛的应用，众多国内名牌家电、电子产品公司及外资企业的产品都已开始采用纸浆模塑制品作为其内衬防震包装材料。纸浆模塑包装制品已广泛应用于家电、电子、通信材料、计算机配件、陶瓷、玻璃、仪表仪器、玩具及灯饰工艺品等产品的内衬防震包装。

（3）目前，我国纸浆模塑工业包装制品年产量还不高，基本上都是配套出口机电、家电产品，远远不能满足日益扩大的代塑包装市场需求，所以迫切要求国内包装行业尽快扩大纸浆模塑包装制品的生产，以满足国内外市场的需求。

（4）在国际及国内形势的影响下，预计在5～10年内，纸浆模塑制品对泡沫塑料制品的替代率将达50%或更高，形成数以千亿元计的市场份额。我国纸浆模塑行业始于20世纪末，21世纪初逐步发展成熟，目前正处于蓬勃发展中的朝阳时期。

（5）据统计，我国的造纸印刷包装行业营业额每年达数万亿元。而目前，全国纸浆模塑行业总的生产能力还达不到该市场容量的5%。由此可见，纸浆模塑市场空间之大，发展前景之广阔。

（6）我国早期引进的纸浆模塑生产线主要用于生产鸡蛋托与水果托，只适合大批量生产少品种的产品，而且设备投资额大；对于用于包装工业产品的纸浆模塑制品，其特点是多品种、中小批量，为此必须选用适合于多品种、中小批量产品生产的中小型生产线，以适应市场的需要。随着我国禁塑限塑令的逐步落地实施，市场对于纸浆模塑餐饮具需求量猛增，也对湿压餐具类设备产能、效率、能耗等提出了更高的要求。

（7）纸浆模塑行业在中国仅有几十年的历史，发展却非常迅速，原因有二：其一，纸浆模塑制品本身在环保、使用性能等方面比替代品有着显著优势；其二，政府的大力扶持和世界大环境的影响。目前，我国的纸浆模塑工业在生产工艺、产品性能、机械设备和生产规模等方面都处于世界前列。国内纸浆模塑设备制造技术已日臻成熟，设备性能、生产工艺等均能与进口设备媲美。而且国产设备投资成本小、机动灵活、产品生产成本低，特别适合于产品规格多样化的工业包装制品的生产。

（8）目前，吸塑和发泡塑料内衬包装材料的环保型替代品主要有纸浆模塑、瓦楞纸板、蜂窝纸板等材料。从各类材料对于内包装物的保护性、价格、使用方便程度等综合性能比较，纸浆模塑制品有着明显的优势。纸浆模塑与其他纸类产品有机结合，能完美替代塑料包装制品，形成全纸包装解决方案，十分符合环保和可持续发展的理念。

三、纸浆模塑与造纸的异同

纸浆模塑制品作为纸包装制品家族中的一员，随着其生产技术的不断进步、产品性能的不断完善、生产规模的不断扩大、使用范围的不断拓展，它在商品包装中的重要作用越来越充分地显示出来。纸浆模塑是在纸和纸板生产工艺的基础上发展起来的一种新型造纸技术，纸浆模塑制品生产过程所采用的原料、工艺和设备与造纸生产过程有着紧密的联系。

（1）生产原料基本相同。纸浆模塑生产与纸和纸板生产都可以使用造纸的基本原料，如芦苇、蔗渣、麦草、竹子等草本植物纤维浆料或废弃纸品回收浆料。在生产过程中使用的化学助剂也基本相同，如助留剂、助滤剂、湿强剂、干强剂、防水剂、防油剂、染料和增白剂等。但是纸浆模塑对于原材料性能要求与造纸不同，比如要求原料成型后有挺度、不容易变形等，又如用甘蔗渣浆抄出的纸张有脆性，不是很好的造纸原料，但是用于纸浆模塑就非常适合，还有秸秆类的原料也有同样的情况，伴随着纸浆模塑行业的快速发展和市场需求量的扩大，以秸秆类、竹类、甘蔗渣等造纸行业比较少用的原料，也会在纸浆模塑行业中大放光彩。

（2）原料处理工艺与设备基本相同。例如，采用废纸原料生产纸板，要经过废纸分选、水力碎浆机碎解、打浆机或磨浆机磨浆、纸浆施胶、调浆等工序，再泵送到抄纸机经过纸页成型、压榨脱水、烘缸干燥等工序成为纸张成品。纸浆模塑生产采用草类浆料或废纸原料，也要经过水力碎浆机碎解、打浆机或磨浆机磨浆、纸浆施胶、调浆等工序，再输送到纸模成型机上进行成型、挤压脱水、干燥整型等过程，成为合格的纸浆模塑成品。两种生产工艺中的原料处理设备甚至可以通用，只是在成型和干燥设备方面有所不同。

（3）成型原理相似，但成型的形式和装备完全不同。纸浆模塑生产与纸和纸板生产都是采用湿法成型的方法进行成型，然后脱水、干燥成为成品。纸浆模塑的生产过程与传统的造纸生产过程的不同点在于：纸或纸板是在抄纸机湿部将纸浆“喷到”（长网造纸机）或“捞到”（圆网造纸机）成型网（金属网或塑料网）上脱水成型，湿纸页及干燥成品都是连续平带状的，并卷成卷筒状的形式，如图1-1所示；而纸浆模塑制品是在成型机中“捞到”成型网模（模具上附有金属网）上脱水成型，湿纸坯大多是间歇单件输出，其成品是一个立体材料或容器，如图1-2所示。

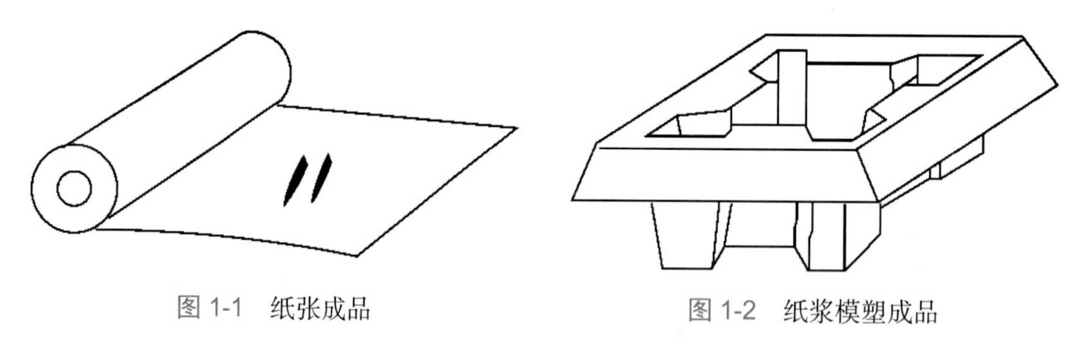

图 1-1　纸张成品　　　图 1-2　纸浆模塑成品

（4）成型干燥设备不同。纸或纸板的抄纸机一般是比较大型的、成型和干燥连成一体的设备，如图1-3所示为长网造纸机结构示意；而纸浆模塑成型机和干燥机可以分开设置，单独或组合进行生产，如图1-4所示。

综上所述，可以认为纸浆模塑是在传统造纸工艺的基础上发展起来的一种立体造纸技术，随着经济的发展和科学技术的进步，这种立体造纸技术也在逐步的发展和完善中。

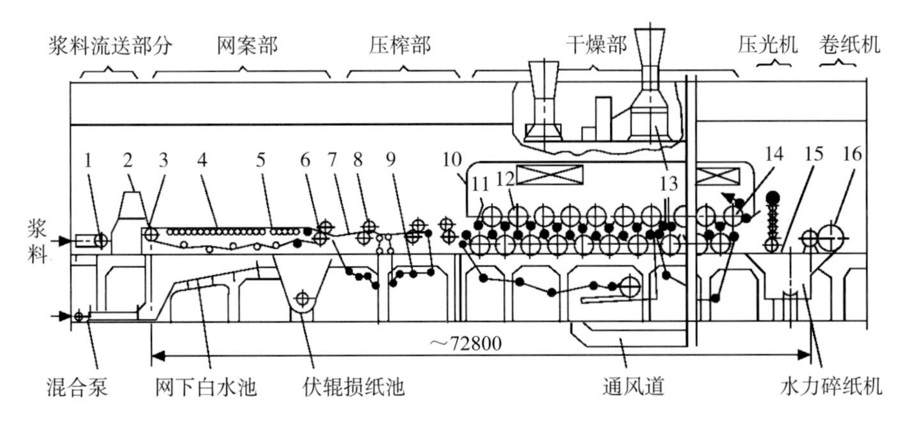

1—浆流分布器；2—流浆箱；3—胸辊；4—案辊；5—真空吸水箱；6—伏辊；7—压榨毛毯；8—压榨辊；9—毛毯洗涤；10—通风罩；11—干燥帆布；12—烘缸；13—通风系统；14—冷缸；15—纸幅；16—纸卷

图 1-3 长网造纸机结构示意

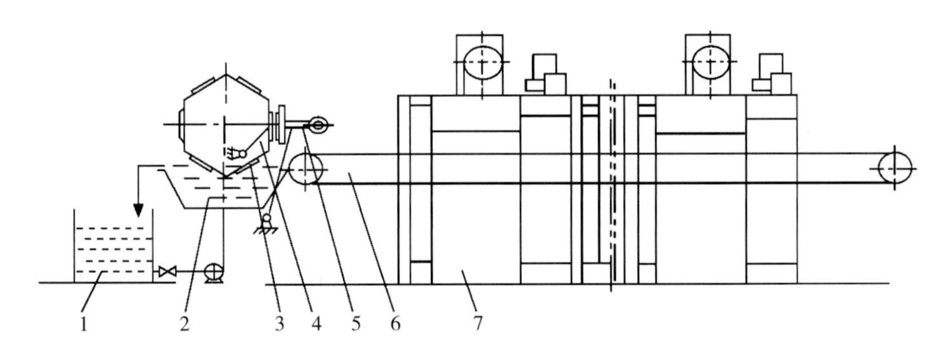

1—贮浆池；2—浆槽；3—成型模具；4—六面回转式成型鼓；5—转移模；6—传送带；7—烘道

图 1-4 转鼓式纸模生产线示意

第二节 纸浆模塑与环境保护

在世界日益高涨的“渴望与自然和谐相处”的呼声中，在人类“全球命运共同体”意识进一步强化的趋势下，环境保护早已不仅是专家学者独有的研究课题。根据西雅图预测（Waste Advantage）：Trivium Packaging 2020年最新研究表明，近四分之三（74%）的消费者愿意为可持续包装支付更多的费用。该报告是与波士顿咨询集团合作开发的，报告调查了参与者对可持续包装的态度，以及他们是否愿意为环保包装的产品支付更多的费用。报告发现大多数参与者认为自己是具有环保意识的消费者，其中三分之二以上的消费者认为环保、可回收包装非常重要。在74%表示愿意为可持续包装支付更多费用的人中，将近四分之一的人愿意为增加的成本支付10%或更多的费用。在我国，纸浆模塑行业虽然经历了三十多年的发展，但仍然是一个很小众的品类，只有很少数的人了解纸浆模塑的内涵，以及它在替代一次性塑料方面能够发挥的巨大作用，一些人的关注只停留在纸浆模塑蛋托、餐盒等简单的包装上，非本行业的人员甚至相关管理部门工作人员也不甚了解。随着我国禁塑限塑令的进一步落地实施，以及纸浆模塑制品在各个领域的广泛应用，纸浆模塑作为绿色环保型科技产品的积极作用，正在被越来越多的人所认识和接受。

据统计，作为世界第一的生产制造大国，2019年，我国生产电视机18 999.1万台、手机17亿部、洗衣机7 433万台、电冰箱7 753.9万台、空调21 866.2万台、电风扇21 045万台、微波炉8 499万台，以及数亿万台的其他小家电。另据统计，2019年，我国塑料制品规模以上企业产量接近8 184.17万吨，而总加工能力超过1亿吨，居世界第一位。在人们的衣食住行中几乎无不涉及塑料制品，仅以其废弃物占其总产量的10%计，其废弃物数量亦将超过818万吨，其中尤以外卖快餐、电商包装和电器内包装一次性塑料制品用量最为巨大。现在国内各大城市、旅游景点、交通沿线及江河湖海，被废弃的塑料物品随处可见，垃圾填埋场环城而建，其对人类生存环境的破坏及由此形成的各类危害可谓触目惊心，这也正是“白色污染”成为“过街老鼠”的根本原因。更为重要的是，“白色污染”的巨大危害不仅给环境保护工作带来重重困难，也给国家和人民增加了无端的经济包袱。据有关资料测算，1吨塑料垃圾的直接、间接处理费用最高可达到其原产值的10倍以上。随着微塑料对环境污染和人类威胁的研究日渐深入，微塑料的危害逐渐浮出水面，最新的研究表明，微塑料已经威胁到了海洋生物的生存，以及旅游业、渔业和商业的发展，对人类的健康也存在着日益严重的潜在影响。

随着国际社会对环境保护日益重视，许多国家先后以立法的形式确定了环境保护措施，并从政策、技术发展、理论与企业及消费者之间的协作关系等方面促进环境保护政策的实施。欧共体（现欧盟）于1991年颁布的包装与环保法规规定：在运输包装和销售包装中避免使用聚苯乙烯发泡塑料，提倡使用纸浆模塑制品代替。我国是《蒙特利尔议定书》和《维也纳宣言》的签约国，《蒙特利尔议定书》和《维也纳宣言》中规定我国要在2005年达到规定的目标。对此，我国已就保护人类环境向世界做出了庄严承诺。在减少塑料垃圾对人类及其环境的危害，推行无污染型工业产品工作中，作为人口大国的中国理应走在世界前列。1996年4月1日，我国颁布了《中华人民共和国固体废物污染环境防治法》，法规中规定了“三化”原则，即对固体废弃物提倡资源化、减量化和无害化。

纸浆模塑制品是用可完全回收循环使用的植物纤维浆或废弃纸品作基础材料，采用独特的工艺技术制成的一种广泛用于食（药）品盛放、电器包装、种植育苗、医用器皿、工艺品底托和易碎品衬垫包装等领域的无污染绿色环保制品。在全球推行禁塑限塑的时代背景下，纸浆模塑制品以其原料广、无污染、易降解、可回收和能再生的鲜明特色和环保风格独树一帜，使其在各类纷纷扬扬的塑料材料替代品中脱颖而出，不仅成为目前环境保护大潮中一道亮丽的风景线，也成为防治“白色污染”的最有效途径之一。

国外学者对纸浆模塑制品进行了实验研究，认为在一定条件下纸浆模塑制品的性能优于发泡塑料制品，纸浆模塑制品与发泡塑料制品性能对照见表1-2。

表1-2 纸浆模塑制品与发泡塑料制品性能对照

项 目	纸浆模塑制品	发泡塑料制品	项 目	纸浆模塑制品	发泡塑料制品
环境保护	可完全回收，再生利用	材料体积庞大，不会分解，是白色污染源	防震	较好	好
缓冲性	有一定的缓冲性	有很好的缓冲性	毒性	燃烧完全无毒	有毒
比重	较大	小	防潮性能	可吸收部分水分	不具防潮性
单价	略高于发泡塑料制品	便宜	资源回收	100%资源回收	不可回收
产量	可连续生产	大量生产	资源再生	可再生	不可再生
仓储	堆置空间较小	堆置空间庞大	市场前景	受价格制约	面临淘汰
危险性	不具自燃性	易燃	原料来源	再生纸制品、废纸浆	来源无法掌握，单价偏高

纸浆模塑制品以来源广泛的芦苇、蔗渣、麦草等草本植物纤维浆或废弃纸品回收浆为主要原料。本质自然纯净，因其原料相对造纸业需求量较小（1吨纸浆可生产4万只600mL标准餐盒），若我国快餐业全部改用纸模餐具盒，年需用纸浆总量在100万吨以上，生产厂家一般使用外购商品浆而无须自己制浆，所以纸浆模塑生产企业本身一般不存在制浆产生的环境污染问题。生产厂家在购回纸浆后经过碎解、疏磨工序，通过成型机械在拟定形状的模具内成型，形成初级坯料，再通过加热干燥、压光整型等工序即成为完整的纸模制品。若系生产纸模餐具则还要在纸浆中加入一定比例的无毒化学助剂用以阻油抗水，再经过消毒杀菌和严格的包装封存工序方能投放市场。据调查，目前正式投产的纸浆模塑制品生产企业大多都能通过有关检测标准并投放市场。有些厂家的产品还通过了铁道行业标准TB/T 2611.1—1999《铁路一次性餐盒供货技术条件》，获准在铁路部门各沿线上使用。现在纸模餐具的踪迹除遍布于各主要铁道干线外，还出现在长航各航班和全国一些大中城市中。它的兴起和逐渐流行对规范城市环境管理，保护自然景观，防治“白色污染”起到了积极的促进作用。与此同时，纸浆模塑制品其他门类的产品也都在探索有自己特色的发展道路上取得了长足的进步，于适应产品包装材质的各个领域里找到了自己的角色，为纸浆模塑包装制品早日全面进入国内外包装市场奠定了坚实的基础。

从生产工艺流程分析，纸浆模塑制品生产线一般由成型设备和干燥设备两大部分组成，餐具类产品因其要求较高还要增加整型压光和消毒灭菌设备。纸模成型方式大体分为模外真空吸附成型和模内注浆挤压成型两种，干燥方式随成型方式的不同亦分为两种。模外真空吸附成型一般采用模外烘道式干燥，模内注浆挤压成型大多在模具内直接加热干燥定型。餐具类产品干燥完成后均要进行最后一道工序即压光整型处理，以求得产品外观挺括和齐整。从纸浆模塑制品生产线的整个流程来看，由于其生产无制浆工序，一条日产10万只餐盒的生产线每日用水量一般不超过20吨，且能循环使用；其能源设计主要为电能，干净清洁便于管理；生产中的废品也能立即回收碎解再用，故无论采用哪一种生产方式，纸浆模塑制品生产基本无“三废”排放，加上合理的水处理系统，基本可以实现零排放，整个生产过程均无环境污染之虞。当然，如果纸浆模塑制品的特点仅限于此，或许人们的目光还不会这样关注它，该类制品的最大优点在于它能够100%再生循环使用。

消费者使用后废弃的纸浆模塑制品，可由废品回收部门直接回收，送造纸企业或纸浆模塑企业供生产使用，造纸企业若由草、木原料制成一吨质量大致相当的纸浆，其生产成本不会低于2 500元。而以目前我国中小造纸企业原料收购管理的水平，成本相对较低质量较好的废弃纸模制品作为原料颇受欢迎。所以依托每个中心城市或旅游城市附近的造纸企业和纸模企业，建立废弃纸模制品回收网络，把“点”与“线”结合起来，形成一个较大的回收覆盖面。这样不仅可以解决城市垃圾污染问题，也能较好解决流动性垃圾的处理问题，大大提高废弃纸模制品利用水平。这样纸模制品在资源优化配置和再生利用上就真正达到了可持续发展的最优经济目标，切实贯彻落实了“减量化、无害化和资源化”的环境保护政策。

综上所述，可以归纳出纸浆模塑制品的几大环保特色：

（1）制造纸浆模塑餐具或高档纸浆模塑工业包装制品主要原料大多采用一年生草本植物纤维浆，如芦苇、蔗渣、麦草、稻草、棉秸、竹子等。此类原料来源广泛、自然洁净也不易受到限制，不会因使用木材造成新的环境破坏。目前，国内以芦苇、蔗渣、麦草等草类纤维为主要原料，年生产能力超过10万吨的制浆厂家都有自己的治污系统，在原料问题上纸浆模塑生产完全可以走出一条“集中制浆，分散生产”的道路，不仅自身没有环境污染问题，并且还能获得较为可靠的原料保证。而采用废纸原料的纸浆模塑企业本身不存在制浆产生的环境污染问题。

（2）纸浆模塑生产采用的工艺技术简单实用，生产过程中基本无污染源出现，符合环保生产要求。另外，其生产线各工序中除自控系统管理对人员素质要求较高外，其余均为熟练技术，经过短期培训便能掌握运用，再加上其设备的国产化程度很高，十分利于该项目的普及推广，这对于迅速发挥纸浆模塑制品的环保优势来说也是一个便捷条件。

（3）纸浆模塑制品使用领域多，市场容量大，可挖掘的潜力丰富，它能广泛用于电器包装、种植育苗、医用器皿、餐饮和易碎品包装等领域。一条兼容性的纸模生产线只要在模具上稍加改进就能生产出不同用途的产品，其多元化功能和循环再生的特点令许多同用途产品望尘莫及。作为人口大国的中国，纸浆模塑制品大规模开发的前景非常广阔。

（4）现在国内各大中城市正面临越来越大的市政管理压力，其中各类塑料废弃物的处理是其中一个重要问题。纸浆模塑制品可回收利用的特点能调动相当一部分人的回收积极性，使环保、环卫等部门的工作压力大大缓解，同时它具有的经济效益也必然会发挥积极作用。纸浆模塑制品大量进入日常生活领域后，必定会得到社会的广泛接纳和人们的普遍欢迎。

（5）纸模餐具作为纸浆模塑制品中的一个重要分支，具有其鲜明的特点，它较之一次性塑料餐具在有利于环境保护上具有诸多优点：容易回收、可再生利用、可自行降解、源于自然归于自然，是比较典型的无污染型绿色环保产品，符合时代要求和市场需要。在目前国家极为重视的“餐具换代”工作中将其列为塑料餐具的首选替代用品，纸模餐具当之无愧。

当前，世界性的保护自然生态环境的绿色浪潮正风起云涌，发达国家的政府和民众无不把环境保护视为立国之本和生存之源。早在1987年，世界环境与发展委员会就提出建议，强调人类的生活和生产方式应该调整为对环境更为友善和无害。我国政府也于1999年首次在国家自然科学基金中设立了对“环境友好材料（纤维素等）”的研究资助资金，以帮助和支持环境保护研究工作的开展。可以说，纸浆模塑项目在我国的研制开发和生产应用不仅顺应了时代的发展和社会的需求，也体现了政府的远见卓识和企业的开拓精神；它的诞生和推行不仅是科学技术进步的表现，更是人类思考与环境更加友好的结果。通过纸浆模塑行业从业人员坚持不懈的努力和政府及各界人士的大力支持，纸浆模塑制品一定能肩负光荣而艰巨的环境保护使命，使纸浆模塑制品流行于绿色环保的新时代。

第三节 纸浆模塑的分类

纸浆模塑制品具有良好的防震、防冲击、防静电、防腐蚀效果，并对环境无污染，有利于厂家产品进入国际国内市场，广泛应用于餐饮、食品、电子、电器、计算机、机械零部件、工业仪表、工艺品玻璃、陶瓷、玩具、医药、装饰等各行各业。根据纸浆模塑生产工艺、生产设备和使用场景等，纸浆模塑可分为以下四大类别。

一、纸浆模塑食品包装制品

纸浆模塑食品包装制品主要包括纸浆模塑餐具类产品，如餐盒、方便碗、快餐托盘、盘碟、刀叉勺、纸杯、自热食品容器、快餐外卖包装容器等。还包括食用半成品、熟食品、方便食品的托盘，以及净菜托盘、鲜肉托盘、海鲜托盘、酒类包装、药品包装、国际餐饮业用容器等。如图1-5所示为纸浆模塑食品包装制品。

图 1-5 纸浆模塑食品包装制品

（图片来源：大连松通创成新能源科技有限公司）

二、纸浆模塑农副产品包装制品

纸浆模塑农副产品包装制品主要包括纸浆模塑水果托、禽蛋托，还包括农用器具，用于秧苗或其他农作物的营养钵，水稻秧苗育秧用纸托，花卉苗木护翼，粮食、蔬菜的包装及蚕用纸质方格簇等。如图1-6所示为纸浆模塑果托、蛋托。

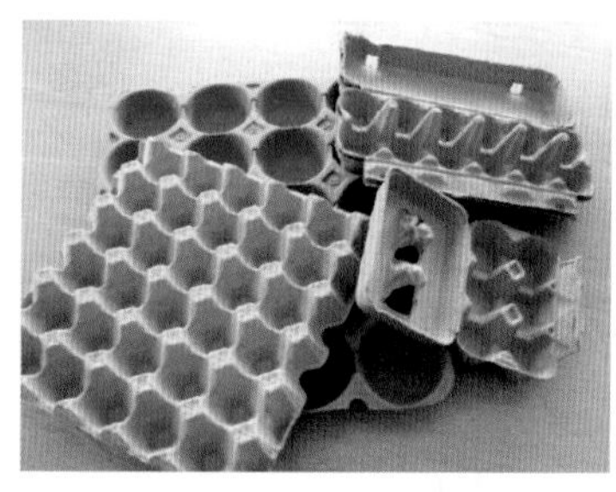

图 1-6　纸浆模塑果托、蛋托

三、纸浆模塑工业包装制品

纸浆模塑工业包装制品主要包括电子产品衬垫、家用电器衬垫、计算机产品衬垫、易碎品隔垫、重型包装托盘等。如图1-7所示为纸浆模塑工业包装制品。

图 1-7　纸浆模塑工业包装制品

四、纸浆模塑其他类制品

纸浆模塑其他类制品主要包括医用器具、文创用品、礼品、儿童玩具、戏剧道具、人体模特、工艺品底坯、家具、纸模（机械）零部件、销售展示用品等。如图1-8所示为纸浆模塑戏剧道具。

图 1-8　纸浆模塑戏剧道具

（图片来源：alibaba.com.cn）

第四节　纸浆模塑制品的应用

纸浆模塑制品在我国是一种新兴的绿色环保产品，但其广泛的应用范围得到了越来越充分的展现。其应用已涉及以下领域。

1. 快餐器具

纸浆模塑餐具主要包括餐盒、方便碗、快餐托盘、盘碟、刀叉勺、纸杯、自热食品容器、快餐外卖包装容器等。其制品外观大方实用，强度和塑性好，抗压耐折，材质轻，易于保存和运输；既能防水、防油，又能适应冷冻保存及微波炉加热；既能适应现代人的饮食习惯和食品结构，也能满足快餐加工的需要。纸浆模塑餐具是一次性塑料餐具的主要替代产品。如图1-9所示为纸浆模塑餐具。

图 1-9　纸浆模塑餐具

（图片来源：东莞斯道拉恩索正元包装有限公司）

2. 禽蛋托

纸浆模塑蛋托因其具有疏松的材质和独特的蛋形曲面结构，并具有更好的透气性、保鲜性和优良的缓冲性和定位作用，尤其适用于鸡蛋、鸭蛋、鹅蛋等禽蛋的大批量运输包装。使用纸模蛋托包装鲜蛋，在长途运输过程中，蛋品的破损率可以由传统包装的8%～10%降低到2%以下。目前，国家有关部门已组织有关企业制定出BB/T 0015—2020《纸浆模塑蛋托》（征求意见稿）供生产企业和消费者试用。禽蛋托又分为蛋托和蛋盒两种。蛋托主要有20枚装、24枚装、30枚装、36枚装等规格，蛋盒主要有4枚装、6枚装、8枚装、10枚装、12枚装、15枚装、18枚装、20枚装等规格。一些蛋盒外表面可按用户要求直接印刷或粘贴腰封，以提高柜台展示和销售效果。如图1-10所示为纸浆模塑蛋托、蛋盒。

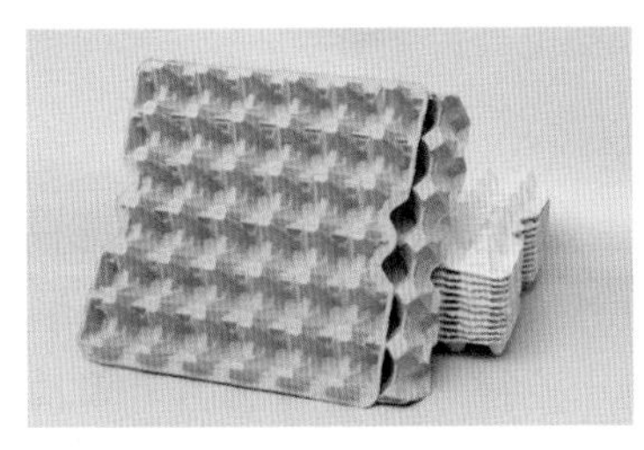

图 1-10　纸浆模塑蛋托、蛋盒

（图片来源：广州华工环源绿色包装技术股份有限公司）

3. 鲜果托

纸浆模塑水果托可以模制成有水果曲面结构的托盘，用于桃、梨、柑橘、苹果、菠萝、西红柿等果品特别是出口果品的包装，可以避免水果间的碰撞损伤，还可以散发水果的呼吸热，吸收蒸发水分，抑制乙烯浓度，防止水果腐烂变质，延长水果保鲜期，发挥出其他包装材料难以起到的作用。如图1-11所示为纸浆模塑鲜果包装盒。

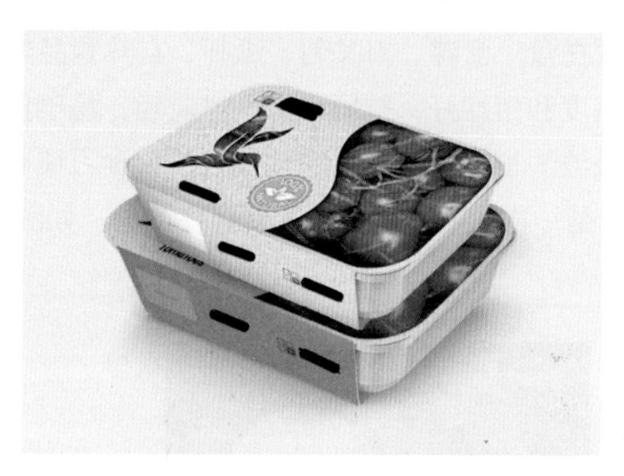

图 1-11　纸浆模塑鲜果包装盒

4. 电器衬垫

我国的电器产品仍有一些采用发泡塑料作内衬，但许多发达国家已禁止此类包装物进口，迫使我国的电器内衬包装尽快走上“以纸代塑”的道路。使用纸模材料做衬垫，具有可塑性好、缓冲力强的优点，完全满足电器产品的内包装要求，其生产工艺简练又无污染环境之虞，而且产品适应性强，用途广泛。如图1-12所示为纸浆模塑电器衬垫。

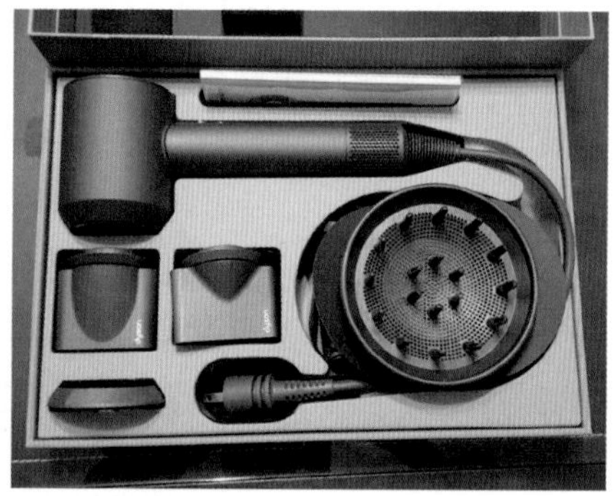

图 1-12　纸浆模塑电器衬垫

5. 易碎品隔垫

玻璃、陶瓷制品及禽蛋类等易碎品的隔垫以往多用纸屑和草类替代，既不规范又不卫生，防减震效果也难如人意。纸模隔垫制作简易，成型后整齐划一，便于包装操作且缓冲减震能力强。这类产品对原料工艺要求均不高，生产成本易于控制，适合大规模生产和应用。如图1-13所示为纸浆模塑易碎品隔垫。

图 1-13　纸浆模塑易碎品隔垫

6. 农用器具

农用器具主要有用于秧苗或其他农作物的营养钵，花卉苗木护翼，粮食、蔬菜、鲜肉类的包装及蚕用方格簇等，如园林绿化和庭园种植中使用的纸模钵，其最大优点是培植幼苗无须二次移植，种子出苗后可连苗带钵一起移栽（钵体可自行降解），省工省时且成活率高，若在山地沙漠等自然条件较差的地域配合植树造林其效果将更加突出。又如日本开发的一种水稻秧苗用纸模托盘，能够大量育秧，用水稻插秧机移植时无缺苗现象，不会损伤根系，成活率极高，粮食增产效果明显，还可抵御秧苗冻伤。而养蚕用的纸模方格簇，可以提高蚕茧的等级和蚕丝的质量，具有使用方便、使用寿命较长等特点。农用纸模托盘在农副产品的保鲜，提高农作物的成活率等方面具有独特的优点。如图1-14所示为纸浆模塑花盆、育秧托。

图 1-14　纸浆模塑花盆、育秧托

7. 食（药）品包装

除了快餐用具，许多药品、食用半成品、熟食品及方便食品均可使用纸模包装，如净菜托盘、方便面碗、国际餐饮业用容器等，不仅干净卫生而且使用方便，又可回收再生利用，十分符合环境保护和人体卫生健康要求。如图1-15所示为纸浆模塑食品、药品包装。

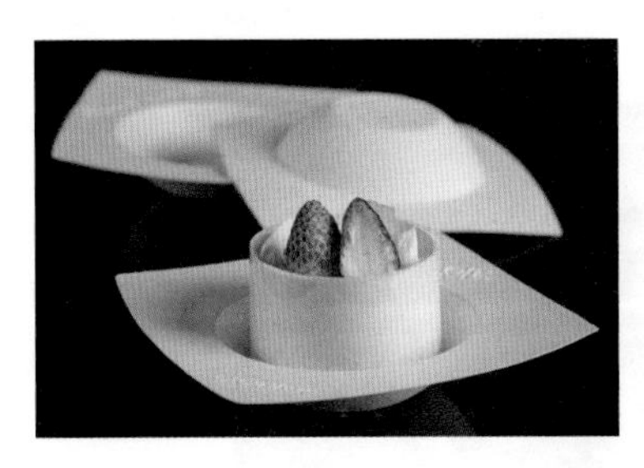

图 1-15　纸浆模塑食品、药品包装

（图片来源：大连松通创成新能源科技有限公司）

8. 医用器具

传统医用器具在使用上的最大问题是消毒不彻底容易形成交叉感染，若改用一次性的各型纸模托盘、痰盂、便盆、体垫、夹板等，不仅可免去消毒环节，节省人工，而且其废弃物可直接焚烧，无毒副作用。况且纸模器具价格适中，医患双方都易接受，给医疗护理工作带来许多方便。如图1-16所示为纸浆模塑一次性医用器具。

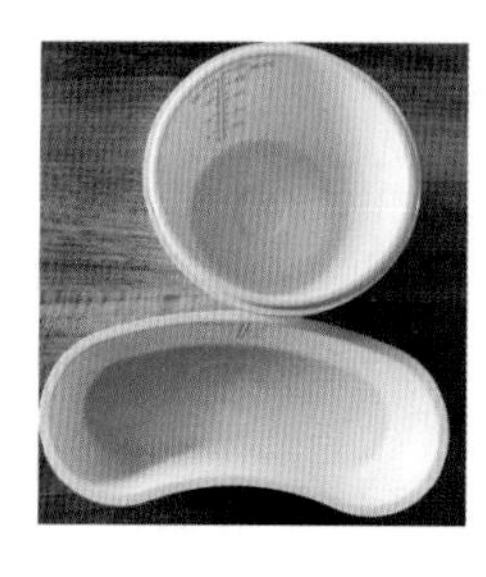
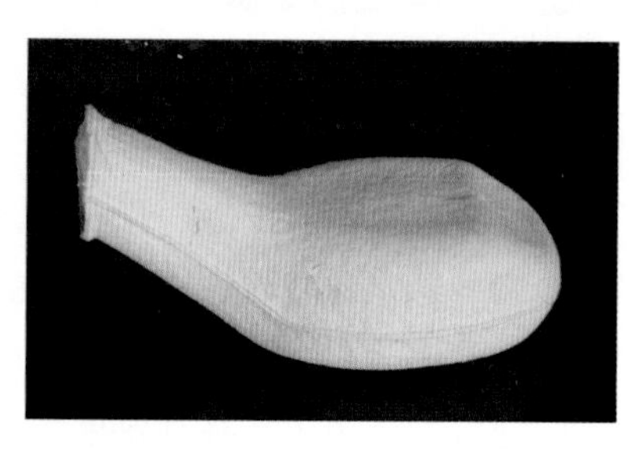

图 1-16　纸浆模塑一次性医用器具

9. 军品包装

军用物品特别是军火制品怕冲撞、怕静电、怕潮湿、怕锈蚀，包装储运中要求万分谨慎。而纸模材料可制作成中性物质，且缓冲力好、可塑性强，可防潮、防锈、防静电，加入专用助剂后其性能还可扩展，使用中安全系数大，用于弹药、炸药、火药及枪械等物品的内衬包装，能够提高军品包装储运水平，大大减少军品储运中的危险和损失。尤其近年来军火弹壳薄壁化、减量化，对包装材料提出了更高的要求，纸浆模塑因为其完全贴合，可以防止存储变形等优异性能赢得了更多的应用机会。如图1-17所示为纸浆模塑军品包装。

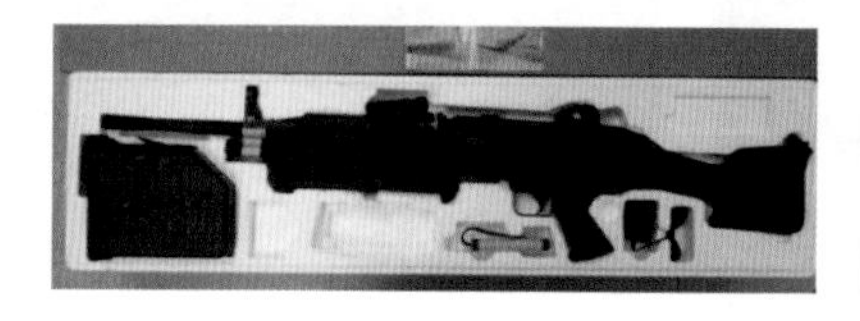

图 1-17　纸浆模塑军品包装

10. 制作文创用品、礼品

制作文创用品、礼品如儿童玩具、戏剧道具、人体模特、工艺品底坯、家具、纸模（机械）零部件等，具有特殊的应用或美化功能，可以代替其他材料广泛应用。如图1-18所示为纸浆模塑工艺品。

图 1-18　纸浆模塑工艺品

11. 制作纸质浇道管等特种产品

采用一种创新的纸浆模塑生产工艺可以制造一种在铸造作业中用的纸质浇道管，代替传统的陶瓷浇道管，这种纸质浇道管具有特殊的耐高温、抗压等性能，纸质浇道管的模塑生产不仅实现了废纸资源再利用，而且在使用过程中其对生产的铸件也无影响，是典型的环保可再利用产品，使用后的废弃物能自然降解。如图1-19所示为纸浆模塑浇道管。

图 1-19 纸浆模塑浇道管

12. 制作装饰板、家居装饰用品、一次性家具、旅游、户外用品

例如，可以在纸浆中添加合成树脂模塑成硬质纸纤维板，用于制造家具或室内装潢，也可以制成浮雕状用于天花板、隔离墙、背景墙等装饰材料。如图1-20所示为纸浆模塑装饰材料。

图 1-20 纸浆模塑装饰材料

13. 重型包装衬垫

例如，电梯部件缓冲包装、物流托盘、轮毂包装、发动机、压缩机等重型产品的包装。如图1-21所示为纸浆模塑重型产品包装衬垫、托盘。

图 1-21 纸浆模塑重型产品包装衬垫、托盘

14. 一次成型桶、盒

利用秸秆纤维或回收废纸板为主要原材料，通过特种工艺技术，一次成型制作纸浆模塑桶、盒等制品，广泛用于食品包装，酒类、粮食、豆类、土特产及大型工业包装，如各种规格化工桶等。如图1-22所示为一次成型纸浆模塑桶、盒。

图 1-22　一次成型纸浆模塑桶、盒

（图片来源：哈尔滨绿帆科技有限公司）

15. 销售展示包装

近年来，伴随着纸浆模塑设计、生产制造技术的不断提升，纸浆模塑已经广泛用于奢侈品、化妆品、日用快消品、电子产品的销售展示包装，并且由于其具有环保特性，成为品牌商宣传自己可持续理念的直接载体，提升了产品品牌价值。如图1-23所示为纸浆模塑展示产品包装。

图 1-23　纸浆模塑展示产品包装

作为一种环保型新兴产品，纸浆模塑制品正逐渐步入产品生命曲线的成熟期，随着人们生活水平的提高和环保意识的增强，也伴随着纸浆模塑产品工艺技术的不断改进和提升，纸浆模塑制品应用场景一定会越来越广泛，在全球环保和禁塑事业中发挥更大的作用。

第二章　纸浆模塑生产工艺过程

第一节　纸浆模塑生产基本工艺过程

一、纸浆模塑生产工艺的分类

近年来，随着我国纸浆模塑生产技术和工艺及生产设备的不断进步和发展，业内人士将纸浆模塑生产工艺做了进一步的细分，主要类型分为以下几个类型：

（1）干压工艺。纸浆模塑干压生产工艺是传统的生产工艺，它将纸浆模塑成型与干燥、整型和切边等工序分开设置，也就是先将纸浆在成型机上制成湿纸模，再转移到成型机外部的干燥机上进行干燥（属于模外干燥），最后进行整型和切边，完成整个生产过程。其生产工艺简单，能耗相对较低，主要用于蛋托、果托和一般工业包装制品的制作。

（2）湿压工艺。纸浆模塑湿压生产工艺是近几年发展比较快的生产工艺，其生产工艺技术日臻成熟，并被广泛推广应用。它是将成型、干燥、整型甚至切边全部在一台全自动机器上连续完成（属于模内干燥），其工作效率高，产品质量精致，但生产过程能耗较高。主要用于精度要求较高的食品餐具和精品工业包装制品的生产。

（3）半干压工艺。纸浆模塑半干压生产工艺是纸模制品在整型前通过晾、晒、烘、喷、淋、洒等工艺，其含水率保持在35%左右，再进行模内干燥或整型，获得介于湿压工艺及干压工艺之间的精品纸模产品，而且其能源消耗要大大低于湿压工艺，效率比干压工艺提升很多。

上述三种纸浆模塑成型工艺都属于湿法成型工艺，即把原料纸浆纤维分散到水中，再用成型网模过滤形成湿纸模坯，最后经过干燥、整型和切边成为产品。

（4）直压工艺。直压式生产工艺是将卷筒状或平板状原料浆板或纸板不经碎解和打浆，不加入水介质，直接经过开卷或疏松，根据产品需要在输送过程中喷涂乳胶树脂或适当的助剂，通过在成型网上形成疏松的纤维网后，再通过热压模切设备加工成纸浆模塑制品。

直压式生产工艺采用干法模塑连续模压成型的方式生产纸浆模塑制品，它是纸浆模塑生产工艺方法的一个重大变革。直压式生产工艺与传统湿法成型方法相比，大大减少了传统工艺中纸浆板再湿、碎解、成型、干燥过程中的大量能源消耗。

直压式生产工艺高效、节能、环保，引起了纸浆模塑业内人士的广泛关注，国内外一些厂家已致力于纸浆模塑直压式生产工艺与设备的研发。

下面介绍目前纸浆模塑行业常用的纸浆模塑干压生产工艺和湿压生产工艺。

二、纸浆模塑干压生产工艺过程

纸浆模塑是在纸和纸板生产工艺的基础上发展起来的一种立体造纸技术，它是以芦苇、蔗渣、麦草、竹子等草本植物纤维浆料或废弃纸品为原料进行生产的。纸浆模塑生产工艺流程主要包括碎解打浆、纸浆施胶、调配浆料、纸模成型、挤压脱水、纸模干燥、热压整型与切边等工序，其中纸浆模塑干压生产工艺主要流程如图2-1所示。

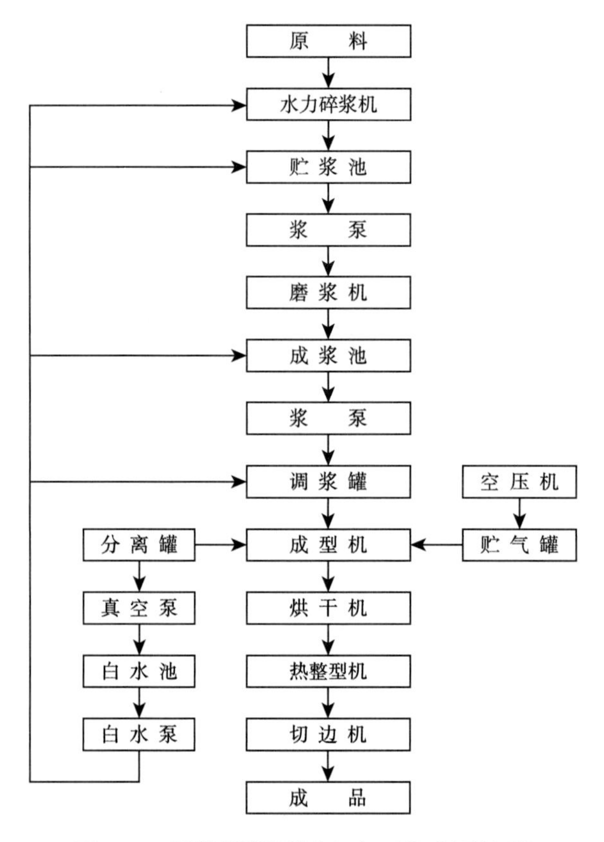

图 2-1　纸浆模塑干压生产工艺主要流程

1. 生产原料

纸浆模塑制品的生产原料为废纸或草类商品浆板，生产用于盛装食品的餐具餐盒和高档产品的纸模包装制品一般使用草类商品浆板，其处理工艺比较简单。而生产纸模工业包装制品的绝大多数生产原料为废纸。通过不同渠道回收的国内废纸，其组成非常复杂，既有以草浆为主的印刷废纸和机械浆为主的废报纸，也有草木浆混杂的废旧纸箱，其中含有一定量对生产过程有影响的杂质（如塑料胶带、箱钉等）。各类废纸的质量相差很大，所生产的纸模制品在性能、外观等方面有很大的差异，不同品种的废纸也会对纸模制品的成型、干燥过程产生一定程度的影响。这是因为纤维原料、浆种不同，所生产纸模制品的滤水性能、干燥性能会随之发生变化。根据被包装产品的要求和对包装物的价格承受能力选用不同种类的废纸生产纸模包装制品，有利于废纸原料的合理使用和保证生产过程的正常进行。可采用人工分选的办法，将回收的废纸原料适当地进行分类，分选过程中也能除去其中所含的较大杂质，减小废纸原料的处理难度。具体可分为以草浆为主的白色废纸和本色废纸以及以木浆为主的白色废纸和本色废纸四大类，分别供生产不同品种的纸模制品使用。

国内某些纸浆模塑生产厂家根据生产和客户要求等实际情况，采用木浆加草浆的混合浆，并向以草浆为主的方向发展。由于要达到要求的使用功能，一般在浆料制备过程需要添加功能性化学助剂，有些还需要加入染料染色。

2. 碎解打浆

将废纸或草类商品浆板投入水力碎浆机中，使其重新碎解变成纸浆。水力碎浆机分为立式和卧式两种，目前纸浆模塑企业使用立式水力碎浆机的较多。生产纸模工业包装制品可以使用卧式水力碎浆机，碎解时的浆料浓度为5%～8%。其优点是对纸料纤维只起分散作用，无切断作用，碎解效率高，时间短，动力消耗少，而且结构简单，占地面积小，还可处理含较多掺杂物、金属杂质的废纸。碎解后的纸浆落入贮浆池中，调节适当的浓度后泵入间歇式的打浆机或连续式的磨浆机、精磨机上进行打浆，或者根据生产需要将碎解后的纸浆经过高浓除渣器、纤维疏解机和双圆盘磨浆机进行除渣、疏解和打浆，打好的浆料排放到贮浆池或配浆池备用。打浆叩解度一般为28～35° SR。

3. 调配浆料

在打浆过程中可按设计的浆料配比将几种原料定量加入成浆池中，并对浆液进行施胶和加入少量功能性助剂，如加入施胶剂以提高纸模制品的抗液体渗透性能，所用施胶剂一般为松香、石蜡乳胶或松香石蜡胶。对于非黏结类废纸制备的纸浆，必须加入相当于纸浆绝干纤维质量3%的松香胶；对于黏结类的废纸制备的纸浆，应加入1.5%～2%的松香胶。纸浆中还可加入滑石粉作填料以达到较高的浆料留着率，可将含20%～30%的滑石粉填料的水悬浮液高速搅拌处理6min，用水稀释后加入化学助剂，再处理5min，制成填料悬浮液，再加入浆料中。一些生产纸模餐具的厂家还在浆料当中加入了少量的抗油剂、抗水剂、湿强剂和助留剂等。调浆过程还要加入适量的白水或清水，使生产纸模制品的纸浆上料浓度调为1%～2%。

4. 成型

成型是纸浆模塑制品生产过程中的关键工序，它对纸模制品的质量、破损率、生产能耗、生产效率等起着决定性作用。根据成型设备脱水原理的不同，纸浆模塑制品的成型方法主要有三种：真空成型法、液压成型法和压缩空气成型法。

（1）真空成型法是利用真空吸滤技术进行成型的，将成型模具置于浓度约1%的纸浆溶液中，使模具腔内通真空形成负压，纸浆中的纤维便均匀地沉积在成型模表面的模网上形成湿纸模，而大量的水分在真空抽吸时被带走。当湿纸模达到要求的厚度时，带有湿纸模的成型模从浆液中移出并与转移模合模进行挤压脱水，直至湿纸模含水率达到75%～80%时，再将成型模具腔内通压缩空气使湿纸模脱模。此法生产效率高，制品厚薄均匀，适用于制作不太深的薄壁制件，如蛋托、水果托、碟盏、盘盒等制品。

（2）液压成型法是利用液压技术，通过液压驱动机械装置产生较高的挤压成型压力。其工作原理是将定量的纸浆注入成型模腔内，成型上模在液压作用下向下挤压，使纸浆在成型模腔内的网模上成型，水从网模下端排出。湿纸模经过真空吸附脱模，转入下一道工序。由于成型压力较大，此法适用于生产定量较重，密度较大的浅盘式制品。

（3）压缩空气成型法是利用气体动力学原理成型的。其工作过程是在可拆卸的金属网状型槽中装满纸浆（浓度为0.7%～1.5%）后，通过阀门注入定量容器中，再向容器内部通入热的压缩空气（压力为0.4MPa，温度为377～400℃），利用压缩空气在型槽内施加压力而成型。此法适用于外形复杂且紧度要求较高的中空纸浆模塑制品，如瓶、桶、箱等。

真空成型法是目前纸浆模塑行业应用较为普遍的一种成型方法。根据模具上浆方式的不同又可分为模内注浆挤压成型和模外吸附成型。其原理均是使纸浆通过网模流动，把水滤掉，将纤维截流在网模上，形成一定形状的湿纸模。模内注浆挤压成型机的结构简图如图2-2所示，它是通过注入一定数量的纸浆来保证制品厚度，可以控制用浆量，有利于节约原料，但不宜成型体积较大的纸模制品。模外吸附成型机的结构简图如图2-3所示，它是利用控制纸浆浓度、吸附时间及吸附时的真空度大小来保证制品厚度。纸模工业包装制品大多是采用往复式模外吸附成型方式，这种成型机能生产较大面积的制品，适应性较强，易形成自动化生产流水线。为提高纸模的成型质量，成型时不仅应选择优质的浆料、合理的成型方式。而且成型机的设计必须保证供浆安全，尽量减少回浆量，避免跑浆等现象。模具的设计与加工必须具有良好的滤水性和均匀的脱水性。

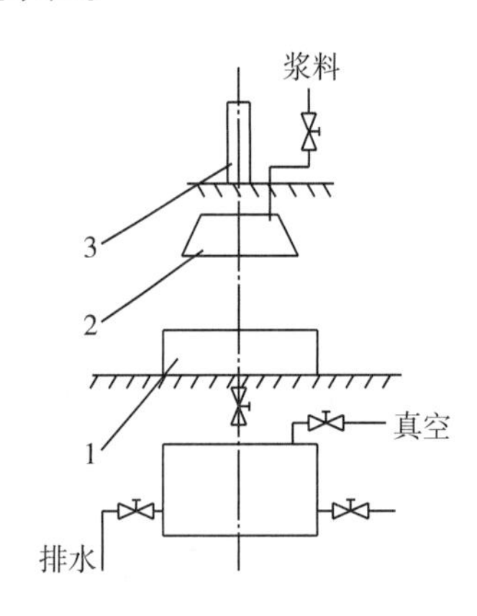

1—成型下模；2—成型浆箱；3—升降气缸

图 2-2　模内注浆挤压成型机（注浆式成型机）

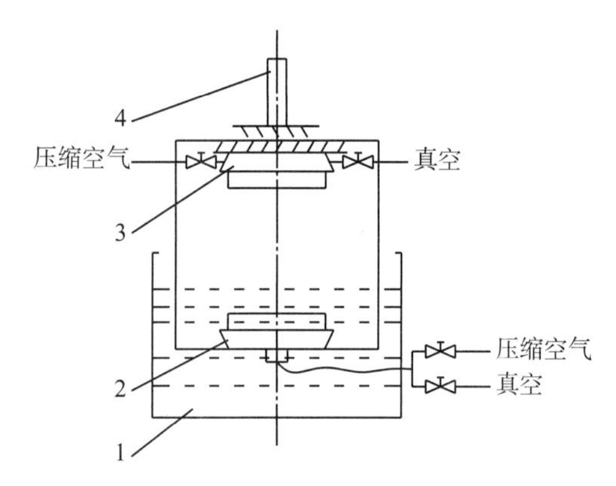

1—浆箱；2—成型下模板；3—成型上模板；4—升降气缸

图 2-3　模外吸附成型机（往复式成型机）

成型机是保证网模进行进浆、脱水、取出湿纸模等各种动作过程的机械。往复式模外吸附成型机的主要结构包括机架、浆箱、升降气缸、导柱、上下模板和固定在模板上的气室（分别与真空系统和空气压缩机相通）。工作时，成型用的凸模具固定在下模板上，凸模具上分布有大量小孔与气室相通，凸模具上衬有与凸模具表面完全贴合的网模，当下模板在气缸推动下携凸模具进入浆箱纸浆液中时，下模具气室由真空泵产生负压，浆料中的水分经由网模流进气室，通过气室和管路被滤走，纤维留在网模上形成湿纸模；然后凸模具开始上升，升出浆液面之后，在网模上形成的湿纸模在真空吸附作用下继续脱水；此时凸模具继续上升与固定在上模板的凹模具合拢，进行机械压榨脱水；然后凸模具气室内切断真空进入压缩空气，同时凹模具气室内接通真空，负压通过凹模具上的小孔传给湿纸模，湿纸模在凸模具"推"与凹模具"拉"的作用下由凸模具转移到凹模具内，凸模具又开始下行。此时由人工或机械装置将托盘伸到凹模具下方，同时触动凹模具气室换向阀，凹模具气室切断真空进入压缩空气，湿纸模被吹落在托盘上，人工或机械装置将托盘连同湿纸模放到烘干隧道的输送带上，即成型机完成一个工作周期的作业。

湿纸模成型结束后，借助于气缸（或液压缸）升起成型模具，与上模具合模挤压湿纸模，湿纸模经压实后取出并转送到烘干工序。压实工序，一方面可以减少湿纸模的含水量、降低干燥过程的能耗、提高干燥效率；另一方面可以增加湿纸模纤维间的结合力，使制品质地均匀坚实、外观挺括齐整、表面光滑美观。压实过程是在由上凹模和下凸模组成的压型机构中完成的。压型机构的结构应保证在压实过程中不拉伸湿纸模，否则会引起湿纸模壁的破裂。在整个压实过程中，是按湿纸模只受压缩的原则进行工作的，为了在挤压湿纸模时及时将被压出的水分排出，必须要有真空抽气排水系统配合工作，而且模具的设计要便于排出被脱出来的水。经压实后的湿纸模的含水率为50%～75%。

5. 干燥

在纸浆模塑制品的生产过程中，每千克成品通过干燥过程要脱除大约3.5～4kg水分，使纸模制品含水率降为10%～12%。因而，干燥过程的生产成本在纸模制品的生产中占有较大的比重，提高干燥效率是增加纸模制品生产效益的一个关键措施。目前，国内生产纸模制品大多采用热空气对流干燥方式，其中包括：

（1）热风干燥。以热风为干燥介质，加热源可以是燃煤、燃油、燃气等；采用的干燥设备主要有干燥箱、隧道式干燥器、链式干燥机等。其干燥过程可分为升温、高温脱水、降温三个阶段。升温及降温主要是为了避免纸模制品由于温度的骤然变化而发生剧烈变形：高温脱水区是干燥的主要阶段，可根据纸模制品的不同将温度控制在130～200℃之间。热风干燥的干燥效率一般在63%左右。

（2）远红外线辐射干燥。因其辐射的能量能较深地渗透至纸模制品内部，使得纸模制品内外干燥均匀、扭曲变形小，该方法适合于干燥体积较小的纸模制品，其干燥效率与热风干燥相当。

（3）微波加热干燥。微波具有自动平衡性，加热均匀，避免纸模制品局部过干或过热，扭曲变形小，干燥速度快，并起到杀菌、消毒的作用，干燥过程也便于实现自动化控制，干燥效率可达80%。但设备费用高、耗电量大，若制造及装配不当，有漏波辐射伤人的危险。

国内厂家生产纸模制品大多采用的热空气对流干燥方式，普遍存在着干燥效率低的问题。要提高干燥效率，主要应从改善干燥设备状况和控制合理的干燥工艺条件两方面着手。干燥设备本身要有良好的保温层以减少热量损失，并保证其内部各部位的温度均匀一致。热空气的温度、湿度和流速（流量）是干燥过程中的三大工艺参数，必须进行合理的控制。通常热空气的温度一般要控制在130～200℃之间，过高的温度虽然在一定条件下可使干燥效率提高，但会使植物纤维发生热降解，并使纸模制品产生过量的收缩变形。干燥设备内的湿度对干燥过程影响很大，热空气作为水分载体，要将从湿纸模中不断蒸发出来的水分吸纳排走，其推动力为热空气与湿纸模的水分浓度差。干燥设备内的热空气维持较低的湿度，对提高干燥效率是十分有利的。一般通过新鲜热空气的不断补充和废热空气的及时排除，干燥设备内的热空气保持基本恒定的湿度。有时为提高热能的利用率，排除的废热空气要进行部分循环，应根据干燥设备内的湿度要求，严格控制好废热空气的循环量，这一点必须引起足够的注意。在干燥过程中，要求有足够的热空气均匀地吹向纸模制品的表面，应对进入干燥设备内热空气的流速进行合理的控制，热空气的流速过高，会使干燥系统的动力消耗增加；流速过低，则会使干燥效率降低，通常热空气的流速应保持在5m/s左右。

6. 热压整型与切边

热压整型是将烘干到一定程度的湿纸模放入整型模具内加压、加热，使纸模制品在模具内干燥成型，起到整饰定型作用。生产纸模餐具和高档纸模制品过程中，为了消除纸模成型时留下的网痕、烘干时产生的变形或在纸模制品表面压上所需的文字、图案及便于盒盖折叠开启的压痕，并切除纸模制品边缘处的毛边，一般需要对纸模制品进行热压整型和切边，以保证纸模制品整洁美观、尺寸和形状稳定、内外表面光滑。热压整型机实际上是小型四柱压力机（液压或气压），稍有不同的是固定在上下压板整型模具内装有加热元件。整型时的工作压力一般为0.4～0.6MPa，模腔内温度一般要求在180～200℃，整型时间根据制品的形状和厚度而决定，一般在5～50s，实际操作过程中，纸模制品最终厚度大约是成型模具模腔厚度的70%。

为便于整型和切边，一般纸模制品的含水量要严格控制在25%～30%。但因在整型前对纸模制品的含水量不易严格控制，难以达到整型时的要求，多采用一种类似喷雾熨斗的整型模具，这种模具在对应纸模制品需要变形的部位设有喷雾孔，工作时水蒸气可通过该孔对纸模制品进行喷雾湿润，再由模具加热加压完成整型工作。

三、纸浆模塑湿压生产工艺过程

纸浆模塑湿压生产工艺流程中的制浆工段与传统纸浆模塑生产工艺相同，包括碎解打浆、纸浆施胶、调配浆料等过程，所不同的是湿压生产工艺将纸模成型、挤压脱水、纸模干燥、定型与切边等工序在同一台全自动生产机器上完成。图2-4所示为纸浆模塑湿压生产工艺主要流程。

1. 制浆

纸浆模塑湿压工艺主要用于制作精度要求较高的食品餐具和精品工业包装制品的。其原料主要是商品浆板，主要有木浆、甘蔗浆、芦苇浆、竹浆等。其制浆工段与传统纸浆模塑生产工艺相同，包括打浆和配浆两道工序。打浆即是将纸浆原料投入水力碎浆机，通过水力碎浆机把原料浆板碎解成纤维浆料，再将碎解的纤维浆料进行筛选、除砂等净化处理，然后通过磨浆机将纤维适当分丝帚化，以提高纤维间的结合力。配浆是在净化、处理好的浆料内添加填料、颜料及防水防油等功能性助剂，调配成适合产品质量要求的浆料，还要控制好纸浆浓度。为确保生产过程连续进行和产品的匀度，必须控制好贮浆池和配浆池内液面高度，定时定量地添加填料、配料和水。

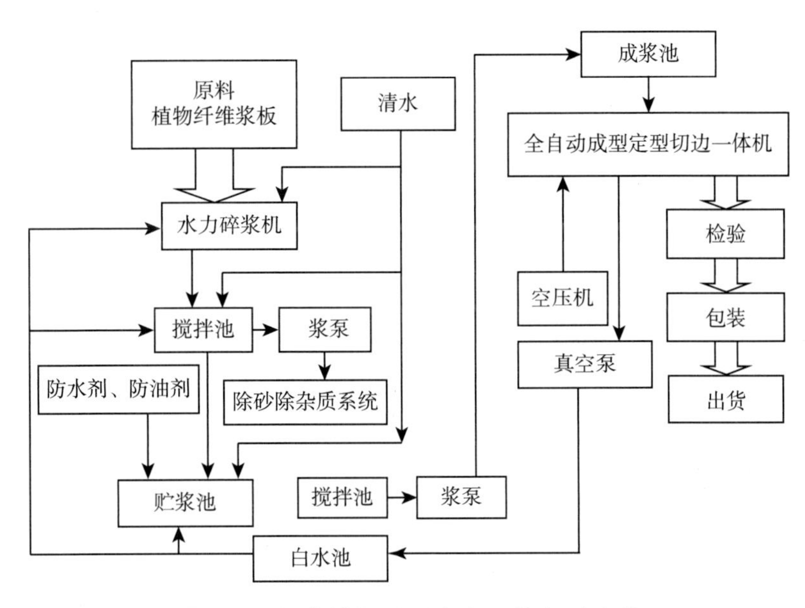

图 2-4 纸浆模塑湿压生产工艺主要流程

2. 成型

湿压生产工艺的成型方法主要有两种：真空成型和挤压成型。常用的是真空成型法。真空成型的基本原理是，将沉入纸浆液中的带滤网模具的下模内腔抽真空，在负压下保持一定的时间，纸浆中的纤维即被吸附在下模的外表面上，同时水分被吸出而形成湿纸模。挤压成型的基本原理是，带滤网模具的下模内腔盛有适量的纸浆，在冲头挤压或压缩空气施压下，经过一定时间，纸浆中的纤维即被压附在下模内表面上，同时水分被挤出而形成湿纸模。

3. 干燥

湿压生产工艺的湿纸模坯的干燥方式，大多采用在模具内直接加热干燥，即在冷压阶段对半湿态纸模坯挤压脱水后，再在加压模具内直接对制品进行热压干燥。干燥时应根据纸模制品情况调控干燥工艺条件（如模具压力、加热时间及温度等），以保证纸模制品干燥后的质量。用此方法干燥后的纸模制品的密度、挺度和强度均优于烘道干燥方式，有些干燥完成的制品无须再整型和切边。

4. 定型

传统工艺生产出来的湿纸模坯经过烘干或晾干后会发生不同程度的变形，纸模制品表面也有不同程度的褶皱，所以在干燥之后还需要对纸模制品进行整型。整型是将纸模制品放在装有整型模具的整型机上，通过整型机的高温（一般在100～250℃）和高压（一般在10～20MN）处理，得到形状更规则、表面更光滑的纸模制品。湿压生产工艺是湿纸模成型完成后，直接进入热压干燥定型模具内进行热压干燥和定型。所以为了保证纸模制品充分干燥和定型，热压时间一般都在1min以上（具体热压时间根据产品厚度而定）。

5. 切边

经过以上几步得到的产品，在边缘上都存在不齐或有毛屑的现象。所以对一些质量要求较高或结构要求切除某一部分的产品还需要进入切边工序。切边是在装有产品刀模的切边机上进行。有些湿压工艺生产线的后端安装有配套的切边机，将纸模制品切边后再输出成品。

6. 湿压工艺常见问题及解决方案

湿压工艺制得的湿纸模坯在热压干燥之前含有大量水分，纸浆纤维之间连接还很稀疏，此时对湿纸模坯进行热压，纸浆纤维更容易流动，这样就使得产品表面压得更平整、光滑。在质量上明显优于干压工艺，所以目前很多客户，特别是一些生产高端产品（如手机、计算机）的客户，在选择纸模制品作为包装材料时，明确要求使用湿压工艺生产。但实际工作当中，采用纸浆模塑湿压工艺生产却存在着许多的问题，这也造成了大量的废品存在。所以为了提高生产效率，降低生产成本，对纸浆模塑湿压工艺常见问题的分析和解决就至关重要。

（1）热压网压裂

对于湿压工艺，由于热压前产品含有大量水分，这些水分会在热压过程中蒸发出来，所以需要在热压模（一般都是在下模）打上均匀的排气孔（常用D 2.5mm钻头），而为了防止纸浆堵塞排气孔，需要在下模上附上一层网模（常用网厚在0.5mm左右）。为了使网完全贴附在模具上，需要将网在热压机上压制成产品的形状。而在实际操作过程中经常会遇到网在压制中破裂的问题。如果将一张压裂的网附在模具上，然后放上产品进行热压。这样压出来的产品特别是在背面会沿着裂痕留下一条迹印，影响产品外观。因为在压网时侧面受到很大的拉力，所以网裂主要发生在侧面上，特别是脱模斜度比较小的面，网的突变很大，网的破裂也更常见。

解决方案：①压网前在模具上用手工尽量将网倒成产品形状；②如果不能压制完好的网模，可以将压裂网的裂口处用点焊机补上；③如果之前选择的网较硬的话，可以换一种柔软的网。

（2）产品拉裂

产品拉裂主要是指在热压上模下压过程中，产品侧面上拉出一条裂痕的现象。拉裂主要原因有：①产品在模具上放置不到位，使得产品与模具之间存在一定的间隙，从而造成拉裂；②产品成型出来都包含一个缩水率，如在厚度上，刚成型出来的产品大概是压干后的2～3倍，而热压模是按实际产品厚度留的间隙，这样在热压上模下压过程中便首先与产品的侧面接触，然后带动侧面纸浆下移，自然造成拉裂现象。

解决方案：①放置产品过程中尽量将产品放到位，贴合下模具；②加大产品脱模斜度；③产品在模具上放置好后，在容易出现拉裂的地方人为地压一遍，减小间隙差，也使此处的纸浆连接更紧密。

（3）产品表面纹印

产品表面纹印主要是指热压后在产品表面存在一条条的纹路现象。这些纹路主要是由于成型模吸浆不均匀造成。在纸浆模塑的成型模（下模）上有一排排均匀的小孔，正是通过对这些小孔抽真空，才使得纸浆吸附在成型模上。因为在成型模的打孔位置的真空力必然大于没有孔的位置。因此成型出来的产品在有孔的位置由于吸到较多纸浆而明显凸起。产品成型厚度不均匀，热压纹印自然产生。

解决方案：①采用比较小的钻头打孔；②加大热压机压力，可以有效改善纹印现象；③在成型模上已经有了一层网模，如果可行的话，可以多加几层（2层或3层）网模，这样能够很好分散打孔处的真空的力度。

（4）产品压黑

产品压黑是纸浆模塑产品一种最常见的问题。它主要由两个原因造成：一是在产品结构比较小的部位。因为在这些部位，产品成型中很容易兜浆，从而厚度明显大于其他部位，热压中被压得过紧而变黑；二是热压机本身压力太大和热压时间过长所致。

解决方案：对第一种情况只需用锉刀或在机床上将压黑处对应的模具部位适当去掉一层即可。第二种情况则需要同时调节热压机的压力和时间，需注意的是如果压力过小，产品表面将压不平，而时间太短，产品将压不干。所以需要细心调节机器使它达到一个合适的平衡点。

第二节　典型纸浆模塑制品生产工艺

一、纸浆模塑食品包装制品生产工艺

1. 纸浆模塑餐具生产工艺

如图2-5所示为纸浆模塑餐具生产线主要工艺流程，该生产线由几台甚至数十台全自动成型干燥定型一体机组成。该生产线以甘蔗浆、竹浆、木浆、芦苇浆、草浆等浆板为原材料，经碎解、磨浆、添加化学助剂等工艺调配成一定浓度的浆料，然后泵送至全自动成型干燥定型一体机，通过成型工位真空吸附使纸浆均匀的附着在特制的模具上形成湿纸模坯，再将湿纸模坯送入湿压干燥定型工位进行干燥定型，生产出的纸模餐具制品，由转移机器人送入切边机切边，由堆叠机器人堆叠，再送入消毒机消毒后，将产品打包装箱。还可以根据产品质量要求，可选择覆膜、印刷等工序进一步加工，制作出整齐美观的的纸模餐具制品。

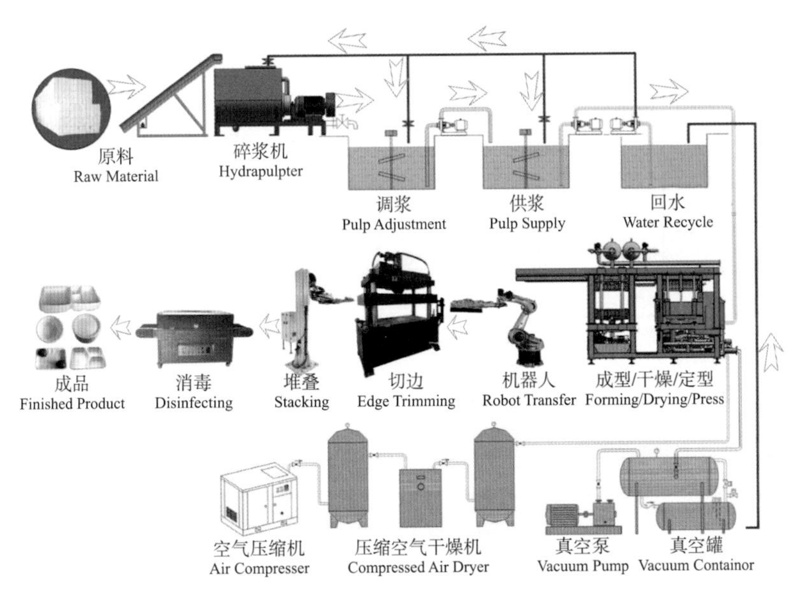

图 2-5　纸浆模塑餐具生产线主要工艺流程

（图片来源：广州市南亚纸浆模塑设备有限公司）

该纸浆模塑餐具生产线是由制浆系统、全自动成型干燥定型一体机、切边、消毒等后加工系统、真空系统及空压系统组成。该生产线主要特点有：

①采用先进的湿压工艺方法，全自动生产，产品成型、干燥、定型工序在一台机器内自动完成。

②产品正反面都很光滑，提高了产品价值；可加印公司LOGO等图案，提高企业形象。

③产品无尺寸变化和变形；产品密度大、强度好。

④产品厚度薄，减少了材料用量；包装及堆叠方便，运输成本低，经济效益好。

⑤采用智能化的机器人传送半成品，自动化程度高，节省人工，生产效率高。

⑥生产车间占地面积小，节省空间。

⑦可在系统中添加染料、防水、防油等助剂，满足产品特定的使用性能要求。

2. 纸浆模塑杯盖生产工艺

如图2-6所示为纸浆模塑杯盖生产线主要工艺流程，该生产线主要用于生产一次性纸浆模塑杯盖。生产线以甘蔗浆、竹浆、木浆、芦苇浆、草浆等浆板为原材料，经碎解、磨浆、添加化学助剂等工艺过程调配成一定浓度的浆料，然后输送到全自动杯盖机上，通过真空作用使浆料均匀地附着在特制的金属模具上形成湿纸模坯，经上下模挤压脱水后的湿纸模，经过热压上模转移至热压工位进行热压干燥，再通过转移模转移至前段吸盘，前段吸盘吸持纸模坯翻转后，送至切边工位进行冲孔切边，再由后段吸盘吸持纸模杯盖成品堆叠至消毒区，经消毒机紫外线消毒后，将产品打包装箱。

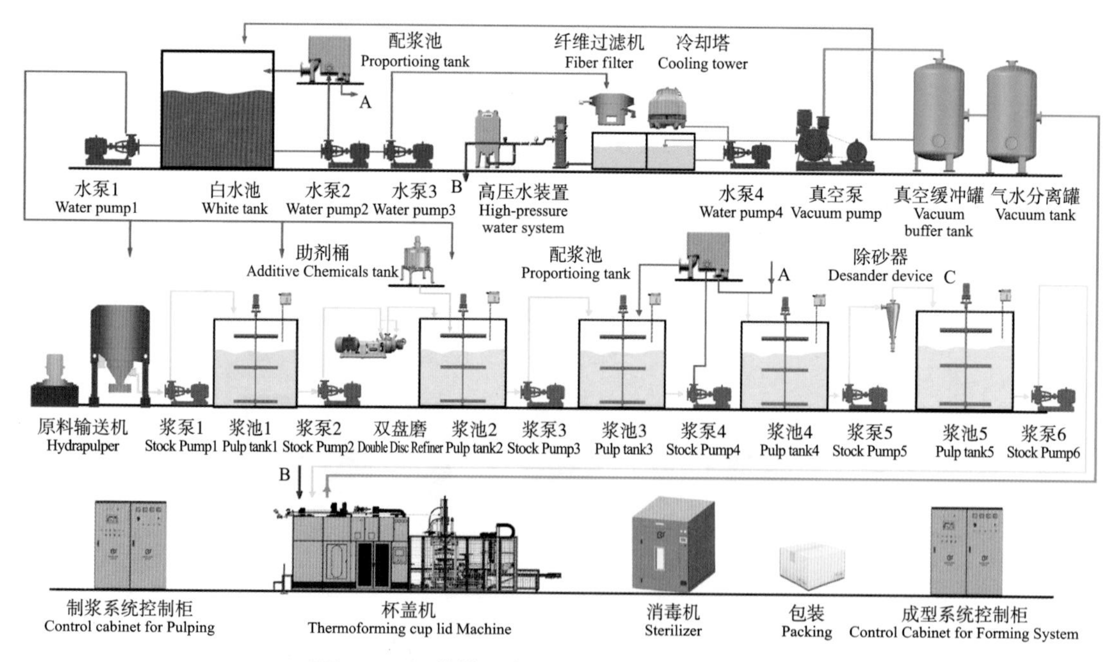

图 2-6　纸浆模塑杯盖生产线主要工艺流程

（图片来源：佛山市必硕机电科技有限公司）

该生产线是由制浆系统、主机设备、真空系统、高压水系统及空压系统组成，主机系统集成型、热压、冲孔切边、堆叠为一体，自动连续完成各个工序，占地面积小、节省人工及电耗，生产效率高、产品质量好，机器便于维护保养。该生产线主要特点有：

①生产速度快，普通产品每个循环周期35～45s，日产量300～500kg，约10万件。

②全机采用凸轮及连杆机构通过伺服电机驱动，确保运行精度。

③科学设计管路，使气路分布更均匀，每个模板采用单独吹气压力调节机构。

④整机采用框架结构，增加机器整体刚度，合理的材料分布使主机总量控制在15t以下。

⑤动力系统采用节能设计，虽然驱动总功率较高，但大部分时间电机都是处于无工作状态，保压压力全部靠机械自锁完成，保压时间内不浪费任何能源。

⑥整机全部采用伺服机械结构，无液压系统泄漏带来的污染，清洁安全，所有运动位置全部包覆，并配置感应器，确保运行安全。

二、纸浆模塑农副产品包装制品生产工艺

如图2-7所示为全自动蛋托/蛋盒/果托生产线主要工艺流程，该生产线采用全自动转鼓式成型机配以自动烘干线，适合大批量生产单一或多样化蛋托、果托产品，使用操作灵活方便。通过更换模具可生产蛋托、蛋盒、水果托、咖啡杯托、医用托盘、工业品、工业产品内衬包装等，甚至可以在一台机器上同时生产两款以上不同的产品。

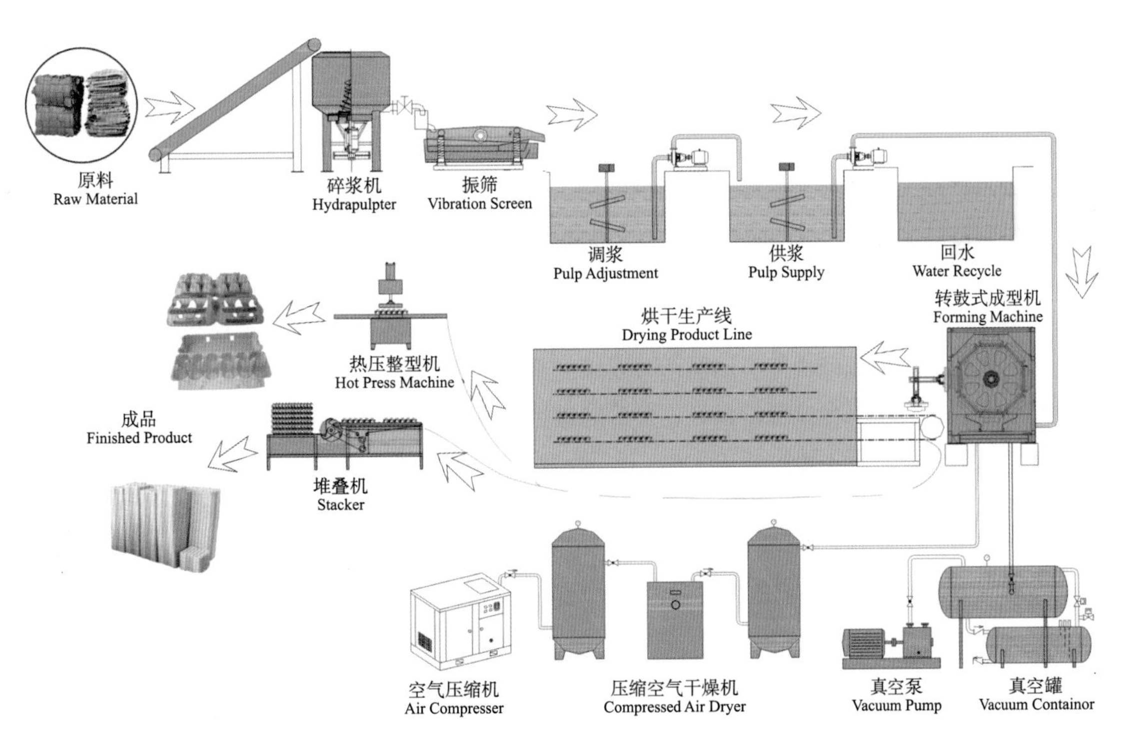

图 2-7　全自动蛋托 / 蛋盒，果托生产线主要工艺流程

（图片来源：广州市南亚纸浆模塑设备有限公司）

该生产线以废纸箱、纸板等为原材料，经水力碎浆机碎解、振框平筛除去杂质、磨浆机磨浆、调浆等工艺过程调配成一定浓度的浆料，然后输送到转鼓式成型机上，浆料经吸浆成型、成型模与转移模挤压后形成湿纸模坯，然后通过转移机械手上的转移模吸持湿纸模坯，转移至烘干生产线的传送链带上进行热风干燥。干燥完成后，需要整型的产品送至热压整型机整型，然后堆叠打包成为成品；不需要整型的产品可以直接堆叠打包装箱。

该生产线转鼓成型机有4面、8面、12面等多种规格；烘干线有单层、多层可选择，加热方式可选择燃油、天然气、木柴、煤及蒸汽等。设备产量以生产30枚鸡蛋托，产品尺寸300mm×300mm，干重65～70g计，配以不同的机型，可形成每小时产能3 000件、4 000件、5 000件、6 000件等多种规格的产品。

该生产线是由制浆系统、成型系统、烘干系统、热压整型系统、真空系统及空压机系统等组成。该生产线的主要特点有：

①成型系统采用PLC控制，触摸屏操作；安全、稳定、易用。

②成型后湿纸模坯由机械臂自动送出，自动放到烘干线上，降低了工人劳动强度。

③烘干系统采用平面输送式烘干线，由传送链和输送网组成，烘干速度快，自动化程度高。

④热压整型机利用高温、高压，将干燥后的纸模制品加以定型、修复变形，使产品具有更加整齐和光洁的外观。

三、纸浆模塑工业包装制品生产工艺

如图2-8所示为全自动工业包装制品生产线主要工艺流程，该生产线采用全自动往复成型机配以自动烘干线，适合生产多样化产品的纸模工业包装制品；通过更换模具可生产电子产品衬垫、家用电器衬垫、计算机产品衬垫、易碎品隔垫等工业产品内衬包装等纸模制品。

该生产线以废纸箱、纸板或商品浆板等为原材料，经水力碎浆机碎解、振框平筛除去杂质、磨浆机磨浆等工艺过程，根据产品性能的需要，在处理好的浆料内添加填料、颜料及防水防油等功能性助剂，调配成适合产品质量要求的浆料，然后输送到往复式成型机上，浆料经吸浆成型、上下模挤压后形成湿纸模坯，然后通过转移机械臂上的转移模吸持湿纸模坯，转移至烘干生产线的传送链带上进行热风干燥。干燥完成后，纸模制品被送至热压整型机整型，然后堆叠打包成为成品。

该生产线是由制浆系统、成型系统、烘干系统、热压整型系统、真空系统及空压机系统等组成。可用于各种大批量的纸模工业包装制品的生产。

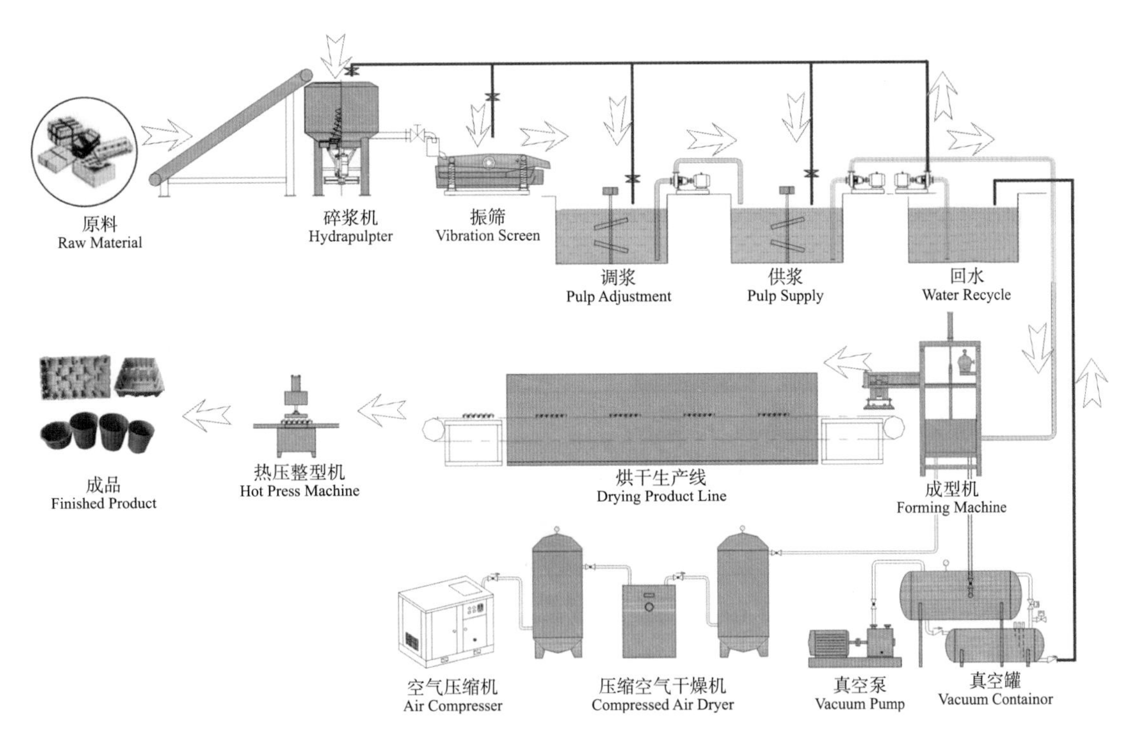

图 2-8 全自动工业包装制品生产线主要工艺流程

（图片来源：广州市南亚纸浆模塑设备有限公司）

四、纸浆模塑其他类制品生产工艺

除生产食品餐具、工农业产品包装制品外，纸浆模塑还可以生产医用器具、文创用品、儿童玩具、戏剧道具、人体模特、销售展示用品等其他类产品。如图2-9所示为纸浆模塑尿壶生产线主要工艺流程，专门用于生产一次性纸浆模塑尿壶等医疗产品。

该生产线以废旧报纸、废旧纸箱纸、办公用纸、边角料等废纸为原料，经水力碎浆机碎解成粗浆料，再经振框筛、疏解机、压力筛等进一步疏解，除去杂质，添加一定量的助剂和填料，调配成一定浓度的浆料，泵送至全自动尿壶成型机。通过在尿壶成型机上特制的模具真空吸附形成湿纸模坯，经脱水后脱模，由转移爪将湿纸模坯平移到烘干线上，经干燥后形成稳定的产品。

全自动纸浆模塑尿壶生产线是由制浆系统、成型系统、烘干系统、真空系统、高压水系统及空压系统组成，专门用于生产尿壶等医疗产品。该生产线的主要特点有：

①成型机的下模升降、上模移动速度可通过电气控制来调节。下模吸浆、脱水、吹气、上升时间和上模抽气等时间由相关的时间继电器调节。

②成型机的吸浆、脱水、湿坯的转移与脱模的动作、时间等是采用PLC可编程控制器和气电联锁电路联合控制。并通过触摸屏实现操作的各个动作，完成一次工作循环周期（完成吸浆、脱水、脱模等动作）需时30～60s。

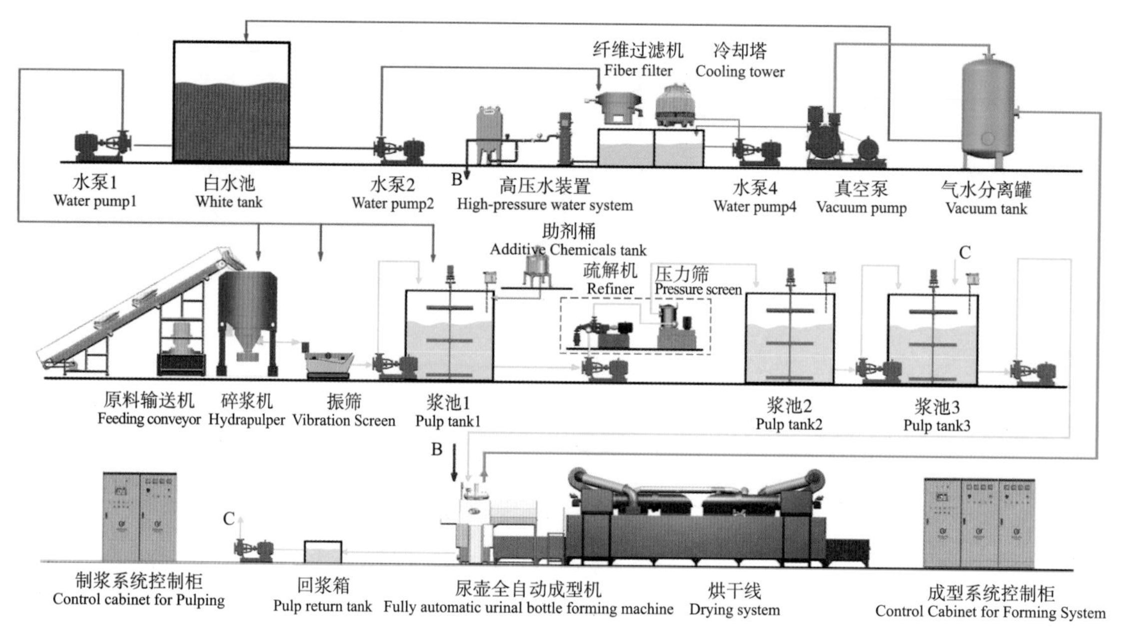

图 2-9　纸浆模塑尿壶生产线主要工艺流程

（图片来源：佛山市必硕机电科技有限公司）

③成型机与烘干线直接相连，生产的湿纸模坯直接放在烘干线的托盘上，从进浆到入烘干线，全部自动化。

④湿纸模坯取料采用转移爪直接取料方式，无须真空，且转移时无须压缩空气吹气，保证湿纸模坯的形状。

⑤生产线自动化程度高，所有工序全自动在线完成，技术领先，竞争力强。

第三章　纸浆模塑的原料及其制浆

纸浆模塑制品作为一种新兴的环保型绿色产品，已经在国民经济各个领域得到越来越广泛的应用，其应用大体上可分为两种类型，即一次性餐具用品和工业包装制品。所采用的原料也主要分为两种：商品浆（或浆板）和废纸原料。商品浆板的制浆可沿用废纸原料制浆流程中的部分工序和设备，生产工艺相对较简单，所以本章重点讨论废纸原料的制浆。

第一节　纸浆模塑原料的分类

一、商品浆板

生产一次性餐具用品和高档工业包装制品所采用的商品浆一般为化学浆、生物酶浆或无氯漂白化学浆，可从专业的制浆厂直接购得。通常可以根据产品的性能要求选用进口高级木浆、国产普通木浆，还可选用蔗渣浆、竹浆、麦秆浆、稻草浆、芦苇浆及挑选后的白纸边等短纤维纸浆。为了合理地利用原材料以降低成本，可以根据不同的产品需求进行不同浆种的搭配。

目前，国内以芦苇、蔗渣、竹子、麦草等草类纤维为主导原料，年生产能力超过10万吨的制浆厂家都有自己的治污系统。在原料方面，纸浆模塑生产完全可以走出一条“集中制浆，分散生产”的道路，不仅自身没有环境污染障碍，并且还能获得较为可靠的原料保证。

一次性餐具用品所用的浆料或浆板，无论采用什么制浆方法，本色浆或浆板必须满足GB 4806.8—2016《食品安全国家标准：食品接触用纸和纸板材料及制品》的要求；漂白浆或浆板不仅要满足GB 4806.8—2016的要求，而且必须为无氯漂白浆或浆板。

二、废纸原料

生产纸浆模塑工业包装制品所采用的废纸原料具有来源广泛、成本低廉、供应充足等特点，理论上讲，所有回收废纸经过适当的处理，都可以用于纸浆模塑的生产。

纸及其制品广泛应用于书刊印刷、日常生活、商品包装等各个领域。除了其中一部分不可回收，如图书馆的书籍、某些法律文本和公司的记录需要长期保存，还有一部分家庭和医用卫生纸被严重污染，只能焚烧回收热量或做堆肥、填埋等处理，大部分使用过的纸可以作为废纸回收。废纸经过适当的处理，大部分可制成再生纤维，重新利用。

1. 废纸的回收

随着国民经济的发展、人们生活水平的提高和纸及其制品的人均消费量的增长，以及废物处理、环境因素和消费需求等因素大大推动了废纸的回收。废纸的回收率随着城市化的加速逐渐提高，因为在城市内更容易集中回收废纸，而且能有效地降低废纸的收购成本。

废纸回收主要有以下三个渠道。

（1）废旧回收公司收集废纸

这类废纸的来源，一是政府办公机构、学校或住宅区的旧报纸、废旧书刊及经过打字复印或书写的各类废纸；二是商店、超市的各类包装纸、纸箱、纸盒和纸板等。废品回收公司组织人员定期到这些地点进行收购。另外，此类废纸也包括了个体收集的废纸和居民交送的各类废纸，此类废纸往往品种多，数量也较大，是废纸的主要来源之一。

（2）个人收集的废纸

这类废纸是由个人收集到的废纸，其中也包括了单位打扫清洁而清除的垃圾废纸，此类废纸由于是个人收集，数量不大，大多卖给废品回收公司的收购站。这种形式收集的废纸一般档次较低。

（3）工厂内部废纸

在任何品种的纸张生产过程中，不可避免地要产生废纸，这类废纸大多由本厂内部自行消化和利用。对于一些以原纸为原料生产涂布类加工纸的工厂，或以原纸为原料生产纸制品的加工厂，或以瓦楞原纸和纸板为原料生产纸箱的加工厂，或印刷厂在生产过程产生废纸和边角余料，一般不能自行使用或不便使用，可以送专门废纸回收工厂处理，这部分废纸一般比较洁净，质量均一，便于再生处理。

2. 废纸的分选

由废纸回收系统回收的废纸，往往不是单一的种类，而是多种废纸的混合物。为了满足物尽其用的废纸利用原则，就必须在废纸专业化处理之前，根据废纸的种类、性质、用途等的不同，将废纸分级分类、分别存放、分别处理，这就是废纸的分选。在分选废纸的同时，还需选出废纸中的金属、木屑、砂石、绳索、黏状物、塑料片、热熔性树脂、聚乙烯和聚苯烯等杂物，以使废纸达到一定的纯度。

由于回收的废纸情况不一、成分复杂，含有的非纸成分五花八门，所以人工分选是最好的选择。即便使用磁力分离器分离金属，分选去除重杂质，但最终还需要人工分拣。废纸的分选通常是采用装有变速机构的倾斜安置的运输带，几个人在运输带旁手工去除非纸材料，如木块、石头、金属、玻璃、塑料及对生产有害的杂质。

手工分选的工作量主要依据废纸的来源和再生浆的用途。例如，来自印刷厂的白纸边、纸花等这类消费前可回收用纸，只需要简单的分选，通常在现场审查后就进入废纸处理系统。然而，消费后可回收用纸，如来自家庭收集的废纸，必须进行分选，以确保不同废纸的不同用途。尤其对于回收的文化用纸，经脱墨后再生制造文化用纸就特别需要分选。

废纸的手工分选又可分为积极分选和消极分选。积极分选是废纸从进入流水线开始，不仅把非纸成分剔除，而且按照不同的质量把废纸区分，以便优质优用。这种分选技术可以生产出比较干净的再生浆料，但是分选的生产率很低。消极分选主要是剔除非纸成分，虽然这种分选技术生产率较高，但导致再生浆料的质量标准降低。

3. 废纸的分类

回收废纸的分类对于废纸的收集、处理、利用有直接的影响。废纸的来源不同，其纤维种类、成分及性能等差异很大。对回收的废纸进行分类，可以达到分级使用、物尽其用的目的。回收废纸一般按废纸的来源、收集渠道、质量和废纸纤维的种类进行分类。目前，我国工业用废纸有两个来源：一是来自国内废纸，主要有旧瓦楞纸箱、书刊杂志纸、旧报纸、纸箱厂的边角料、印刷厂的白纸切边、水泥袋、混合废纸等；二是进口废纸，以前主要来自美国、欧洲、日本。自2021年起，我国已经明令禁止进口国外废纸。为了应对原材料短缺的问题，国内龙头纸企纷纷布局海外，在北美、东南亚地区投资兴建废纸加工再生浆厂，通过进口再生浆的形式，可以在一定程度上缓解我国纸浆原料不足的状况。

我国的回收废纸可以粗略地分为以下几类：

（1）白色废纸。这类废纸也可以看成是纸浆的代用品，其中包括未经印刷、具有比较一致的白度、无有害物的白纸。废弃物不超过0.5%。此类废纸碎浆后可作为生产一般书写、印刷纸的漂白浆，或用于抄造中高档卫生纸，或纸模行业用作白色浆。这类废纸主要是印刷厂切下的白纸边。

（2）书籍、杂志废纸。这类废纸主要包括印刷厂或书店未发行的和发行后回收的不含或仅含少量机械浆的废刊物、书籍等。这类废纸要求不含禁止物，废弃物不超过0.25%。此类废纸经脱墨处理除去颜色、油墨后，可生产有光纸、书写纸、凸版纸、卫生纸等，也可用于纸模行业生产纸模工业包装制品。

（3）旧新闻纸。由成捆的、选择过的旧报纸组成，不包含旧杂志。凸印和彩印部分不高于正常的百分率。包装必须不含焦油、禁止物，废弃物不超过0.25%。此类废纸脱墨后主要用作配抄新闻纸，或用于抄造生活用纸和一般文化用纸，或用于纸模行业生产纸模工业包装制品。

（4）纸箱与纸板废纸。这类废纸包括牛皮纸板，瓦楞纸板切边，旧瓦楞纸箱，各色废纸盒、纸箱，黄、白、灰色纸板等。禁止物不得超过1%，废弃物不超过5%。此类废纸可用于回抄草纸板、茶纸板、箱纸板、瓦楞原纸等，其中的竹、木浆废纸可用于生产挂面纸板，或用于纸模行业生产纸模工业包装制品。

（5）纸袋纸废纸和牛皮纸废纸。这类废纸是指包装水泥后回收的破水泥袋、废牛皮纸袋及其他纸袋和牛皮纸废纸。此类废纸经拆线挑选，不含杂物，可回抄代用纸袋纸、再生条纹包装纸，也可掺入木浆作为箱纸板挂面浆，或用于纸模行业生产纸模工业包装制品。

（6）混合废纸。这类废纸属低级废纸，包括部分“垃圾废纸”（从垃圾堆收集来的废纸）。主要含混合杂志、书籍、传票、单据账簿、中小学生练习本、办公废纸及包装物品后的废纸。各种废纸的比例不限，其禁止物含量不许超过2%，废弃物含量不超过1%。此类废纸主要用于生产屋顶纸板、防潮纸板及普通的低级纸板芯层等，或用于纸模行业生产低档次的纸模工业包装制品。

随着办公设备的现代化，办公废纸（如使用过的计算机打印纸、静电复印纸、传真纸等）

的数量将会逐年增长，因此，混合办公废纸将成为新的一类废纸。

在纸浆模塑生产过程中，特别是生产工业包装纸浆模塑制品 ·般采用本色废纸原料，如废纸箱与纸板、纸盒、纸袋纸和牛皮纸及一些混合废纸，主要根据所生产的制品的质量和性能要求而定。

第二节　废纸原料的制浆

一、废纸原料的制浆工艺

用废纸原料生产的纤维纸浆与原生纤维纸浆一样，必须达到一定的质量标准才能够更好地利用。废纸原料的加工处理系统通常比原生纤维的更为复杂。废纸制浆根据所使用的废纸原料不同和生产的最终产品的种类不同，而有不同的处理流程和设备。一般来说，废纸的处理包括以下几个步骤：①废纸的分选；②废纸的碎解分离；③筛选和净化；④脱墨（非脱墨浆除外）；⑤浓缩；⑥漂白和打浆。

可以把废纸的分选看成是废纸的预处理阶段，而把碎解作为废纸制浆流程的第一步，漂白和打浆则是为了满足浆料最终的质量要求，对废纸浆作进一步处理的过程。这样，废纸制浆流程基本上包括碎解、筛选、净化、浓缩四个阶段。但是，由于废纸中所含杂质种类繁多，尤其是塑料、热熔物及其他合成材料在纸制品上的应用，使得废纸处理中的筛选净化复杂化，因此，筛选净化成为废纸制浆的关键问题。这样，整个废纸制浆过程实际可归纳为碎解和净化问题。而含油墨废纸的脱墨是废纸制浆中的一个特殊要求，实际上亦是一个净化过程。

回收废纸的离解包括碎解和疏解两个阶段。在废纸制浆流程中，碎解是废纸制浆的第一步，疏解是碎解的继续，使废纸最终完全离解成纤维。

1. 碎解

废纸制浆的目的是在最大限度地保持废纸中纤维原有强度的情况下将废纸分散成纤维悬浮液，并将废纸中固体污染物如砂、石、金属等重杂质及绳索、破布条、玻璃纸、金属箔、塑料薄膜等体积大的杂质有效分离。在处理需要脱墨的废纸时，还需在制浆阶段加入一定量的脱墨剂及化学药品，并进行通气加热等，以期达到将纤维与印刷油墨、胶黏物等分离的目的。

传统的回收废纸碎解是在水力碎浆机中完成的，水力碎浆机的碎浆原理主要是由于转子的机械作用和转子回转时所引起的水力剪切作用。转子回转时，转子上叶片猛烈地击碎与它相接触的废纸原料；转子的突然运动及产生的惯性力对废纸碎片产生一个加速度，在黏性力的作用下，水中的固体悬浮物必有一个不同于废纸碎片的速度，黏性力使纤维之间产生摩擦力，进而由于剪切应力导致废纸碎片的进一步分解；同时由于转子产生强力旋涡，在转子周围形成一个速度很高的湍流区域，而且接近槽体内壁的废纸浆速度低于湍流区域的速度，两者间存在着速度差，于是废纸浆料间互相摩擦，最终达到碎浆目的。

2. 疏解

疏解是将尚未解离的小纸片碎解成单根纤维的过程。在回收的废纸中，各种尺寸、各种涂布、各种湿强度等级的废纸都有，但在破碎过程中，高湿强纸需要进一步地离解才能满足要求。疏解机是常用的疏解设备。圆筒筛在一定范围内也具有疏解效果，它们处理浆料的浓度范围都在3%～6%。

对于较难处理的废纸，保持高碎片含量的非连续式碎浆之后使用疏解机疏解是比较经济合理的做法。资料证明，当离解率达60%时，疏解效果最高，动力消耗不多；但当离解率达到75%时，动力消耗剧增，而疏解率却提高不快。所以不宜采用水力碎浆机高比率离解，否则将严重损伤纤维，降低纤维强度。此时应采用疏解机等疏解设备来完成后期的离解任务，这对提高离解效果、保证废纸纤维的强度、降低动力消耗都有好处。因此，可以说疏解是碎解的继续，其目的是将纤维全部离解而不切断损伤纤维，保持纤维强度。从图3-1中可以看出，随着碎片含量的降低，如继续在碎浆机中离解纤维，所需动力会快速增加。

与碎浆机相似，疏解机破碎废纸碎片的原理也是靠力的作用，包括机械力、黏性力、加速力或者它们的合力，这些力比碎浆机的更大，碎片破碎的可能性也更大，因为它们既受到剪切力，又受到疏解机压区压力，但疏解力毕竟是有限的，对于高湿强度纸，需要更高的疏解力。通常采用高温和添加化学药品的方法来实现这一目的。如图3-2所示为碎浆机和疏解机中在不同处理条件下，所消耗的动力和碎片含量之间的关系，包括单纯的机械力、机械力+加热、机械力+化学药剂三条曲线。其中所用的化学药剂为碱性或酸性。

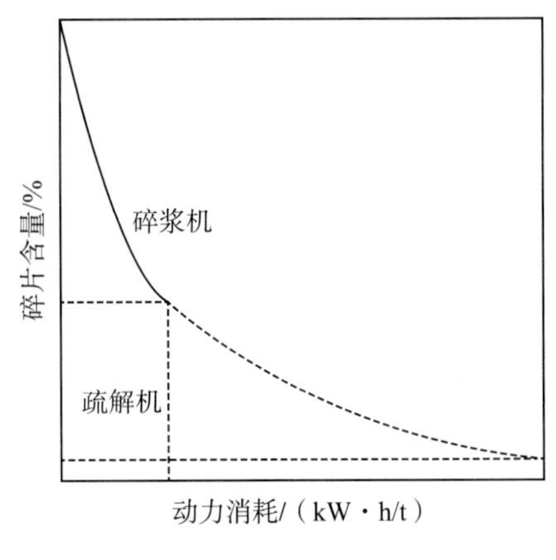

图 3-1　碎浆后期使用碎浆机和疏解机的区别

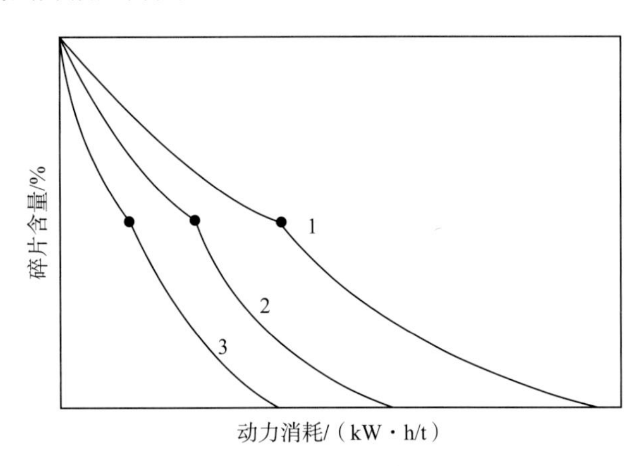

1—机械力；2—机械力+加热；3—机械力+加热+化学药剂

图 3-2　不同条件下动力消耗与碎片含量的关系

3. 筛选分离

筛选是指从废纸再生浆中尽可能去除杂质碎片和固体污染物，并尽量减少处理过程中纤维的流失。废纸再生浆的筛选过程与一般的浆料筛选相同，根据污染物粒子的大小、形状、可塑性等选择合适的筛选配置。筛选后，能通过筛孔或筛缝的浆料，尺寸要比废渣小。冲洗净化装置通常能将分离出来的废渣送往排放端，以免筛子阻塞。

根据纤维长度和柔韧性来分离纤维，这种分离方式称为“筛分”，精确地区分纤维的长短是不可能的，只能在某一范围内分离纤维。筛分通常使用的也是普通的筛浆机，但在筛浆设备和操作条件上与所选设备还是有着细小却有效的区别。

如图3-3所示为筛选与筛分的分离曲线，说明了筛选和筛分的不同目的。筛选的主要目的是除去固体污染物，尽可能少地带出纤维；筛分的主要目的是改变纸浆悬浮液的组成，更看重纤维的长度和柔软性。

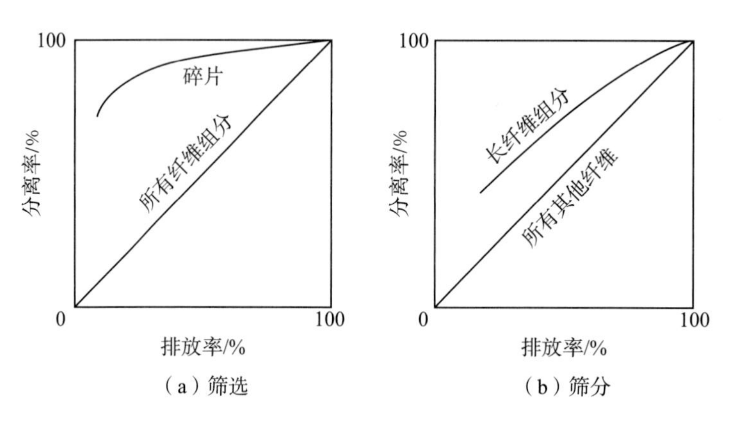

图 3-3　筛选与筛分的分离曲线

筛选在高碎片含量的废纸处理过程中是一个初步分离的过程，废纸浆的筛选通常不能只设一段筛选，根据浆料的组成不同，可采用不同的转子、不同的开孔以及不同的筛选设备与流程。主要原则是尽可能地除去杂质碎片，防止其被过度碎解而进入良浆中。合适的筛选能使后续处理过程的效率得到提高。

筛选过程中纤维的损失是不可避免的，因此对筛选后渣浆进行二段、三段甚至四段处理，对于减少这种损失是非常必要的。最后一段的排渣率裹带的浆料就是筛选系统的纤维损失。筛选系统的洁净率随着排渣率的增大而增加。洁净率说明了筛子或筛选系统从悬浮液中去除废物杂质的能力。高的排放率会使纤维大量流失。因为洁净率和纤维流失率也取决于筛选处理的段数，因而筛选设备的选择和系统的操作就要在最高的洁净率、最小的纤维损失、最少的投资之间选择最佳方案。

4. 净化

离心净化是将废纸浆中影响浆料质量和造成设备磨损的杂质去除，这些杂质包括砂石、金属块、玻璃片等重杂质和塑料及其他塑性材料等轻杂质。主要依靠它们与水密度不同，与纤维尺寸和形状不同的特性来达到分离的效果。废纸浆中所含杂质的量较大，通常所用的分离设备是涡旋除渣器，其结构如图3-4所示。

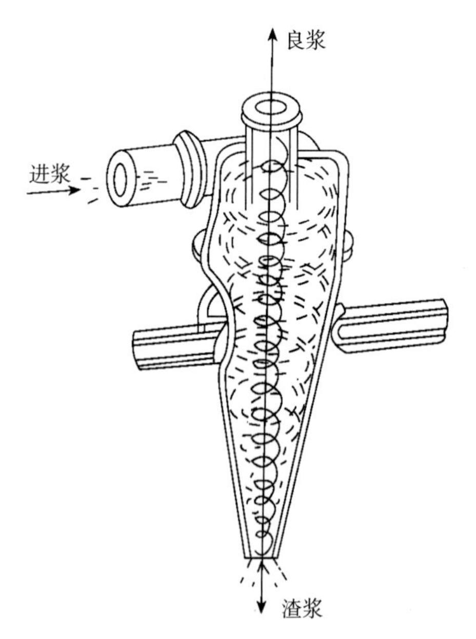

图 3-4　涡旋除渣器

涡旋除渣器的工作原理，涡旋除渣器中的浆流分三个方向：圆周运动的浆流产生离心力；轴向运动的浆流运送固体颗粒使其分离；半径方向的浆流逐渐从外围向中心运动。

涡旋除渣器根据良浆口和渣浆口与进浆口的相对流动方向可分为逆流和顺流两种。在逆流重杂质除渣器中，进浆口和良浆出口在上部，渣浆排放口在底部。而在顺流除渣器中，渣浆口和良浆口在进浆口相反的方向。如图3-5为去除轻、重杂质的逆流和顺流涡旋除渣器的原理。

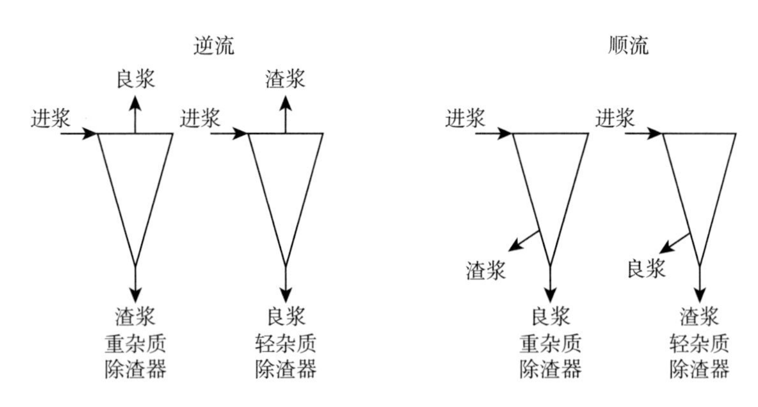

图 3-5　去除轻、重杂质的逆流和顺流涡旋除渣器的原理

顺流的轻、重杂质净化器在底部中心都有一个排放口，但两者是有区别的，重杂质净化器杂质排放口被安放到器壁接近良浆出口，而对于轻杂质除渣器此处则设置成了良浆出口。这就是应用了离心力的原理：重杂质在外部收集，轻杂质在内部收集。

重杂质颗粒沿器壁螺旋下降通过排渣口，排放量约为进浆体积的3%～15%，或进浆质量的3%～30%。在逆流重杂质除渣器中，良浆从顶部排出。

轻杂质颗粒会向净化器的中心移动，在逆流轻杂质除渣器中，杂质碎片通过除渣器顶部的轻杂质排放口而排出，排放量约为进浆体积的3%～15%，或进浆质量的l%～15%，而大部分浆料从除渣器底部的良浆出口排出。排渣可连续操作或间歇操作。

5. 浓缩

废纸浆经过筛选净化后，为满足去除沥青、脱墨或漂白等后续工序的工艺要求，需要将浆料脱水浓缩至要求的浓度。

废纸浆脱水根据浆料出浆浓度的高低，可分为低浓（浓度在8%以下）、中浓（浓度在8%～15%）和高浓（浓度在15%以上）三种。纸浆模塑生产用的废纸浆料脱水大多是在低浓度下进行的。

二、废纸原料的制浆设备

1. 碎浆设备

碎浆设备通常分为水力碎浆机和圆筒疏解机。水力碎浆机是国内外常用的碎解设备，从结构形式上分为立式和卧式，从操作方法上可分为连续式和间歇式，从碎浆浓度上可分为低浓和中高浓。圆筒疏解机是近年出现的高浓连续碎浆设备。表3-1给出了两种设备的应用特点及操作条件。

（1）水力碎浆机

图 3-6　D 型水力碎浆机

（图片来源：淄博华联轻工机械有限公司）

水力碎浆机通常是由一个圆筒的不锈钢槽和一个同心（有时也不同心）的镶有叶片的转子叶轮组成。因转子易受到磨损，设计必须易于清洗和更换。为使碎浆机中间浆料得到良好的循环，槽体四壁通常是直立的。这种设备是靠转子转动产生的机械作用和水力作用来达到碎解废纸的目的，其中水力作用是主要作用。

如图3-6所示的国产D型水力碎浆机是国内比较实用的碎浆设备。普通碎浆机浆料在桶体内做圆周运动，而D型水力碎浆机改变了浆料的运转方向，再加上可导向板和隔挡板，在碎解过程中，浆料除了做圆周运动外，还上下翻腾，增大了碎解效果，节省了时间。普通碎浆机的筛板在底部，废纸里面的杂质，大的打小了，小的打碎了，很容易通过筛板进入良浆中。而D型水力碎浆机加高了筛板座，依靠叶轮在旋转时的离心力作用，把轻、重杂质全部抛向桶体周边，不会通过筛板进入良浆里面。使浆料更干净，减少了后续设备的压力，延长了碎浆机的叶轮、筛板、刀片的使用寿命。该设备适合疏解牛皮纸、特种废纸等原料，效果非常显著。

表3-1　水力碎浆机和圆筒疏解机使用特性、设计特点、操作方法比较

设备类型		高浓碎浆机	中浓碎浆机	低浓碎浆机	圆筒疏解机
喂料	废纸种类	旧报纸、旧杂志纸	旧报纸、旧杂志纸	瓦楞挂面高湿强纸	旧报纸、旧杂志纸、瓦楞挂面纸
	条件	松散、去铁丝纸捆	松散、去铁丝纸捆	松散、散包	松散
操作条件	纸浆浓度 / %	<19	<12	<6	<20（<5）
	最小能力 /（t/d）	30	140	200	100
	最大能力 /（t/d）	400	500	1 600	1 600
	停留时间 / min	15～25	20～30	5～40	20～40
	操作形式	间歇	间歇	连续（带绞绳装置及废料分离器）	连续
设备特性	轴向有效元件	直立式螺旋转子	直立式螺旋转子	直立式、水平式、倾斜式带叶片的水平转子	直立式、水平式回转圆筒
	线速度 /（m/s）	12～16	13～17	15～20	1.5～2
	筛选	没有（或有）	没有（或有）	有	有（圆筒内）
	直径 / mm	<7 100	<6 000	<8 000	<4 200

根据处理原料的不同，碎浆机可分为三种：在高浓下运转的称为高浓碎浆机，浓度可高达19%；在中浓下运转的称为中浓碎浆机，浓度可达到12%；在低浓下运转的称为低浓碎浆机，浓

度为6%。高浓碎浆机和中浓碎浆机通常是间歇操作的，而低浓碎浆机通常为连续式操作的。转子的尺寸大小由浆料的浓度和碎浆机的净化系统决定。

不同等级废纸的碎浆曲线可用来评定碎浆机的操作特性。对于间歇式操作，这些曲线表明废纸碎片含量与时间和动力消耗之间的关系。这里说的废纸碎片是指小的碎纸片或碎纸板片，而不是已被分解的单根纤维。如图3-7显示的是以废旧杂志纸为原料，不同碎浆机转子和不同浆浓下的两条碎浆曲线。很显然，与同种浆的其他形式操作比较，废纸碎片快速下降曲线出现在高浓碎浆机。

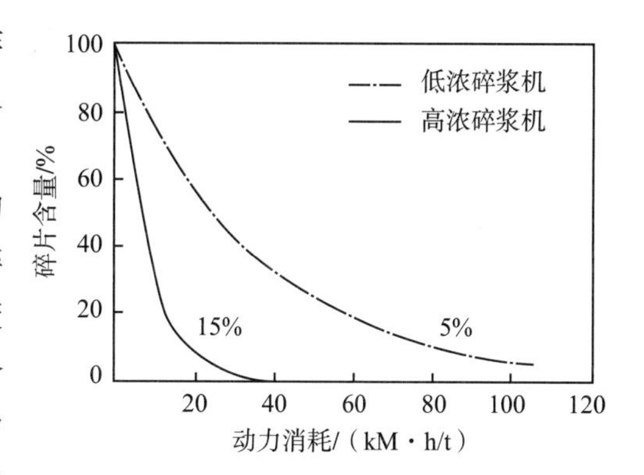

图 3-7　不同浆浓下碎浆机的碎解性能与动力消耗

①高浓和中浓水力碎浆机

高浓、中浓水力碎浆机通常都是间歇操作，加入水和原料→碎浆→稀释→放料，如有必要再分离冲洗残余物。这意味着真正用于制浆的时间只有全程的三分之二左右。想要缩短全程时间，就要尽量掌握好装放料的尺度。这势必增加高浓碎浆机的费用，但其主要优点是节约了制浆的动力消耗，减少了对杂质的碎解，以利其后杂质更好地去除；对于处理脱墨浆，还可以节省化学药品，油墨的去除也更完全。

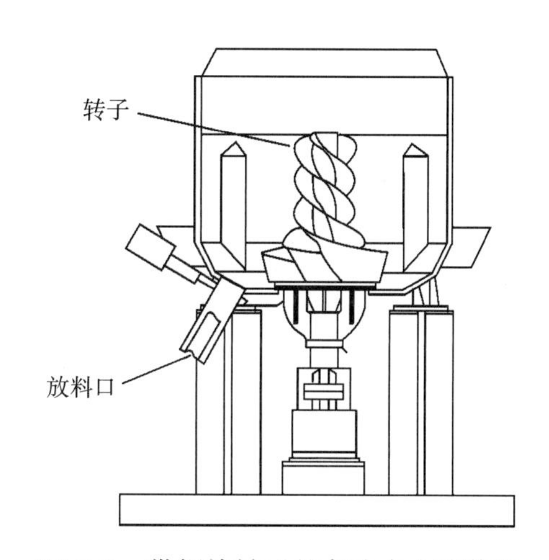

图 3-8　带螺旋转子的高浓水力碎浆机

如图3-8为典型的带螺旋转子的高浓水力碎浆机示意。除了碎浆，转子对其周围浆料还有输送作用，上部向下运送浆流，下部则主要起循环作用。

进入高、中浓碎浆机的废纸可以是松散的，也可以是打捆的。成捆的需要经过人工或自动解捆，然后再投入，这样可以提高原料在碎浆机里的润湿速度，以缩短碎浆时间。这种类型碎浆机多用于处理脱墨浆（旧报纸和杂志纸）或涂布纸。

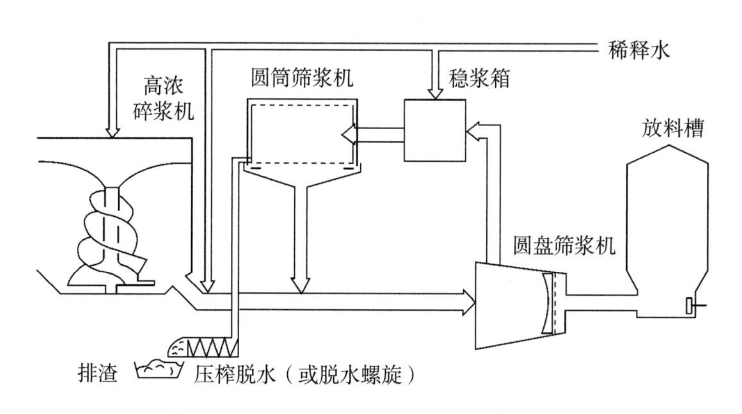

图 3-9　废纸处理的高浓碎浆系统

图3-9为废纸处理的高浓碎浆系统，包括碎浆机、卸料系统、稀释水喂料系统。从碎浆机来的良浆被储存在放料槽中，渣浆通过缓冲贮罐被泵送至圆筒筛，处理后的渣子脱水后排放，而筛后良浆重新回流到圆筒筛进行循环处理。

②低浓水力碎浆机

如图3-10显示了低浓水力碎浆机基本结构，其处理浆料浓度为6%左右，目前这种碎浆机最大容量为160m³。回收废纸进入低浓水力碎浆机，一般以松散或打捆的形式均可，因此低浓碎浆机通常用于人工打包的纸或纸板。碎浆机的转轴可以是直立式、水平式或倾斜式的。通常为连续操作，浆料连续不断地通过筛板，靠定子刀来控制。根据系统的可接受能力和回收纤维的等级，筛孔直径6～20mm。小孔会使一些小的废纸碎片进入良浆从而延长制浆时间。大孔会使制浆时间缩短但进入良浆的废纸片尺寸较大并且数量较多。孔径的大小只能是满足后面的筛选系统正常工作，不至于被过大过多的碎纸片带来超负荷为最佳值。对于一般容易处理的浆料，废纸碎片的含量通常为15%～20%；对于较难处理的浆，就要达到20%～40%。

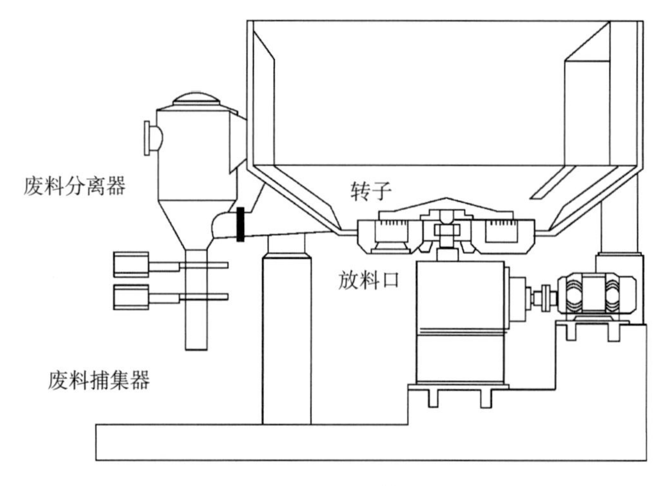

图 3-10　低浓水力碎浆机基本结构

为防止废纸中的铁丝、绳索、塑料片、金属片、布条等长条形轻杂质影响碎浆机的正常运行，必须有随时清渣的装置。碎浆过程中这些轻杂质多在浆料旋涡的中心部位旋转，因而，只要将其一端缠住，就会利用旋涡的水力作用将其搓捻成绳。因此这类杂质的去除通常是由安装于水力碎浆机旁的绞索装置来完成的，如图3-11所示。绞索装置主要由带V形槽的绞轮和装在杠杆上的压轮组成。开始工作时，需要用一端带有钩齿的麻绳做导辫，麻绳的捻向要与纸浆的运转方向一致，麻绳的一端压在绞轮上，带钩齿的另一端扔进水力碎浆机槽体中，由于转子周围强力的回转流动，各种轻质长条形杂质被缠绕，在绳索的尾部聚集，并越来越多，然后被绞车不断地从碎浆机中拉出，使用时，要注意导辫的长度不要过长，应以能到达浆料旋涡中心处为宜；绳索的提升速度也要适宜，不能超过尾部废料的增加速度，如提取速度太快，尾部废料太薄会造成绳索的破裂脱落，如速度太慢，废料聚集太多，转子可能被损坏。如果绳索破裂，脱落部分会在碎浆机内继续盘旋或沉落底部，这会导致转子的运转突然中断，因此，要安装调速装置来控制绞轮的转速，使形成的绳索保持粗细均匀的状态，这还与原料的洁净程度有关，因此，绳索的提取速度范围很大，可在 0～100m/h 。

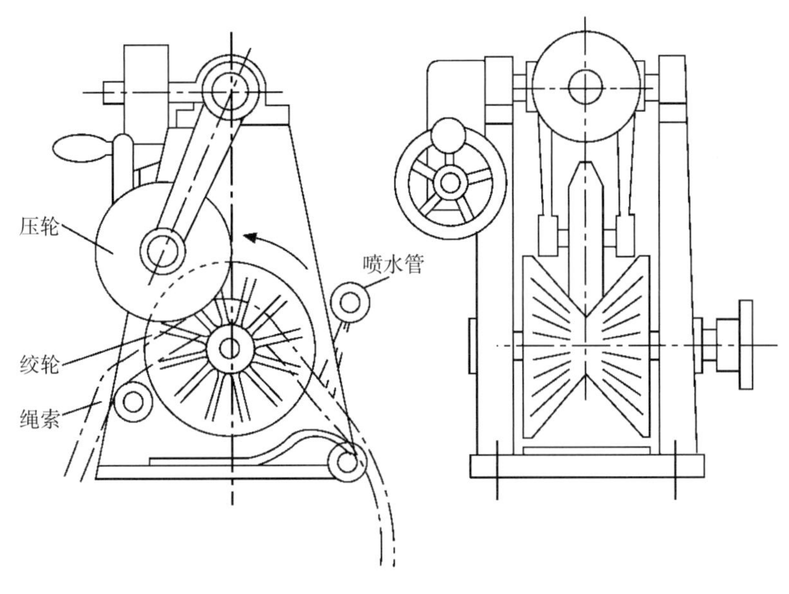

图 3-11　绞索装置

绞索装置一般用于11m^{3}以上的连续式水力碎浆机上，同时，由于绞出的绳索往往缠有各种非纤维杂质，直径可达200mm左右，甚至更大，因此，国外的绞索装置配有自控装置和绳索闸刀切断装置，当绳索每绞2～3m长时将其切断。另外，在使用绞索装置时，要注意控制碎浆浓度，应以3.5%～5.5%为宜，这样可以保证浆料有足够的流动性，又不会因为浓度太低，绳索浮起来而影响排杂效果。

（2）圆筒疏解机

圆筒疏解机也称圆筒式连续碎浆机，是一种新型的碎浆设备，其结构简单，高效实用，如图3-12所示为用于处理低湿强度等级回收废纸的圆筒疏解机，用得最多的是处理以废旧报纸和杂志纸为主的脱墨浆，同时在低湿强度褐色浆上的使用也在不断增加。

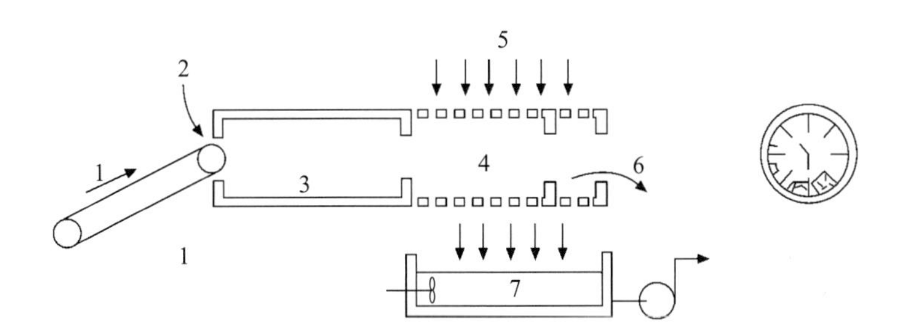

1—废纸；2—化学药品和水；3—高浓疏解区；4—筛选区；5—水；6—粗渣；7—浆

图 3-12　圆筒疏解机示意

圆筒疏解机的筒体以100～120m/min的圆周速度运转，直径为2.5～4m，长度达30m，因此需要足够大的空间，并且通常向放料端倾斜。

圆筒疏解机有两个区，一个是高浓碎解区，另一个是筛选区，两者是以相反的方向运转的。高浓碎解区要求占圆筒长度的三分之二，筛选区为三分之一。

松散的或去掉包装绳的废纸捆连同水及脱墨剂等化学药品一同被送入碎解区，该区的浆料浓度为14%～20%。圆筒的内壁上装有轴向隔板。圆筒转动时，内壁上的隔板重复地把废纸带起再跌落在圆筒底部硬表面上，产生温和的剪切力和摩擦力，使废纸纤维化而不破坏杂质。当圆筒的滚动运动作用于浆团之间时，摩擦作用增加，使废纸中的印刷油墨、胶料及胶黏物等物质从纤维上松散开来。由于纤维分离过程中无切断作用，因而减少了杂质被切碎后带来的操作上的麻烦。在碎浆机的末端有一挡环，可以保证浆料在碎浆区的停留时间。

废纸在碎浆区经疏散后，进入圆筒表面加工有孔的筛选区，浆料被稀释到3%～5%的浓度，筛孔直径6～9mm，稀释水从安装在筛选区上面的喷水管加入，这样可将堵塞在筛孔内的纤维反冲回圆筒内，废渣（通常由湿强度材料组成的污染物和碎纸片）被送往圆筒的尾端，作为低纤维物排放，良浆则从筛孔流入贮浆池，之后送去进一步碎解和筛选。

这种碎浆机的构造使其具有以下的优点：①有良好的除杂能力，废纸原料可不经分选就直接使用，可节省大量分选费用；②因其动力只消耗于圆筒的旋转上，无须搅拌、切断纤维及杂质等动力消耗，因而比水力碎浆机节省动力50%左右；③化学药品可减少10%以上，蒸汽可节省60%；④纸浆通过筛孔的速度很慢，从而减少了废杂物冲洗通过筛孔进入良浆的可能性；⑤废杂物从圆筒另一端排出，无须做进一步的纤维回收；⑥整个废纸处理系统的设备费用减少，且设备易维修保养，筛孔不易堵塞，可长时间连续运转。

2. 疏解设备

疏解设备种类较多，较常使用的有高频疏解机、纤维分离机等。

（1）高频疏解机

高频疏解机是常用的疏解设备，通常由一个高速回转的转盘和一个固定的定盘组成。转盘高速旋转，使废纸浆在转盘与定盘间受到强烈的冲击和足够的水力剪切作用，从而使废纸浆纤维疏解分散，同时浆料通过疏解机时有许多小的阻挡，如齿纹（刀片）、沟槽、钻孔等以提高疏解效率。根据高频疏解机的结构设计形式可分为齿盘式、孔盘式、阶梯式、锥形等各种类型。

图3-13为齿盘式高频疏解机结构示意。它的外形与水泵相似，由两个定盘和一个转盘组成，转盘和定盘各有同心的三排圆形齿环，转盘上的齿环套在定盘上齿环的内侧而相互啮合，形成了疏解区，三排齿环以25～40m/s的圆周速度运转，含有碎纸片的纸浆悬浮液必须快速通过转子与定子之间的齿槽，并经齿槽做径向移动，最后经定齿环排出。高频率旋转产生的加速力和剪切力使废纸纤维化。这种疏解机的碎浆浓度通常为3%～5%，浓度增加，疏解效果好，但产量降低。转盘和定盘齿环的间隙应根据浆料性质来选择，间隙过大，离解能力降低；间隙过小，浆料通过量少，产量下降，故定子与转子的齿环间隙一般为0.8～1.0mm。常用的齿盘式高频疏解机主要有ZDG1型和ZDG2型两种。

高频疏解机所提供的高速机械水力撕裂作用，使浆料中的碎纸片几乎全部分散成纸浆，无论废纸片含量、尺寸如何，碎解率至少可达到95%以上，即残留的废纸片含量低于5%。这种设备的主要缺点是当金属碎片或塑料等杂物随浆料进入齿环时，易造成齿的断裂。因此，仅适用于处理筛选、除渣后的废纸浆及车间内含杂质少的损纸。

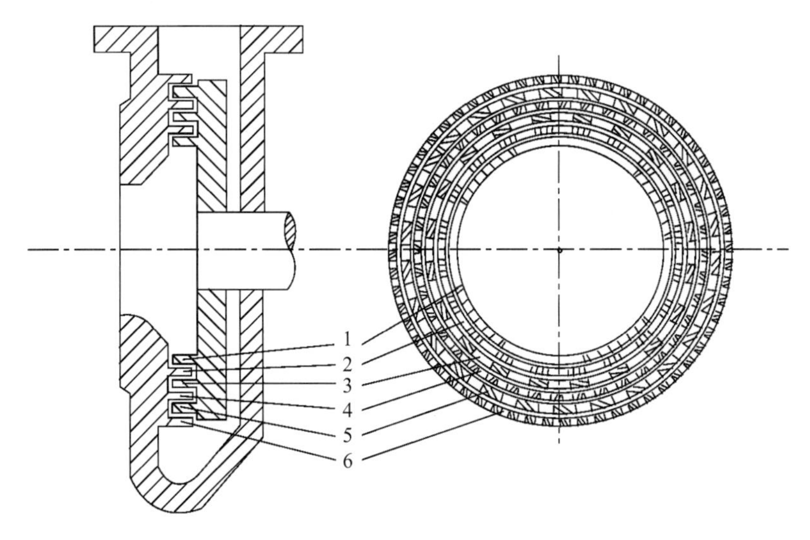

1，3，5—转盘上的内、中、外齿环；2，4，6—定盘上的内、中、外齿环

图 3-13　齿盘式高频疏解机结构示意

（2）纤维分离机

纤维分离机也称疏解分离机，对纤维有理想的疏解作用，而对纤维的损伤极小，是继续离解来自水力碎浆机浆料的设备，同时又是废纸浆筛选的优良设备。它能同时分离出废纸浆中的重杂质和轻杂质，分离性能良好。因而，纤维分离机被作为废纸处理的多功能设备而得到广泛应用。如图3-14为国内生产的ZDF型纤维分离机结构示意。

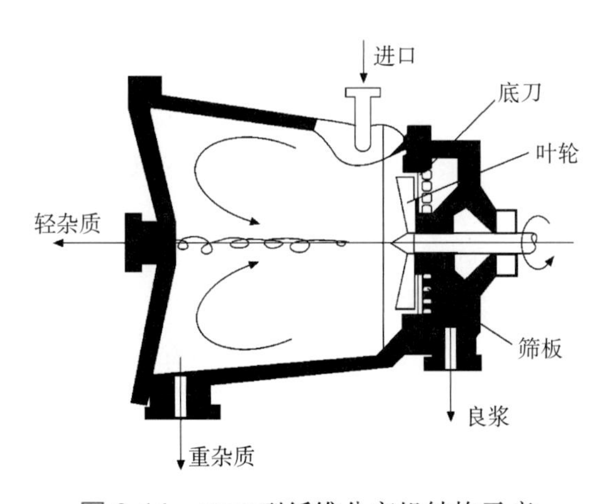

图 3-14　ZDF 型纤维分离机结构示意

纤维分离机一般装置在水力碎浆机之后，作为废纸“二级碎浆”及分离设备。其工作原理是：浆料从槽体上方切线压力进入，由于叶轮旋转作用，使浆料在机壳内做旋转运动，同时由于叶轮旋转的泵送原理，使浆料沿轴向做循环运动。重杂质在离心力作用下，因其相对密度较大而逐渐趋向圆周，又因机壳呈圆锥形，重杂质在运动中自动向锥形大端集中，最后甩入沉渣口定期排出。塑料等轻杂质则在离心力作用下逐渐趋向机壳中心，沿轴向分离出去。良浆在旋

转叶轮的强烈冲击或叶轮与底刀的撕碎、疏解作用下，充分离解成纤维，经过Φ3～4mm筛孔筛选后，从良浆出口排出。由于筛板与叶轮靠得很近，加上高速旋转的叶轮与底刀间形成的流体运动，在筛板附近产生强烈的浆流，起到自动清扫筛孔的作用。

纤维分离机的特点是：①具有浆料二次疏解、轻杂质分离、重粗废料去除等3种基本功能；②装置纤维分离机的碎浆流程可以处理低级的废纸，可减少原料的预处理，降低成本；③可提高原有水力碎浆机的生产能力，降低10%～20%的单位能耗。

（3）疏解圆筒筛

筛浆机尤其是圆筒筛浆机具有一定的疏解功能，安装于转子刀末端附近圆筒上的挡板具有极大的疏解作用。如图3-15为典型圆筒筛的内部结构示意，从图中可以看到转子、筛盘和挡板。

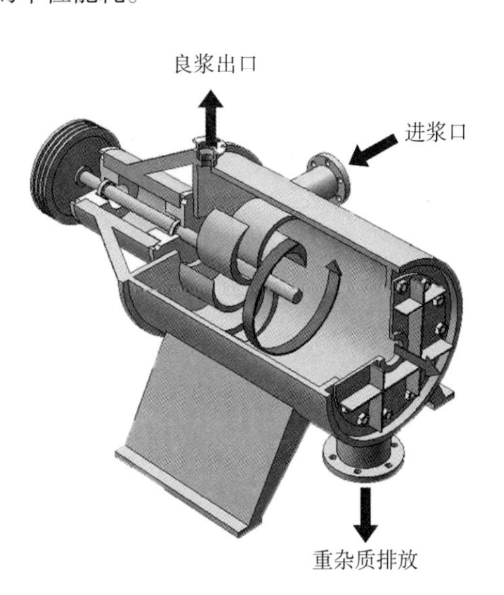

图 3-15　圆筒筛的内部结构示意

圆筒筛最初是用于高碎片含量纸浆悬浮液的粗筛选，用于疏解的优势是分离的同时对碎片没有作用（不碎解碎片），其不足是对浆料的碎解作用有限。对于回收的废旧包装纸及纸板产品的处理也已足够。可有效减少第二段粗选的筛渣率。

（4）盘磨机

双盘磨浆机是目前纸浆模塑行业常用的制浆设备，适合化学木浆、机械浆、废纸浆的连续打浆，适宜浆料浓度2%~5%，配有自动控制系统，实现恒能耗或恒功率打浆，打浆效果稳定。

双盘磨浆机由磨浆机室、传动机构、底座、电机等组成。研磨室由固定在壳体和移动座上的两块固定研磨板和安装在转盘上形成两个研磨区的两块旋转研磨板组成。通过更换不同齿形的磨盘，可以满足各种浆料的打浆要求。

浆料通过两根进浆管进入研磨区中心，在离心力和进浆压力的作用下通过研磨区，通过研磨区内齿盘的捏合和挤压完成制浆过程。

图3-16所示是国产ZDP-M系列双盘磨浆机，其规格有Φ380mm、Φ450mm、Φ550mm、Φ600mm等。

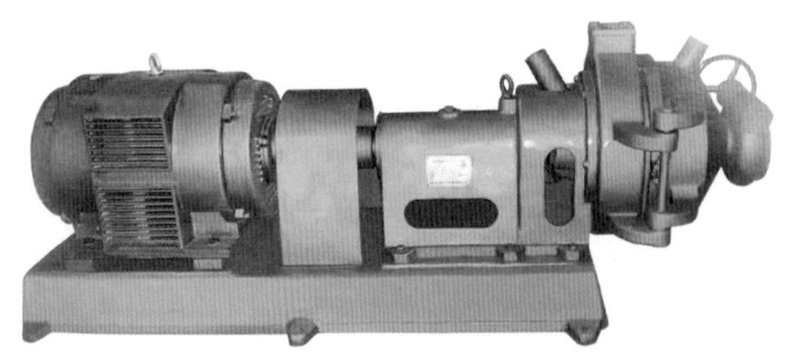
图 3-16　ZDP-M 系列双盘磨浆机
（图片来源：淄博华联轻工机械有限公司）

3. 筛选设备

通常用于浆料筛选的设备如各种压力筛、离心筛、振动式平筛、高频振动圆筛等，都可用于废纸浆的筛选。

筛选设备要根据原料、杂质粒子、碎片含量及浆的浓度等来选择。筛选设备通常都是由带进浆口、良浆出口、渣浆出口的筛浆室（有时带轻重杂质排放口）、转子和清洗装置及筛板组成的。筛浆室可以加压，也可以在大气压力下工作，筛鼓可以垂直或水平放置。筛板的形状有圆柱形、圆锥形、弯曲形和平板形等，板上的开孔可为圆柱形、圆锥形和长缝形等。

圆盘筛浆机的筛板是平的，孔径为2.0～3.0mm；圆柱筛浆机的筛板是圆柱的，孔径为0.8～1.5mm。圆柱筛浆机的缝形筛板，缝宽通常为0.1～0.4mm。表3-2列出了筛浆机类型及主要操作条件。

表3-2　筛浆机类型及主要操作条件

筛浆机	开口尺寸 / mm	转子线速度 /（m/s）	浓度范围		
			＜6%	＜4.5%	＜1.5%
圆盘筛	孔径2.0～3.0	20～30	√		
圆柱筛	孔径0.8～1.5	10～30		√	
	缝宽0.1～0.4	10～30		√	√

（1）圆盘筛浆机

回收废纸中有些杂质成分会给碎浆过程造成极大的困难，碎浆后仍然会有很高的未碎解成分，因此使用圆盘筛浆机对其进行粗筛选，可有效减小纤维的损失，同时保证了后面筛选的正常平稳运行。有时圆盘筛浆机也用于圆柱筛浆机后的二段筛，其目的主要是进一步减少纤维流失，同时应用其良好的碎解功能确保后续筛选工段的顺利进行。

（2）圆柱筛浆机

圆柱筛浆机也具有一定的碎解功能，但要比圆盘筛浆机差得多，压力圆柱筛浆机处理浆料的浓度可高达4.5%。作为粗选设备，其筛孔或筛缝比正常筛选时要大。图3-17即为带旋转筛鼓的粗选圆柱筛浆机。

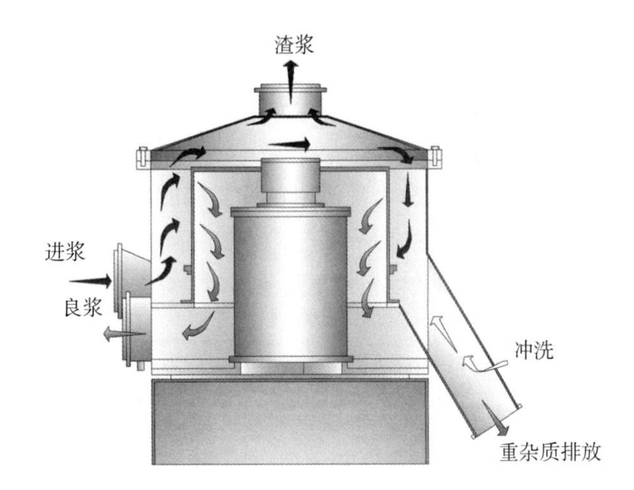

图 3-17　带旋转筛鼓的粗选圆柱筛浆机

筛筐设计有几种不同的形式，转子可安装在筛筐进口或良浆出口处，通过筛筐的浆流可以是离心的也可以是向心的，多数情况是转子安装在筛筐进口端，浆流是离心的。转子和筛筐之间的距离在2～20mm。粗选和精选的转子设计是不同的，粗筛转子有叶状转子、阶梯形转子和鼓泡型转子。

（3）菲因克–赛克洛筛

菲因克–赛克洛（Finckh-cyclo）筛是20世纪70年代由西德制造的，它是一种将除渣和筛选结合起来的废纸筛选设备，如图3-18所示。它由上半部的旋翼筛和下半部的锥形除渣器组成，可在5%左右的浓度下进行操作。

该设备上半部的筛选部分是一个由旋翼转子和筛鼓组成的筛选室，旋翼转子是一个不锈钢的空心体，上面焊有稍微倾斜的旋翼，空心体的下部用一个盖密封，盖上焊有小叶片，以加快浆料的流入。

浆料以150kPa的压力从切线方向进入旋翼筛圆筒的下部，在旋翼筛转子（其下端焊有叶片）的作用下做高速回转运动，使纸浆的线速度达到 11m/s左右，由此产生的离心力使重杂物向外圆周运动，形成较重的外层，然后沿器壁落到锥底，从集渣器间断排走。而含有塑料、泡沫等轻杂质和未碎解纸片的浆料在下部锥体最窄处沿中心部位往回上升，进入旋翼筛筛鼓内，良浆通过筛板与筛渣分离后，从圆筒部分的径向排出，而含有碎纸片的尾浆从圆筒上部排出。

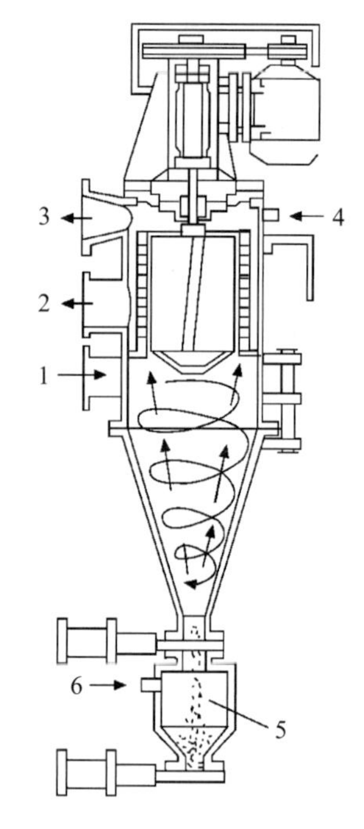

1—进浆；2—良浆；3—尾浆；
4—稀释水；5—重杂质；6—冲洗水

图 3-18 菲因克－赛克洛筛

由切线进浆压力使浆料产生的涡流和由旋翼筛转子下端叶片产生的浆料旋转，两者能相互促进和加强，使得离心力的作用和浆料切向速度增加，以充分有效地分离不同的杂质，从而也节省了动力消耗。

菲因克–赛克洛筛把锥形除渣器和旋翼筛结合在一台设备内，可同时除去轻、重两类杂质，因而简化了处理流程。当把它装在水力碎浆机之后筛选废纸浆时，仅需将其尾浆送疏解机处理，节省了疏解机的装机容量和动力消耗；当利用该设备进行两级串联处理废纸浆时，其良浆可不用再经盘磨机疏解，也减少了盘磨机的装机容量。

4. 净化设备

废纸浆料的净化常使用各种类型的除渣器，根据浆的浓度不同，除渣器可分为高浓除渣器、中浓除渣器和低浓除渣器。表3-3列出了几种不同浓度范围的除渣器主要特征和运行参数。图3-19为不同浆浓度条件下除渣器对沙砾的分离效果。

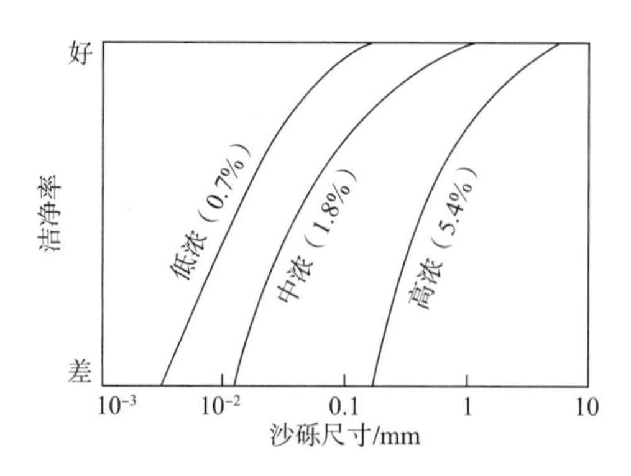

图 3-19 不同浆浓度条件下除渣器对沙砾的分离效果

表3-3　不同浓度除渣器的主要特征和运行参数

除渣器类型	高浓除渣器		中浓除渣器	低浓除渣器	
特　征	带叶轮	不带叶轮		重杂质	轻杂质
首选流动	逆流除渣	逆流除渣	逆流除渣	逆流除渣	顺流除渣
浓度范围 / %	2～4.5（6）	2～4.5（1～5）	1～2	0.5～1.5	0.5～1.5
单台通过量 /（L/min）	100～10 000	80～10 000（20 000）	600～3 000（10 000）	100～1 000（2 000）	100～500（5 000）
每段动力消耗/（kW·h/t）	0.5～3	0.5～3	1～4	2～10	2～50
压差（进出口）/ MPa	0.01～0.1	0.04～0.2（0.3）	0.1～0.2	0.07～0.2（0.4）	0.08～0.2
重力因子	<60	<60	<100	<1 000	<1 000
长度 / mm	3 000	2 000～5 000	3 000～5 000	—	—
最大直径 / mm	300～700	100～500	100～700	75～300	110～450
排渣口 / mm	80～120	—	40～80	10～40	40～60
排放率（对质量）/ %	0.1～1.0	0.1～1.0	0.1～1.0	5～30	3～20（0.2）
前段排渣	间歇、连续	间歇、连续	连续、间歇	连续	连续
末段排渣	间歇	间歇	间歇	间歇、连续	连续

注：括号内数据指特殊情况

（1）高浓除渣器

高浓除渣器用于预净化处理，其结构如图3-20所示。其目的是除去密度较大的粗重的杂质，如石块、金属块、铁丝、玻璃碎片等。避免意外的损伤和过量的磨损，保证疏解和筛选设备及泵的正常运行。用于预处理的高浓除渣器的一个重要要求就是较高的运行可靠性。因为被排出的污染物粒子的尺寸和种类的多变性，很容易使小的排放口和排放室堵塞。在废纸回收生产线中，高浓除渣器被用在碎浆和粗选之间，被分离的废物尺寸大于1mm，密度也远远大于1g/cm^3。

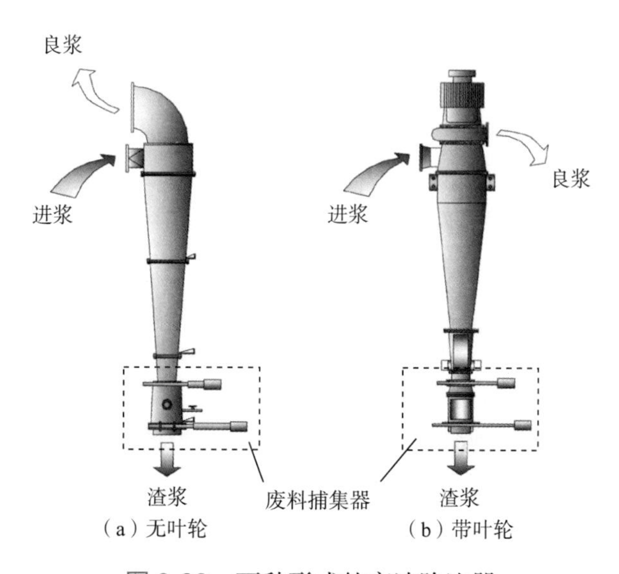

图 3-20　两种形式的高浓除渣器

大多数的高浓除渣器是低压差和间断排渣的。高浓时，由于浆料中纤维密度增大，粗渣与纤维分离的阻力也大，因而为提高浆料的离心力，有些高浓除渣器在上部设有高速回转的叶轮，因此，高浓除渣器主要有两种结构形式，即有叶轮的和无叶轮的。

（2）中浓除渣器

如图3-21为间歇排渣操作的中浓除渣器，通常由不带叶轮的涡旋净化器组成，并作为单段净化处理使用，底部带有废料捕集器。它也具有保护设备的作用。根据废纸浆中废杂物的种类来选择排放率。

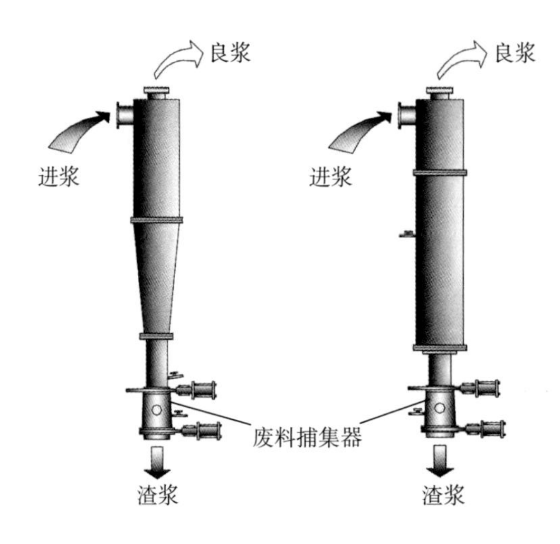

图 3-21　间歇式中浓除渣器

（3）低浓除渣器

低浓除渣器可用于轻、重杂质的净化处理。分离效率较高，但由于是低浓范围的处理，吨浆动力消耗较高。通常表面设计成平滑面，有时也设计成螺旋形或在排放口的底部加横档。除渣器主体材料一般为塑料、钢材或陶瓷。

①重质除渣器

随着筛浆机普遍使用0.1～0.15mm的小缝宽筛筐，重质除渣器的作用就更加重要。小的缝宽使许多大于缝隙尺寸的沙砾等进入浆料中，在操作过程中也更容易造成磨损。为了确保后工序设备的安全，使用重质除渣器就能达到良好的效果。比高浓除渣器和中浓除渣器更能去除更小的杂质。

②轻质除渣器

随着窄缝压力筛浆机的发展，轻质除渣器在废纸处理过程中的作用越来越小，目前主要用于高蜡状物含量的纸浆处理和脱除塑料泡沫。轻质除渣器通常为顺流方式。

5. 浓缩设备

纸浆模塑生产用的废纸浆料脱水设备大多是低浓浓缩设备，主要有圆网浓缩机、侧压浓缩机和斜网浓缩机。

（1）圆网浓缩机

圆网浓缩机又称圆网脱水机，是国内外造纸厂应用较广的一种低浓脱水浓缩设备。

圆网浓缩机有如图3-22所示的几种形式。在传统的产品中，有压辊或无压辊、顺流式或逆流式等形式，两者的结构较难相互改变，少数采用水泥槽，不易施工。图3-22（e）是一种较新设计的可改变成无压辊的形式。

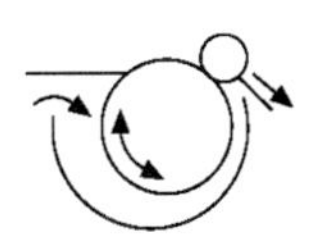
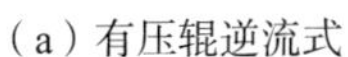
（a）有压辊逆流式

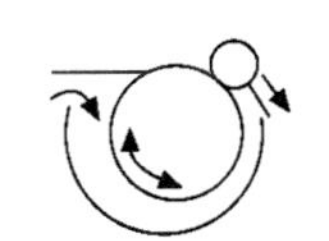
（b）有压辊顺流式

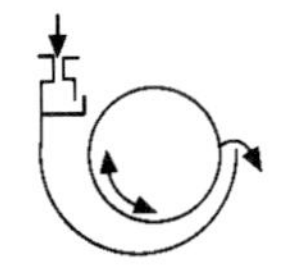
（c）无压辊刮板式

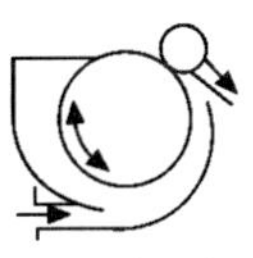
（d）有压辊逆顺流混合式

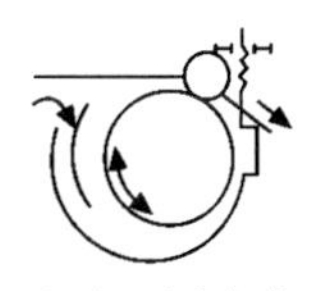
（e）可改变成无压辊的通用式

图 3-22　圆网浓缩机的几种形式

圆网浓缩机的结构示意如图3-23所示。它由转动的圆网笼和网槽组成。稀释的浆料进入网槽，由于网内外的液位差，使浆料中的水滤入网内，从一端或两端敞口处排走。纤维留在网面上形成薄浆层，并被带出水面，从圆网笼输送到压辊，再从压辊用刮刀将浓缩浆刮走。

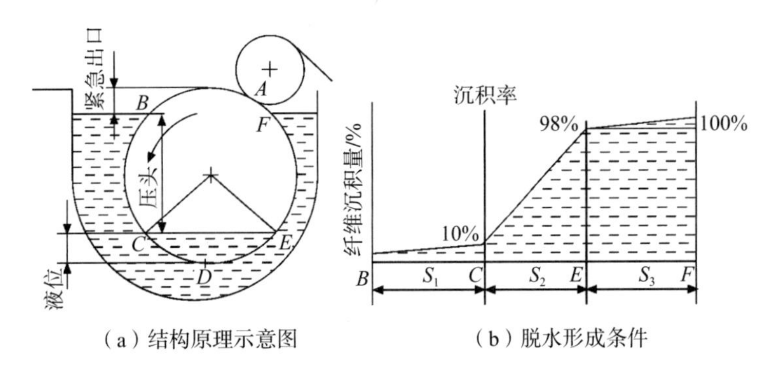

（a）结构原理示意图　　（b）脱水形成条件

图 3-23　圆网浓缩机的结构示意

圆网笼是转鼓的一种形式，是浓缩机的主要部件。一般采用梗式网笼，在一根主轴上装上若干个辐轮，辐轮的周边有许多均匀分布的凹口，在凹口上平行主轴的方向装上一系列的黄铜棒，然后在黄铜棒上绕上直径3～5mm的黄铜线，这就构成了网笼。在网笼上铺上8～12目的内网，作为滤网的外网再铺盖在内网之上。外网的网目根据浆料的性质和使用要求选用，一般为40～80目，这种网笼结构较为复杂，但滤水性能良好。最常用的转鼓是直接在几个辐轮上铺设多孔板构成的，这种结构比较简单，侧压浓缩机、双圆网洗浆机及漂白机上的洗鼓都属于这一类。

网槽是设备的主要机架，所有的部件都安装在槽体上。它由钢板焊制，也可以用钢筋混凝土制成。

压辊为钢板卷制的表面包胶辊，辊面硬度为60°～65°（肖氏）。它支撑在网槽的侧板上，由网笼带动。压辊的直径一般取网笼直径的1/4～1/3。压辊安装在一条矩形截面的悬臂上，并可沿悬臂前后移动，臂的末端既可以装重块加压，又可以在臂下方安装手轮调节的减压定位装置。停机时应调节压辊不要压在网面上。压辊的线压力一般为0.8～2.3N/mm。

转鼓的表面速度必须根据生产能力选择最佳状态。速度太低时，网上形成的浆层阻止液体通过，在一定量的纤维沉积后沉积量就非常少了，因此转鼓表面速度的选定应该是当网笼露出浆料面时，网面上已经形成最佳的浆层厚度，该状态下的转鼓表面速度比较合适。

为了使圆网浓缩机获得最佳操作条件，必须了解脱水过程的机理。图3-23（b）是根据对转鼓上各点沉积速度的研究所得出的转鼓和网槽状况。在*B-C*区，转鼓的一侧暴露在大气中，表面张力阻碍流体通过转鼓，所以沉积量很少。在*C-E*区内，转鼓的内外两侧都存在有液体，表面张力效应消失，大量液体通过转鼓。在*E-F*区内通过量很小。*C-E*区通过量的大小取决于*C-E*区的长度和压差*H*。当*C-E*区长度增加、*H*减少时，在某些最佳点可获得最大的流量。对最大生产能力和特定纸浆，在转鼓内部存在着一个最佳液位，而且该液位应该是可调的。用简单的试验或计算可以确定该液位的高低。对1.2m直径的转鼓，典型的操作条件是紧急出口高150mm，鼓内液位高260mm。

国内现有的圆网浓缩机的规格很多，目前定型产品有3.5m^2、5m^2、8m^2、14m^{2}等规格。国产ZNW21～25型圆网浓缩机技术特征见表3-4。

当进浆浓度为0.5%～1.0%时，出浆浓度为4%～6%；生产能力对化学木浆（风干浆）为3.0～3.5t/（m^2·d），苇浆（风干浆）为2.0～2.5t/（m^2·d），稻麦草浆（风干浆）为1.0～1.5t/（m^2·d）。

表 3-4　ZNW21～25型圆网浓缩机技术特征

型号	ZNW21	ZNW22	ZNW23	ZNW24	ZNW25
公称过滤面积/m^2	5	10	15	20	25
网笼规格 / mm	Φ1 500 × 1 065	Φ1 500 × 2 075	Φ1 500 × 3 280	Φ2 000 × 3 245	Φ2 500 × 3 330
网笼转速/r·min^{-1}	1.5～15	1.5～15	1.5～15	1.5～12	0.97～9.7
电机功率 / kW	4	5.5	7.5	7.5	11
设备重量 / kg	4 157	6 314	9 230	11 400	16 800

（2）侧压浓缩机

侧压浓缩机又称加式脱水机，其结构如图3-24所示。它有一个在进浆侧形成高浆位的浆槽，而在出浆侧的下方低液位处，借一个压辊来封闭浆槽和转鼓之间的间隙。转鼓与压辊具有相同的圆周速度。被浓缩的浆料沿着转鼓的转动方向，由上至下，经脱水和压辊压干后，用刮刀从压辊上刮下来。

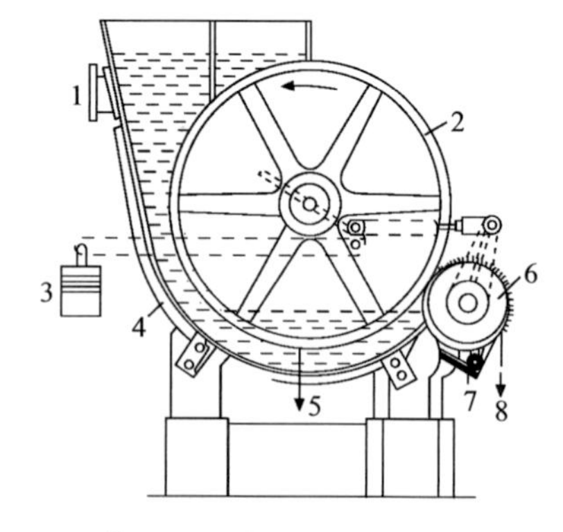

1—进浆；2—网笼；3—压砣；4—浆槽；5—排水口；6—压辊；7—刮刀；8—浓缩后浆料

图 3-24　侧压浓缩机

侧压式浓缩机的转鼓构造比较简单，在相距为500mm的辐挡外周覆盖厚6mm的滤板，滤板上冲ϕ 10mm滤孔，开孔率50%，外包40目尼龙网。

侧压浓缩机的线压区与卸料区都在浆料液位之下，使运动件的两端密封困难。密封的方法是在转鼓与压辊的两端均加工凹槽，嵌以约10mm厚的夹布橡胶板，橡胶板固定安装在鼓槽上。

压辊为包胶辊，直径约取转鼓直径的1/4。压辊的两侧装有杠杆加压装置。上面有可调节的螺杆和螺母，以调节压辊和转鼓间的间隙，间隙范围是2～40mm，可以根据浆层厚度予以调节。压辊的压力可通过杠杆上重锤的位置和重量来调节，线压力可达5N/mm以上。

侧压浓缩机有两根进水管。一根在槽底，直径较大，主要用于浆料的洗涤。通过支管进入槽底内，槽内设有匀水板，用螺栓固定于槽底。并保持与槽底5mm的缝隙，洗涤水即通过此缝隙，沿浆槽的全宽度范围内均匀进水，使浆料充分洗涤。另一根喷水管设在转鼓的上方，直径较小，供清洗滤网之用。喷水管的两端接有Φ6mm的塑料软管，供冲洗密封槽用，既可冲击槽内积浆，又有一定润滑作用，防止密封带失效。

国内生产的侧压浓缩机有4.5m^2、7m^2、12m^{2}三种规格，转鼓规格为ϕ1 500mm×1 000mm、ϕ1 500mm×1 500mm、ϕ1 500mm×2 500mm。侧压浓缩机生产的一般工艺条件是：进浆浓度为2%～4%，出浆浓度为7%～12%，白水浓度为0.025%～0.04%，洗涤水量为80～100m^3/t浆，生产能力：化学木浆为5～7t/（m^2·d），稻麦草浆为1.5～3t/（m^2·d）。

侧压浓缩机是国内中小型纸厂使用较多的设备。它的特点是进浆浓度较高，出浆浓度也高，单位面积生产能力比圆网浓缩机大，是纸浆模塑生产较适用的浓缩设备。

（3）斜网浓缩机

斜网浓缩机又称斜筛。这种浓缩机由斜网组成，流到网上的稀释浆可允许流动。水穿过斜网后排走，浓缩浆从网面滚下并在网底部排走。

斜网浓缩机的网架可用木制，如图3-25所示。为使网下撑条不致过宽而减小有效过滤面积，撑条可用金属材料。网长一般在2.44～4.88m，倾斜度为33°～60°；网目在60～100目。进浆槽须有稳浆槽，使沿滤网宽度上网均匀。下方接浆与接液槽要有足够的深度，以免溅溢。滤网也不必固定过紧，有的采用挂网，即下端是不固定的，以便定期换下冲洗。

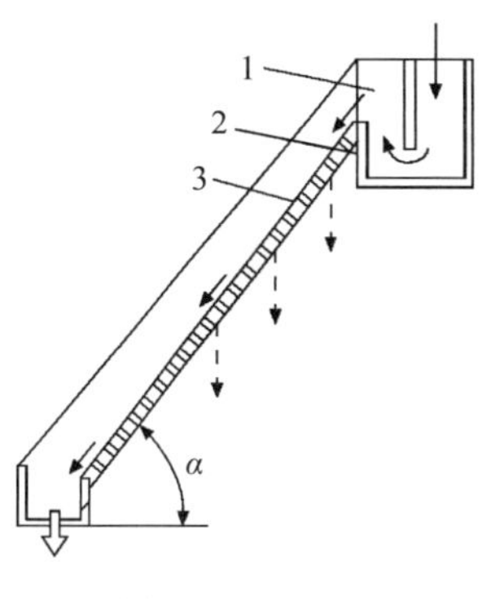

1—稳浆箱；2—撑条；3—滤网

图 3-25　斜网浓缩机

斜网浓缩机结构简单、动力省、投资少、操作维修方便，适用于废纸洗涤和白水回收。进浆浓度为0.7%～2%，出浆浓度为3.5%～7%。2.5m×2.5m规格斜网浓缩机用作白水回收时，每小时通过白水约40m^3，白水中纤维含量从70%降至40%，比圆网浓缩机的回收效率高。

第三节　废纸的脱墨

脱墨是生产废纸脱墨浆，以及利用废纸生产白度较高的纸品时必须进行的处理过程。废纸的脱墨是一个复杂的物理化学过程。整个脱墨过程分三个步骤完成，即废纸的碎解与疏解、油墨与纤维的脱离和除去浆料中的油墨粒子。通过脱墨，使纤维恢复原来的柔软性、白度及其他特性，有较好的制造性能。

一、废纸脱墨工艺

废纸脱墨就是在碎解或疏解废纸过程中，通过脱墨剂的润湿、渗透、分散、乳化等作用，破坏油墨与纤维间的黏合力，使油墨和其他杂质与纤维脱离开来并分散于浆液中，对于已经分散开来的油墨粒子，在分散剂和吸附剂的作用下，使其不再凝聚或重新吸附在纤维上，然后通过浮选法或洗涤法将油墨从纸浆中除去。废纸脱墨的基本工艺方法如下。

（1）废纸的碎解与疏解

习惯上，废纸的一级处理称为“碎解”，二级处理称为“疏解”。碎解和疏解都是把回收废纸中的纤维彼此分离开来，成为再生纸浆。脱墨过程的第一步即是废纸的碎解，而第二个步骤——油墨与纤维的脱离，实际上是与碎解同时完成的。废纸的碎解一般是在水力碎浆机中完成，为节省动力消耗，有时用水力碎浆机将废纸碎解至一定程度（离解度70%～75%）后，进一步的碎解由疏解机来完成。近年来，随着废纸利用量的增加，许多新型高浓、高效、低能耗的水力碎浆机研制成功并投入使用，在生产中取得了很好的效果。

当油墨粒子从纤维上脱落下来后，必须尽快除去，以达到良好的脱墨效果，保证浆料的质量。常用的从纤维悬浮液中除去油墨粒子的方法主要有洗涤法和浮选法两种。

（2）洗涤法脱墨

洗涤法脱墨是最早使用的传统方法。这种方法主要是用大量的水反复洗涤浆料，通过脱水的方法将油墨及污物过滤掉，随白水一起排走。洗涤法脱墨时，脱墨剂中必须加入分散剂和抗再沉积剂。洗涤法所选用的表面活性剂一般是浸透、乳化、分散等综合洗涤作用较强的醚型非离子型表面活性剂，为了避免高气泡导致的洗涤效果差、废水处理难等问题，应尽量少使用高气泡型的阴离子型表面活性剂。洗涤法脱墨的基本工艺流程为：

回收废纸 → 碎解 → 加脱墨剂 → 疏解 → 洗涤 → 再生纸浆

用洗涤法脱墨获得的浆料质量较好，所得纸浆白度较高，灰分去除率高，可达95%，并且脱墨操作容易，工艺稳定，设备费用少和电耗较低。但由于在反复洗涤浆料的过程中，除将油墨粒子除去外，还带走了浆料中的填料和细小纤维，因而洗涤法的浆料得率低（一般为75%左右），纤维流失大，而且用水量大，处理废水的费用高。

（3）浮选法脱墨

浮选法是近几十年发展起来的脱墨方法。浮选法是通过浮选槽（机）来进行的，将碎解、净化后的浆料冲稀至0.8%～1.2%（质量），泵入浮选槽内，加入含有浮选剂的脱墨剂，并向浆料中通入空气，送入的空气产生气泡，通过空气泡吸附油墨粒子，携带油墨粒子的气泡上升至液面，形成泡沫层，然后用溢流、撇除、真空抽吸或吹除的方法除去。浮选法脱墨的基本工艺流程为：

回收废纸 → 预筛选 → 碎解 → 高浓压力筛 → 浮选设备 → 锥形除砂器 → 圆网浓缩机 → 高浓漂白机 → 再生纸浆

浮选法脱墨的优点是纤维流失少，纸浆得率可达85%～95%，使用脱墨剂数量少，设备占地面积小，污染也少。缺点是纸浆白度低，灰分含量高，所用设备也比洗涤法复杂、投资多，工艺条件较严格，动力消耗较大。浮选法脱墨自20世纪90年代以来发展很快，浮选槽的结构和功能有了许多更新和改进，以适应废纸回收利用迅猛发展的势头，目前，欧洲部分国家和日本多用此法。

近年来，浮选法和洗涤法相结合使用成为发展趋势，获得了更佳的效果。北美的趋势是使用带浮选的洗涤法，而北欧和日本采用带洗涤的浮选法。洗涤法和浮选法各有优缺点，目前在全球使用的比例和具体技术比较见表3-5和表3-6。

表3-5　洗涤法和浮选法及浮选法加洗涤法比较

项　　目		洗涤法	浮选法	浮选加洗涤
产品白度		较高	较低	较高
纤维得率 / %		低（≤75）	高（≥80）	高（≥80）
灰分含量 / %		约2.5	20～30	5～10
用水量		大	小	较大
操作工艺		简单	难	较难
废水处理		负荷大	负荷小	负荷较大
动力消耗		较小	较大	较大
脱除率 / %	填料	8	50	80
	细小纤维	50	20	50
	油墨	80	95	95

表3-6　脱墨方法比较

地　区	脱墨浆产量所占比例		不同品种脱墨浆产量所占比例		
	浮选法 / %	洗涤法 / %	新闻纸 / %	不含机浆印刷纸 / %	其他 / %
全球合计	65	35	47	32	21
北美	10	90	27	50	23
欧洲、日本	87	13	55	23	22

二、废纸脱墨设备

1. 洗涤脱墨设备

洗涤设备根据其洗涤范围大致分为三类：①低浓洗浆机，出浆浓度最高至8%，如斜筛、圆网浓缩机等；②中浓洗浆机，出浆浓度8%～15%，如倾斜式螺旋洗浆机、真空过滤机等；③高浓洗浆机，出浆浓度超过15%，如螺旋挤浆机、双网洗浆机等。

洗涤法脱墨主要是利用洗涤和浓缩设备反复冲稀浓缩浆料，从而除去废纸浆中的油墨。洗涤法脱墨常用的设备主要有传统的圆网浓缩机、侧压浓缩机、真空洗浆机等，这些设备既有浓缩作用，又有洗涤作用，可以满足一般的生产情况。但由于脱墨洗涤时形成的浆层阻力较大，使油墨难以洗去，因而针对废纸脱墨特性，发展了一些适用于废纸脱墨的洗涤设备，如Lancaster洗涤机、斜筛洗浆机、倾斜式螺旋洗浆机等。表3-7为几种洗涤设备理论脱墨效率的对比。

表3-7 几种洗涤设备的理论脱墨效率

设 备	浓度 / %		理论脱墨效率 / %		所需用水量比值（以挤压设备为1计）
	进浆	出浆	单段	三段	
圆网浓缩机	0.8	3.0	74.0	98.2	4.3～5.2
斜筛洗浆机	0.9	6.0	85.5	99.7	4.4～4.6
倾斜式螺旋洗浆机	3.0	10.0	72.2	97.8	1.1～1.35
挤压设备	4.0	28.0	89.2	99.9	1.0

（1）Lancaster洗涤机

Lancaster洗涤机的工作原理类似于圆网浓缩机，一个外包有铜网（网目20/20、40/40、60/60，数量取决于废纸）的旋转圆网被部分地浸没在浆料内，其浸没位置的高低决定于圆网内外水位差的大小，在此内外水位差的作用下，在圆网表面形成了一层浆层，而水、油墨等从外部流入网内，从圆网两端排出，水位差可以通过调节放料箱中的溢流板来加以控制。此外还可使用伏辊来帮助脱水，这样可使浆层浓度达到8%～10%。

Lancaster洗涤机可以被认为是一种最好的洗涤方法，其排水速率随浆料温度、网目、浆料游离度和水位差的不同而变化。但是，这种洗涤机成本高、占地面积大、生产能力低。

（2）斜筛洗浆机

斜筛洗浆机也叫斜筛、斜网洗浆机或斜网浓缩机，它和其他重力过滤设备（如圆网浓缩机）一样，也是利用液体的重力即滤网两侧的液体静位差进行过滤的，其滤网是固定倾斜的，一般可采用38°倾斜角，浆料沿滤网从上往下流，浆料中的水分靠重力通过滤网，而达到洗浆目的。这种设备结构简单，洗涤效果较好，而且操作容易，设备本身无运动件，因而制造容易，不需要动力传动，其生产、维修费用较低，特别适合于中小型纸厂使用。

斜筛洗浆机的网架可用木材制造，也有的是采用铸铁，如图3-26为木制斜筛洗浆机。为保证有足够的有效过滤面积，撑条可用金属材料制造，亦可采用木撑条，但要将木撑条与斜网接触处削薄。进浆须有稳浆箱，使沿斜网宽度上浆均匀。斜网也可不必固定过紧，有的工厂采用下端不固定的挂网，以便定期换下冲洗、吹洗或浸洗。固定的网可定期停机反向冲洗。斜网可采用铜网，也可采用塑料网。

操作时，浓度为0.6%～1.0%的浆料被送入斜网上部的稳浆箱，经溢流堰减速后流到斜网表面，浆料在倾斜的网面上从上往下滑动或滚动至底部，当浆料沿网面下滚时，就不断地露出新的网面供脱水之用，落至底部的浆料浓度为3%～7%，收集在洗浆机底部的放料箱中。水、油墨等则从斜网滤下，落入网下洗浆机底部的分离箱中。斜筛洗浆机可串联使用，图3-27所示为两台斜筛洗浆机直接沿斜面连接的布置形式。

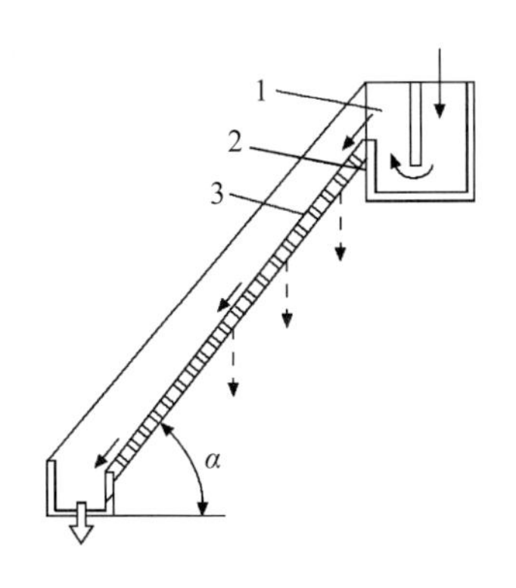

1—稳浆箱；2—撑条；3—滤网

图 3-26　木制斜筛洗浆机

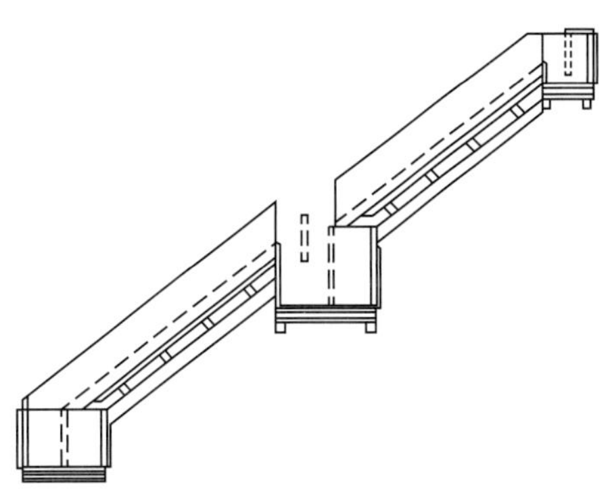

图 3-27　两台串联的斜筛洗浆机

固定滤网的斜筛洗浆机存在着占地面积大、斜网冲洗再用困难等缺点，近年来，发展了如图3-28所示的滤网可逆向运动的斜筛洗浆机，该机的滤网可在回程处进行冲洗，克服了固定滤网斜筛洗浆机的缺点。这台设备的下辊为主动辊，上辊装有调节张紧装置，由于逆行的滤网与向下流动的浆料存在着相对运动，因而可使滤网长度缩短。

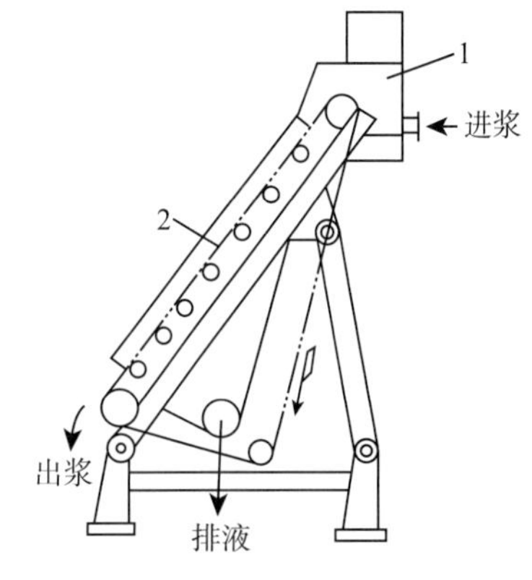

1—稳浆箱；2—滤网

图 3-28　滤网可逆向运动的斜筛洗浆机

（3）倾斜式螺旋洗浆机

倾斜式螺旋洗浆机又称倾斜式螺旋浓缩机，主要由一个钻孔圆筒外壳（可把它称为滤管）和倾斜的等螺距螺旋组成。它有一根、二根和三根螺旋并列的形式，如图3-29为三根螺旋并列的倾斜式螺旋洗装机。

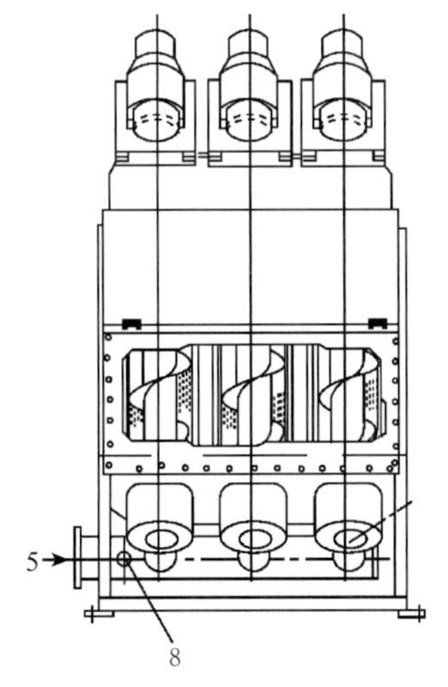

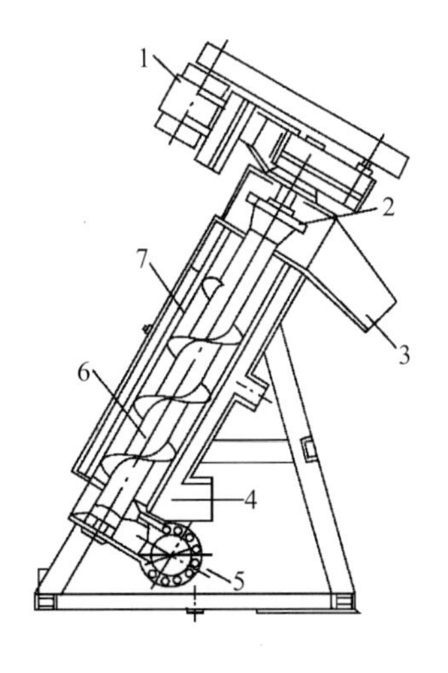

1—电动机；2—破碎叶片；3—浓缩纸浆出口；4—滤液出口；5—浆料入口；6—螺旋；7—滤管；8—清水管入口

图 3-29　三根螺旋并列的倾斜式螺旋洗装机

倾斜式螺旋洗浆机配有稳定进浆浆位的稳浆箱，浆料从斜螺旋的下端进浆口以一定浆位送入，在旋转的倾斜螺旋的推进作用下，浆料在滤管内随螺旋叶片向上移动。在浆料向上运送的过程中，受自重和螺旋叶片向上提浆的挤压力作用，浆料中的水夹带着油墨等不断被挤出来经滤管排出，从而使纸浆得到浓缩，浓缩的浆料被螺旋叶片推向顶部螺旋末端，从滤管上部卸料口排出。为避免浆料抱紧在螺旋轴上继续向上挤引起堵塞和出浆不均匀，在螺旋轴上方安装有破碎叶片将浆料打碎排出，而且为获得最佳的浓缩效果，破碎叶片是可调的，在螺旋片上还装有刷子以保证滤管孔眼畅通。

倾斜的滤管只有下半段外周是浸在滤液中而采用密封的外壳，其上半段外壳的盖板则可以制成铰链式的门，以便能打开观察机内情况。滤液出口也在滤管外的下方，为保持滤管外的液位，有时在中部还设有溢流口，或在机外另装进浆箱和滤液箱以稳定滤管内外液位差。

这种洗涤设备在滤管内外压差为11.77～19.62kPa时，可以将废纸浆从2%～3%浓缩至15%～25%。但是，由于油墨粒子有可能被包裹在厚的浆层中，不能随废水排出，因而其效率较差，一般适合于预洗涤段使用。表3-8为每根倾斜式螺旋洗浆机的生产能力，表3-9为 Black Clawson Kenedy公司生产的倾斜式螺旋洗浆机的技术规格。

表3-8 每根倾斜式螺旋洗浆机的生产能力

纸浆品种	浓度 / %		每根螺旋的能力和配置		
	进浆	浓缩后	生产能力（风干浆）/（$t \cdot d^{-1}$）	转速 /（$r \cdot min^{-1}$）	配用电机功率 / kW
进口混合废纸	2	14～15	18～24	75	4
进口废新闻纸	4	12～16	14～18	75	4
硫酸盐木浆	2	12～14	9～12	75	4
	4	15～18	18～20	75	4

表3-9 Black Clawson Kenedy公司生产的倾斜式螺旋洗浆机的技术规格

型　号	1-B-9	2-B-9	3-B-9	1-B-16	2-B-16	3-B-16
螺旋根数	1	2	3	1	2	3
进浆口直径 / mm	ϕ152.4	ϕ152.4	ϕ152.4	ϕ152.4	ϕ203.2	ϕ203.2
滤液出口直径/ mm	ϕ203.2	ϕ254	ϕ304.8	ϕ254	ϕ304.8	ϕ406.4
相邻两辊中心距 / mm	—	457.2	457.2	—	736.6	736.6
底座宽度 / mm	565.2	1 022.4	1 479.6	847.7	1 584.3	2 321
重量 / kg	531	1 013	1 486	1 860	3 475	4 894
电机 / kW × 台数	5.6 × 1	5.6 × 2	5.6 × 3	11.2 × 1	11.2 × 2	11.2 × 3

（4）新型脱墨洗涤设备

洗涤法脱墨的脱墨效率取决于洗涤浓缩设备的浓缩比（出浆浓度与进浆浓度之比），浓缩比越大，则脱墨效率越高；而洗涤用水量则决定于进出浆浓度，进出浆浓度越低则用水量越大，从而增加污水处理的困难。因此，为提高脱墨效率，降低用水量，需要发展有高的出浆浓度和浓缩比的新设备。

如图3-30是由EW公司制造的Vario Split挤浆机，它的进浆浓度为1%，由供浆分配器进浆，通过中心辊和长网的挤压作用达到洗涤脱水，其出浆浓度为8%，可以除去废纸浆中的油墨与灰分，该机的车速为366～732m/min，单位网宽能力为49t/m，网的使用寿命超过8个月。

如图3-31是日本设计的用于废纸浆的FPC型双网挤浆机，其工作原理类似于双圆网浓缩机和双辊挤浆机，其主要特点是：两个圆网分别安装在一个固定槽和一个浮动浆槽内，浮动浆槽通过底部铰链与固定浆槽连接，两者连接处用U形软橡胶带以防止浮动时漏浆，浮动浆槽槽底一端安装有加压机构——一排橡胶加压气胎，在其中通入压缩空气可使两网相互挤压达到挤浆目的。浆槽内的液位要比两圆网的线压区即切点低100mm，以防止滤出的水回流。

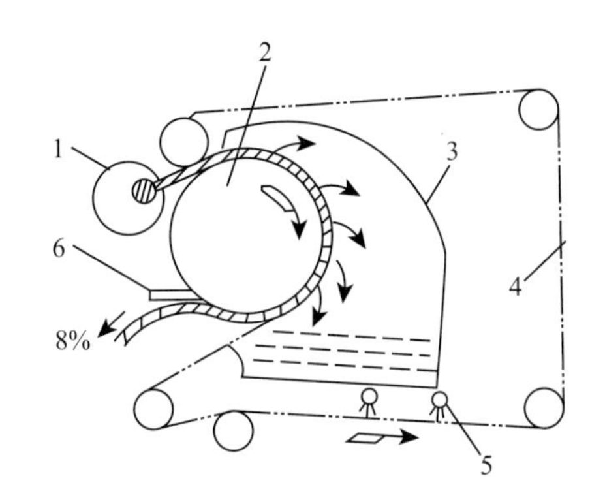

1—供浆分配器；2—中心管；3—滤液接收盘；
4—滤网（长网）；5—喷水管；6—刮刀

图 3-30　Vario Split 挤浆机

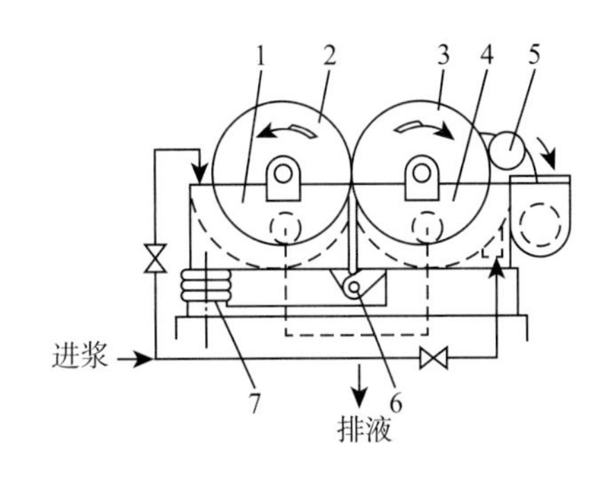

1—浮动浆槽；2—浮动圆网；3—固定圆网；
4—固定浆槽；5—剥浆辊；6—铰链；7—加压气胎

图 3-31　FPC 型双网挤浆机

这台设备当线速度为8～10m/min时，进浆浓度为2%～3%，出浆浓度为15%～25%，单位面积产量为6～8t/（m2·d），线压为19.62～166.77N/cm。

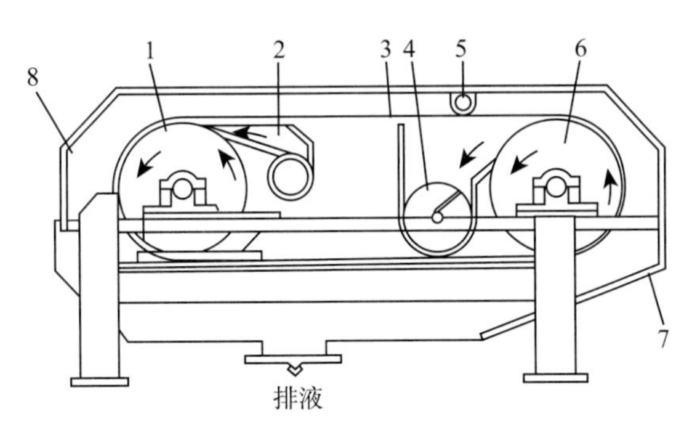

1—胸辊；2—流浆箱；3—网；4—排料螺旋输送机；5—喷水管；6—伏辊；7—白水盘；8—机罩

图 3-32　双压区浓缩机

由Black-Clawson公司设计的双压区浓缩机（又叫DNT洗浆机）克服了普通洗浆机在滤网上形成厚的浆层（滤层），妨碍灰分和微细纤维除去的缺点，它所形成的滤层很薄，而且不成纸幅状，能较好地除去废纸浆中的灰分等物质。如图3-32为该机的结构示意，由一张以914.4m/min（3 000ft/min）的高速度绕胸辊、伏辊两辊运行的无端编织网以及流浆箱、排料螺旋输送机等组成。浆料借助流浆箱以0.5%～3%的低浓度通过喷嘴喷射在网和胸辊之间的压区中，通过网和辊之间的挤压作用而大量脱水。由于胸辊上刻有深的沟槽，可获得较高的压区压力，并且使浆料不形成纸幅状，而是使浆料在网内表面浓缩成纸条状的浆条，这些条状浆条保持在网上，在网绕胸辊转动过程中继续脱水。网离开胸辊时，形成的浆条绕过网与伏辊之间的压区进一步脱水后脱离网面，落至辊面上而被刮刀刮下卸料。该机排出的浆料浓度为10%～14%，排出的浆料通过螺旋输送机运走，脱除的含有油墨粒子和填料的白水从白水盘底部排出。

由于这种设备的进浆浓度较低，并能迅速地除去大量水分，而且所形成的浆条非常薄，因此，这种洗浆机能获得较大的处理量、较高的洗涤效率和较高的白度，在国外被广泛采用。表3-10比较了几种洗涤设备的洗涤情况。

表3-10　几种洗涤设备的洗涤情况

洗浆机种类	浆料浓度/%		灰分含有率/%			第一次浆渣率/%	灰分除去率/%
	入口	出口	入口浆料	出口浆料	滤液		
圆网浓缩机	0.93	3.82	7.80	3.80	33.80	80.00	66.70
斜筛洗浆机	4.50	14.00	15.90	8.70	31.50	78.10	61.20
倾斜式螺旋洗浆机	12.00	29.20	8.40	8.10	62.50	51.60	19.60
双压区浓缩机	1.06	11.50	17.30	1.20	58.00	94.60	93.50

注：第一次浆渣率即最大理论除渣率= $\frac{滤液排出量}{浆料进料量}$；灰分除去率 = $\frac{滤液中的灰分量}{进料中的灰分量}$。

2. 浮选脱墨设备

浮选法脱墨是近十多年来在国内外不断发展和日臻完善的一种脱墨方法。它是利用矿业浮选法选矿的原理，根据纤维、填料和油墨等成分的可湿性不同，用浮选机使可湿性较差的油墨粒子吸附于空气泡上，然后上浮到浆面上被除去，纤维和填料仍留在浆中。这种方法的纤维流失少、得率高，化学药品和用水量较少，但白度低、灰分含量高。

浮选脱墨效果决定于油墨粒子的漂浮能力，为提高油墨粒子的漂浮能力，一般要加入浮选剂。同时，油墨粒子的漂浮能力还与其大小有关，小于一定限度的粒子，由于和气泡相撞的频率降低，也没有足够的冲击能量足以破裂油墨和气泡之间的水膜，因而使浮选能力下降；而粒子太大，则油墨粒子和气泡集合体的浮力小，从而降低了上升到浆面的速率。因此，浮选法脱墨对于除去10～150μm的油墨粒子有效；而对于1～10μm的油墨粒子，采用洗涤法脱墨效率最高；当油墨粒子在100～1 000μm时，可用除渣器净化；对于大于1 000μm的油墨粒子，则直接采用筛选设备筛除。

浮选脱墨通常是在两组由几个浮选槽（浮选机）串联组成的系统中进行的，每个浮选槽装有空气泡发生装置和高速搅拌器（搅拌式浮选槽）。经过初步筛选和净化的废纸浆，稀释至0.8%～1.2%的浓度被送入浮选槽中，并在浆料中加入少量浮选剂和在浮选机中通入空气，使在浆料中产生小气泡，在聚集剂等化学助剂的作用下，油墨粒子和颜料被吸到气泡上并浮于浆料表面而形成一层泡沫，用桨叶（刮板）刮去这层油墨泡沫就达到脱墨的目的。除去的油墨泡沫经浓缩后可作燃料使用。为达到良好的浮选脱墨效果，浮选机中浆料pH要维持在9.0～9.2。

浮选脱墨是通过浮选机（槽）来实现的，因而浮选机（槽）是浮选脱墨过程的关键设备，浮选技术的发展在一定程度上取决于浮选机的更新，浮选脱墨机从使用矿山浮选槽开始，随着浮选脱墨技术的发展，不断涌现出新的机型。浮选脱墨机的种类很多，按照气泡形成型式可分为搅拌式浮选槽、压缩空气式浮选槽、底吹式浮选槽和真空式浮选槽等几种；按照生产厂不同，可分为Voith浮选脱墨槽、Escher-Wyss浮选槽和PDM压力式浮选槽等类型。

（1）Voith浮选脱墨槽

Voith公司在制造浮选脱墨设备方面有多年的经验，早期的Voith浮选槽是采用敞开式的带叶轮搅拌器的方形槽设计，如图3-33所示。该浮选槽中心安装有一根通过槽顶和槽底的垂直轴，在轴的底部安装一叶轮，叶轮上安装径向叶片，外罩一个同心安装的开孔的定子。废纸浆从下面进浆管经过螺旋形入口室被送至叶轮的底部中心处，螺旋式入口室保证叶轮周围浆料的均匀分布。废纸浆被送进的同时，空气亦被吸进叶轮底部中心处，空气和混有浮选剂的废纸浆经过叶轮的搅拌后互相混合，并穿过钻有小孔的定子进入槽体，形成均匀上升的气泡。纸浆通过钻孔定子时产生的湍流，保证了空气在浆料中良好均匀的分散，使每一油墨粒子都能吸附于一空气泡上，并随气泡上浮至浆面，汇集到较窄的出口处，被旋转的刮板撇去，良浆则在底部经几道翻流后送出。

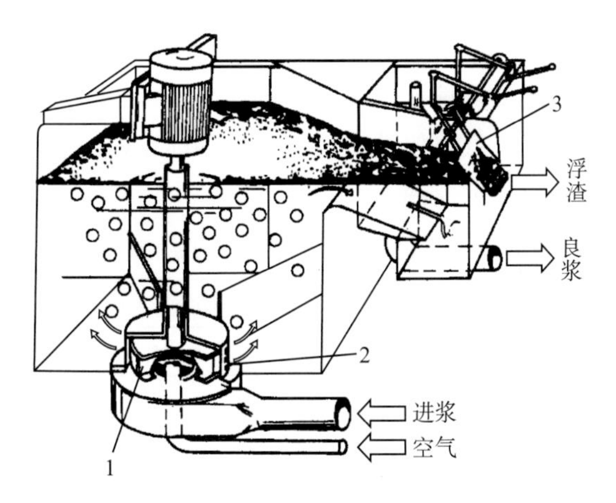

1—转子（叶轮）；2—定子（分散元件）；3—刮板

图 3-33　敞开式带叶轮搅拌器的方形浮选槽

这种浮选槽的进一步改进是采用密闭的圆柱形槽设计，并可多槽重叠串联安装，如图3-34所示。它仍保留有原方形槽的搅拌器和改良的分散器，由于槽体为圆柱形，使槽内的流动状态获得了改进，从而降低了动力消耗。这种浮选槽的搅拌器具有把浆料从一个槽泵送至另一个槽，以及吸进空气和分散空气的作用，因而不需要外部浆泵、压缩机和鼓风机。

Voith公司早期开发的注射管式浮选脱墨槽仅有一条进浆管线，如图3-35所示，其浮选槽为圆柱形。在此基础上改进的注射管式椭圆柱形浮选槽有3条进浆管线。

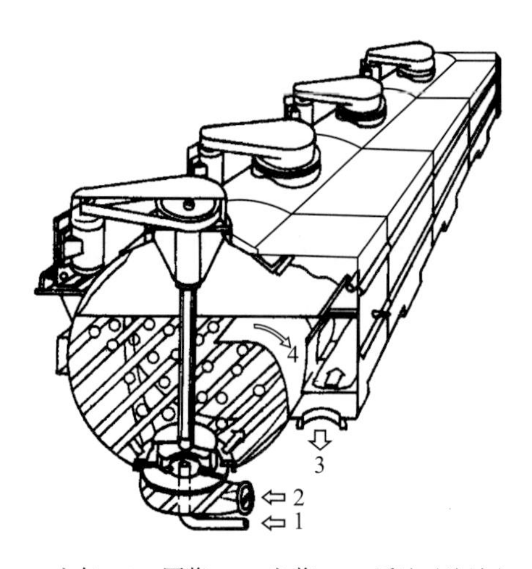

1—空气；2—原浆；3—良浆；4—浮渣（泡沫）

图 3-34　Voith 密闭圆柱形浮选槽

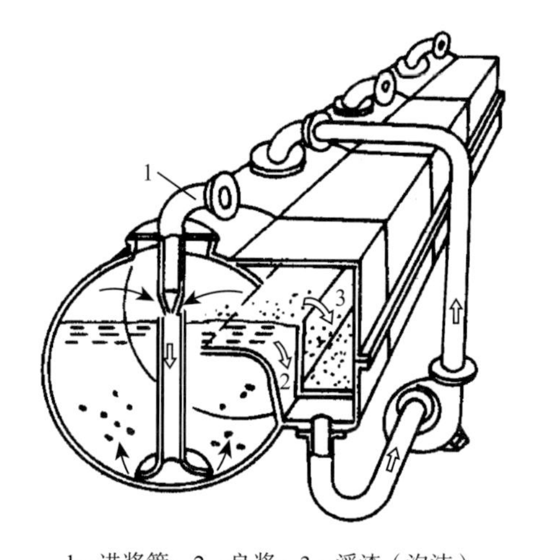

1—进浆管；2—良浆；3—浮渣（泡沫）

图 3-35　注射管式椭圆柱形浮选槽

注射管装入圆柱形或椭圆柱形的槽中，未脱墨的浆料通过注射管泵入槽内，同时利用文丘里原理吸进空气。由于注射管产生的高频湍动，使空气和纸浆在混合管内充分均匀混合，令空气泡和油墨粒子频繁接触，造成良好的油墨捕集效果。同时进浆口靠近浆面，空气泡的流动是单向的，这样气泡把分散在纸浆中的油墨粒子吸附并上浮到浆面。形成黑灰色泡沫，溢流到泡沫收集槽，而良浆则泵入串联的第二台浮选槽继续浮选。

这种注射管式浮选槽是一个密闭的圆柱形或椭圆柱形的卧式槽体，它既减小纸浆流动的阻力，改善混合效果，又能使脱墨环境比较干净，同时它无须安装外部鼓风机和压缩机，而且将泵浆与抽吸空气分开，又可降低单位动力消耗。表3-11为Voith公司三种不同形式浮选槽的比较。

表3-11　Voith公司三种不同形式浮选槽的比较

设计形式	敞开式方形设计	密闭圆柱形设计	注射管式密闭圆柱形设计
每槽动力消耗 / kW	18	16	12
浮选时间 / min	10	10	7
单位动力消耗 / $kW·h·t^{-1}$	46	38	24

（2）Escher-Wyss浮选槽

图3-36是由日本日立造船公司和Escher-Wyss公司合作研制的单槽式浮选槽。这种浮选槽没有设置搅拌器，而采用聚酯纤维编织成5mm厚的透气毡即散气毯，在槽底借鼓风机供给空气，产生大量均匀的50μm大小的细小气泡。空气管路上装有可调节流量的阀门，在气泡上升穿过浆层时，大量吸附油墨粒子，形成泡沫层并随纸浆缓缓移动，泡沫层在溢流口处挟带一些纸浆流入泡沫集中槽，送至第二级浮选槽处理，良浆集中起来送浓缩处理。

这种单槽式浮选槽是一种大容量的浮选槽，其槽宽有1.5m、2.5m和4.2m三种系列，其长度不限。宽度为2.5m，长度为9m的单槽式浮选槽，每天可处理30t废纸浆，操作浓度为0.8%～1.2%，流速为50mm/s，液面深度为700mm。为节约用地，这种单槽还可双层布置。

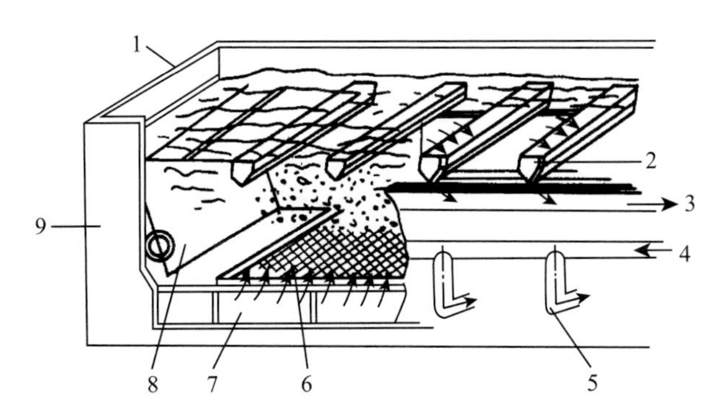

1—混凝土槽体；2—泡沫收集槽；3—泡沫总收集管；4—空气管；
5—空气支管；6—散气毯；7—配气室；8—挡流板；9—待脱墨浆

图 3-36　单槽式浮选槽

（3）PDM压力式浮选槽

美国Beloit公司的PDM压力式浮选槽，气泡由附属的空气压缩机提供，工作压力为0.1～0.4MPa。如图3-37为压力式浮选槽示意。从原理上，压力浮选机可分为3个区：曝气区、混合区和分离区。曝气区是将空气泵入浆料中，使气泡有适当的大小和数量；混合区由一系列扩张区和收缩区组成，使空气泡与油墨粒子碰撞的频率和强度达到最大，同时形成气蚀区，使溶液中的空气形成微小气泡逸出；分离区是尽快将油墨和气泡混合物升到浆面，在槽内压力和浆流的作用下，泡沫从堰板上部喷射到旋风分离器，良浆从堰板底部排出。浮选浆料浓度0.8%～1.0%。由于油墨分离效果好，排渣率低，仅需一段串联浮选，不需要对油墨泡沫进行二段浮选。

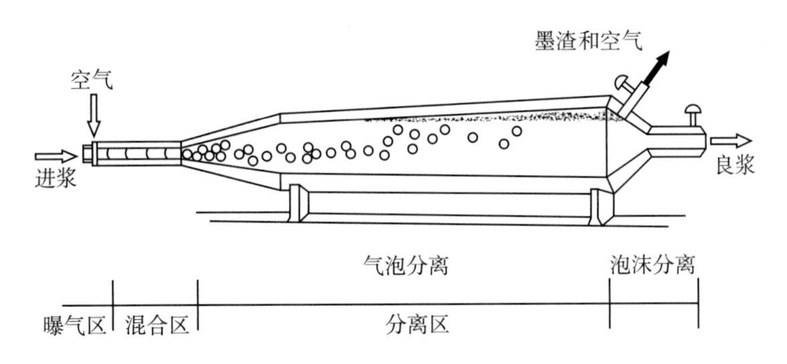

图 3-37　PDM 压力式浮选槽示意

（4）HAR浮选槽

HAR（高空气通入量）浮选槽如图3-38所示，它最大的特点是突破了以往浮选槽空气导入量的限制，使空气加入量达到600%～1 000%。

HAR浮选槽是密闭的矩形体，体积约50m^3，槽的周边为圆角，以利于槽内浆料的循环和避免死角。纸浆以所需的最低压力进入槽底，良浆出口则位于槽底的另一面，槽内设有挡板以防止进浆和出浆过程之间发生纸浆短路。

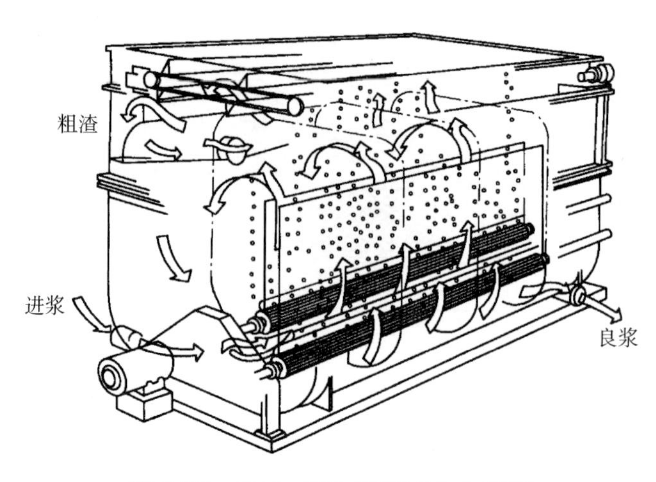

图 3-38　HAR 浮选槽浆流方向示意

浮洗槽装有用于产生空气泡的鼓风机和混合空气的涡轮。浮选槽只需一段或两段，不需要多段泵送，且所需压力降很小，所需泵的功率也很小。当空气与浆比为10∶1时，总能耗一般为40kW·h/t，与其他浮选槽耗能相当，空气与浆比为5∶1时，能耗可降至30kW·h/t左右。

（5）国产浮选脱墨机

目前，国内的浮选脱墨机主要是吸收国外技术而设计研制的，主要产品有Fx-1型、Fx-2型卧式浮选脱墨机，ZSF系列浮选机，ZCF2～5型阶梯扩散式浮选脱墨机和ZCF11～15型对流式浮选脱墨机等。

Fx-1型、Fx-2型类似于Voith公司的注射管式浮选槽，采用卧式圆柱形槽体，钢结构，由浆泵、文丘里管、混合管和导流器组成。含药液的浆料用泵送至文丘里管，借以产生负压，吸入空气。浆料和空气经混合管混合后，通过导流器进入槽体。这时通过聚集剂和微细气泡的作用，分散在浆液中的油墨粒子和废纸中的部分填料，吸附于气泡上，漂浮至浆面，形成浮渣层，溢流进入浮渣槽，与浆料中的纤维分离。

这种浮选机可处理废书本、画报、报刊等印刷过的纸张，经脱墨后的纸浆白度可达65%以上，为原纸白度的90%左右。也可用100%的废纸脱墨浆生产卫生纸、有光纸、招贴纸，或代替部分草浆生产书写纸、凸版纸、糖果包装原纸等。该浮选机一般由7～11台浮选槽串联组成，单级浮选的台数越多，浮选时间越长，脱墨后的纸浆洁净度越高，但台数越多，耗电量也越大，基建投资费用和生产费用也相应增加，因此应根据生产需要选择恰当的台数。表3-12为Fx型浮选脱墨机的技术参数。

表3-12　Fx型浮选脱墨机的技术参数

型号	浮选槽数 /台	有效容积 /L	日产量 /t	进浆浓度 /%	配用电机功率/ kW	设备重量 /kg	外形尺寸（长×宽×高）/（mm×mm×mm）
Fx-1	7	750	3.5～5	0.8～1	4	110	7 528×2 714×2 120
Fx-2	7	1 450	7～10	0.8～1	7.5	2 100	10 337×3 337×3 283

ZSF系列浮选脱墨机结构示意如图3-39所示，可以两台重叠组成一组，两组即组成四级浮选流程，脱墨效率可达90%～92%，进浆泵压0.06～0.12MPa。

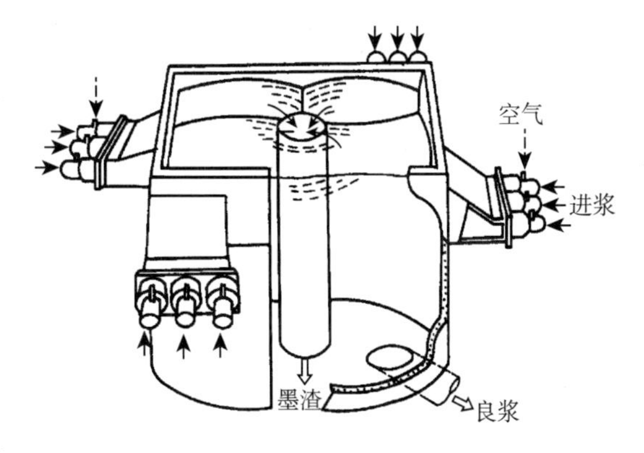

图 3-39　ZSF 系列浮选脱墨机结构示意

ZCF2～5型阶梯扩散式浮选机是一种立式结构，其结构示意如图3-40所示，由两个用钢板制成的同心圆筒组成，布气元件顺圆周均匀设置于机体上部。浆料用泵送进布气元件，通过阶梯扩散室吸入空气产生微湍流作用，浆料和空气充分混合后，切线喷射入浮选槽中，循环形成大量气泡，吸附油墨粒子、灰分后直接浮至浆面形成泡沫层。由切线进浆产生的槽内涡旋使油墨泡沫从中间溢流入内圆筒，从底部排出。

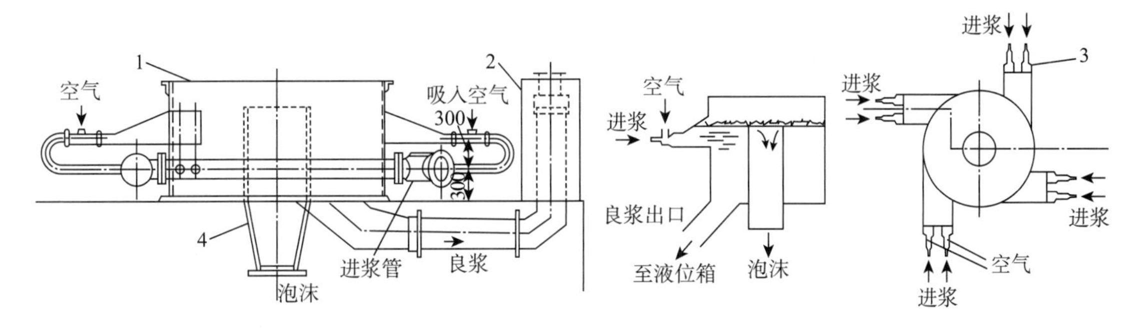

1—槽体；2—液位箱；3—布气元件；4—泡沫排出管

图 3-40　ZCF2 ～ 5 型阶梯扩散式浮选机结构示意

ZCF2～5型浮选机一般为3～4台串联使用，可以单台水平安装，也可以多台重叠安装。在浆料、压力、流速等主要工艺参数稳定的情况下，浮选槽内液位、气泡大小也是稳定的，因此操作安全可靠。

这种设备结构简单，投资费用少，无须使用泡沫刮板和吸泡沫风机。使用该设备的纤维流失亦较少，其进浆浓度可达1.2%，耗电量较低，约30kW·h/t浆。ZCF2～5型浮选脱墨机的技术参数如表3-13。

表3-13　ZCF2～5型浮选脱墨机的技术参数

型 号	浆料通过量/$m^3 \cdot h^{-1}$	进浆压力/kPa	浆料浓度/%	浮选时间/min	中心管直径/mm	浮选槽规格/（mm × mm）
ZCF2	30～40	100～150	0.8～1.2	8～10	ϕ200	ϕ800 × 900
ZCF3	75～95				ϕ300	ϕ1 200 × 1 300
ZCF4	190～240				ϕ400	ϕ1 600 × 1 800
ZCF5	380～480				ϕ500	ϕ2 000 × 2 300

第四章　纸浆模塑的成型

从使用性能及生产工艺角度来区分，纸浆模塑制品大致可分为两类：一类是作为水果蔬菜托盘、食品托盘、禽蛋托盘、酒瓶包装箱以及家具、机械产品、电器元件的缓冲保护包装材料；另一类是以纸杯、纸盘、纸餐盒为代表的纸浆模塑餐具。成型工艺是纸浆模塑制品生产过程中最重要的环节之一，它直接影响到成型纸模的质量、破损率、力学性能、生产能耗及生产效率等问题，本章将对纸浆模塑制品成型机理和湿部化学理论进行详细的论述。

第一节　纸浆模塑的成型机理

纸浆模塑制品是一种模塑成型纸制品，它所采用的基本原料是纤维、水、填料和化学助剂。成型原理与纸或纸板的生产过程基本相同，都是在成型部分将纸料纤维与水混合成浓度为0.5%～1%的纸浆悬浮液，然后进行成型脱水。纸或纸板是在成型网的网面上脱水或成型，湿纸页是连续平带状的；而纸浆模塑制品是在成型网模上脱水成型，湿纸模坯大多是间歇单件输出的。在纸浆模塑制品生产过程中，纸料纤维和细小纤维是纸模制品的主体，纸浆液料经过成型网模时，随着成型网模的上升，纸料纤维和细小纤维被网模截留，水被滤出，纤维按网模形状成型并依靠纤维之间的氢键结合形成湿纸模坯，湿纸模坯经过挤压，烘干或热定型，最后成为纸浆模塑制品。

一、纸浆模塑成型过程

1. 成型过程

纸浆是纸料纤维在水中的悬浮物，纸浆模塑制品的成型过程是纸浆流在成型模具表面上开始脱水挂浆到纸模的组织结构定型为止，此时纸模的纤维组织形态、纤维排列的方向性及纤维的分布都已经定型，在以后的脱水过程中，基本上不再变化。在实际操作中是借助拟定的脱水条件，控制脱水时间来恒定纸模的克重。当纸模的含水量在75%左右时，纸模中纤维的易动性基本消失，即纸模中纤维相互的位置、排列都基本上不再变动了。所以可借助纸模的含水量来标志成型过程是否结束。因此，这个过程的机理，在上下移动式与转鼓式成型机上主要是过滤，而在注浆式成型机上则是过滤与浓缩两种过程同时进行的。

过滤机理对纸模的成型有两种作用：匀布作用和逐层沉积作用。一方面，在压力差一定的条件下，纤维悬浮体的脱水重量在阻力最小的位置有最大的流量，从而把较多的易动的纤维带到阻力最小，也就是纤维层较薄的位置去，这就使积层有着均匀增长的趋势，这就是匀布作用；另一方面，由于过滤机理的脱水主要是把呈单根纤维状态的纸浆悬浮液一层层地沉积在成型网模上，故积层结构中纤维的交织、穿插相对较少，层次比较明显，这就是逐层沉积作用。在纸模的结构中也可以看到有纤维交织凝结的状态，这就说明在成型过滤层之后，在过滤层加厚的过程中存在瞬间的浓缩作用，浓缩机理使纤维形成网络而后沉积在初生滤层表面。这也证明浓缩机理在脱水过滤过程中同时存在。但在上下移动式成型机上，进浆压头和一定量的纸浆溢流，促使成型料箱中浆料的流动形态主要是湍动，以促使纤维网络解絮，促进纤维分散，使脱水过程主要按过滤机理进行。在注浆式成型机上，注浆后纤维首先全面地在模网上形成滤层，其后纸浆浓度随着时间变化而增稠。纤维网络增加，使之立即进行快速的浓缩脱水，从而把已经匀布的纤维凝结成为均匀的组织，完成纸浆模塑制品的成型过程。

对于含固液两相的悬浮体系来说，过滤与浓缩过程就显得十分复杂。所谓液相是指生产用水，它是重要的部分，固相的纤维、细小纤维、非纤维细胞、填料及各种化学助剂等悬浮在水中，在生产工序的各个环节，水提供了成型过程纤维与化学助剂发生化学反应或物理化学反应的介质环境。此外，细小纤维和填料等部分，颗粒直径均在胶体粒子尺寸范围之内，浆料中的细小悬浮物质具有很大的比表面积，因而具有很强的吸附能力，化学反应可能发生在这些颗粒的表面。在工艺上，除了添加脱水性物质来提高脱水速度外，生产纸模的浆料只能是游离打浆，即纸浆的打浆度尽可能低些，只要纤维通过打浆作用具有适量的结合力就可以了。因为提高打浆度固然能提高纤维的结合力，但会使纸浆悬浮液的滤水性能下降，滤水困难，对纸模成型不利。因此，必须兼顾二者的得失，对于一定的产品和纸浆来源，拟定适宜的成型条件至关重要。从胶体化学和表面化学的观点上来搞好浆料的调配，以保证纸模成型时脱水快、成型均匀性好，才能提高产品质量。浆料中固相物质的外形尺寸分布广，纸模成型的纸浆浓度多在0.6%～0.8%，在这个浓度下，纸浆中的纤维并不是全部呈单体状态存在，有的呈纤维网络状态，即若干根单体状态的纤维相互交叉、缠结、搭接而成的一种稀疏网络状的结构形态。纤维网络在纸浆悬浮液中是不稳定的，它受进入成型机原浆压力和浆流流型的影响而有所消长，或是被解体成较小的纤维网络和单体纤维，或是继续缠结成更大的网络或纤维团束。纤维网络发展变大的过程就是纤维絮聚的过程。在成型过程中纤维网络和单体都随着脱水过程向成型模具表面的成型网上沉降，在成型网上成型了纤维重叠的沉积层，积层的加厚就是成型的进展，到积层的结构发展到预定的指标时，成型模具就应自动迅速离开浆料槽。在纤维的沉积层中存在很多孔穴，这就是纤维与纤维之间的空间。这些空间被水充满，并成为脱水的流道。孔穴所占的体积相对于积层全部体积的比例称为“孔穴率”。孔穴率大，表明积层比较疏松，积层的表观密度较低，积层中所含纤维量较少，积层中可供微小物质通过的通道也较大，这时细小物质通过积层的机会也相对较大，介于纤维与微细物质之间的细小纤维在沉积过程中也因其具体尺寸大小而分别按照不同的规律被阻挡在沉积层中。积层把纤维、细小纤维和细微物质阻挡在积层中积留下来的能力称为“积留性”。显而易见，孔穴率大的，积留量低；孔穴率小的积层密度大，积留量高，但过滤阻力也较大。众所周知，与成型过程密切相关的是成型设备和成型模具，模具的设计与加工必须满足滤水性良好而且能均匀脱水的要求。

2. 成型质量

纸模制品的成型质量习惯上说成型良好或成型较差或很差，指的是纸模的匀质性程度或纤维分布的均匀程度。纸浆的储存、流送与成型设备的结构与性能在一定范围内影响纸模制品中纤维的分布。成型良好的标志是纤维分布均匀性好，纤维分布均匀性是表征共同性的成型质量评价指标。它要求在纸模制品上任意选出的一定面积范围内，在微观上纤维的浓度（含有纤维的数量）是相同的。越是接近这种理想的要求，就越具有匀质性，这时纸模制品表现出定量分布、厚度、强度、纤维结构的内应力分布等的均匀一致性，表面的平整和尺寸的稳定性均较好。对于这种理想的纤维分布，通常被理解为纤维在纸模制品上无定向排列的结果。实际上，纤维的无定向排列与匀布只有在浓度极稀的纤维悬浮体中并施加足够的搅拌时才能实现，它表现为纤维在悬浮体中所有方向上的扩散的动态平衡。然而纸模制品成型时的纸浆浓度大于纸页抄造时的浓度，所以很难达到纸页的均匀程度。因此，要求纸模制品提高均匀性，在工艺上就必须降低纸浆浓度和适当提高成型机中纸浆的回流量。所以成型良好所指的纤维均匀分布应该是符合使用性能要求的前提下的匀布。

一般而言，使用者希望纸模沿厚度方向上具有足够的厚度和整体上的扭压强度。为了达到纸模中纤维分布均匀的目的，就要求纸浆中的纤维尽可能地呈单体状态或较小较稀的网络，也就要求纸浆中纤维有良好的分散状态。例如，纸浆中有了纤维束，成团地沉积在积层中，就会导致积层中纤维分布的局部集中而使均匀性变差。从这个角度来看，纤维分布的均匀性就是一项主要的成型质量评价指标。

纤维和其他固相物质在沉积层中的组织形态对纸模制品质量也有很大的影响：

其一，积层的疏密取决于纤维种类和打浆条件与成型条件，它决定了纸模的透气性与松厚度。对于工业品包装纸模制品来说，提高透气度有利于提高纸模制品的防破裂性能。松厚度较好有利于提高纸模制品的缓冲性能，提高防震性能。

其二，纤维交织缠结的程度决定了纸模制品厚度方向与水平方向的强度。

其三，积层表面部分与中间部分在结构上的明显差别及过滤面（积层靠成型网的一面）与非过滤面之间的差别是由于细小纤维和填料、助剂等固体颗粒在过滤面留着率低，而原来长纤维在过滤面上形成滤层之后，沿厚度方向留着率逐步增加而造成组织结构上的差别。靠成型网的一面，平整光滑，另一面由于受浆流流动的影响，表面的水纹比较清晰可见。

其四，纤维排列的方向性决定了纸模制品的各向异性。

纸模制品的成型质量只是决定纸模质量的一个因素，特别在工业品包装纸模制品的质量上，承受被包装物的受力点与防震性强的结构设计（产品设计）是否合理是决定纸模制品质量的重要因素，而且模具设计既要符合产品结构要求又要符合纸模成型原理要求，有利于减少过滤阻力和提高成型时纤维分布的均匀性。

二、纸浆模塑成型方式

1. 纸浆模塑缓冲包装制品的成型

根据成型、干燥、机器结构和运动方式等的不同，目前开发和使用的纸浆模塑缓冲包装制品生产设备多种多样，但其纸模制品成型都是纸料纤维在成型网模上沉积并过滤脱水，形成湿纸模毛坯的过程，这是纸模制品生产过程中的关键工序，直接影响着整个生产过程的产量和质量。成型方法主要有真空成型法、液压成型法和压缩空气成型法。

（1）真空成型法

真空成型法是国内最普及的一种方法。真空成型法是利用真空吸滤技术成型，即在低浓纸浆（浓度1%左右）成型模内抽真空，使模内腔形成负压，纸浆中的纤维在真空环境下均匀地沉积附着在成型模表面的成型网上，而大量的水分在真空抽吸时被带走。当达到制件要求的厚度时，成型模从浆液中移出与上模合模进行挤压脱水，直至制件含水率在65%～75%，再用压缩空气使制件湿纸模坯脱模。此法生产效率高，制品厚薄均匀，适用于制作不太深的薄壁制件，如包装蛋类、水果、碟盘等的衬垫。其工作原理如图4-1所示。

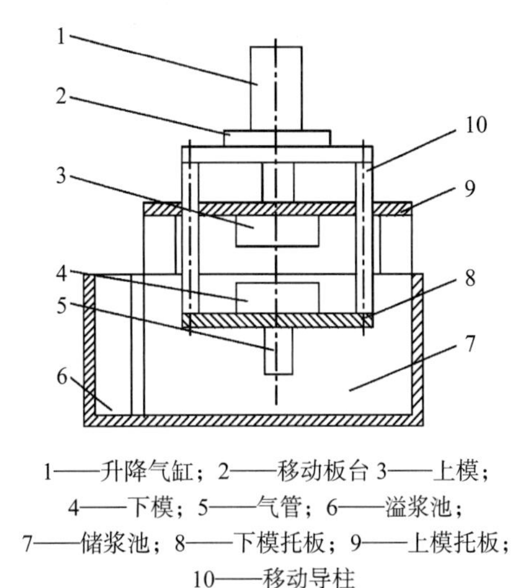

1——升降气缸；2——移动板台 3——上模；4——下模；5——气管；6——溢浆池；7——储浆池；8——下模托板；9——上模托板；10——移动导柱

图 4-1　真空成型法工作原理

真空成型的浆料浓度为1%左右，真空抽吸时的真空度一般为520Pa，脱模时空气压力一般为0.2MPa。纸料纤维在网模上的沉积速度很大程度上取决于纤维种类、打浆度、真空度、浆料浓度和温度及制品成型持续的时间等，对于浅而薄的纸浆模塑制品，一般10～15s就可完成；对于深且厚的纸浆模塑制品，成型持续时间视具体制品情况适当延长。成型时间是影响生产效率的重要因素之一，表4-1所示为各成型条件与金属网模上纤维沉积量的关系。表4-2所示为硫酸盐浆的打浆度和成型温度对成型速度和纸模制品质量的影响。

表4-1　各成型条件与金属网模上纤维沉积量的关系

纸料纤维成分	浆料打浆度/°SR	纸浆浓度/%	成型时的真空度/Pa	成型持续时间/s	纤维沉积量/（g/cm³）
30%未漂白硫酸盐浆	50	0.75	300	32	0.056
	50	0.75	300	50	0.085
	50	0.75	650	25	0.056
	50	0.75	650	40	0.085
	35	0.75	130	35	0.085
	35	0.75	650	25	0.085
100%硫酸盐浆	27	0.6	520	30	0.060
	27	0.6	520	70	0.104
60%硫酸盐浆	30	0.5	520	58	0.130

表4-2　硫酸盐浆的打浆度和成型温度对成型速度和纸模制品质量的影响

指标名称		成型温度/℃					
		16	40	60	15	40	60
		浆料打浆度23°SR			浆料打浆度18°SR		
真空度 / Pa		390	390	390	390	390	390
成型持续时间 / s		210	155	115	145	100	85
纤维层厚度/mm	成型后	22	21	21	24	24	24
	干燥后	11	10	11	12	12	12
	热压后	7	6.5	6.5	8.5	9	9
密度 / (g/cm^3)		0.76	1.72	0.78	0.78	0.78	0.78
破裂应力 / MPa		17.5	17.5	17.0	15.5	16.0	15.0

（2）液压成型法

液压成型法也叫挤压成型法。它利用机械挤压方式产生更高的成型压力。其工作原理如图4-2所示。浆泵将浆槽中的纸浆送入定量注浆器，定量后注入排水成型器。然后，上模具在液压机的作用下伸入充满纸浆的成型器中与下模具汇合挤压纸浆。浆料中的水经过网状模的孔眼排出，纤维在上下模具之间成型。成型结束后，上模具接入真空，下模具接通压缩空气，湿纸模坯在上模具的真空抽吸作用和下模具压缩空气的吹脱作用下移至上模具上，最后湿纸模坯再从上模具上脱开送去干燥。成型时纸料的浓度为2.5%，挤压成型时纸浆受到的压力为0.6～1.2MPa，上模具真空室的真空度约为780Pa，吹出湿制品的压缩空气压力为0.1～0.2MPa，成型后湿纸模坯的含水量为65%～75%。成型所需时间由制品的质量要求而定，取决于成型装置的结构、纸浆浓度和纤维的打浆度。这种方法适用于厚壁纸浆模塑包装制品的制造，液压法生产的纸模制品的湿态壁厚可以超过60mm，密度为$0.3g/cm^3$。当湿纸模坯受到高温压榨后，密度可以达到$0.65～1g/cm^3$。生产的纸模包装制品壁厚可达5～20mm，单件质量可达500g。此法适宜生产定量较重，密度较大的浅盘式纸模制品。

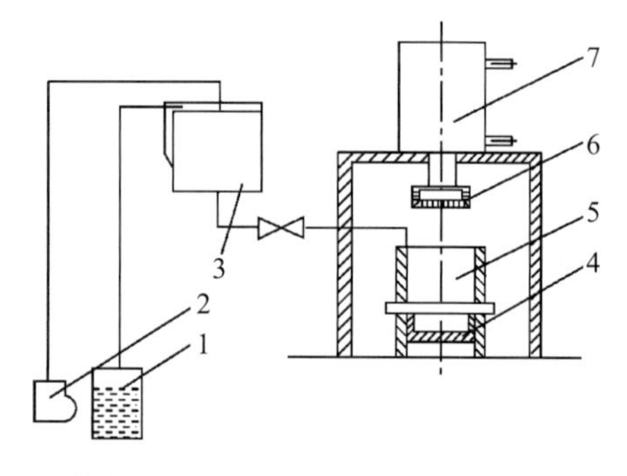

1—浆池；2—泵；3—定量注浆器；4—下模；5—成型器；6—上模；7—气缸

图 4-2　液压成型法工作原理

（3）压缩空气成型法

压缩空气成型法也叫压力成型法，它是利用气体动力学原理成型的，与真空成型法相反，不是利用真空抽吸力，而是利用压缩空气作为过滤动力，加速纸料纤维的沉积和脱水过程。其工作原理如图4-3所示，纸浆通过浆泵泵送到浆液槽中，然后在重力作用下流入表面覆盖金属网的模具上，通过压缩机向容器内部吹入热的压缩空气，纸浆在压力作用下脱水，白水通过金属网及模具排出，纤维则均匀地沉积在金属网的表面，压缩空气均匀传递到模具的各个部位，因此可以均匀脱水并将制品吹干到合乎要求的含水量为止。此后取下湿纸模坯，送到干燥工段。纸浆可以根据产品的质量要求采用不同的浆料种类和配比，纸浆的打浆度一般在30～40° SR；高位箱中纸浆的浓度为0.7%～1.5%，进入定量模具容器中纸浆的浓度可以稀释至0.5%～0.8%；模具表面网孔直径约为0.5mm，压缩空气的压力为0.4MPa，温度一般在377～400℃。这种方法主要用于外形结构复杂且紧密度要求较高的中空纸浆模塑制品，如瓶、杯、桶和箱等产品。

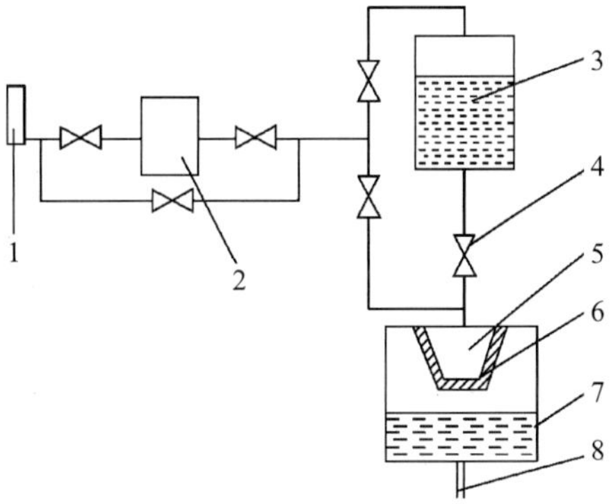

1—鼓风机；2—压缩机；3—浆液槽；4—阀门；5—型槽；6—网模；7—模具箱；8—排水管

图 4-3　压缩空气成型法工作原理

除了以上几种成型方法外，还有浇注成型法、高压喷射法和高速离心脱水法等，由于效果没有上述方法好，在实际生产中很少应用。

2. 纸浆模塑餐具的成型

纸浆模塑餐具主要采用真空吸附成型法，根据模具上浆方式的不同可分为注浆式和吸浆式两大类。

（1）注浆式成型法

注浆式成型机是最早开发用于生产纸浆模塑快餐盒的成型设备，其工作原理见图4-4，基本工作程序为：

模框闭合（下移）→充水→注浆→抽真空脱水成型→模框开启（上移）→排白水→湿纸模坯连同网模→转移到下道工序。

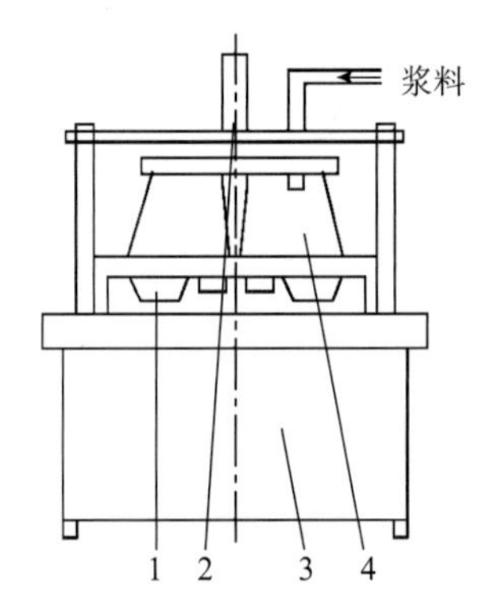

1—成型模；2—气缸；3—机架；4—模框

图 4-4　注浆式成型法工作原理

成型原理为：当模框移至带有滤浆网模的成型模时，模框内注入浆料，抽真空脱水后获得湿纸模坯，其湿纸模坯转移至热压干燥。

其特点是：设备简单、投资少、操作容易、维修方便。但动作时间长、效率低，更换产品需更换模框，且通过充水和注浆的冲力来搅动浆料，浓度均匀性难以保证，又因抽吸时间长，容易导致湿纸模坯上薄下厚。由于其成型模具上的金属网是活动的，所以生产过程中金属网损耗特别大（一般一个金属网只能生产快餐盒约300只），不适宜做长径比大的杯、碗等纸浆模塑餐具产品，只适用于中批量生产深度较小的纸浆模塑餐具产品。

（2）吸浆式成型法

吸浆式成型机是生产纸浆模塑餐具的发展方向，其工作原理如图4-5所示，基本工作程序为：

凹模下移到浆槽→抽真空吸浆→凹模上移→凹凸模闭

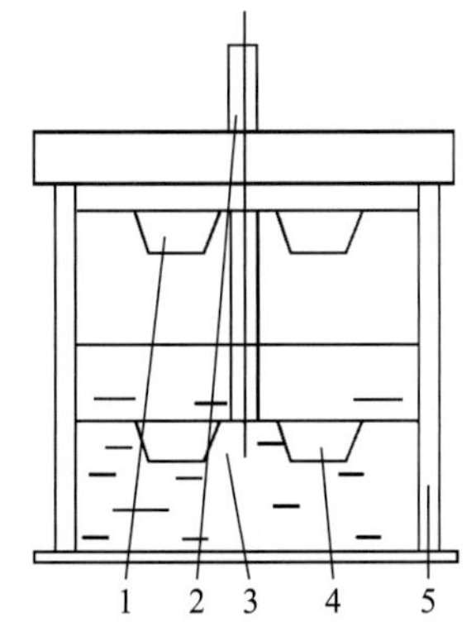

1—凸模；2—气缸；3—浆槽；4—凹模；5—机架

图 4-5　吸浆式成型法工作原理

合增压脱水→凸模移送湿纸模坯至下道工序。

成型原理是：浆料盛在浆槽内，网模固定在凹模上，通过浆槽里浆料的流动及凹模在浆槽里的上下移动来搅动浆料，使浆料浓度均匀。当凹模下移到浆槽液面下时，通过真空抽吸，使浆料沉积在网模上，然后移出浆槽与凸模闭合，经增压脱水得到干度较高的湿纸模坯。

其特点是：动作时间短，生产效率明显提高，成型均匀度好，更换产品灵活性大，可成型深度较大的产品和工业包装材料，适用于大批量生产多种不同深度的餐具产品。

三、湿纸模坯的脱模

湿纸模坯达到要求厚度后，在上模具的真空抽吸作用和下模具压缩空气的吹脱作用下转移至上模具上，再由压缩空气的通入将其从上模具上吹脱下来。根据不同的成型方法，通入压力不同的压缩空气，真空成型的真空度一般为520Pa，脱模时空气压力一般为0.2MPa；液压成型法的真空度约为780Pa，吹出湿纸模的压缩空气压力约0.1～0.2MPa。纸模制品的脱模程度的好坏很大程度上取决于脱模斜度，纸模制品在成型过程中，湿纸模坯紧贴在网模上，而且纸料纤维还会镶嵌在网模的网孔中，为了便于湿纸模坯的转移，与脱模方向平行的纸模制品表面都应该有个合理的脱模斜度，斜度过小则脱模困难，还会造成纸模制品表面拉痕或破裂；斜度过大将降低纸模制品尺寸精度，影响包装功能。传统的脱模斜度取3°～6°。

现在高端纸浆模塑的脱模角度可以做到2°以下，技术上可以达到0°。在脱模工艺上多采用多次模压工艺，一些厂家开发出相应的模具，可采用一次模压成型工艺，大大减少了成本，提高了效益。

四、真空成型过程中应注意的问题

真空成型是目前纸浆模塑制品生产中普遍采用的一种方法，在生产过程中应注意以下几个方面的问题。

1. 吸滤过程主要工艺参数对产品性能指标的影响

吸滤过程的主要工艺参数有吸滤时间、吸滤的真空度和反冲搅拌水时间，它们分别不同程度地影响着纸模产品的主要性能指标（除水率）。

（1）吸滤时间对除水率的影响

在吸滤过程之前，向注浆槽进行注浆，同时注入搅拌水，当注浆和搅拌水达到一定程度时，开始抽真空进行吸滤。在吸滤的整个过程中，因为注浆量的大小会直接影响到成型湿纸模的厚度，因此确保吸滤真空度和反冲搅拌水时间两个参数不变，保持注浆量一定的情况下单独考虑吸滤时间对除水率的影响。注浆量一定，反冲水时间不变，如果吸滤时间太长，则使得生产效率降低，导致整体真空度下降。另外，吸滤时间太长也会浪费大量能源，因为吸滤到一定程度后，成型湿纸模的含水量不再下降，就必须依靠后面的生产过程进一步降低含水量；如果吸滤时间过短，则成型湿纸模的含水率过高，脱模比较困难，真空度不够，就会造成湿纸模不脱模，甚至导致成型湿纸模破裂。要使纸模产品质量外观符合要求，则需要延长热压时间和提高热压温度，这样会增加能量消耗。

（2）真空度对除水率的影响

注浆结束时，开始对成型模内腔进行抽真空，使成型模内腔与模外产生压力差，使纸浆中的纤维均匀沉积附着在成型网表面上，形成湿纸模坯，大量的水分（滤液）在真空抽吸过程中通过模下部的吸滤管道被抽走。固定吸滤时间和反冲水时间不变来考虑真空度对最终除水率的影响，若真空度过低则内外压力差减小，没有足够的压力差对成型模进行抽吸，导致在吸滤结束时仍有大量水分留在成型的湿纸模坯中，这样热压过程就必须采取相应的措施来确保产品质量，否则会增加破损率，但又增加能耗，使其外表面不光滑、有压痕、抗压性差、表面强度差，增加废品率。若真空度过高则内外压力差变大，这时虽有足够的压力抽吸成型湿纸模中的水分，但却使得成型湿纸模中的含水量太低而影响热压过程的进行，使热压后的产品质量轻、强度差。若温度高则纸模制品表面会出现焦化现象，使产品色泽不正成为废品，降低生产效率。

（3）反冲水时间对除水率的影响

反冲水在吸滤过程中所起的主要作用是搅拌浆料，另外也起稀释浆料的作用。搅拌的目的是为了防止注浆结束后，在吸滤过程中浆料发生不均匀沉淀而导致成型模表面的吸附纤维层厚度不均匀，最终使得产品薄厚不均匀。稀释的目的是让浆料达到要求的浓度，防止浆料浓度过高而使吸滤成型模表面的吸附纤维层太厚，使得产品不符合要求。应该说反冲水时间越长对浆料的搅拌越均匀，但是反冲水时间太长，一方面会使浆料浓度变得过低导致吸滤成型模表面厚度太薄，另一方面又会影响吸滤效果，使成型湿纸模中的含水量相对升高，甚至使后工序的脱模无法正常进行，使湿纸模坯在脱模的过程中由半成品成为废品。若反冲水时间太短，则不能对注浆槽中的浆料进行很好的搅拌，不均匀的浆料导致成型模表面的不均匀，在经过定时间、定压力差抽吸后，产品干度大，降低成品合格率。

（4）打浆度和压缩力对除水率的影响

不同打浆度的纸料纤维受压缩力影响的程度是不同的，打浆度越高，纸料纤维越细小，纤维间孔隙越小，湿纸模坯的渗透性越低。由于纤维尺寸及压缩力的影响，湿纸模坯中的孔隙并非都是可供流体流动的贯通孔隙，其中相当一部分是盲孔隙，或是被气泡阻断的孔隙。纸料纤维越细小（打浆度高），孔隙被堵塞的概率越大，吸滤除水效率就越低。同时，越细小纤维的表面水化膜相对厚度越大，与纤维的结合越牢固，由于水化膜的流动性很差，它占据了孔隙部分空间，也使湿纸模坯的孔隙率减少，从而除水率降低。但是从保证纸模制品壁厚均匀和致密性考虑，所用纸料纤维又不能太粗大，必须保证一定的打浆度。一般来说，生产中纸浆的打浆度应在28～30° SR。

（5）纸浆黏度对除水率的影响

浆液黏度越高，其流动性越差，除水速率与液体黏度成反比。另外，浆液黏度越大，纸浆的纤维越细小，纤维表面的水化膜越厚，结合就越牢固。由于纸模餐饮器具的应用特点，其所用的浆液中必须添加防水、防油剂，这些都增加了浆液的黏度。而且越细小的纤维（打浆度越高），添加的剂量越大，对黏度的影响就越大，影响了湿纸模坯的除水率。

（6）纸浆浓度对除水率的影响

浆液浓度对过滤阻力有影响，浆液浓度越低，细小纤维对湿纸模坯空隙的充填作用越充分，湿纸模坯脱水阻力越高。考虑到纸浆模塑成型与单纯的过滤工艺不同，除了要考虑过滤效率外，还要考虑产品壁厚的均匀性，因此纸模成型时所用的纸浆浆液浓度较低，一般为1%左右。

2. 真空吸滤过程中影响纸浆模塑制品质量的因素

（1）孔洞

纸浆模塑制品生产过程中有时会产生一些孔洞使其成为废品，这些孔洞的形式和成因主要有以下几种：

①纸模制品某一部位产生片状的蜂窝形孔洞，同时伴有浆料分布不均匀。这种孔洞主要在注浆成型过程中产生，产生的原因是注浆时浆料的射流冲刷模具某一部位的表面，造成该部位沉积的浆料被冲刷掉产生蜂窝状孔洞和浆料分布不均匀。解决方法是在注浆口加挡流板降低注浆压力，同时使浆料均匀分布在浆料槽内。

②纸模制品某一部位产生不规则形状的单一孔洞。这种孔洞主要是由成型模具上滤网破损的孔洞造成的，解决方法是更换成型模具上的滤网。

③在纸模制品的表面上有针状小孔，且分布不规则。产生这种孔洞的原因主要是真空吸滤成型时其真空度过大，一般情况下，纸模制品在吸滤成型过程中真空度应保持在0.05～0.07MPa，当真空度高于0.08MPa时就会在纸模制品的表面产生分布不规则的针状小孔。

（2）均匀性

纸浆模塑制品的均匀性，即纸模制品各部分浆料分布均匀、厚度一致性。产生纸模制品不均匀性问题的原因主要有以下几个方面：

①浆料浓度对均匀性的影响。在纸模制品生产过程中进入成型浆槽的浆料浓度对纸模制品的均匀性有很大的影响，生产过程中一般使浓度保持恒定，不能忽高忽低，一般进入成型浆槽的浆料浓度为1%左右。如果浆料浓度过高将使产品的厚度不均匀，即产生上薄下厚的现象。

②模具沉入浆料中的深度。纸浆模塑制品生产过程中成型浆槽内的浆料浓度与制品的形状、高度及模具沉入浆料中的深度有关。如图4-6所示，当模具沉入浆料中的深度H等于或大于纸模制品的高度h时，才能使纸模制品成型时浆料分布均匀、厚度一致。

③成型模具的开孔率。纸浆模塑制品的成型过程是一个立体造纸过程，这样就使得成型模具存在顶角、棱边及表面有高低和倾斜程度的差别，为了使浆料沉积分布均匀，模具上各部分脱水孔的开孔率将是不同的。一般情况下，顶角的开孔率为70%左右，棱边的开孔率为60%左右，上顶面的开孔率为40%左右。斜面上的开孔率一般是变化的，即上部开孔率高，下部开孔率低，一般在50%～35%，底部的开孔率最低，为20%左右，这样才能使浆料的沉积分布较均匀。还有一些其他原因也影响纸浆模塑制品的均匀性，如滤

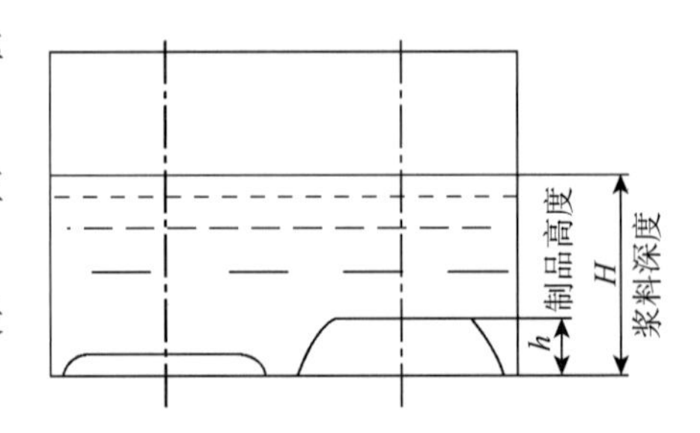

图4-6　模具沉入浆料中的状况

网孔堵塞、未及时清洗滤网、真空度过低等。

（3）裂口

①滤网的制作和安装误差。如图4-7所示，滤网的制作和安装误差是指在滤网制作和安装过程中，滤网各处没有紧粘在成型模具的表面上，使滤网的展开长度小于模具的展开长度，纸浆模塑成型时，在模具的沟槽和转折处滤网被绷起产生绷紧缝隙，使得纸浆模塑制品成型时形成的湿纸模坯被托起，这样湿纸模坯的展开长度减小，使得湿纸模坯在定型和加热干燥模具中产生拉伸断裂，在纸模制品上形成裂缝，产生废品。同时成型模具的滤网安装过紧，在冷压定型时滤网也容易被压裂，在成型时造成浆料流失及在纸模制品上产生大的孔洞形成废品。解决方法是成型模具上的滤网制作和安装时在沟槽和转折处成型要充分，安装时应略松一些。

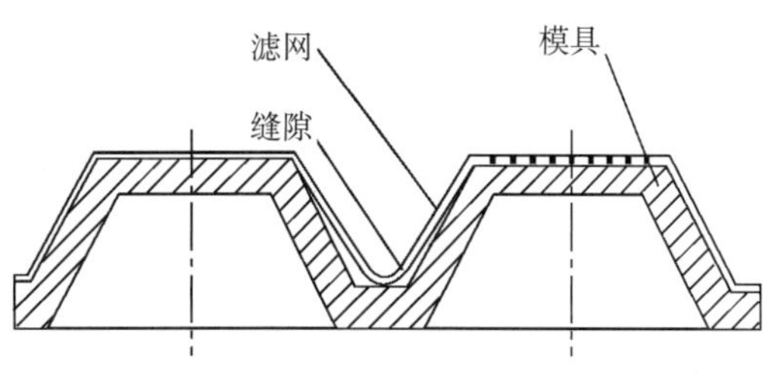

图 4-7 滤网的制作与安装

②模具的制造误差。模具的制造误差是指成型模具和加热干燥模具及凸模和凹模在制造过程中产生的几何形状和尺寸的误差。这种误差对纸浆模塑制品的质量有一定的影响，如果凸模和凹模有误差，合模后模具各处的缝隙就会不同，缝隙小的转折处有可能将纸模制品挤压或剪切，出现裂口，从而产生废品。

（4）周边不规整

纸浆模塑制品生产过程中有时会产生周边不对称、周边不齐整或毛边等现象，使纸模制品的产品品质降低，产生这些问题的原因主要有以下几个方面：

①周边不对称。纸浆模塑制品产生周边不对称现象的原因为其加热模具各处缝隙大小不一致，使得纸模产品在加热干燥过程中各处的热收缩不一致，从而使得纸模产品周边不对称。解决方法是调整模具上下模具合模时的缝隙。

②周边不齐整。纸浆模塑制品产生周边不齐整现象的原因有：一是湿纸模坯含水率高，压榨干燥时将一部分坯料挤出造成制品周边不齐整。解决方法是增加成型过程的排水时间，降低湿纸模坯的含水率；二是压榨干燥时合模瞬间速度过快，将一部分的坯料溅出。解决方法是降低合模瞬间的合模速度。

③毛边。纸浆模塑制品自动生产设备在生产免切边产品时，湿纸模坯在模具内进行上下模的转换过程中，由于吹气压力的变化和吹气时间的长短都会使产品产生毛边。解决方法是使吹气回路的压缩空气的压力控制在0.4MPa左右，吹气时间控制在2s以内，吹气一般在模具分离前1s开始。

第二节 纸浆模塑成型湿部化学理论

纸浆模塑成型湿部化学是论述纸浆模塑浆料中的各种组分如纤维、水、填料、化学助剂等在成型机上进行网模滤水、留着、成型以及在白水循环过程中产生的相互反应与作用的规律，以及影响成型机的运行和纸浆模塑制品质量的一门学科。只有对这一学科中各种工艺过程和规律有了充分的了解，才能合理设计成型机的运行工序和成型模具。纸浆模塑湿部成型主要有两大关键技术，即浆液制备过程湿部化学的作用与影响和纸浆模塑模具的设计，本节将对浆液制备过程湿部化学进行论述。

一、湿部化学原理

“湿部化学”一词是造纸过程中的一个专用名词，通常用来描述在造纸机网部滤水、留着、成型以及白水循环过程中纸料中各种不同组分（如纤维、水、填料、化学添加剂等）之间相互反应与作用的规律。其反应结果直接影响到造纸机的运行是否正常及纸产品的最终质量状况。对于纸浆模塑制品生产过程来说，湿部化学是用来描述在成型阶段上纤维在成型网模上滤水、留着、成型以及白水循环过程中浆料中不同组分的相互反应与作用规律。

在纸浆模塑成型过程中，纸料纤维和细小纤维的化学特征主要表现为吸附性能、润胀性能及离子交换性能。这些性能受到纸料纤维的表面积、表面电荷和表面化学组成的影响，由于细小纤维的体积小，单位质量的表面积是纤维的5～8倍，吸附能力是纤维的2～3倍，而化学助剂主要是通过吸附过程起作用，所以，细小纤维在纸模成型过程中对纸纤维的滤水及留着都起着重要作用。

水是纸浆模塑制品生产中必不可少的重要组成部分，在纸模成型过程中起到分散、均匀纸料纤维和各种配料的作用，同时起到水合和润胀纤维的作用，并提供纸模成型化学反应的介质环境。

纸浆模塑制品的其他配料包括填料和化学助剂，其作用是改变纸模制品的成型过程和改善制品的质量，主要有功能助剂和过程助剂。例如，用作功能助剂的增强剂、防水剂、防油剂、染料、增白剂和柔软剂等，用作过程助剂的助留剂、助滤剂、树脂控制剂、防腐剂和网模清洗剂等。助剂与填料是以水为介质环境，以离子形式吸附在纤维和细小纤维表面来改善纤维的滤水性、留着性或增强纤维间的结合力的。

二、湿部化学对纸模设备和制品成型的影响

湿部化学对设备的运行性和制品成型有正反两方面的影响。一方面，湿部化学可用来增强滤水性，减少空气进入和消除泡沫，保持模具清洁以及保持白水中的固体含量；另一方面，如果这些因素失去控制，相同的湿部化学现象会使设备运行不正常，模具塞网、堵孔和结垢严重，产品产生斑点和气泡，并降低滤水性，使设备不清洁，从而降低生产效率等。

纸料的流动速度与水是有区别的，在某一浓度（约为0.05%）以下时，由于纤维与纤维之间的相互作用很小而能够自由运动，其流动状态与水大体相同。在此浓度以上时，纤维与纤维相互交缠，并形成絮聚物，其流动状态与水不同，这个浓度称为浆料的临界浓度。当纸浆浓度在这一状态时，纤维与纤维之间会发生相互缠绕的现象，这一现象称为纸浆悬浮液的絮聚现象。这时如果纸料流速较低，由于流体流动的剪切力尚不足以克服纤维缠结絮聚的内摩擦力，因而

纸料以整体流动，形成一个栓塞状的流动状态，在其纤维间无速度差，只是在纤维与管壁之间有一个水环，这种流动状态称为“栓流”。纸料浓度越大，纤维与纤维发生絮聚现象的机会就越多，长纤维浆容易产生絮聚。当浆料在管道内的流动速度较高时，浆料的粒子间发生相对流动，这种流动状态称为“栓流”。湍动能分散纤维和絮聚物，而且也能产生纤维絮聚物，至于絮聚的程度则取决于湍动和絮聚的平衡关系。

只有了解浆液制备过程中纸料流动的特点，以及它们对制品成型产生的正面和负面影响，才能有针对性地设计纸模制品的湿部成型工艺。纸模制品湿部成型工艺条件主要表现在制品成型脱水方面。

湿纸模坯成型脱水是成型机制作产品的首要工序。这一工序的主要作用是脱去网模上纸料中绝大部分水分，形成纸模的湿纸模坯，其脱水方式是过滤和抽吸脱水，这一工序脱去的水量一般占网模上纸料脱水量的95%以上。过滤、抽吸脱水二者是互相联系的，纤维悬浮液自贮浆罐注入吸滤模腔，经过稀释，纤维悬浮液在重力作用下，通过模具表面的孔隙和包覆在模具表面的丝网使纤维均匀地互相交织沉积在网面上，在脱水过程中逐步形成湿纸模坯，在形成湿纸模坯中又通过真空抽吸在吸滤模的表面产生压力差而进一步脱水，最后形成均匀度和厚度一致并具有一定湿强度的湿纸模坯。从湿纸模坯的形成过程可以看出，纸料的滤水性在成型机运行中是一个非常重要的性能。

为了尽量多地脱除湿纸模坯的水分，提高湿纸模坯的干度，成型机一般可通过两个工位即吸滤工位和冷压工位来完成。这两个工位的作用虽然都是脱水，但对湿纸模坯的形成作用又各有不同。

（1）吸滤脱水。浆料的制备和输送直至湿纸模坯在模具网面上的形成是一个复杂的过程，以注浆成型为例，它的形成过程大体可分为两个阶段。

①浆料注浆阶段：这一阶段是浆料从贮浆罐开始注入吸滤模腔，至注浆结束为止的阶段。浆料悬浮液在这一阶段，分散均匀，在网面上是平稳的。

②成型和脱水阶段：这一阶段的前半段为过滤脱水阶段，注浆结束后通过给浆料一定的反冲水稀释浆料，靠浆液的重力作用通过模具的孔隙自然沉降脱水，后半段为自然沉降脱水加抽吸脱水，在这一阶段湿纸模坯已基本形成，并有了一定的湿强度，吸滤工位的吸滤脱水开始速度不宜过快，以提高填料和浆料的首程留着率。这时如果过快脱水，浆料中的微细物质和化学助剂容易大量流失，过早成型，则又影响成品的匀度和两面性。滤水程度将受纤维与纤维以及细小纤维与细小纤维间的絮凝影响，如果形成的絮凝物大而多孔时，将使纸料变得粘滞而阻碍水的通过，从而降低滤水性。总之，这一工位的作用就是将液态的纸浆悬浮液变为固态的湿纸模坯的过程。

（2）高压脱水。高压脱水阶段（亦称冷压阶段）是将从吸滤工位转移过来的湿纸模坯借助机械作用力压缩，在吸滤成型的基础上，使湿纸模坯进一步脱水，增加湿纸模坯纤维与纤维的结合力，然后传递到热压干燥工位继续干燥并整型，通过高压脱水和强力抽吸后的湿纸模坯，含水量从90%以上降低至55%左右，从而完成湿纸模坯的脱水任务，高压脱水起到一种由吸滤工位转移至热压工位的传递作用，同时又起到通过最大限度脱水来降低干燥能耗的作用。

三、助剂与染料的使用

纸浆模塑制品生产过程中应用的化学助剂，是在造纸化学助剂应用的基础上，根据纸浆模塑制品生产特点与造纸生产在工艺、用途、用量、添加方法、卫生标准要求等方面的不同，而加以改进或专门研制的专用精细化工产品。造纸化学助剂中有些品种大都适用或基本适用于纸模制品的生产。纸浆模塑制品生产所用的化学助剂主要分为功能助剂和过程助剂。功能助剂是以提高纸模制品最终使用性能和质量为目的的一类助剂，如填料、施胶剂、增强剂、防水剂、防油剂、染料、固色剂、增白剂和柔软剂等。过程助剂是以促进和改善纸模成型过程，防止产生干扰和减少原料及能源消耗为目的的一类助剂，如脱模剂、助留剂、助滤剂、树脂控制剂、防腐剂和网模清洗剂等。

根据纸浆模塑餐具的使用要求，在生产中往往需要添加防水剂和防油剂，甚至还需要添加改善湿部浆料特性的助留剂、助滤剂及一些其他功能性助剂，如增强剂、消泡剂等。根据国家标准GB 4806.8—2016《食品安全国家标准：食品接触用纸和纸板材料及制品》要求，生产纸浆模塑餐具使用的原料及助剂必须无毒、无害，清洁无污染，符合国家食品卫生及环境保护法规和标准。

化学助剂中的施胶剂应在纸浆经打浆后加入，一般在纸浆浓度3.0%或更高时加入；而其他助剂如湿强剂、防油剂等一般在调浆箱里加入。充分搅拌浆料均匀，使每根纤维上都附着化学药品，以增强使用效果。根据不同的产品需求可对纸浆模塑包装制品和纸浆模塑餐具加入各种功能的助剂来满足性能要求。

1. 功能性助剂的使用

（1）填料

填料是一种颗粒细小的白色颜料，一般加入填料的目的是为了降低纸模制品生产成本，且纸模制品的许多性质可以通过加入填料来实现。填料的粒度远小于纤维，在纸浆模塑餐具中加入填料后，通过填充纤维间的空隙，可提高成品的匀度和表面平滑度，使产品美观。造纸生产中常常通过添加高白度的碳酸钙、滑石粉等填料来降低纸张的成本、提高纸张白度、改善纸张匀度及表面平滑度，这在纸浆模塑餐具的生产中同样可以借鉴，所不同的是用于纸浆模塑行业的填料必须是无毒产品。在纸浆中加入滑石粉的优点是它本身无毒，与施胶剂有良好的相容性，有利于胶料的留着，化学性质稳定，不会与其他化学品发生反应而产生有毒物质。碳酸钙也是无毒的填料，是一种成本较低的经济型填料。但如果填料的加入量过大，会导致防水剂、防油剂等助剂用量增加，反而增加了成本，因此填料的加入量以不超过10%为宜。

（2）施胶剂

在纸浆模塑制品生产中，为使纸模制品具有一定的抗液性能（主要是水），以满足其使用要求，需要在纸浆中加入一些具有抗液性能的胶体物质或成膜物质，以防止或降低液体对纸模制品的渗透和铺展，这一类物质称为“施胶剂”。目前应用的施胶方法可分为浆内施胶和表面施胶，纸模制品生产大多使用浆内施胶的方法。所谓浆内施胶，是指在纸模成型之前的纸浆中添加施胶剂的方法，所用的浆内施胶剂根据施胶时pH的不同又分为酸性施胶剂和中（碱）

性施胶剂。

①松香系施胶剂（即酸性施胶剂）。这是国内造纸工业使用量最多的施胶剂，目前主要的有两种类型松香胶，一种是皂化松香胶，其主要组成为松香的钠盐，其品种有粉末胶、增效胶、干胶；另一种是分散松香胶，由95%～100%的游离松香酸组成，其品种有阴离子分散胶和阳离子分散胶。

②中（碱）性施胶剂。以AKD（烷基烯酮二聚体的简称）为代表的中（碱）性施胶剂，是一种纤维反应型施胶剂，它在pH=7.0～10.0时能与纤维素表面的羟基发生反应，将长链的烷基引入纤维分子上，从而产生憎水性能。与酸性施胶剂相比，中性施胶剂不使用松香、硫酸铝，而使用碳酸钙作填料，可以提高纸模制品的白度，改善吸墨性能等。AKD施胶剂与纤维之间存在着化学键，增加了纤维的结合力，既可改善纸模制品的强度，又可用于低强度而又价廉的纤维的补强。采用中性条件生产，纸模成型设备和附件腐蚀减轻。由于废水pH较高，减少了排水的污染。总之，中性施胶剂的优点是十分明显的。采用中性施胶技术是提高纸浆模塑产品质量和档次的有效途径。

目前，国内纸浆模塑餐具生产的施胶方法主要是浆内施胶，而植物纤维型餐具生产则主要为表面施胶（或表面喷涂）。两种施胶方法各有利弊，现将两种施胶方法的优缺点对比见表4-3。

表4-3　浆内施胶与表面施胶的优缺点

施胶方法	浆内施胶	表面施胶（喷涂）
优点	可以使纸模制品里外具有良好的防油脂性，不会因折叠、皱褶和摩擦而失去抗油脂性	使用灵活，保留率可达100%，用量小，成本低，比浆内施胶经济有效
缺点	不如表面施胶涂布效率高；用量较大；不如表面施胶（喷涂）灵活	抗折叠、抗皱褶及抗摩擦能力差

在纸浆模塑制品的生产过程中，主要通过施胶剂的加入，来达到防水的效果。施胶剂分子必须具有亲水基团和疏水基团，前者用于与纤维结合，后者在纤维表面形成疏水层。纸浆的施胶是关系到纸模制品质量好坏的一道重要工序，其作用是提高制品的憎水性。施胶也就是在纸浆中加入施胶剂，施胶一般在碎浆之后的浆池中进行。目前，国内外造纸常用的施胶剂有松香系施胶剂（如皂化松香胶、分散松香胶等）、中（碱）性施胶剂（如AKD、ASA、SA、CS等）。

③纸浆模塑包装制品用防水剂。对于需要具有防水功能的纸模包装制品，有时需要加入防水剂，一般都采用浆内施胶的方法，所用施胶剂一般为松香［与适当比例的$Al_2(SO_4)_3$相配使用］、石蜡乳胶或松香石蜡胶。为了得到高质量的制件，对非黏结类废纸制品纸浆，必须加入相当于纸浆绝干纤维质量3%的松香胶；对黏结类的废纸制品纸浆，应加入1.5%～2%的松香胶。如用滑石粉作填料并达到高留着率的目的，必须注意添加工艺的选择，采用填料预处理系统。滑石粉不能直接加入打浆池，必须采用填料预处理系统，使滑石粉充分分散润湿后添加，这样才能通过化学助剂的作用使滑石粉与纤维发生络合。具体工艺是用含20%～30%的滑石粉填

料的水悬浮液在搅拌器中高速处理6min，用水稀释后加入化学助剂，再处理5min，制成填料悬浮液，再加入浆料中。

④纸浆模塑餐具用防水剂。纸浆模塑餐具用来包装各种状态的食品，既要使餐具具有抗水的性能，更要符合纸模餐具使用的卫生要求。

纸浆模塑餐具的防水剂的选择与所选用的防油剂有密切关系，目前可供选择的防油剂品种较少，且对传统的酸性施胶系统不适用，要使纸模制品既具有防油性能又具有防水性能，必须采取碱性或中性施胶系统，目前比较理想的中性施胶防水剂就是合成胶料AKD（烷基烯酮二聚体的简称）。其作用过程是：AKD附着→AKD颗料分散于纤维表面→AKD延伸和发生化学反应。

AKD与纤维素羟基反应是个较缓慢的过程，不像酸性胶料松香附着于纤维上，其疏水基立即发生施胶作用。AKD施胶在纸模制品干后尚未完成，24小时内施胶反应才完成了80%，其后若干周内还在进行。如果不采取附着措施，约有35%的AKD因水解而失效。为了提高AKD胶的施胶效果，保证纸模餐具的防油、防水性能，必须采取有效的助留措施。

（3）防油剂

防油剂主要用于纸浆模塑餐具。纸模餐具添加的防油剂主要是直链碳氟有机化合物，属于合成胶料，它直接与纤维结合成化学键，因而可以改善成品的物理强度，可以在配浆中增加低强度纤维的比例而不会降低成品的强度，并且可以添加其他填料。防油剂实际上是一种中性施胶剂，因而要求必须在中性条件下施加，并且必须添加与之相匹配的助留剂，这一点非常关键，目前我国纸浆模塑餐具生产厂家基本上都选择氟化物作为防油剂。氟类防油剂的作用机理就是利用它表面张力很低的特性，使其可以均匀地分散在制品表面，降低制品的表面张力，以达到使纸模制品表面具有排斥油脂、烃类型表面活性剂及其他含油脂液体的性能，从而使纸模制品产生抗油性。

传统的抗油性纸制品（如用纸板制成的餐具）的生产方法是对其进行二次加工处理。处理的方法有涂布、喷涂、复合等，以克服纸制品不能防油、防水的局限，但这些方法的根本性弊病是工艺烦琐、成本偏高，使用中有较大限制性，特别是有些用于涂布、喷涂、复合的化工产品仍然不能解决废弃物的降解问题，导致环境污染。随着纸制品助剂的发展，目前最简单、实用的方法是在纸制品生产过程中加入一种助剂，使纸制品生产出来就具有防油阻水性能，这种纸制品不但可以用于食品包装，也可用于工业品包装，特别是这种纸制品使用后的废弃物，还可以回收再生利用，不仅有利于环境保护，也有利于生态平衡。纸浆模塑餐具生产中采用在配浆时加入防油剂的方法，所使用的防油剂是全氟烷基类化合物。

①防油剂的种类和特性。纸浆模塑所采用的有机氟类防油剂，是一类有机碳化合物分子中的大量氢原子被氟原子取代后所得到的一类性能独特的化合物。氢原子被取代，得到了和水性溶液及碳氢化合物系统不相容的低能量物质。一般结构式如下：$CF_3(CF_2)XR$，改变功能团R，可以获得性能不同的大量产物。如果R为氟原子，该化合物具有惰性，在水溶液或有机溶剂中既不能溶也不能被分散。R若是阴离子、阳离子或非离子的功能团，则该化合物可成为特殊类型表面活性剂。另外，R也可以是一些具有聚合功能的单聚体，它们和其他物质聚合，又可以得

到一类性质范围较广的产物。

适合于纸模餐具使用的全氟烷基类化合物大体可分为三类：全氟烷基铬络合物、全氟烷基磷酸酯（盐）和全氟烷基共聚物。全氟烷基共聚物又可分为亲水性和憎水性两种类型。由于氟碳铬络合物的色泽能使成纸纤维变色，在溶液中稳定性差，甚至在室温下都容易水解，干燥过程中容易使成纸纤维变脆等缺点，目前已被淘汰。

用于纸浆模塑餐具生产的氟类防油剂是一种全氟烷基有机化合物，其中也包括聚合物。它具有良好的化学稳定性、热稳定性和电子稳定性。其表面张力很低，不溶于水和有机溶剂，用该类防油剂可制成能用于食品包装，可防油及部分溶剂的各类纸模制品。这种氟类防油剂的特点是：

a. 可以在水溶性或溶剂介质中广泛使用；

b. 在纸模制品上能耐久，经过折叠后的制品仍保持抗油性；

c. 能保持纸模制品的印刷性能等；

d. 它不仅可以使纸模制品具有抗油性，也可以使纸模制品具有疏水性或亲水性；

e. 它既可以采用浆内施胶工艺，也可以采用表面施胶或涂布工艺；

f. 其制成品使用范围较广，既可以用于食品包装，也可以用于工业品包装。

②防油剂的应用技术

a. 不同种类浆料对防油剂效能的影响。氟化物防油剂的防油效果，对于不同的木浆浆料品种，其效果也不相同。一般漂白纸浆效果优于本色纸浆；硫酸盐纸浆略优于亚硫酸盐纸浆；软木纸浆略优于硬木纸浆；化学纸浆优于机木浆。我国生产纸浆模塑餐具的纸浆原料，大多是草类浆，有苇浆、甘蔗渣浆、麦草浆、稻草浆、竹浆等，不同草浆物理性质和化学组成差异很大。抗油剂的抗油效果不但因木浆品种不同而有差别，就是用于这些草浆之间也有很大差别，这就使得应用很好的一个助剂配方在更换浆种以后效果会发生变化。所以，在生产中如果更换了不同的浆料，应先对更换的浆料做实验室试验，取得最佳技术参数后，制定出新的工艺方案后再在生产中实施。

另外，组成浆料的纤维、填料和化学助剂，都会通过不同物理和化学作用影响氟化物施胶剂的效能。物理作用包括纤维种类、打浆程度、填料种类及加添情况，它们影响纸模制品的表面性能；化学作用包括亲油性物质的存在，如沥青、木素、树脂酸盐及助剂中烃类物质的存在，这些因素都将削弱氟化物防油剂的抗油性能。特别指出的是对浆板原料的选择，首先必须注意浆板的质量和洁净度，因为浆板中阴离子杂质在湿部的积累，是浆液中阴离子杂质的主要来源，其次要注意管道和浆池死角积存的腐浆。这些阴离子杂质将使一些阳离子助剂效果变差，甚至有可能使阳离子助剂完全失效。如果浆板漂白后清洗不干净，残氯含量过多，也会极大地影响化学助剂的使用效果。据试验得知，如浆料中的残氯含量大于300～400ms/kg时，可使AKD施胶剂丧失90%以上。

b. 水质对防油剂效能的影响。使用阳离子型氟化物防油剂，因为它对水的pH不敏感，所以不必严格控制水的pH。硬水对阳离子型防油剂产品的影响很小。如果在含有低分子量助留剂的配料中加入阴离子氟化物防油剂，那么，硬水对其的影响也很小，在这种情况下，氟化物防油剂会立即被纤维吸收，不会在硬水中沉淀。对于阴离子型防油剂，可以根据其他配料添加剂的特性，确定其实际的pH。

c. 加入方法及添加顺序。氟化物防油剂的添加顺序如图4-8所示，但如与具有特殊功能的抗水剂配用时，也可不用助留剂，而且加添顺序也可相应改变。

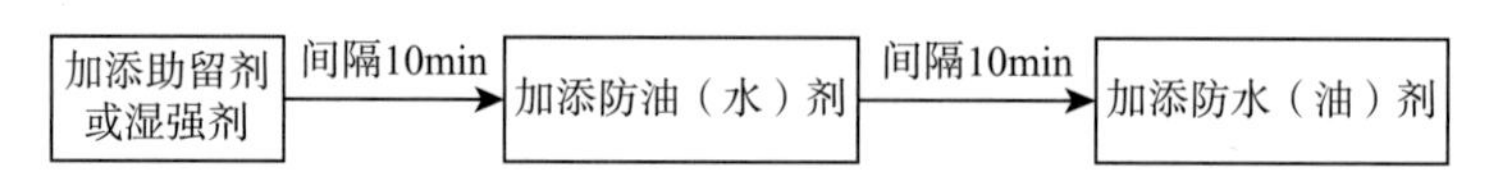

图 4-8　氟化物防油剂的添加顺序

氟化物防油剂常按1：20的比例预先稀释，这样可使防油剂更均匀地分布在纤维之间，它的均匀分布与否是影响它们抗油抗水性大小的一个主要因素。

尽管氟化物防油剂性能极其稳定，但是不提倡在磨浆之前加入，氟化物防油剂如果在磨浆之后加入，可获得最佳效果。这是因为如果在磨浆之前加入，在磨浆过程中会出现有些纤维表面没有上胶的现象。阴离子型氟化物防油剂预先稀释加入，应使用软水，如无软水，可在硬水中加入0.3%的螯合剂，以降低水的硬度，防止防油剂被硬水中的阳离子中和沉淀。阳离子型防油剂则可直接用自来水稀释。

d. 定型温度的影响。纸模制品干燥时的温度是显著影响防油剂性能效能的一个重要因素，氟化物防油剂需要加热“熟化”，这种熟化不是化学过程而是物理过程，加热使聚合物链软化，并使全氟碳基团在纤维表面外取向排列。纸模餐具抗油性能的好坏取决于全氟烷基在纸模餐具表面上排列的紧密程度、排列方式或定位，而温度乃是决定低能表面形成的关键因素。因此，生产线必须能够满足各类氟化物防油剂的干燥温度要求条件。

③氟化物防油剂的应用工艺参数。根据一些工厂的经验，在纸模餐具生产线上采用全氟烷基化合物时，一般要注意以下工艺参数：

a. 搅拌速度和间隔时间。防油剂与浆料的混合需要一定的时间及良好的搅拌条件，搅拌速度一般不要超过60r/min。助剂加添间隔时间一般不少于10min。

b. 浆料浓度。在加添化学助剂时，浆料的浓度最好在3%～5%，因为浆料在这一浓度范围内，搅拌过程可使化学助剂在浆料纤维自身挤压揉搓下，更好地相互牢固吸附，最后稀释至1%浓度上机成型。这样不但可以减少助剂用量，增大防油剂作用，还能节省能源。

c. 控制发泡。由于氟化物防油剂是一种表面活性剂，使用过程中往往会带来一些泡沫问题。但是，如果控制搅拌速度（30～60r/min）、搅拌时间、添加位置、控制出浆口等，即可有效控制发泡。必要时，可加消泡剂。

d. 防油剂用量。视具体要求，一般碳氟化合物使用较多，在使用时应先加软化水稀释，用量为绝干纤维4%～7%。具体用量取决于配料及其他添加剂。

（4）增强剂

无论是纸浆模塑包装制品还是纸浆模塑餐具，国家标准对它们的使用性能尤其强度性能提出了明确要求，要达到这些指标，必须在纸浆模塑制品的生产中添加增强剂，以使纸浆模塑制品具有达到要求的挺度和强度。

影响纸模制品强度的主要因素有四个：纤维本身强度、纤维与纤维之间结合强度、纤维结合的表面积、结合键的分布。

提高的纸浆模塑制品强度可采用添加干增强剂和湿增强剂的方法，生产中添加化学助剂增强方法有两种，一种是浆内用增强剂，另一种为表面用增强剂。浆内用增强剂又有干增强剂和湿增强剂之分。

①干强剂。干增强剂是用以增进纤维之间的结合，以提高纸制品的物理强度而又不影响其湿强度的精细化学品。这类化学品具有一定分子量的活性基团，由于其本身的胶体分子的结合强度可与纤维素的羟基形成氢键结合，可以达到纸制品增强的要求。而增加结合强度的原因，一是由于干强剂本身的胶体分子的结合强度，二是增加纤维单位面积的氢键结合。

常用的干增强剂品种有阳离子淀粉、阴离子淀粉、两性淀粉、多元性淀粉及离子型聚丙烯酰胺等。阳离子淀粉和多元性淀粉（包括两性淀粉）既是很好的助留助滤剂，也是很好的干增强剂。它的增强原理主要是通过淀粉中的阳离子基团与纤维表面阴电荷间的静电吸引力而附着在纤维表面并与纤维通过氢键的架桥吸附，使帚化了的纤维之间形成网络胶联的整体，从而达到提高纸模制品强度的目的。应用淀粉作增强剂，用量一般为风干浆的1%～2%，未经糊化处理的淀粉不能直接加入浆池，淀粉必须经过糊化处理，加工成淀粉糊液（没有糊化条件的可购买糊精）后才能使用。

②湿强剂。湿强剂能增加纸模制品的耐水性，即增加湿强度。其作用机理为：当纸模制品被湿润时，纸模制品内部的半纤维素迅速吸水，纤维间氢键结合显著减弱，致使纸模制品的湿强度降低。而加有PPE（聚酰胺环氧氯丙烷）热固型树脂的纸浆，因湿强树脂的正电荷与带负电荷的纸料纤维相互吸引和湿强剂含有的羟基与纤维羟基形成的氢键的两方面的作用，使纤维表面吸附有大量的湿强树脂。在纸模制品干燥时，受热压模具表面温度的影响，分子间氢键失水，加在纸模制品中的湿强树脂同时发生缩聚作用，此时树脂转变为不溶于水的状态，并在纤维界面上交联成已不能完全被水破坏的树脂网状结构，从而保护纤维不受水的润胀。使纸模制品具有了湿强度，同时赋予纸模制品一定的干强度。

湿强剂主要有两大类产品，即以三聚氰胺甲醛（MF）和脲甲醛（UF）树脂为代表的酸性熟化树脂和以聚酰胺环氧氯丙烷（PAE或PPE）树脂为代表的磁性熟化树脂。PPE树脂是近年来在我国造纸行业应用发展较快的一种性能优良的湿强剂，它是一种非甲醛类聚合物，无毒、无味、pH适用范围较广，具有以下优点：

a. PPE树脂的用量少。在纸浆模塑浆料中的一般配比量在1%左右，湿强度一般可提高3～8倍，湿强效果好，还可提高干强度约20%。同时，因其为阳离子型，所以还兼具助留、助滤作用。

b. 损纸或废纸回收较容易。加0.1%（对风干浆）次氯酸钠于损纸或废纸浆进行处理，效果更好。

c. 适用中碱性使用。

d. 无毒，可用于制造食品等包装用纸模制品。

2. 过程助剂的使用

（1）助留助滤剂

①助留剂。在造纸中，凡是能够增加纸浆中组分留着的措施，称为“助留”，凡是能够提高浆中组分留着率的精细化学品就是助留剂。设法提高浆料和添加剂的单程留着率，不但是一个保证质量的技术问题，还是一个节约化学药品、减少浆料消耗、降低制造成本的经济问题。解决这个途径之一，就是在纸浆中添加有效的助留剂。浆料中助留剂的作用在于：

a. 提高细小纤维的保留率，以降低浆料成本；

b. 降低白水浓度，以减少废水对环境的污染；

c. 使用助留剂，使细小纤维呈微絮凝状态，在减少细小纤维和填料的同时，相应地减少了其他化学助剂的损失，同时减少了纤维塞网黏模和模具结垢现象。

助留剂可以影响整个纸模制品的湿部过程，使用得当，可为企业增加技术和经济效益。助留剂是功能最强的一种湿部化学助剂。生产高填料的纸模制品，助留和增强是生产技术上的两个关键，可以采用由助留剂和干增强剂组成的二元系统，如采用阳离子淀粉、聚丙烯酰氨二元系统，这两种助剂因均具助留、助滤功能，二者配用效果更为明显，故被广泛应用。

在一些生产中，一般助剂配方只有防油剂、抗水剂和湿强剂。往往忽视了助留剂的作用。在使用木浆、草浆作原料时，助留剂可以留着细小纤维，节省浆料，节省能源，增加白水的循环使用周期。

助留剂的选择和应用，当前最有效的方案是：

a. 助留-增强双元系统。加入滑石粉的纸浆模塑制品，助留和增强是生产技术上的两个关键，因此可以采用由助留剂和增强剂组成的双元系统。双元助留系统的两种助剂均具助留、增强、助滤功能，二者配用，效果更为明显，故被广泛应用。

b. 微粒-聚合系统。该系统代表化学助剂工艺的主要发展。其关键是浆料中加入阳离子和阴离子的聚合物，能产生一种独特的特别有规则的絮凝结构，使用效果大大提高，既改善滤水性，又提高留着率。生产纸浆模塑制品可以在较高的纸浆上浆浓度（1%～2%）下应用该系统。

②助滤剂。助滤剂是在成型过程用于改善纸模制品脱水的化学助剂。使用助滤剂可提高生产速度，改善纸模成型，降低干燥部的热量消耗。绝大多数助留剂也是助滤剂。特别是我国纸模餐具生产所用的材料大部分为草类浆料，滤水性能较差，加入作为助留剂的合成树脂，有利于改进纸浆模塑湿部的滤水速率，使用得当，可为提高生产效率提供条件。

（2）防静电剂

有些电子包装产品在包装过程中需要防止静电作用，纸浆模塑缓冲包装内衬制品防静电性能目前在生产实践中要求较少，纸模缓冲包装内衬制品防静电性能的形成仍然采用化学方式，其助剂的主要成分为聚乙二醇烷基胺加适量氧化铝，与水溶解后加入纸浆中，经干燥的纸模缓冲包装内衬制品可具防静电性能。

3. 染料和增白剂的使用

（1）染料

①染料的种类

a. 酸性染料

酸性染料通常是含有磺酸基的碱金属盐，主要是有典型偶氮基团的偶氮染料。因为最初这类材料需要在酸性染浴中进行染色，所以叫作酸性染料。酸性染料是一类可溶于水的阴离子染料，与纤维没有亲和力，故在纸浆模塑生产中应用很少。另外，由于酸性染料与纤维没有亲和力，染色非常均匀，不会产生色斑，尤其适用于染混合浆的情况。酸性染料色泽鲜艳，耐光性因品种不同而差别较大。常见的酸性染料品种有酸性嫩黄、酸性品红等。

b. 碱性染料

碱性染料通常是含有碱性基团如氨基或取代的氨基的盐酸盐。因为含有碱性基团，所以叫作碱性染料。碱性染料都是呈阳离子型，由于与木质素有较好的亲和力，适用于未漂浆和机械浆的染色。碱性染料色泽鲜艳，但耐光性较差。常见的碱性染料品种有碱性嫩黄、碱性湖蓝、碱性紫、碱性玫瑰精、碱性品绿等。

c. 直接染料

直接染料主要是含有磺酸基或羧基的偶氮复合物的钠盐。分子中含有水溶性基团，能在中性或弱酸性水溶液中对纤维素纤维直接染色，所以叫作直接染料。直接染料大多数为阴离子型，也有少量阳离子型，适用于大多数纸浆的染色，故应用最广。直接染料的分子结构与酸性染料相似，但分子链更长，水溶性基团少，故与纤维的亲和力好。直接染料的色泽没有酸性和碱性染料鲜艳，但耐光性较好。有时需要固色剂来提高染料的固着效果。常见的直接染料品种有直接冻黄、直接紫、直接蓝等。

②染色的影响因素

影响纸浆染色效果的因素有纸浆种类、打浆度、填料、pH、水的硬度、化学品的应用、反应时间、加料顺序、加料点、温度，甚至还涉及纸模制品的结构及生产工艺等。

a. 浆料的种类

机械浆一般使用碱性染料染色，漂白化学浆用直接染料最好，阳离子染料的亲和性通常比阴离子染料好。

纸浆种类的改变对染料的留着率影响很大。阔叶木浆比针叶木浆含有更多的短纤维，有较高的表面积，因此要达到相同的颜色，阔叶木浆需要更多的染料。另一个重要的因素是浆的亮度，浆的亮度影响纸的色度，特别是在光或深色度范围的媒介中。

废纸浆纤维一般需要使用染料来实现一定的色度。废纸浆纤维带有其他的添加物，如填料、油墨或残余染料等，他们很容易影响染色效果。生产上应选用与废纸浆纤维已使用的、尽可能相似的染料以补偿各种需求。

许多染料用于含氯漂白的纸浆，为了避免氯离子对染料的干扰，应严格控制来自水处理系统或漂白过程中水的氯离子含量，否则会引起纸浆的色度及颜色强度的变化。

b. 打浆度

打浆是纸模制品制作过程的重要工序，打浆度越大，纸料的游离度就越小，反之亦然。一般来说，低游离度浆生产纸模的颜色比高游离度浆生产的纸模颜色深。因为低游离度浆生产的纸模密度大，改变了纤维之间的光学接触，意味着在一定程度上光的反射、折射和吸收发生了改变，所以看到的颜色是加深的。

c. 填料

填料对纸的染色效果有显著的影响。填料对染色纤维有遮盖作用，使颜色在强度上似乎变弱。增加填料用量，染料用量也随之增加，所以染料量取决于填料的类型，但是对染料影响最大的因素是填料的表面积。填料的颜色也会影响到纸模的色度，如一些等级的黏土比漂白化学浆的颜色更黄，结果是用黏土作为填料的纸浆需要更多的蓝色或蓝紫色的染料。

填料的遮蔽作用使纤维和染料之间的亲和性变差，填料留着在纸页的表面将遮蔽染料，使纸表面颜色变弱。一般来说，每增加1%的填料，染料量将提高4%。如果用二氧化钛填料，则染料添加量更高。

d. pH

白水系统的pH对染料色度和染料的留着率有很大的影响，为使纸浆的颜色变化最小，必须严格控制系统的pH。pH变化大，纸模的颜色变化也大。大多数情况下，纸浆有一个最佳的pH，染料留着最多。直接染料在pH为4.5～8.0范围内留着最好，且可以适应酸性和中性纸浆。碱法纸浆可用阴离子直接染料，因为这种染料和纤维有自然亲和力。

e. 水的硬度

当使用直接染料时，水的硬度适当增加对染色有利。然而，水的硬度高会导致荧光增白剂失去荧光。为了改善直接或酸性染料的留着率，水的硬度会被人为地增加。这些影响是由氯化钙、硫酸镁或硫酸钠等无机盐与彩色纸浆引起的。添加盐对颜料或碱性染料的留着无影响。

f. 化学品

硫酸铝：硫酸铝（明矾）一般用于酸性纸浆处理系统。如果染料用量一定，明矾能增加染料留着的亲和力，但明矾会降低染色纸亮度。在加入染料之前添加明矾，会降低颜色的强度和明亮度，且能改变纸模制品的两面差。

助留剂：助留剂能影响到染料的留着率。阳离子助留剂与固着剂一样，会改变纸模制品的亮度。同样，助留剂也可导致荧光增白剂的荧光消失。

染料固色剂：低分子质量、高电荷密度的阳离子固色剂用来改善染料在纤维和填料上的留着。使用方法正确，染色效果会很好，通常在加入直接染料之前加入。一般来说，阳离子固色剂和阳离子辅助化学品能配合使用，对色度改变较轻微。阳离子化学品也能降低大多数染料的耐光牢度，以及在一些情况下改变两面差。使用阳离子固色剂能改善很多染料的稳定性。

消泡剂：纸模生产过程中常使用消泡剂等一些过程助剂，它们会与染料发生作用，导致沉淀、聚集甚至损害某些染料。染料的过程助剂的添加点要仔细选择，避免互相之间的直接接触，以保证染料发挥最大的效用。

g. 化学助剂添加顺序

染料和其他化学品的添加顺序对化学品的效率和纸模制品生产一致性是非常重要的。当不同电荷的化学品被应用时，非常重要的一点是，在与浆料充分混合之前，各种化学品不能互相接触。如果使用同一批染料，为确保产品的一致性，应严格控制化学品的用量。酸性条件下制浆，染料在施胶和明矾引入之前加入。染料也可以在施胶之后加入，但是，若在明矾之后加入，颜色强度会降低。

h. 纸模制品结构

纸模制品的染色效果和制品的厚度息息相关。同样浆料下，制品厚度越大，染色则越深。因此对于带有颜色的纸模，在设计和生产过程中应当考虑制品的厚度，避免因制品各部分厚度不均一而出现色差较大的情况。而对于一些组合式结构的制品，即使厚度相同，各部件也会因为结构差异而出现色差。一般来说，分开调浆是解决这类问题的可行方法，但工作量较大。可以在生产过程中，将固色剂加入浆料中，一定程度上可以减少结构之间的色差。因此在结构设计中，也应考虑这一点，避免因制品各部分结构不同而出现色差的情况。

i. 纸模生产工艺

干燥方式：对于纸模干压生产工艺，一般采用自然晾干的干燥方式，但有时考虑到天气因素和实际生产条件，也会采用干燥线、烘炉等干燥方法。经验表明，在其他条件不变的情况下，采用的烘干方式不同，最终产品颜色有差异，比如对于纸模产品，烤箱法制品颜色最深，晒干法制品颜色最浅，其顺序由深到浅依次为：烤箱—烘房—吹风机—风扇—晒干。

回用水：在纸模制品的制造过程中，会循环使用水。染色完成后的水不能直接排放，会极大程度地污染周边的环境，同时会让染料流失，使生产成本增加，因此需要将水循环使用，再次投入打浆环节。但是在循环过程中，由于循环水含有之前工序中残留的颜色浆，第二次生产出的制品颜色必然会更深，因此在后续生产时，需要重新调整适宜循环水的染料配比。

（2）荧光增白剂

在纸模制品生产过程中，由于纸浆纤维含有一定量的木素，使浆料呈现一定程度的黄色至灰白色。因此常在纸浆中加入某些染料（如品蓝、品紫等），使做出的纸模在感官上较白，这一做法称为“显白”。对于具有较高白度的纸浆，有时常加入一些荧光增白剂，以增加纸张的亮度，也可起到显白的作用。

荧光增白剂又称光学增白剂，是一种可以吸收紫外光（波长300～400nm），并发出可见的蓝色、蓝紫色等荧光（波长400～500nm）的一类有机化合物，是染料的一种。

①荧光增白剂的种类

纸浆模塑生产用的荧光增白剂大多属于阴离子直接性染料。一般的荧光增白剂可依据其磺化程度分为三类：（a）一般型：具有足够的纤维亲和力，良好的酸碱值稳定性，与淀粉间有良好的相容性，属于四磺酸型的荧光增白剂，如NT-3、NT-3-T3；（b）直接型：具有良好的纤维亲和力、荧光强度高，用量少，很经济，但酸碱值稳定性差，属于二磺酸型的荧光增白剂，如NT-8；（c）涂布型：与纤维的亲和力较差，不易吸附于纤维，却能分散在任何条件的涂料里，尤其能适应各种粘结剂和阳离子物质，成本较高，属于六磺酸型荧光增白剂，如荧光增白剂

RS13。

荧光增白剂大约有15种基本结构类型，400种化合物，商品牌号2 500个以上，纸制品行业专用增白剂品种很少，一般与纺织等行业通用。荧光增白剂主要分为二苯乙烯型、香豆素型、吡唑啉型、苯丙噁唑型、苯二甲酰亚胺型5大类。

②荧光增白剂应用的主要影响因素

a. 浆料性质

纸浆中木素含量越高，荧光增白剂效果越小，因为木素也具有吸收紫外光的特性。所以，荧光增白剂不适用于处理颜色深的未漂浆料，而只适用于漂白浆。浆料颜色越白，增白效果就越显著。例如，纸浆的白度达到75%以上，使用荧光增白剂才能获得最大的增白效果，一般白度在65%以下的纸浆不宜使用增白剂。

b. 湿部pH

不同pH将直接影响到荧光增白剂的化学稳定性和溶解度，尤其对离子型荧光增白剂的吸光度影响较大。阳离子型的在pH大于9时吸光度明显下降，而阴离子型的在酸性条件下的吸光度急剧下降。就一般情况而言，增白剂在pH=7.0～9.0时能取得更好的增白效果。

c. 添加剂

浆料中的许多添加剂对荧光增白剂的增白效果有影响。某些助留效果较好的助留剂，对荧光增白剂效果影响较大，如聚乙烯亚胺，能使增白效果显著降低。

填料对荧光增白剂的影响不同，TiO_2能吸收紫外光，会降低荧光增白效果，大多数瓷土也能起抵消荧光的作用，降低增白效果。但$CaCO_3$和$Al(OH)_3$能反射紫外光，可加强增白效果。阳离子淀粉及一些湿强剂也会削弱荧光作用。

纸浆系统中明矾的加入对增白效果有一定影响，首先，随着明矾的加入，系统pH下降；其次，明矾用量增多，阳电性增强，对增白剂的干扰增强；最后，明矾含有较多的铁离子，而增白剂对铁离子和铜离子的忍耐性较差。

d. 金属离子

生产用水中的金属离子会影响荧光增白剂的增白效果，其中的Ca^{2+}、Mg^{2+}、Fe^{3+}对增白作用均有不利影响，尤以Fe^{3+}影响最大。此外，给水硬度过高时，Ca^{2+}、Mg^{2+}等离子还会降低荧光增白剂在水中的溶解度，使增白效果降低。

e. 荧光增白剂的用量

每种荧光增白剂的饱和浓度都有特定的极限值，超过这一极限值，不但增白效果不会增加，反而会出现“泛黄”现象。不同的荧光增白剂有不同的泛黄点，同一荧光增白剂在不同的材料上泛黄点不同。增白剂的用量一般在0.2%～1%。

f. 表面活性剂

在离子型荧光增白剂中加入表面活性剂对增白效果也有很大影响。加入带相反电荷的表面活性剂时会降低溶液的吸光度，甚至会导致荧光的猝灭，加入同电荷的表面活性剂则无影响或影响极小。非离子型荧光增白剂通常要与表面活性剂复配，后者主要起着防沉淀及均染作用。

4. 典型的添加助剂和染色工艺

染色纸模制品的生产原料主要以甘蔗浆、木浆、竹浆为主，三种浆料均为化学浆，白度一般在85%～95%。三种原料产地不同、种类不同，性能也有差异。三种原料搭配，长短纤维混合搭桥有利于产品的层间结合。为使纸模制品达到要求的使用功能，一般需要在浆料碎解过程中添加助剂和染色。

将甘蔗、木、竹浆板按工艺比例投入水力碎浆机中，使其碎解变成纸浆，生产湿压纸模制品常采用立式高浓水力碎浆机碎解浆料，碎解时的浆料浓度一般为3%～10%，其优点是对浆料纤维只起分散作用，无切断作用，通过水体强烈的搅动、剪切，以及浆料之间相互摩擦、搓揉，使纤维分散和润胀，完成碎解过程。高浓碎浆机可碎解成片、成捆的浆板，在碎解过程中会产生高热量（温度在40～65℃）。浆料碎解后，在碎浆机中加入助剂和染料，这样有利于纤维染色及改善产品层间结合强度。染色完成后的浆料通过碎浆机出口泵入贮浆池（罐）中，调节适当浓度后泵入连续式磨浆机、除渣器、纤维疏解机等设备中进行除渣、疏解和打浆，打浆叩解度一般为22～30° SR，打好的浆料排放到贮浆池（罐）中备用。

在染料加入碎浆机中之前，要根据投入的原料重量计算每罐浆料需要的色粉和助剂的用量，通过电子称重方式控制色粉及助剂的使用量，并将色粉和助剂投入带搅拌器的容器中进行稀释溶解，溶解过程温度控制在60～85℃，溶解过程适时观察色粉和助剂，直至完全溶解。

在添加助剂和染色过程中，需按一定顺序投放染料和助剂，先投入染料，再投入固色剂、防水剂、增强剂等，将调好的染料和助剂泵入碎解好的浆料中，每投放一种染料及助剂时需利用搅拌器充分搅拌浆料，使纤维与染料和助剂能充分结合，根据不同染料和助剂的特性来确定搅拌时间。染色完成后应取样进行颜色对色、掉色、浆浓、叩解度等测试。对色目前主要采用色差仪针对ΔE、L、a、b进行控制，对色及相关测试合格后才能将染色好的浆料泵入贮浆池（罐）中，待进入后续的生产环节。为了获得稳定的纸模制品颜色，正确的染色操作只是其基本条件之一，除制浆及染色工艺配方稳定之外，真空系统、模具、设备温度、人员操作等都是影响颜色稳定的重要因素，需根据生产现场实际情况进行分析、调整和改善。

根据染色纸模制品采用的湿压、干压生产方式和生产产品的不同，其添加助剂和染色的工艺也不尽相同。几种典型的湿压、干压生产方式中添加助剂和染色工艺方法介绍如下（资料来源：邢台市顺德染料化工有限公司）。

（1）湿压纸模制品浆料染色工艺

以甘蔗浆、木浆、竹浆为主要原料生产湿压纸模制品的添加助剂和染色基本工艺包括浆料碎解、添加助剂和染色、排出浆料三个步骤，在具体操作过程中还各有异同。

①湿压白色纸模制品的浆料染色工艺，其基本工艺过程如图4-9所示。

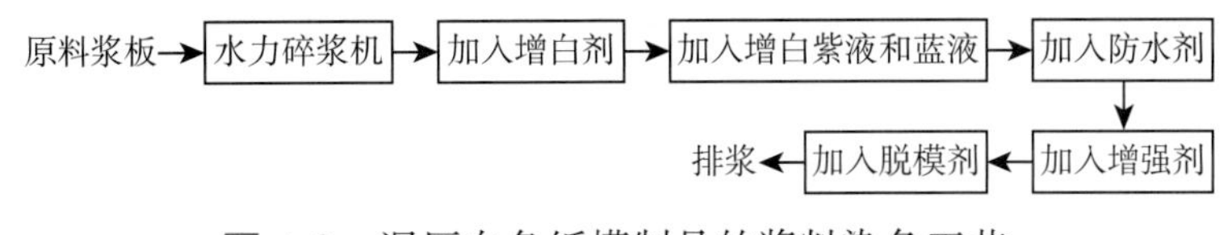

图4-9　湿压白色纸模制品的浆料染色工艺

工艺操作要点包括：

a. 按工艺配比将漂白浆板加入水力碎浆机中，并加入一定量的清水，注意每罐所加入的水量要一致。

b. 碎浆20min左右，直到把纸浆碎解到符合后续生产要求为止。

c. 将增白剂提前稀释。增白剂的配比以配方为准，并根据生产情况适当调整。

d. 将稀释好的增白剂加入碎浆机中，搅拌一定时间，直至增白剂与浆料充分混合均匀。

e. 按照配方，加入增白紫液和蓝液，均匀搅拌一定时间。

f. 根据纸模制品的防水要求，加入适量的防水剂，均匀搅拌一定时间。

g. 根据纸模制品的强度要求，加入适量的增强剂，均匀搅拌一定时间。

h. 加入脱模剂，搅拌一定时间，完成加添过程。

i. 每罐浆料碎解加添完成后，检查浆料质量合格，排浆至贮浆池（罐）中备用。

需要特别注意的是：纸浆板、增白剂、增白紫液和蓝液、防水剂、增强剂等原材料及辅助材料一定要按要求称重（精确到克），不能有偏差；每罐浆料处理完成后，一定要查看浆料是否合格；所用原材料，未经技术人员同意，不能随意更改。

②湿压彩色纸模制品的浆料染色工艺，图4-10所示是湿压彩色纸模制品的实例。

图 4-10　湿压彩色纸模制品

湿压彩色纸模制品的浆料染色基本工艺过程如图4-11所示。

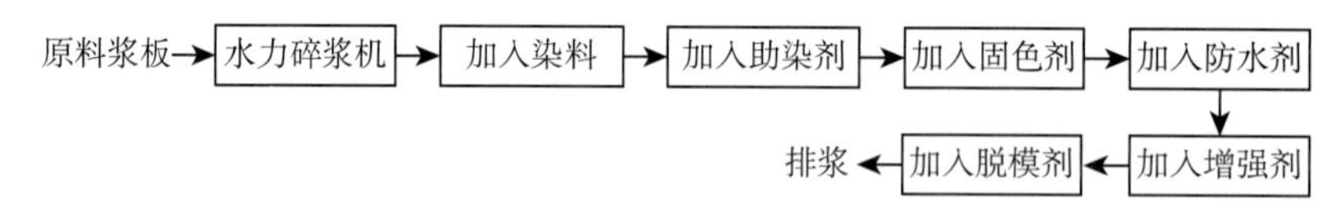

图 4-11　湿压彩色纸模制品的浆料染色工艺

工艺操作要点包括：

a. 按工艺配比将漂白浆板加入水力碎浆机中，并加入一定量的清水，注意每罐所加入的水量要一致。

b. 碎浆20min左右，直到把纸浆碎解到符合后续生产要求为止。

c. 将染料提前溶解好。染料的配比以配方为准，并根据生产情况适当调整。

d. 将溶解好的染料加入碎浆机中，搅拌一定时间。

e. 按照配方，加入染色助剂，均匀搅拌一定时间。

f. 按照配方，加入固色剂，均匀搅拌一定时间，使染料充分固色。

g. 根据纸模制品的防水要求，加入适量的防水剂，均匀搅拌一定时间。

h. 根据纸模制品的强度要求，加入适量的增强剂，均匀搅拌一定时间。

i. 加入脱模剂，搅拌一定时间，完成染色加添过程。

j. 每罐浆料染色完成后，检查浆料质量合格后，排浆至贮浆池（罐）中备用。

需要特别注意的是：纸浆板、染料、助染剂、固色剂、防水剂、增强剂等原材料及辅助材料一定要按要求称重（精确到克），不能有偏差；每罐浆料处理完成后，一定要查看浆料是否合格；所用原材料，未经技术人员同意，不能随意更改。

③湿压餐盘类纸模制品的浆料添加助剂工艺，其基本工艺过程如图4-12所示。

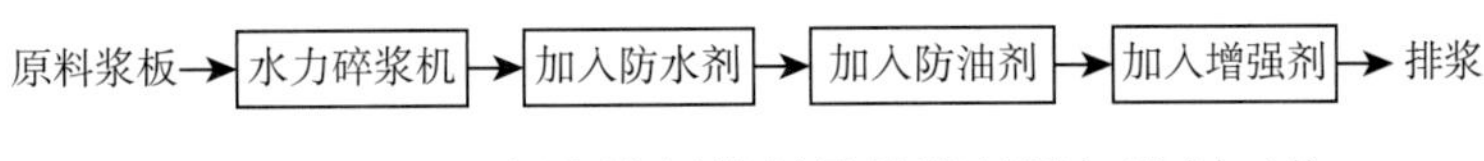

图 4-12　湿压餐盘类纸模制品的浆料添加助剂工艺

工艺操作要点包括：

a. 按工艺配比将漂白浆板或本色干浆加入到水力碎浆机中，并加入一定量的清水，注意每罐所加入的水量要一致。

b. 碎浆20min左右，直到把纸浆碎解到符合后续生产要求为止。

c. 根据纸模制品的防水要求，加入适量的防水剂，均匀搅拌一定时间。

d. 根据纸模制品的防油要求，加入适量的防油剂，均匀搅拌一定时间。

e. 根据纸模制品的强度要求，加入适量的增强剂，均匀搅拌一定时间。

f. 每罐浆料添加助剂完成后，检查浆料质量合格，排浆至贮浆池（罐）中备用。

需要特别注意的是：纸浆板、防水剂、防油剂、增强剂等原材料及辅助材料一定要按要求称重（精确到克），不能有偏差；每罐浆料处理完成后，一定要查看浆料是否合格；所用原材料，未经技术人员同意，不能随意更改。

④干压彩色纸模制品的浆料染色工艺，其基本工艺过程如图4-13所示。

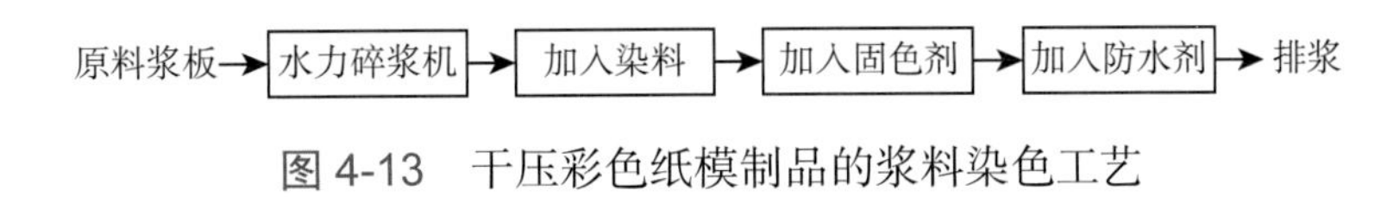

图 4-13　干压彩色纸模制品的浆料染色工艺

工艺操作要点包括：

a. 按工艺配比将漂白浆板加入水力碎浆机中，并加入一定量的清水，注意每罐所加入的水量要一致。

b. 碎浆20min左右，直到把纸浆碎解到符合后续生产要求为止。

c. 将染料提前溶解好。染料的配比以配方为准，并根据生产情况适当调整。

d. 将溶解好的染料加入碎浆机中，搅拌一定时间。

e. 按照配方，加入固色剂，搅拌一定时间，使染料充分固色。

f. 根据纸模制品的防水要求，加入适量的防水剂，均匀搅拌一定时间。

g. 每罐浆料染色完成后，检查浆料质量合格后，排浆至贮浆池（罐）中备用。

需要特别注意的是：纸浆板、染料、固色剂、防水剂等原材料及辅助材料一定要按要求称重（精确到克），不能有偏差；每罐浆料处理完成后，一定要查看浆料是否合格；所用原材料，未经技术人员同意，不能随意更改。

第三节　纸浆模塑成型设备

一、纸浆模塑成型机的型式

1. 转鼓式成型机

转鼓式成型机是一种连续式（滚筒）成型机，也叫作回转式多边形成型机。常见的转鼓式成型机由传动和调速装置、转鼓、脱模器、清洗器及控制器等组成。如图4-14所示为全自动转鼓式蛋托/蛋盒生产线，其转鼓式自动成型机原理示意如图4-15所示。

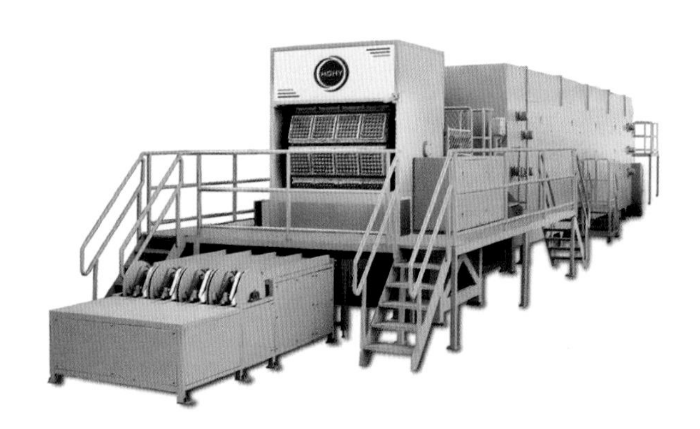

图 4-14　全自动转鼓式蛋托 / 蛋盒生产线

（图片来源：广州华工环源绿色包装技术股份有限公司）

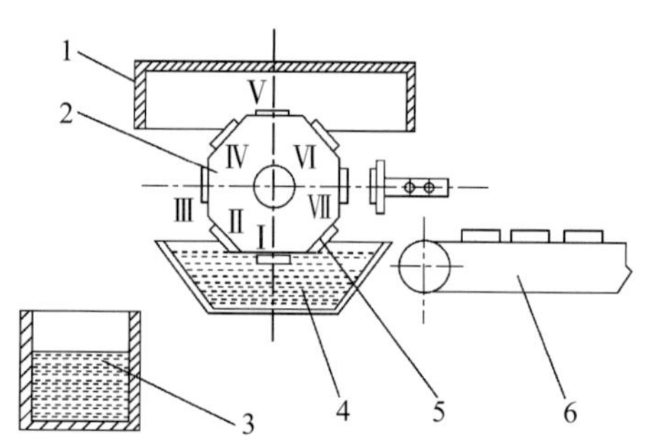

1—隔热罩；2—转鼓；3—溢浆箱；
4—浆池；5—成型模；6—烘干输送带

图 4-15　转鼓式自动成型机原理示意

转鼓式成型机的转鼓是安装金属网具，形成密封型腔的型腔座，呈六面或八面形，每个面可以装配1～8套成型模具，整台设备一般可装成型模具18～48个。转移模具装配在一副四连杆机构之上，转鼓由电机驱动一槽轮机构带动回转以实现间歇旋转，用以保证与转移模合模时，有一停顿时间供湿纸模坯顺利转移到干燥链带上。成型时，处于工位Ⅰ的模具沉浸在纸浆中，其转鼓型腔经分布在转鼓端面的分配装置轮流接通真空抽吸系统，对成型模具进行吸浆，制出湿纸模坯。当成型模具由工位Ⅰ转至工位Ⅱ、Ⅲ时，仍保持真空抽吸状态，成型的湿纸模坯大量脱水。再转到工位Ⅳ、Ⅴ、Ⅵ时，湿纸模坯随模具进入具有240～260℃罩内温度的隔热罩内继续脱水烘干。当转至工位Ⅶ时，成型模与转移模合模后脱模，由转移模带着湿纸模旋转90°

并释放到烘干输送带上，同时已脱模的成型模具随转鼓转到工位Ⅶ上，净水喷头对成型模具喷水清洗，最后清洁的成型模具又转到工位Ⅰ开始新的工作循环。该机自动化程度较高，生产效率高，生产量为5～6 次/分，由于它的成型模具排列在可旋转的转鼓上，所以承受的压力较低，其湿纸模坯密实程度较差，又因为采用脱模加热干燥形式，所以二次定型精度低，难以保证表面的光洁与平整，因此不太适用于中式餐具的生产，比较适合大规模连续自动化生产壁厚及深度较小的浅盘薄壁餐具。目前，国内常用这种设备生产托盘、蛋托、瓶架托、水果盒、电器内衬包装等非盛汤水类产品。

2. 上下移动式成型机

上下移动式成型机又称往复式成型机，如图4-16所示为半自动往复式成型机，其结构原理如图4-17所示。上下移动式成型机是将下模具上下移动，并沉入浆槽内进行吸滤，生产量为3～4次/分。成型机的槽体内装有一定液位的浆料，成型时，下模板及成型模具在气缸的推动下沉入浆料槽内，成型模具内与真空系统相通，使悬浮在浆料中的纤维吸附在其表面上成型。然后下模板上行至中位继续利用真空脱水，达到一定干度后上行与上模板上的转移模具贴合，此时，成型模具内腔转换成压缩空气，转移模具内腔与真空相接，使湿纸模坯转移到上模板上的转移模具内。最后，上模板及模具在横向气缸的推动下前行至输送带上方，在压缩空气的作用下将其吹落送入干燥工段。成型浆槽结构为溢流式，槽内的浆料浓度始终保持在1%，溢流量约为10%。上下移动式成型机结构简单，配套的模具数量少，可随时通过更换模具，生产不同的纸浆模塑制品，因为模具的面积较大，与其他类型的成型机相比适合于生产较大型的产品。成型机一般为半自动化，需要人工操作完成，灵活性大。特别适用于生产专用工业品包装制品，是目前国内采用最多的成型机机种，这种形式的成型机的生产量比回转式小，这种成型机同样存在着承受压力较低，定型精度差的问题。它适用于吸滤时间长、制品的壁较厚、形状比较复杂的工业用缓冲包装纸模制品的生产。

图 4-16　半自动往复式成型机

（图片来源：广州华工环源绿色包装技术股份有限公司）

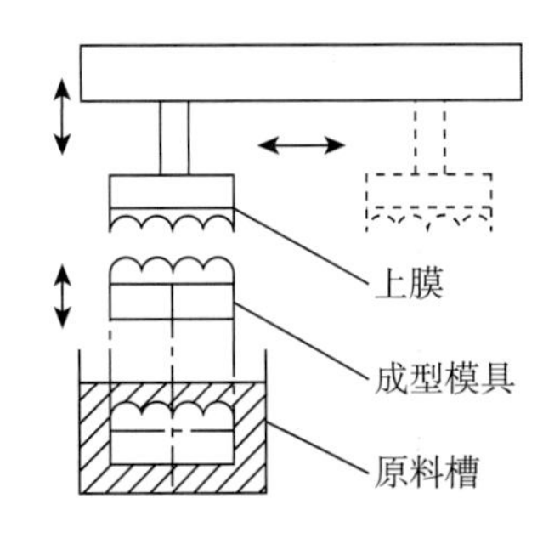

图 4-17　上下移动式成型机结构原理

自动往复式成型机与烘道或单层烘干线相配套可以构成全自动/半自动往复式工包生产线，主要适用于生产各类型普通工包缓冲减震产品，如家具护角、家电包装、电子产品包装、汽车配件包装等。如图4-18所示为WX系列全自动往复式工包生产线，该生产线的主要特点有：

①成型机与相应的烘道或单层烘干线灵活配置，专业的多样化配套，可形成多种产量。

②可按需求定制各种模板尺寸，主要模板尺寸有400mm × 400mm、660mm × 500mm、800mm × 600mm、1 070mm × 650mm、1 200mm × 660mm、1 500mm × 1 300mm等；生产产品最大高度150mm（个别机型最大250mm）。

③配套模具成本较低。

④采用PLC加触摸屏控制方式，操作维护简单灵活。

3. 摆动式成型机

摆动式成型机结构如图4-19所示。摆动式成型机是下旋转体上的下模板在浆槽中吸滤后，摆动出浆面，脱水；同时上、下旋转体往复摆动到位进行上、下模板的合模，然后真空吸滤成型。其特点是设备体积小，安装布位灵活，但是成型机承载的压力较小，适用于生产小批量蛋托、果盘及内衬包装制品等质地较疏松的产品。

图 4-18　WX 系列全自动往复式工包生产线

（图片来源：广州华工环源绿色包装技术股份有限公司）

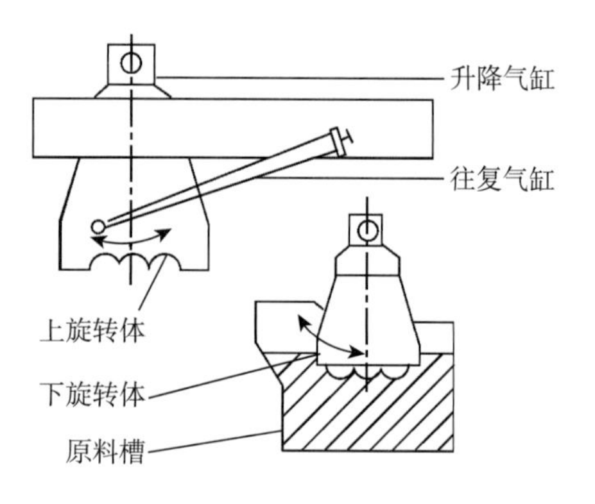

图 4-19　摆动式成型机结构

4. 翻转式成型机

如图4-20所示为一台单缸双工位半自动翻转式成型机，其结构原理如图4-21所示。翻转式成型机是将成型模具置于浆槽内吸滤成型，然后翻转至上面再取出成型湿纸模坯的一种形式，生产量为3次/分。这种形式的成型机体积小，与上下移动式成型机类似，其生产量比回转式要小，适用于生产小批量、吸滤时间较长、厚壁且形状复杂的工业用缓冲包装纸模制品。

图 4-20　单缸双工位半自动翻转式成型机

5. 往复多工位成型热干一体机

往复多工位成型热干一体机结构原理如图4-22所示。其特点是真空吸滤成型模具与加热干燥模具在一台主机上。吸滤成型后的湿纸模坯经冷压进一步除水后，自动转换到加热干燥模具上进行干燥定型，生产过程易于实现自动化。这种形式的成型机，在装有相同模具的情况下，它的生产效率低于回转式，但可以通过模具模型面积的增加来增加产品的生产效率，也可适用于大批量的生产。

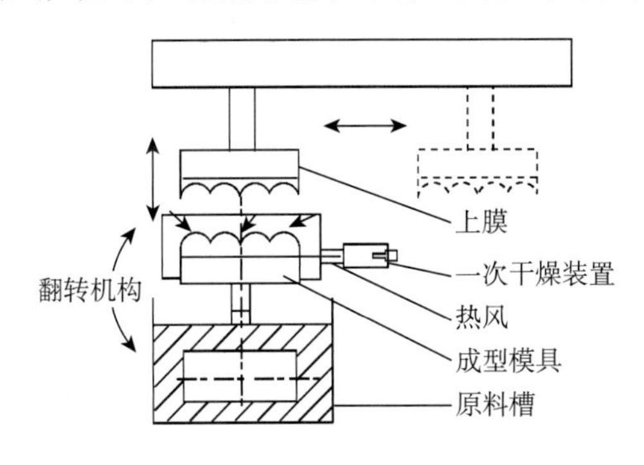

图 4-21　翻转式成型机结构原理

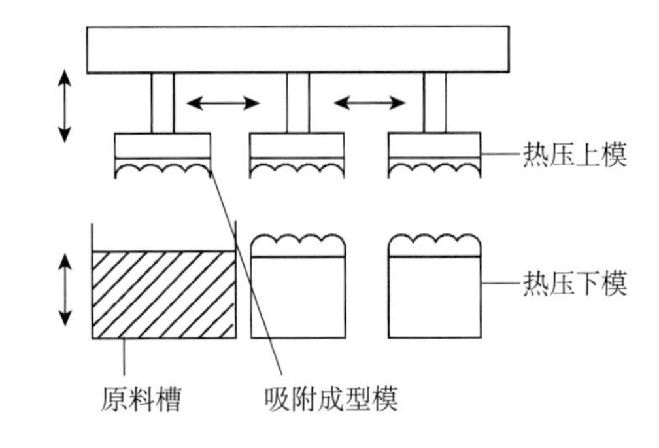

图 4-22　往复多工位成型热干一体机结构原理

二、全自动纸浆模塑成型机

几种典型的全自动纸浆模塑成型机介绍如下。

1. 冷、热压无转移模全自动纸浆模塑成型机

冷、热压无转移模全自动纸浆模塑成型机结构原理如图4-23所示，采用定量注浆吸滤成型，经冷压榨、挤干多余水分后，用最少的能耗对制品进行干燥定型。该机的传动采用压力、流量双比例液压控制系统，速度可以快慢切换，移模、锁模分别控制，传动平稳，冷压、热压合模力高达300～400kN。

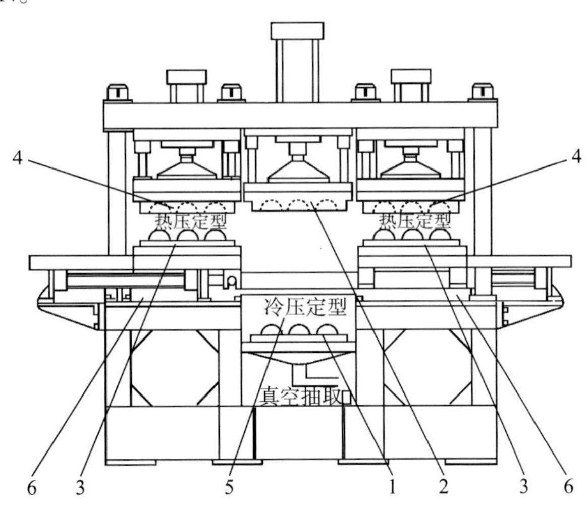

1—吸滤成型模；2—冷压榨上模；3—热压定型下模；
4—热压定型上模；5—吸滤成型浆槽；6—制品转移工位

图 4-23　冷、热压无转移模全自动纸浆模塑成型机原理

（1）工作过程

①吸滤成型。把配成浓度为0.4%～0.7%的浆料定量注入吸滤成型浆槽5内。经真空抽吸，在吸滤成型模1中成型湿纸模，湿纸模坯干度达到33%～36%，然后采取机械冷压榨使湿坯进一

步脱水。合模时，冷压榨上模2快速向下移动，以节省合模时间，当接近吸滤成型模1时，计算机发指令给比例流量阀，减少液压流量，减慢合模速度，以达到平稳无撞击的冷压合模效果。冷压合模到位后，液压系统的比例压力阀作用，使冷压合模压力迅速上升，最高压力可达到400kN。把湿纸模坯内的水强制挤出，以减少后道工序——热压定型的能耗。经冷压榨后，湿纸模坯干度可达到50%以上。冷压榨上模2迅速打开，湿纸模坯吸附其上，并随之转移。

②热压定型。冷压榨上模上升到位后，热压定型下模3迅速移到冷压榨上模2的正下方，冷压榨上模2向下与热压定型下模3合拢，使湿纸模坯转移到热压定型下模3中。冷压榨上模2上升，热压定型下模3迅速回到其初始位置，即热压定型上模4的正下方，热压定型上模4下降，与热压定型下模3合拢，对湿纸模坯进行热压烘干和定型。

③制品输出。根据生产的不同要求，可用以下两种方法输出。

a. 制品经热压定型后，热压开模时，制品附着在热压定型上模4中，当热压榨下模移到冷压工位时，制品从热压定型上模4中下落到制品移送工位6上。这种方法简单，充分利用了机器的每一个动作和工位，达到工作周期最短的目的。

b. 制品经热压定型后，热压开模时，热压定型上模4上移，制品吸附在热压定型下模3中，用机械手把制品从热压定型下模中取出，直接放置到输送带上，进入切边、消毒和包装工序。

（2）结构特点

这种机型结构紧凑，占地面积小，机器长3m，宽1.5m。由于采用了冷压榨工艺和液压比例系统，可以节省大量能源，操作简单。采用一套吸滤成型和冷压装置配两套热压定型装置的组合，科学地分配了吸滤冷压与热压定型的时间。

2. 单热压转移模全自动纸浆模塑成型机

单热压转移模全自动纸浆模塑成型机是模仿纸质扬声器制造设备改造而成的。湿纸模坯成型也采用定量注浆的方法进行。一个成型工位配一个热压定型工位。热压定型是该机型限制产量的瓶颈。传动系统采用全气动控制，合模力小，合模气缸庞大。目前有些厂家采用了气液增压气缸代替原来的普通气缸，使合模力有所增大，但远达不到液压合模的效果。为降低成本，这一类机型的生产厂家大都采用自制的气液增压缸。

单热压转移模全自动纸浆模塑成型机原理如图4-24所示。

（1）工作过程

①吸滤成型。浆料从高位浆槽定量注入吸滤成型浆槽5内，经真空抽吸在吸滤成型模1内形成湿纸模坯。

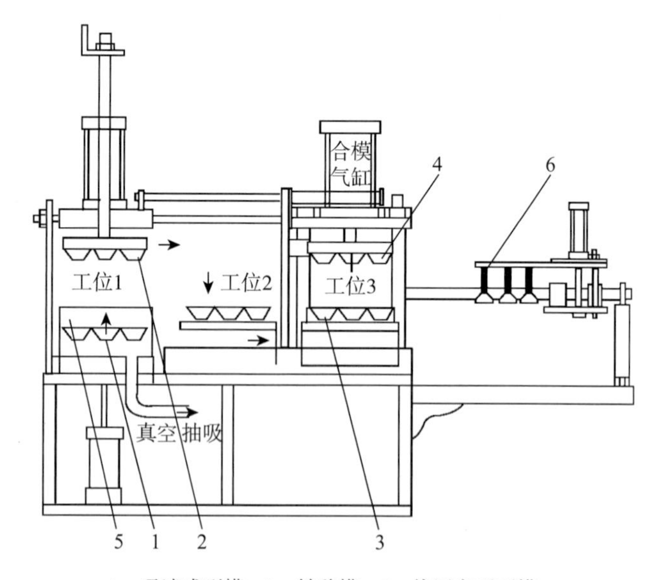

1—吸滤成型模；2—转移模；3—热压定型下模；
4—热压定型上模；5—吸滤成型浆槽；6—机械手装置

图 4-24　单热压转移模全自动纸浆模塑成型机原理

吸滤成型模1被气缸顶起，与转移模2合拢后，通过抽吸，使湿纸模坯吸附到转移模2上。吸滤成型模1复位后，转移模2右移，到达工位2，转移模2下降，与停留在工位2上的热压下模3接触，湿纸模坯转移到热压下模3中，转移模2上移，热压下模3右移到达工位3。

②热压定型。在工位3，热压定型上模4压下，进行热压定型。热压定型结束后，热压上模打开，制品留在热压下模3中。

③制品输出。热压开模后带吸盘的机械手装置6左移，到达工位3，吸起制品后返回原位，将制品放到皮带输送机上输出。

（2）结构特点

单热压转移模全自动纸浆模塑成型机的结构较紧凑，占地面积较小，但也存在许多缺陷：

①无冷压榨或冷压榨不完全。虽然在工位1，吸滤成型模上移与转移模接触转移湿纸模坯时，也可以进行冷压榨脱水，但因转移模2安装在导杆上，要左右移位，无法施加很大的冷压压力。

②热压压力小。由于传动系统采用气缸进行热压合模，所以无法产生很大的合模力，采用气液增压缸虽可以增加合模力，但也有限，不能满足热压定型的要求，而且存在喷油漏油等问题。

③吸滤成型与热压定型周期不匹配。吸滤成型时间由注浆时间约3s，抽吸时间6～10s组成，加上转移到热压下模的时间8s左右，合计为17～21s。而热压定型时间20～30s，机械手取件8～10s，二者合计为28～40s，热压定型周期远大于吸滤成型周期，一对一不匹配，所以成型后湿纸模坯要等待热压定型的完成，全机动作匹配很不合理。

针对以上缺点，改进设计的单热压转移模全自动纸浆模塑成型机在原热压工位前增加了一个热压工位，以解决成型与定型时间不匹配的问题，大大提高了效率。

3. 组合型热压转移模全自动纸浆模塑成型机

组合型热压转移模全自动纸浆模塑成型机的成型、定型装置是独立分体结构，如图4-25所示，该型设备结构庞大，占地面积大，是几种手动机的简单组合。

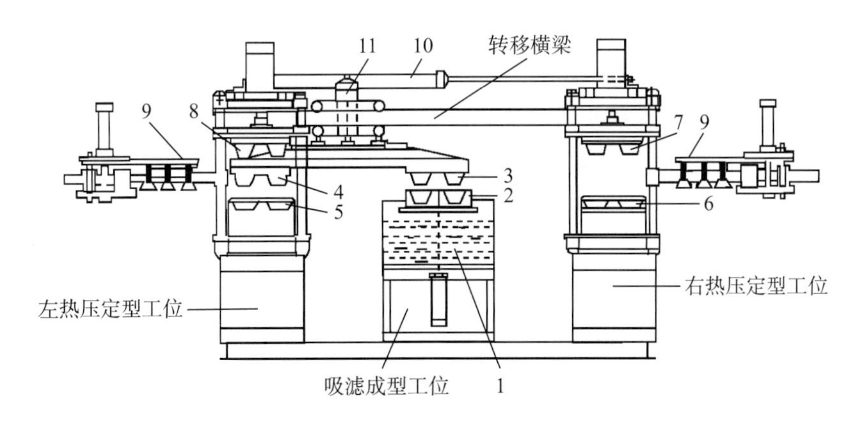

1—浆槽；2—吸滤成型模；3—右转移模；4—左转移模；5—左热压定型下模；6—右热压定型下模；7—右热压定型上模；8—左热压定型上模；9—取件机械手；10—转移模左右移动缸；11—转移模上下移动缸

图4-25　组合型热压转移模全自动纸浆模塑成型机结构

（1）工作原理

这种机型的湿纸模坯成型与前两种定量注浆方式的机型不同，它采用从浆池中捞浆的方式进行。吸滤成型模具2沉入浆槽中，通过真空抽吸，使纤维附着其上成型。吸滤成型模上升到转移工位，右转移模3在转移模上下移动缸11的推动下与吸滤成型模2合拢，右转移模3吸气，吸滤成型模2停止抽吸或反吹，使湿纸模坯转移到右转移模3上。吸滤成型模2下行，重复吸滤动作。右转移模上升并向右移动，到达右热压定型工位，在转移模上下移动缸11的作用下下移，把湿纸模坯转移到右热压定型下模6中。与此同时，左转移模4与吸滤成型模2合拢，完成第二轮湿纸模坯向左转移模转移的过程。气缸11提升左、右转移模4、3后，在气缸10的作用下左移。右热压上模7向下合模，进行右热压定型工位的热压定型。转移模上下移动缸11再把转移模4、3降下，左转移模4落在左热压定型下模5中，而右转移模3落在吸滤成型模2上。这样，左转移模完成湿纸模坯向左热压下模5的转移，而吸滤成型模2完成湿纸模坯向右转移模3的转移。左、右转移模4、3提升，并右移，左热压定型工位也进行了一次热压合模。热压合模到一定时间后，开模，机械手9取出制品。如此循环往复。

（2）结构特点

①机器体积庞大，结构散乱。用吸滤、热压等单机机械组合而成的这类全自动纸浆模塑成型机结构不够合理，吸滤模转移模不能形成力的封闭系统，无法增加冷压榨工序，最大限度地降低湿纸模坯中的水分，与冷、热压无转移模全自动纸浆模塑成型机相比能耗较大。

②制品重量波动大。由于吸滤成型是在浆槽中进行，浆槽中的浆料浓度不断减小，周期性加入浆料恢复浓度，造成浆槽中浆料的浓度不断变化，致使成型湿纸模坯的重量变化较大。

③制品质量差。由于合模缸采用气缸或气液增压气缸，合模力较小，制品的挺度、表面光洁度与平整度均不如冷、热压无转移模全自动纸浆模塑成型机。

三、常见的纸浆模塑生产线型式

1. 普通纸模生产线

图4-26所示是最普通的标准纸模制品生产线，能生产出各种各样的食品用托盘如蛋托、草莓托盘等。干燥机长达几十米，有4～5个干燥箱。各个箱的温度可调节，可用煤气燃烧器加热。成型机靠真空作用把浆料从浆槽吸滤到成型鼓的网面上，脱出的水分通过金属网排出，送到白水槽中。成型后的湿纸模坯通过转移辊上伸出的凸形杆，由真空吸到上挤压部，靠活塞作用加压，挤压后转移辊旋转。由压缩空气把湿纸模坯转移到干燥机内进行干燥。

2. 蛋托生产线

蛋托专用大型制造机如图4-27所示。成型鼓为多面体，各面有数个凹模。纸浆从浆槽中被吸至成型鼓的凹模上，成型鼓1上凹模下的臂伸出，与转移辊3上的凸模接触时，湿纸模坯在凸面上靠真空吸住，凹面靠组合弹簧压着，再转移到干燥箱4内。纸模在干燥箱中翻转，因干燥收缩而落下。再移到二号转移辊3上，在辊的凸边上受组合弹簧的作用而落入槽中，被输送带夹持运行。在受热的凹凸模之间一边加热一边加压。该机设有印刷、堆码、计数和打包（包装）机构，是一种成型机与印刷机联合的纸模加工设备。

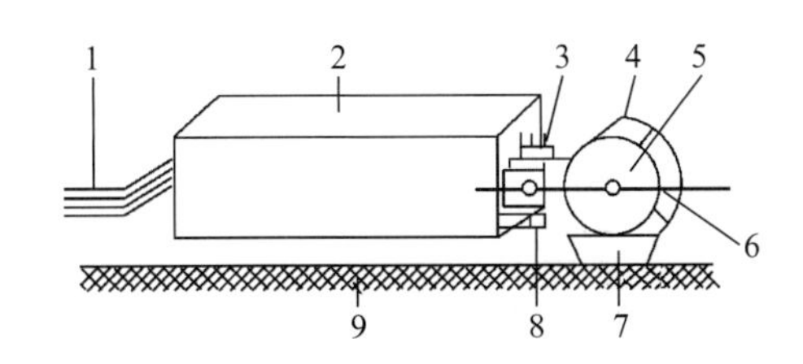

1——垫台；2——干燥机；3——挤压活塞；
4——转移辊；5——成型鼓；6——模面；7——浆槽；
8——输送机；9——地板

图 4-26　普通纸模生产线

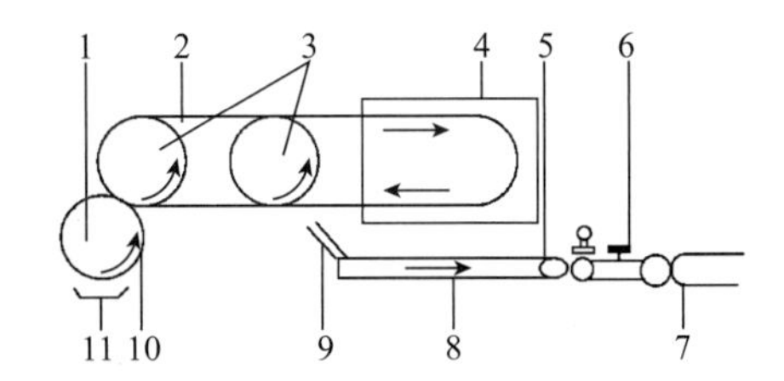

1——成型鼓；2——输送带；3——转移辊；
4——干燥箱；5——挤压带；6——印刷机；
7——挤压装置；8——转移输送带；9——滑槽；
10——模面；11——浆槽

图 4-27　蛋托生产线

3. 垂直式生产线

垂直式生产线如图4-28所示，这种生产线因采用垂直式干燥箱而得名。其成型滚筒4上的金属网从浆槽5中吸附浆料。压力臂3（靠曲柄作用）臂端凸模将成型滚筒上的湿纸模坯吸住而移动。同时，压力臂旋转180°，将湿纸模坯放在输送带7的一边，湿纸模坯由输送带7送到干燥箱内。干燥箱的链上安装有接收杆，杆上装有多个接收器接收湿纸模坯并随着运输带旋转。干燥采用明火燃烧加热。这种成型机适宜安装在厂房不宽的车间内，生产形状单一的纸模制品。

4. 贝洛依特生产线

贝洛依特纸模成型机如图4-29所示。该机的主要特点是采用机内干燥，纸模制品变形很小。贝洛依特生产线整机占地面积小、价格较低，但需消耗较多的金属模。网容易粘污，需用高压水喷洗网面。

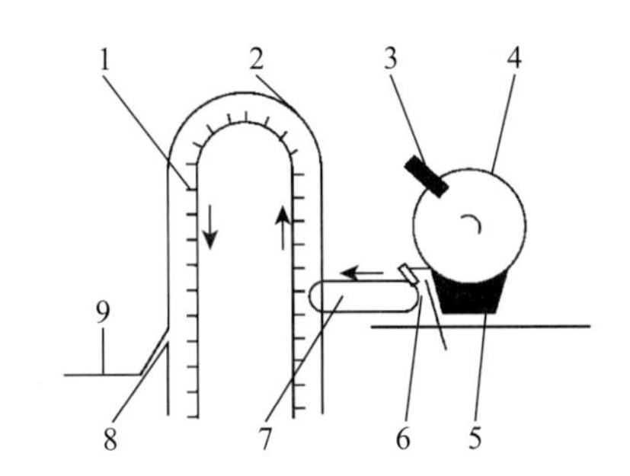

1—链条；2—干燥箱；3—压力臂；4—成型滚筒；
5—浆槽；6—传递臂；7—传递输送带；8—传递装置；
9—包装台

图 4-28　垂直式生产线

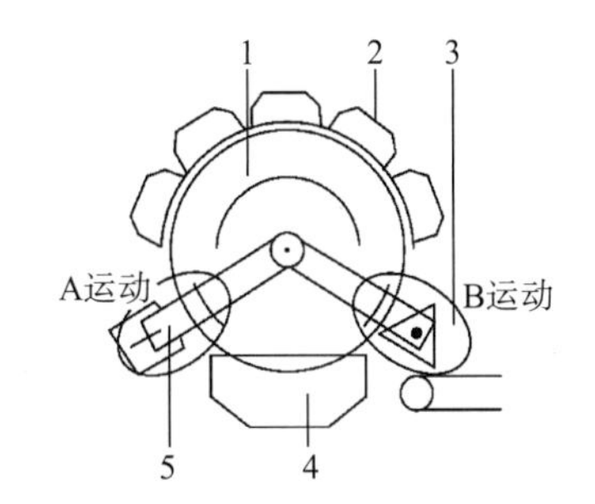

1—成型鼓；2—气罩；3—起点处；4—浆槽；5—挤压臂

图 4-29　贝洛依特纸模成型机

四、典型的纸浆模塑生产线实例

1. 全自动蛋托/蛋盒生产线

如图4-30所示为全自动蛋托/蛋盒生产线，其主要组成如图4-31所示，主要有转鼓成型机、多层烘干线、成品输送线、热压输送线、自动热压堆叠机等。

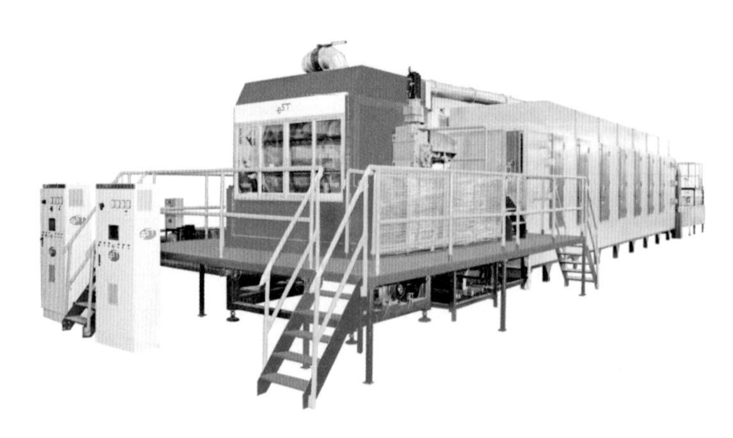

图 4-30　全自动蛋托 / 蛋盒生产线

（图片来源：佛山市必硕机电科技有限公司）

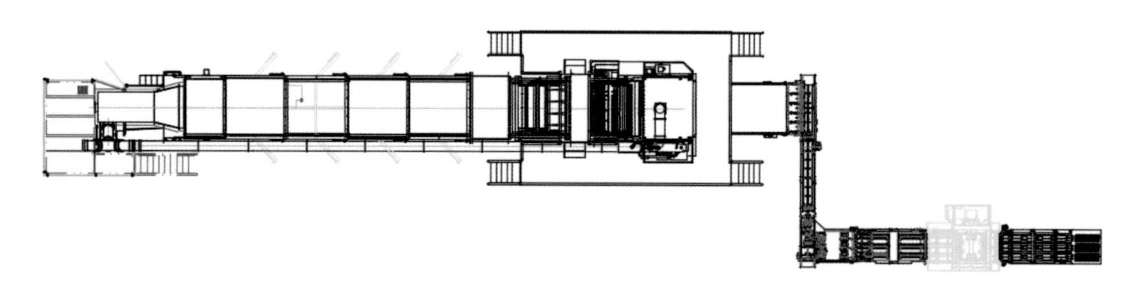

图 4-31　全自动蛋托 / 蛋盒生产线主要组成

（1）转鼓成型机

转鼓成型机的工作原理是把调好的浆料通过浆泵送到成型机的浆槽，开启转鼓机运行，成型模具随转鼓保持旋转运行，浆位到达时打开真空吸浆阀吸浆。当成型模具旋转出浆液时，通过真空过滤作用使纸浆被吸附到模具网模上形成湿纸模坯，湿纸模坯在转鼓旋转的过程中继续脱水，同时热空气从上罩送入进行预加热，湿纸模坯随转鼓旋转到转移位置时，转移模具与成型模具合模，通过成型模具吹入压缩空气和转移模具抽真空来传送湿纸模坯，然后转移模具转动90° 到水平位置把产品吹落在接料托盘，这样完成一个工作周期循环。吸气、脱水、转移持续时间及各项动作全部是由减速机+转换器+精密分割器控制。

每套纸模成型的真空系统都配置有一个气水分离罐，气水分离罐通过真空管与转鼓机真空接口相连。当成型机的成型模具吸浆成型时通过滤网的水和空气进入模腔，经过真空管，然后流入气水分离罐。在气水分离罐中，水和空气分离，空气由真空泵抽走，水由滤液泵抽送到白水池，供循环使用。

通过间歇旋转运动的转鼓，来实现吸浆、脱水、湿纸模转移，将成型的湿纸模坯放置在联机的多层烘干线上。多层烘干线与转鼓机之间共用一个动力，调整简单方便。

湿纸模坯经转鼓机成型后，通过可调整的自动洗模洗毛边洗扣位装置，自动对湿纸模坯进行整型修正，保证湿纸模坯的外形质量。转鼓顶部配有预热系统，利用烘干线的尾气，对成型后的湿纸模坯进行预加热，可以大大节约烘干成本，并且可以使成型湿纸模坯更好地定型，烘干后的产品更平整美观。

该系列转鼓式成型机可配置两面、四面、八面成型转鼓，其中的四面转鼓机主要参数如表4-4所示。

表4-4　四面转鼓成型机主要参数

主要参数	主要指标	主要参数	主要指标
成型方式	（4面）360°转鼓式	成型深度 /mm	≤ 150mm （主要适用于蛋盒生产）
工作台面/（mm × mm）	1 900 × 400、2 250 × 400	旋转驱动	电机+分割器+机械传动
成型速度/（板/分）	Max 20	驱动功率 /kW	≈15
托类产量/（件/时）	30枚蛋托7 200	喷淋要求 /（kg/cm^2）	高低压水2～25
盒类产量/（件/时）	10枚蛋盒9 600	真空要求 /MPa	-0.07～-0.05
合模开度/mm	闭合高度140～150	空压要求 /MPa	0.5 ～ 0.7

（2）多层烘干线

多层烘干线的工作原理：燃气燃烧产生的高温空气从主燃烧室喷入二次燃烧室并且与循环风机从下风道吸入的低温湿空气混合。湿空气被加热，温度升高，相对湿度下降，并重新被送入上风道，通过上风道下部的带孔的隔板均匀地进入烘干室的第一层。在烘干室中，第一层的温度是最高的，在这里，热风接触到的是刚刚从成型机出来的含水量最高的湿纸模坯，热风穿过两层送料托盘，经过第一层烘干室下部的孔板进入烘干室的第二层，又穿过两层送料托盘，通过烘干室下层的带孔隔板进入第三层烘干室。在第三层，热风穿过两层物料，通过第三层烘干室的下部的带孔隔板进入回风道，通过循环风机一部分热空气重新进入燃烧室，一部分通过风管送到成型机热风罩预热湿纸模坯后排出。在热风从上到下流动过程中温度逐渐降低，含水量增加，湿纸模坯从上到下翻折运行，水分逐渐减少，到第六层时基本干燥后被送出烘干线。

此烘干系统采用由上至下六层送料托盘结构，充分利用空间，节省场地面积，供热方式采用天然气或液化石油气直燃供热，干燥过程的温度通过设定控制系统的相关参数，由PLC自动控制。干燥温度通常设定在220～250℃，依靠循环风机，烘干箱体中的热风从上到下循环流动，以节省烘干过程的能源消耗。

（3）成品输送线

成品输送线的作用是将从多层烘干线出来的纸模坯通过皮带输送装置送到热压输送线上。

（4）热压输送线

热压输送线用于全自动纸浆模塑蛋托/蛋盒生产系统中衔接烘干线和热压整型机，干燥后的纸模坯通过烘干线的卸料道从高位滑落到翻转机构的接料斗中。纸模坯随着接料斗翻转掉落到推板输送机上，原本排列成6或8行的纸模坯沿输送方向旋转90°，变成一列被推板推动前行，接料斗返转回原位重复接料，落到推板输送机上的纸模坯被推板推动前行。经过转向机构时，纸模坯被转向机构的抓手送出推板输送机，以每次3或4个一组的节奏送到加湿部平皮带上，其中的加湿装置对产品上下均加湿，加湿水为雾状，且可以任意调节，以保证下道工序热压的纸模表面光洁。经加湿调节后的纸模坯沿输送方向转90°，由一列变成3或4行随平皮带前行，在平皮带上，纸模坯经过导向后经圆皮带送入推板输送部分，由推板按一组4个纸模坯的节奏推送前行，经过加湿部调节含水量的纸模坯后被送到热压机进料端，由安装在热压机进料端的上下毛刷辊拖入热压进料装置。整条输送线由三台伺服电机驱动，输送产品的速度随热压机的速度自动调整，输送产品的节奏与热压的节奏同步。采用机械同步结构，电感应点少，调整方便简单。

（5）自动热压堆叠机

送料机构将来自输送线的纸模坯送到热压送料机构上，热压送料机构将纸模坯移动到热压模腔内，热压机构驱动电机转动带动主轴，通过凸轮压力机构的挤压产生足够的压力对烘干后的纸模坯进行整型作业。在上述过程中限压机构起到压力保护开关的作用，防止超压损坏设备。热压整型好的产品自动移出热压机构滑入堆叠送料机构，堆叠送料机构的拨杆带动产品旋转一定的角度将产品送到堆叠皮带上，产品自动地一个一个堆叠在一起。如此往复循环完成对一个个产品的热压整型和堆叠。适宜的产品整型含水量为15%～10%，过干或过湿将影响整型后的质量，必须控制好进热压机构产品的含水量。

自动热压堆叠机的全部热压、送料、刀板升降、堆叠等动作均使用一个动力，调整方便简单。热压和保压时间通过凸轮完成，保证保压时间内电机负荷平稳，且速度比其他方式如丝杠连杆加压方式快将近一倍。

2. 全自动食品包装（餐具）免切边、免冲扣生产线

如图4-32所示为国内某企业自主研发的全自动食品包装（餐具）免切边、免冲扣生产线（实用新型专利：CN 201220225956.8 一种纸浆模塑产品坯料的高压水喷淋免切边装置），该生产线由主机部分、浆料定量系统、真空成型系统、热压定型系统、液压动力系统、成品收集装置、电（气）控制系统、计算机编程控制系统等组成。

图4-32　全自动食品包装（餐具）免切边、免冲扣生产线

（图片来源：泉州市远东环保设备有限公司）

该生产线的主要配置如下：

（1）制浆系统。由原料（纸浆）经水力疏解成细纤维悬浮液，加入具有先进技术的防油防水剂，调匀浆液浓度0.3%～0.4%（可根据生产需求设定），输送至真空成型系统。

（2）真空成型系统。将调好的浆料注入成型浆箱内，成型模下降至浆箱内，经真空吸滤成型，在成型模上形成湿纸模坯，成型模上升，湿纸模坯由转移模吸出转移，送至热压定型下模具。

（3）热压定型系统。由热压定型上、下模具（上模具带有吸附转移功能）组成，对湿纸模坯进行加热、加压、干燥、定型后完成免切边、免冲扣的纸模制品生产。

（4）产品收集系统。由高低两段（热压定型模具辅助装置）两部分组成，由计算机控制中心操控产品的收集，可定量堆放，可计数统计。

（5）液压动力系统。由计算机控制系统控制，为设备各系统提供转移、热压定型的动力。

该生产线的主要特点有：

①导热油加热系统采用“一种节能纸模包装导热油加热装置”（实用新型专利：ZL 2019 2 1882778.4）进行纸模坯料的热压、干燥和定型，也可根据生产需要采用电加热方式。

②由设备内置机械手实现湿纸模坯自动脱模、制品自动转移、收集等工序完成免切边、免冲扣一次成品全自动化生产。

③采用全计算机编程控制，自动化程度高，操作简单方便、性能安全可靠、使用寿命长；启动程序控制开关即可自动完成浆料定量供浆、真空吸滤成型、热压干燥定型、产品自动脱模、转移收集等工序。

④动力系统采用气动、液压一体化传动，具有噪声小、不易磨损、运动灵活、定位准确、不需人工单独操作、可一人管理多机等特点。

⑤可据市场产品需求，任意更换产品模具，生产不同的产品，并可根据产品重量要求任意调整。

⑥该全自动食品包装（餐具）免切边、免冲扣生产线的生产工艺和设备目前处于国内外领先水平。

全自动食品包装（餐具）免切边、免冲扣生产线主要参数见表4-5。

表4-5　全自动食品包装（餐具），免切边、免冲扣生产线主要参数

主要参数	主要指标	主要参数	主要指标
供气压力（空气压力）/MPa	0.45～0.65	工作台实际可装模具尺寸	1 350mm × 1 350mm、1 560mm × 1 560mm、1 850mm × 1 850mm
真空负压/MPa	−0.065～−0.045		
液压压力/MPa	5～18	生产能力/（次/时）	60～80（导热油加热温度250℃）
供浆原压/MPa	0.2～0.4	外形尺寸/（mm × mm × mm）	7 200 × 2 120 × 3 750
浆液浓度 /%	0.3～0.4	装机容量 /kW	7.5

3. 全自动高端工业包装精品机

如图4-33所示，全自动高端工业包装精品机主要适用于生产各类高端电子产品包装、化妆品包装、高端白酒包装、高附加值工艺品包装等。该机的主要特点有：

①具有高的精度和生产稳定性，节能环保；

②生产的产品更精致，拔模角度低至0°，转角半径小至0.3mm；

③工作行程、压力和温度，可细微调节；

④专业地集合纸模生产工艺和模具配套及高效生产于一体。

图 4-33　全自动高端工业包装精品机
（图片来源：广州华工环源绿色包装技术股份有限公司）

全自动高端工业包装精品机主要参数见表4-6。

表4-6　全自动高端工业包装精品机主要参数

主要参数	主要指标	主要参数	主要指标
机器构成	成型工位1个 热压工位2个 配有产品卸货站和自动控制系统	生产产品最大高度 /mm	120
模板尺寸/（mm × mm）	950 × 750、1 430 × 750	产品转移方式	上模板沿导轨来回平行移动
成型方式	往复式吸浆成型	加热板分块	根据生产产品
加热方式	导热油加热或电加热	控制方式	PLC加触摸屏
最大增压压力 /吨	35、55（采用液压油缸）	设计产能	根据产品品种

4. 高速餐具成型热压切边一体机

如图4-34所示，高速餐具成型热压切边一体机由主机系统、真空系统、高压水系统及空压系统组成，主机系统集成型、热压、冲孔切边、堆叠为一体，自动连续完成各个工序，占地面积小，节省人工及电耗，生产效率高、产品质量好，机器便于维护保养。该机的主要特点有：

①生产速度快，普通产品每个循环周期35～45s，日产量300～500kg/22.5h；

②全机采用导轨机构和伺服电机驱

图 4-34　高速餐具成型热压切边一体机
（图片来源：佛山市必硕机电科技有限公司）

动，确保运行精度；

③科学设计管路，使气路分布更均匀，每个模板采用单独吹气压力调节机构；

④整机采用框架结构，机器整体刚度好，材料分布合理使主机总量控制在15t以下；

⑤动力系统采用节能设计，虽然驱动总功率较高，但大部分时间电机都是处于无工作状态，保压压力全部靠机械自锁完成，保压时间内不浪费任何能源；

⑥整机全部采用伺服机械结构，无液压系统泄漏带来的污染，清洁安全，所有运动位置全部包覆，并配置感应器，确保运行安全。

高速餐具成型热压切边一体机主要参数见表4-7。

表4-7　高速餐具成型热压切边一体机主要参数

主要参数	主要指标	主要参数	主要指标
模具安装面/（mm × mm）	1 100 × 750	热压保压力/吨	0～30可调
成型方式	翻转式吸浆成型	热压模合模高度/mm	240～290
成型动力	精密减速机+7kW伺服电机	切边机压力/吨	60
成型转移压力/吨	3	驱动总功率/kW	≈20.5
成型转移模合模高度/mm	140～260	电加热总功率/kW	158
热压方式	导热油加热或电加热	—	—

5. 全自动机器人餐具智能机

如图4-35所示，全自动机器人餐具智能机具有精准控制，生产运行灵活、精确、稳定等优点，单机产量800～1 000kg/d，主要适用于生产一次性纸浆模塑餐具、餐盘、食品盒、高档工业防震包装等产品。该机的主要特点有：

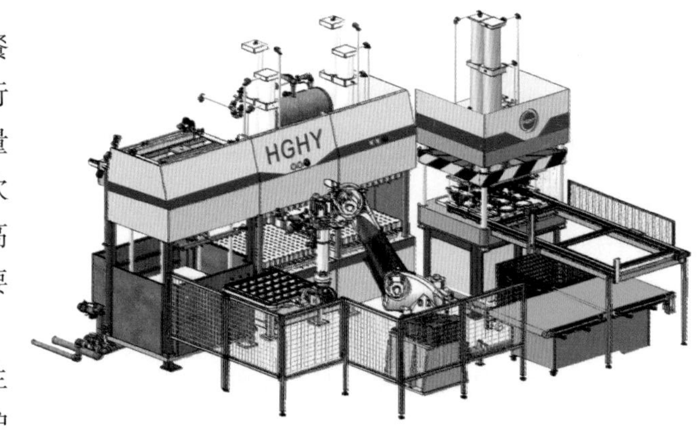

图 4-35　全自动机器人餐具智能机

（图片来源：广州华工环源绿色包装技术股份有限公司）

①采用高性价比智能化系统，生产运行灵活、精确、稳定，操作维护安全、简单；

②采用机器人控制器联合控制模式，确保生产运行长久高效、灵活安全；

③全新热量供给和储能结构设计，高产率低能耗，全面优化生产性能；

④采用西门子PROFINET通信方式，实现远程智能生产监控，把握生产全局；

⑤生产设备与生产工艺深入契合，为产品带来更优质的外观与品质。

全自动机器人餐具智能机主要参数见表4-8。

表4-8 全自动机器人餐具智能机主要参数

主要参数	主要指标	主要参数	主要指标
机器构成	六轴机器人（1台） 往复式成型机（1台） 热压定型机（2台） 自动切边机（1台） 自动计数堆叠机（1台）	生产产品最大高度 /mm	120
模板尺寸/（mm×mm）	980×940	产品转移方式	外置式机器人自动转移
成型方式	捞浆式成型	最大切边压力/吨	60
加热方式	导热油加热或电加热	控制方式	PLC+安川机器人控制器
最大增压压力 /吨	30	设计产能/（kg/d）	800～1 000

6. 全自动纸浆模塑尿壶生产线

如图4-36所示，全自动纸浆模塑尿壶生产线是由制浆系统、成型系统、烘干系统、真空系统、高压水系统及空压系统组成，专业用于生产尿壶等医疗产品。

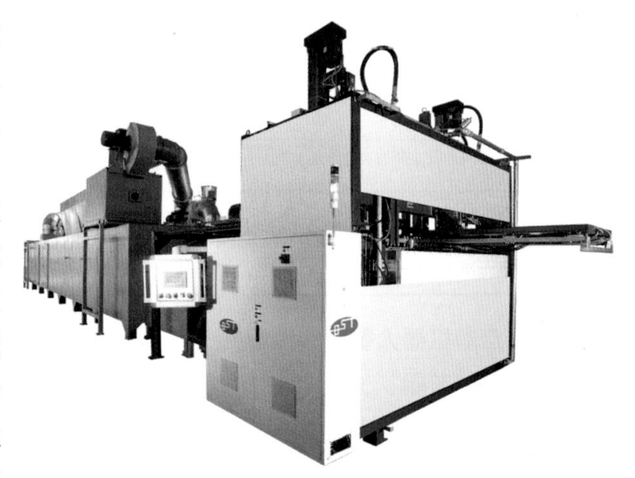

图 4-36 全自动纸浆模塑尿壶生产线
（图片来源：佛山市必硕机电科技有限公司）

该生产线的成型系统采用上下模具双吸法成型，工作时，成型机上下模具合模后下降至浆箱内（液位以下）吸浆，吸浆完成后，成型部提升到中位脱水形成湿纸模坯，同时转移爪伸进湿纸模腔等待转移；脱水完成后，上模上升至上位，此时，下模吹气，转移爪提升，将湿纸模坯从下模脱出，平移至放料位置；此时洗模喷头平移出，并打开洗模高压水阀，在湿纸模坯移出的同时冲洗成型模并回位；然后上模下降与下模合模并下降至下位后，再次进行吸浆、脱水动作；转移部分将湿纸模坯放到烘干线上，转移爪缩回并收平，平移至成型处，等待湿纸模坯再次成型、脱水和转移，完成下一个工作循环。

该生产线的主要特点有：

①成型机的下模升降、上模移动速度可通过电气控制来调节。下模吸浆、脱水、吹气、上升时间和上模抽气等时间由相关的时间继电器调节。

②成型机的吸浆、脱水、湿坯的转移与脱模的动作、时间等是采用PLC可编程控制器和气电连锁电路联合控制。并通过触摸屏实现操作的各个动作，完成一次工作循环周期（完成吸浆、脱水、脱模等动作）所需时间为30～60s。

③成型机与烘干线直接相连，生产的湿纸模坯直接放在烘干线的托盘上，从进浆到湿纸模坯进入烘干线，全部自动完成。

④采用转移爪直接取料方式取放湿纸模坯，无须真空，且转移时无须压缩空气吹气，保证湿纸模坯的形状。

⑤生产线自动化程度高，所有工序全自动在线完成，技术领先，竞争力强。

全自动纸浆模塑尿壶生产线主要参数见表4-9。

表4-9　全自动纸浆模塑尿壶生产线主要参数

主要参数	主要指标	主要参数	主要指标
模板尺寸/（mm × mm）	2 350 × 566	吸浆时间/s	0.0～99.9
最小合模高度/mm	260	脱水时间/s	0.0～99.9
主电缸行程/mm	450	转移时间/s	0.0～99.9
转移机械手移出距离/mm	1 500	下模吹气时间/s	0.0～99.9
下模具最大重量/kg	100	气源压力/MPa	0.5～0.7
整机重量/kg	5 000	机器噪声值/dB	<70
产品最大高度/mm	150	—	—

7. 旋转式全自动双层纸浆模塑生产线

如图4-37所示是国内某企业自主研发的旋转式全自动双层纸浆模塑生产线，该生产线汲取了国内外同行业的先进技术和宝贵经验，提升了现有纸浆模塑设备的自动化水平，为纸浆模塑自动化设备领域提供了新的机型，该生产线可用于生产一次性纸浆模塑餐具、工业品包装内衬、咖啡杯托、鞋内衬等。

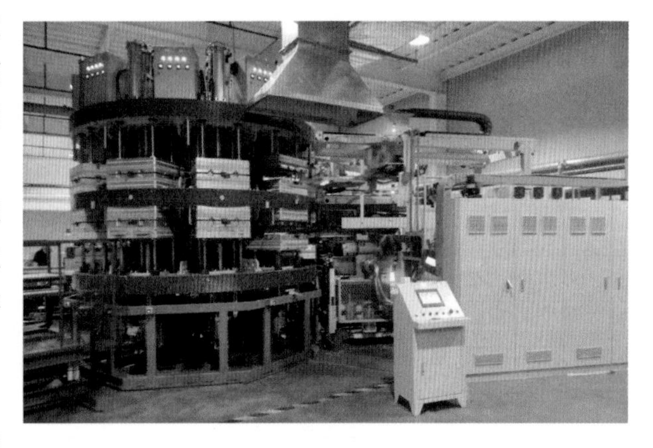

图 4-37　旋转式全自动双层纸浆模塑生产线

（图片来源：济南哈特曼环保科技有限公司）

该生产线的主要特点有：

①自动化程度高。人工上料或用输送带上料（选配）后可用供浆自动控制系统进行打浆、供浆；主机全程编程自动化+机器手臂智能化操作，大大降低了操作人员的劳动强度，并且节省人员配置。

②占地面积小。单台占地面积仅为60m^2。在相同产能的情况下，可以减少厂房使用成本。

③单机产量高。单台产量双层机可日产3.5吨，是半自动机的7～8倍，是往复式自动机的3倍。

④机器经久耐用。机身由锰钢钢板焊接后经整机机身淬火工艺加工完成，配套国际著名品牌的零配件，使整套系统运行更加稳定。

⑤产品厚薄均匀。采用翻转式吸浆工艺，使产品做到边与底部厚薄一致。

⑥可同时生产四款产品。例如，双层机的上层生产8英寸三格和9英寸一格两款打包盒，下层生产9英寸和10英寸圆盘。

⑦能量消耗低。双层机主机经实际测量，每吨产品用电量为2 700～2 800 kW·h。

⑧智能化、人性化生产。双层机的所有工位都可单独控制，并且该设备采用人脸识别技术，当送料手臂在感应到此工位的下一工序没有完成时，会立即停止对此工位送料动作，空让出此工位来，但整机继续运转，直到此工位的下一工序问题排除后再自动送料，避免不断重复送料对热压模具造成损伤。

双层机的四套模具产品可以单独进行生产操作，当完成一款产品的要求数量后可以单独控制不再加温，不再生产；另外三款产品继续生产直至完成生产数量。从而可以降低电能损耗，降低成本。

旋转式全自动双层纸浆模塑生产线的主要参数见表4-10。

表4-10　旋转式全自动双层纸浆模塑生产线主要参数

主要参数	主要指标	
型　　号	HTM-3500	HTM-1700
机械构成	旋转式成型机（1台） 机器人（1台） 升降平台（1台） 成型传送平台（1部）	旋转式成型机（1台） 机器人（1台） 升降平台（1台） 成型传送平台（1部）
模板尺寸/（mm × mm）	650 × 650	650 × 650
成型方式	翻转式吸浆成型	翻转式吸浆成型
加热方式	电加热	电加热
工位/个	20	10
最大增压压力/吨	25	25
产品最大高度/mm	70	180
产品转移方式	外置机械人自动抓取转移	外置机械人自动抓取转移
控制方式	PLC+触摸屏	PLC+触摸屏
设计产能 /（kg/d）	3 500	1 700

8. 智能化全自动纸浆模塑餐具生产线

如图4-38所示是国内某企业研发的智能化全自动纸浆模塑餐具生产线工作现场（实用新型专利：ZL 201820691424.0 生态植物纤维全自动生产线），其主要组成如图4-39所示，主要有成型机、热压定型机、自动切边机、200kg转移机器人、10kg成品下料机器人、成品输送线、控制系统等。

该生产线采用注浆式吸滤成型或捞浆式吸滤成型方式，湿纸模坯和纸模成品取料转移分别由200kg、10kg六轴关节机器人完成，整版切边。各功能机构动作设计合理，简单紧凑，可实现一人多机操作，高效节能。

该生产线生产过程由PLC控制，数字化伺服定位，采用电磁、光电等传感器全程监控，检测异常自动停机，大幅降低了作业劳动强度，提高了设备的安全稳定性，达到了快速平稳运行，提高了设备产能。

图 4-38　智能化全自动纸浆模塑餐具生产线工作现场
（图片来源：韶关市宏乾智能装备科技有限公司）

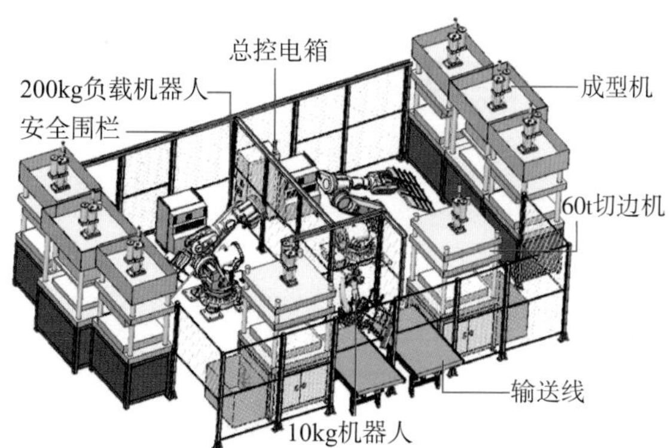

图 4-39　智能化全自动纸浆模塑餐具生产线主要组成
（图片来源：韶关市宏乾智能装备科技有限公司）

智能化全自动纸浆模塑餐具生产线的主要参数见表4-11。

表4-11　智能化全自动纸浆模塑餐具生产线主要参数

主要参数	主要指标	
型　　号	HQ920-Ⅱ、HQ950-Ⅰ	HQ920-LⅠ
机械构成	200kg6轴多关节机器人（2台） 注浆式成型机（2台） 热压定型机（4台） 自动切边机（2台） 10kg6轴多关节机器人（1台） 接料盘（2套）	捞浆式成型工位1个 热压工位2个 液压系统1套 电控系统1套
模板尺寸/（mm × mm）	950 × 950	920 × 920
成型方式	注浆式成型	往复式捞浆成型
加热方式	导热油加热或电加热	导热油加热或电加热
最大增压压力/吨	40	30（采用液压油缸）
产品最大高度/mm	100	100
产品转移方式	外置式机器人自动转移	下模板沿导轨往复平移
最大切边压力/吨	60	—
控制方式	西门子PLC+库卡/ABB机器人控制器	西门子PLC+触摸屏
设计产能/（kg/d）	1 500～2 000（依据产品克重及每板产品数量确定）	500

第五章　纸浆模塑的干燥与整型

第一节　纸浆模塑的干燥

纸浆模塑和造纸成型时的原料都是只含有1%左右植物纤维的浆料。湿纸页成型后还要采用机械压榨方法将湿纸页的含水量降到55%左右，而纸浆模塑成型后含水率高达65%～75%，难以利用机械方法再降低含水量。在纸浆模塑制品生产过程中，每千克纸模成品要通过干燥过程脱除大约3.5～4kg水分。因此，干燥是造纸和纸浆模塑生产中重要的工艺过程，干燥过程的成本在纸浆模塑制品生产中占有很大的比重，提高干燥效率是增加纸浆模塑制品生产效益的一个关键措施。

一、纸浆模塑干燥机理

1. 干燥机理

以植物纤维为主要组分的湿纸模坯，是一种内部具有毛细管结构的多孔隙物体。水分存在于纤维的表面和纤维毛细管的孔隙之间。用于产品内包装的纸模制品，一般要求具有良好的动态缓冲性能，其中的水分不能完全用机械压榨的方式去除，而需要用干燥方式予以脱除。因此，与常规的纸页干燥过程相比，纸浆模塑制品的干燥强度很大。热空气一方面作为热源为去除水分提供能量；另一方面又作为水分载体，将不断蒸发出来的水分带走。湿纸模坯中的水分脱除依靠其中的水分的内扩散和外扩散，所谓内扩散是指水分在湿纸模坯中由内部向外表面的迁移过程；外扩散则是指水分从其表面蒸发后被带走的过程。纸浆模塑制品干燥率的高低取决于其水分内、外扩散的速度和两者之间的平衡、协调，合理的干燥工艺条件应围绕着上述两方面和纸浆模塑制品的干燥物性来制定。

经真空吸滤成型后的湿纸模坯，水在湿态植物纤维中的存在形式有三种：结合水、吸附水和游离水。纸模制品干燥的目的就是要除去其中的自由水分（吸附水和游离水），使得纸模制品达到平衡含水量。纸浆模塑干燥原理就是当湿纸模坯表面的水蒸气分压大于干燥介质中水蒸气分压时，湿纸模坯表面的水分就不断汽化而进入空气，湿纸模坯内部的水分则不断扩散到其表面。而汽化和扩散的速度随介质温度、湿纸模坯水分、制品厚度及尺寸等的不同而变化。因此，在湿纸模坯干燥过程中的介质温度、介质速度、干燥速度等是按一定规律变化的。

2. 干燥工艺条件

（1）干燥温度

提高温度可以加快干燥速度。但温度过高会使纸模制品的整体强度等性能指标有所下降，湿纸模坯内各部分将形成较大的温度梯度，而产生较大的热应力，使纸模制品产生缺陷。此外，过高的热空气温度也会使能耗增大，干燥的热效率严重下降。因此，在湿纸模坯干燥时，与湿纸模坯接触的热空气的温度一般都控制在110℃左右，并且要求干燥设备内各部位的温度应保持一致。

（2）干燥时热空气湿度的控制

热空气湿度的控制十分重要。湿纸模坯干燥初期蒸发出来的水分，若不及时排除，会造成干燥设备内的湿度不断增大，从而延长纸模制品的干燥时间并降低干燥效率。对需要热空气循环的干燥设备，要随时调节循环热空气和新鲜热空气的比例，以避免其因湿度过大而影响干燥设备的干燥效率。

（3）热空气的速度和流量

调节进入干燥设备内热空气的速度和流量也是提高干燥速度的一个有效方法。湿纸模坯的水分外扩散速度在很大程度上取决于干燥设备内热空气的速度和流量，并要求高速的热空气均匀地吹向湿纸模坯的表面且保证有足够的热空气流量，使湿纸模坯得到均匀的干燥，一般在热空气速度达到5m/s以上时，纸模制品能够得到较快速的干燥。

纸模制品的干燥过程直接影响着纸模制品的质量和生产成本。因此，掌握纸模制品的干燥机理、特性和确定合理的干燥工艺条件是十分重要的。目前，纸模制品的干燥过程普遍存在着能源消耗高、干燥效率低的问题，因此只有合理地确定和控制好干燥过程热空气的温度、湿度和流速（流量）三大工艺要素，才能得到较好的干燥效果。

3. 干燥过程

湿纸模坯出成型机时的含水率一般在65%～75%，不需整型的纸模制品其干燥后成品含水量在10%～12%，而需要整型的制品，含水量一般在30%～35%。烘道干燥时的工艺条件对纸模制品的质量影响比较大，采用高温强干燥的方式虽然对纸模制品强度的影响不大，但对其收缩率影响较大；采用缓和干燥的方式，虽然纸模制品的收缩率减小，质量提高，但因干燥时间过长，影响整个纸模制品生产线的生产效率。所以，应选用合理的升温干燥工艺条件，即制订合理的烘干曲线，可通过控制成品的收缩率来确定最高干燥温度。一般条件下，应将纸模制品的收缩率控制在5%以内。

干燥是一个脱水的过程。为了了解脱水机理，首先必须知道湿纸模坯中的水分有哪几种类型并且它们如何结合。因为不同结合形式的水分排除时所需的能量是不同的，受外界条件的影响也各异。

按照湿纸模坯所含水的结合特性，基本上可以分为三类，即自由水、吸附水和化学结合水。

（1）自由水，又叫机械结合水，是为了易于纸模成型而加入的水分，它分布在固体颗粒之间，由内聚力而与物料结合，是由物料直接与水接触而吸收的水分。自由水与物料结合松弛易于排除，干燥就是要排除自由水。

（2）吸附水，将绝对干燥的物料体置于大气中时，随着大气中的温度、湿度不同，物料从大气中吸附一定的水分，这种吸附在粒子表面上的水分叫吸附水。当坯料所吸附的水分至一定程度与外界条件达到平衡时，该水分叫平衡水。

（3）化学结合水是指包含在原料分子结构内的水分，这种结合形式的水分最牢固，排除时需要较大的能量。

综上所述，干燥时，首先要排除自由水，一直排到平衡水为止，若干燥时周围介质条件发生变化（温度和湿度），则湿纸模坯的平衡水量也会随之改变。从工艺观点来看，干燥过程只须排除自由水和吸附水即可。

如图5-1所示，以时间为横坐标，以温度、干燥速度和湿纸模坯含水量为纵坐标，画出三条曲线。湿纸模坯干燥过程可以分为四个阶段，即升速干燥阶段、等速干燥阶段、降速干燥阶段与平衡干燥阶段。

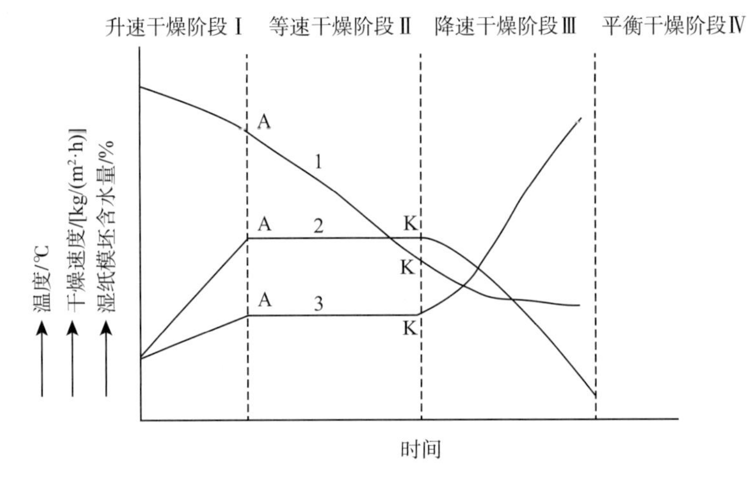

曲线1—湿纸模坯体含水量与干燥时间的关系；曲线2—干燥速度与干燥时间的关系；曲线3—湿纸模坯体表面温度与干燥时间的关系

图 5-1　湿纸模坯干燥过程曲线

（1）升速干燥阶段。湿纸模坯放在温度较高而相对湿度小于100%的空气中，在很短的时间内，湿纸模坯表面被加热到等于干燥介质的湿球温度，水分蒸发速度也很快地增大，增大到A点后，此时湿纸模坯吸收的热量和蒸发水分耗去的热量相等，达到平衡。由于升速阶段时间很短，所以在这一阶段排除的水量不多，过此以后达到等速干燥阶段。

（2）等速干燥阶段。在此阶段中，湿纸模坯表面蒸发掉的水分，由其内部向湿纸模坯表面补充，湿纸模坯表面总是保持湿润的，像水分在自由表面上蒸发的速度一样。这期间的干燥速度保持不变。湿纸模坯表面温度维持不变，约等于干燥介质的湿球温度，湿纸模坯表面的蒸汽压等于纯水表面的蒸汽压。干燥速度与湿纸模坯的水分多少无关。因此，在这一阶段内，是自由水进行蒸发，理论上可按外扩散（蒸发）公式（5-1）及传热公式计算干燥速度。

$$i_{外}=\frac{M}{\gamma_1 \cdot F}=\beta_c\ (C_{表}-C_{介})=\beta_p\ (P_{表}-P_{介})=\frac{a}{\eta}\ (t_{介}-t_{表}) \tag{5-1}$$

式中　$i_{外}$——外扩散速度（干燥速度），kg/（m^2·h）；

M——在等速干燥阶段γ_1时间内排除水分的重量，kg；

F——蒸发的总表面积，m^2；

β_c——扩散速度系数，m/h；

$C_表$、$C_介$——湿纸模坯表面上的和介质（空气）中水蒸气的浓度，kg/m^3；

β_p——蒸发系数，1/h；

$P_表$、$P_介$——在湿纸模坯表面温度的饱和水蒸气分压和在介质中的水蒸气分压，N/m^2；

a——从空气给蒸发表面上的给热系数，W/（m^2·k）；

η——在$t_表$时蒸发1kg水分所需的热量，J/kg；

$t_表$、$t_介$——湿纸模坯蒸发表面的温度（空气湿球温度）和介质温度。

在大气压为760mmHg时，

$$\beta_p = 0.001\ 68+0.001\ 28W_1 \tag{5-2}$$

式中　W_1——平行于湿纸模坯表面的空气速度，m/s；

$$\beta_c = \frac{a}{C_p \cdot \gamma}\ （m/h） \tag{5-3}$$

式中　γ——在对应的参数时空气的密度，kg/m^3；

C_p——空气的热容，J/（kg·K）。

由式5-3可以看出，干燥速度（蒸发速度）与湿纸模坯表面和周围介质的水蒸气浓度差或分压差或温度差有关，其差值越大，则干燥速度也越大。另外，干燥速度也与湿纸模坯表面的空气速度有关，因为湿纸模坯表面总有一层不易流动的空气膜，湿纸模坯与介质间的蒸汽扩散和热交换都要通过此空气膜，空气膜厚度的减少对于蒸发和热交换都是有利的，而增大湿纸模坯表面的气流速度将使空气膜减薄，因此增大湿纸模坯表面的气流速度就可以提高干燥速度。

当干燥进行到K点时，湿纸模坯内部水分扩散速度开始小于表面蒸发速度，湿纸模坯中的水分不能全部湿润表面，以维持表面的蒸发。此时，开始了降速干燥阶段。K点是临界水分点。临界水分点是由等速干燥阶段进入降速干燥阶段的转折点，与吸附水是不同的，临界水分是以全湿纸模坯体的平均含水量表示的。

到达K点后，表面层停止收缩，再继续干燥时，又增加湿纸模坯内的孔隙，因此等速干燥阶段是个重要的阶段，因为在这个阶段内，湿纸模坯发生形体收缩，并往往产生能使湿纸模坯成为废品的收缩应力。

（3）降速干燥阶段。当湿纸模坯水分达到K点后，由于湿纸模坯内部水分扩散速度小于表面蒸发速度，湿纸模坯中的水分不能全部湿润表面，因此，湿纸模坯潮湿的表面就逐渐减少，干燥速度也逐渐下降，此阶段称为降速干燥阶段。在此阶段中，蒸发速度和热能的消耗大为降低，湿纸模坯表面温度逐渐升高，湿纸模坯表面与载体之间的温差减小，在湿纸模坯表面上的水蒸气分压降低并变得比在湿纸模坯表面温度下的饱和水蒸气分压为低。

（4）平衡干燥阶段。当湿纸模坯干燥到表面水分达到平衡水分时，干燥速度降为零。此时纸模中的水分与周围介质达到平衡状态。平衡水分的多少根据纸模的性质和周围介质的湿度与温度的不同而不同，此时纸模中的水分也叫干燥最终水分。纸模的干燥最终水分一般来说不应低于贮存时的平衡水分，否则干燥后将再吸收水分至达到平衡水分。在干燥过程中如载体的温度和湿度有变动，上述各干燥阶段也有变化，但不显著。

升温及降温区的设置主要是为了使纸模制品避免由于温度的骤然变化而导致剧烈变形。高温脱水区段一般占整个干燥线的60% 以上，是湿纸模坯干燥脱水的主要区域。根据产品的不同，这一区段的温度可控制在130～200℃范围内。在干燥过程中，湿纸模坯表面水分首先被蒸发，而内部水分较难蒸发。如果干燥温度过高，则湿纸模坯表面会很快干燥，内部却还很湿，使得内部水分难以散失。如果干燥工艺的温度曲线设置不当，会导致湿纸模坯体水分的内外扩散速度差距太大，引起纸模制品表面收缩剧烈而翘曲变形，内部水分含量大而防水、防油不均匀等问题。因此应通过对不同大小的纸模制品，合理地调控烘道内传动链板的运行速度、干燥过程中的温度、热风速度及水蒸气的排放等，形成合理的干燥曲线，以使纸模制品的变形尽量小，以保证制品的质量。还要调控各阶段内的湿度，以保证干燥时有较高的效率。由于湿纸模坯在烘道内处于自由状态，从而造成制品有较大的变形空间，不利于保持制品的精度，无论干燥工艺曲线怎样合理，从烘道出来的制品或多或少都会变形。经烘道干燥后，对于一般几何形状及尺寸要求不十分严格的包装制品，可不必再热压整型，对干燥后制品的含水率要求并不太严格，一般从烘道出来的制品的含水率在10%～12% 即可。但对食品餐具类和精品工业包装类产品，还要经过热压整型工序，以保证产品的平整、美观。为了保证热压整型工序的顺利完成，则对烘道干燥后产品的含水率应有较严格的要求，如含水率过低，则产品已经定型，整型工序失去作用；含水率过高，则影响整型工序的效率和质量。一般根据产品不同，其热压整型前的含水率应该控制在30%～35% 。

4. 提高纸浆模塑制品干燥效率的途径

在纸浆模塑制品的干燥过程中，为了提高干燥效率，降低干燥介质（热空气）的湿度，提高温度和气流速度是必要的，但必须同时提高水分的内、外扩散速度。在生产实践中，可通过以下途径来实现。

（1）适当减少纸浆模塑制品的厚度

纸浆模塑制品的厚度越大，其干燥越困难。因此，在设计纸浆模塑制品的厚度尺寸时，应在保证其整体强度和满足包装性能要求的前提下，尽量减薄其厚度，这样既有利于干燥效率的提高，同时又降低了纤维原料的消耗。纸模制品各部位的厚度差不要过大，以避免因其局部的水分向外扩散困难而影响整体的干燥速度。

（2）适当增大湿纸模坯表面与内部的水分梯度

在干燥过程中，湿纸模坯表面与内部的水分浓度差，是形成水分内扩散的主要动力。通过调整热空气的温度、湿度、风速及风量来提高水分梯度，对于提高水分内扩散是有利的。但水分外扩散速度太大，则易造成湿纸模坯表面收缩过快过大而影响水分的内扩散速度，这将对纸浆模塑制品的干燥产生负面效应。

（3）适当提高干燥时的温度

干燥温度的提高，有利于水分从湿纸模坯内部向表面迁移。但在生产实践中，温度的提高要受到诸多因素的限制，所以只能适当地提高。

二、纸浆模塑干燥设备

纸浆模塑制品的干燥方式有多种，除直接利用日光晾晒外，按照干燥时制品是否脱模又可分为脱模干燥和模内干燥两种形式；按干燥时使用的热源不同又可分为热风对流干燥、远红外线辐射干燥、微波加热干燥、在模具内直接加热加压干燥等方式。脱模干燥是纸浆模塑工业包装制品的主要干燥方式。按干燥过程采用的设备又分为干燥箱（房）、隧道式（烘道）干燥机和链式干燥机等。无论采用哪一种干燥设备，其干燥机理是基本相同的。目前，最常见的是烘道干燥和模内加热干燥两大类。

烘道干燥是与纸浆模塑干压生产工艺相配合的，属于模外干燥（脱模干燥）方式；模内加热干燥是与纸浆模塑湿压生产工艺相配合的，属于模内干燥方式。

1. 烘道干燥

（1）热风干燥

热风干燥法也称热空气干燥法。目前，国内的纸浆模塑制品生产绝大多数都采用热风干燥法，它是在特定的干燥设备内以热空气作为干燥介质对纸模制品进行干燥。采用的设备主要有间歇运行的干燥箱（房）和连续运行的链式干燥机等。干燥箱（房）的工作特点是间歇干燥，设备结构虽然简单，但生产效率低，干燥温度不易控制，热源利用率不高。另外一种则是被广泛采用的烘道式连续干燥机，它的主体是一个四周装有岩棉保温材料的长方型烘道，内部装有一台由链条传动的多层式运输机。干燥烘道的宽度、长度可由湿纸模坯的尺寸和要求的干燥强度等确定。

采用烘道式干燥机干燥湿纸模坯时，进入烘道的湿纸模坯的含水率应在65%～70%，湿纸模坯由成型机的转移模自动吹落到烘道式干燥机的传送链带上，随着传送链带移动。链带运行过程中通过底部吹入的热风对湿纸模坯进行蒸发干燥。干燥时间可根据热平衡计算结果调整传送链带的运行速度来确定。为及时排除湿纸模坯蒸发出来的水汽，干燥烘道内设有相应的排除装置。烘道内的干燥温度一般可达到105～200℃。无论选用哪种干燥设备，都要求设备本身具有良好的保温层以防止热量流失，设备结构要能够保证其内部各部位的温度均匀一致。热空气主要由两种方式取得，一种是利用热风炉燃烧直接产生热空气，另一种是利用蒸汽通过热交换器与空气进行热交换产生热空气。烘道内采用热空气作为干燥介质，加热源可以是燃煤、燃油或燃气。

图5-2所示为常用的烘道式干燥机。该机利用蒸汽通过热交换器与空气进行热交换产生热空气用于干燥湿纸模坯。所需蒸汽由锅炉提供，空气通过鼓风机来提供，两者进行热交换产生热空气，而烘道内的湿空气由抽

图 5-2　常用的烘道式干燥机

（图片来源：广州市南亚纸浆模塑设备有限公司）

风机抽走，并同时给干燥机提供预热干热空气，烘道内始终保持额定循环空气量。湿纸模坯在干燥过程中，其厚度与尺寸会发生较大变化。表5-1列出了三种圆筒形纸模制品干燥前后尺寸和其他参数的变化情况。

表5-1　三种圆筒形纸模制品干燥前后尺寸和其他参数变化情况

指标名称		制品类型		
		Ⅰ	Ⅱ	Ⅲ
干燥前制品重量/g		1 094	1 098	2 927
干燥后制品重量/g		361	518	932
干燥前尺寸 /mm	厚	6.5	8.6	10.3
	高	195	285	450
	直径	186	195	215
干燥后尺寸 /mm	厚	4.9	6.5	7.8
	高	185	271	429
	直径	178	186	205
干燥后尺寸收缩率 / %	厚	22.2	24.4	24.2
	高	5.0	4.9	4.7
	直径	4.3	4.4	4.6

（2）远红外线辐射干燥

当在干燥烘道内采用远红外线辐射加热方式对湿纸模坯进行干燥时，因为湿纸模坯中的水和纸浆纤维本身对远红外线具有良好的吸收作用，所以远红外线能被湿纸模坯直接吸收并能获得较高的加热效率。此外，远红外线不仅能被湿纸模坯表面所吸收，而且能被湿纸模坯内部的分子所吸收，所以在湿纸模坯的厚度方向上能获得均匀的加热效果。由于其辐射的能量能较深地渗透至湿纸模坯的内部，使得湿纸模坯的内外干燥较均匀，因而湿纸模坯在干燥过程中产生的扭曲变形较小。该方法适合于干燥体积较小的纸模制品，干燥质量的控制关键在于烘道内的温度和湿度的控制。

（3）微波加热干燥

采用微波加热技术是降低干燥能耗、提高纸模制品质量的又一项有效措施。微波是指频率在300MHz至300kMHz的超高频电磁波，波长为1mm至1m。目前微波加热所采用的常用频率为915MHz和2 450MHz。微波加热的基本原理是，物质在微波场中受到变化频率极高的电场影响，其极性分子（水分子是典型的极性分子）迅速摆动，由分子本身的热运动和相邻分子之间的相互作用而产生热能，所产生的热量大小与物质的种类及其特性有关。此外，物质中的离子在外加电场的作用下也产生运动，与物质的分子互相碰撞也会导致产生热量。

由于微波加热的特殊作用，它具有普通加热干燥所无法实现的干燥效果，其主要优点有：

①微波干燥速度快、干燥时间短。微波能深入湿纸模坯的内部而不是靠物料本身的热传导，所以干燥时只需普通烘道干燥的1/10～1/5的时间就可以完成整个加热和干燥过程。

②微波干燥加热均匀，产品质量好。由于微波加热是从湿纸模坯内部直接加热的，因此除

加热速度快外，还可以避免一般加热过程中出现的表面硬化，内部干燥不均匀而产生的纸模制品翘曲变形现象，从而保证了纸模制品的成品率和外观质量。尤其对于厚壁纸模制品，效果更明显。

③调节灵敏，控制方便。采用常规加热法，不论是电加热、蒸汽加热或热风加热，要达到或调节到一定的温度，往往需要一段较长的时间。而采用微波加热时，开机几分钟就可正常运行，热惯性极小，预热控制时间极短，可大幅降低电耗。微波输出功率的调整，对加热温度变化的反应都很灵敏，便于实现自动控制。

④微波能是一种高效的杀菌热源，可在极短时间内杀死大多数真菌、霉菌或不形成芽孢的菌种，对于生产食品包装用的纸模制品，可有效地进行杀菌，以保证被包装食品的卫生。

⑤微波加热过程具有自动平衡性能，加热均匀。当频率和电场强度一定时，物料在干燥过程中对微波的吸收主要取决于介质的损耗因数。而水分的损耗因数远比纸浆纤维要大，水分多的时候，吸收能量也多，水分蒸发就快。因此微波能量不会集中在已干的部分，避免制品过干过热现象，具有自动平衡的性能，有利于提高产品产量和质量。

⑥在烘道内采用微波加热方式对湿纸模坯进行干燥时，物质在微波场中其极性分子相互作用产生热能，电磁波深入湿纸模坯内部，把物料本身作为发热体，而不是靠物料本身的热传导，使得干燥速度快，干燥较均匀，扭曲变形较小。对于厚壁纸模制品效果尤其显著。在加热过程中，微波具有自动平衡性，从而使加热均匀，避免制品局部过干或过热。与其他加热形式比较，利用微波加热，干燥时间短，如停机，只需切断电源，制品加热立即无惰性地停止，便于干燥过程的自动化控制。

⑦微波加热是物料内部加热，加热设备本身基本不辐射热量，微波加热的热损失较少，加热效率可达80%，而红外线烘道为62% 左右，热风烘道为63% 左右。微波加热同时避免了环境高温，改善了劳动条件，加热设备的体积也小，无须蒸汽锅炉、热交换器等投资。

微波加热方式的缺点主要是加热设备费用较高，耗电量较大，如果加热装置制造及装配不当，有漏波辐射伤人的危险。

在纸浆模塑制品生产中，如采用烘道式干燥方式来干燥纸模制品，通常要配备热压整型工序，以保证生产出的纸模制品的平整、美观，但总体来说，采用烘道式干燥方式生产的纸模制品，其外观、产品的紧度和强度都相对较差。因此，对于制造精度要求不高的纸模制品采用此种方法生产效率较高。

2. 模内加热干燥

在纸浆模塑湿压生产工艺中，模内干燥是依靠高温模具的加热作用使湿纸模坯在短时间内迅速干燥和整型，主要用于对外形和定量要求较高的纸模缓冲包装制品及一些精制餐具，如手机、电子产品、酒类、礼品等产品的缓冲包装和精品餐具等。目前在纸模制品生产中，模内热压干燥是纸模餐具和纸模精品工业包装制品的主要干燥方式。大多数模内热压干燥设备是采用在模具内直接加热干燥的方式，当成型的湿纸模坯进入成型机的冷压区段，较湿的湿纸模坯被上下模具挤压，依靠机械压力压出水分，使其内部紧密坚实，然后湿纸模坯被转移到热压模具上，在上下热压模具压合下进行加热干燥，合模的压力及加热温度和加热时间可以根据产品不同而精确调控，这样可以使生产出的纸模制品外观平整细腻，其紧密度、挺度和强度等各项物理指标都优于烘道干燥方式生产出的纸模制品，纸模制品经过热压干燥后无须再整型，即将干燥和整型工序合一同时进行。

在纸浆模塑湿压制品生产中，浓度3%以下的纸浆悬浮液通过真空吸滤形成湿纸模坯，其含水率为70%～80%，而最终制品的干度要达到90%以上才能满足产品机械强度要求。其干燥过程是在热压整型装置上采用模内热压干燥方式完成的，湿纸模坯在高温与压力共同作用下，其水分蒸发、密度增加，助剂与添加剂重新分布，各纤维组分发生一系列物理化学变化，纤维之间形成牢固的结合。整个模内热压干燥过程可分成三个阶段：挤水段、干燥段和塑化段。

（1）挤水段。从成型工位转移过来的湿纸模坯含水率很高，存在大量的自由水和结合水。在模内热压干燥过程中，由于高温高压作用，纤维软化，湿纸模坯被压缩，其中的自由水借助机械压力，大部分以热水的形态被排除，湿纸模坯相对含水率下降到35%左右。

（2）干燥段。纸浆纤维细胞壁内的结合水及附着在纤维表面的水分，仅靠机械压力无法排除，必须在高温与压力共同作用下以蒸汽形态排除。在压力作用下，纤维间较大孔隙水首先被挤出，湿纸模坯结构无明显变化。随温度与压力升高，纤维间毛细管水开始被挤出，纤维被压紧而相互靠近，为形成分子间结合力创造了条件。

（3）塑化段。此阶段水分几乎全部排除，纸模坯干度达到90%以上。此时制品结构定型，密度增加，木素在高温高压下熔融和流展，纤维之间形成氢键结合力而牢固黏合。干燥程度直接影响纸模制品的质量，若干燥不充分，水分没有充分排除，制品将出现鼓泡等缺陷，机械强度也无法满足要求。若干燥温度不够，木素未能熔化，则会延长干燥时间；而干燥温度过高，也会造成纤维降解，制品强度下降。同时，纤维在高温长时间作用下，化学结构可能发生变化，导致制品白度下降。因此，模内热压干燥阶段必须控制好热压温度、时间及压力等。

纸模制品模内干燥采用的主要方式有电加热、蒸汽加热、导热油加热和热超导传热技术等。

（1）电加热

电加热是将电热元件埋入加热板内，通电后加热板发热，使紧贴其上的整型模受热升温，实现对模内湿纸模坯烘干和整型。

电加热具有清洁干净、方便可靠、容易控制等优点，但能耗大，成本高。电加热无须其他附加辅助设备及管路，而且模具的温度容易自动控制，模具的制造加工相对简单。其耗电量直接影响其生产成本。

采用电加热的缺点主要有：

①加热板加工深孔必须采用细长钻头，而细长钻头易弯折，加工的孔也易出现偏差，造成加工困难；

②电加热的导热是把电热元件埋入加热板内来实现的，由于热胀冷缩的原因，它们必须采用间隙配合，其间的空隙被空气填充，而空气又是很好的隔热体，降低了导热性；

③在工作过程中，模具热压整型时将产生大量的水蒸气，对导线（特别是接头）易产生腐蚀，导致漏电，生产不安全；

④模具升温慢，热容量低，加热不稳定，生产效率低。

如图5-3所示是一种真空电加热干燥方法，干燥设备采用电加热，真空排气，带模成型传导干燥。由于采用封闭加热方法，热量传递速度快，热损耗小，热效率高。经试验证实，在干燥过程中升温阶段很短，干燥速度瞬间即可达到等速阶段，降速干燥占干燥排水量的10%左右，干燥过程中的主要阶段为等速干燥阶段。

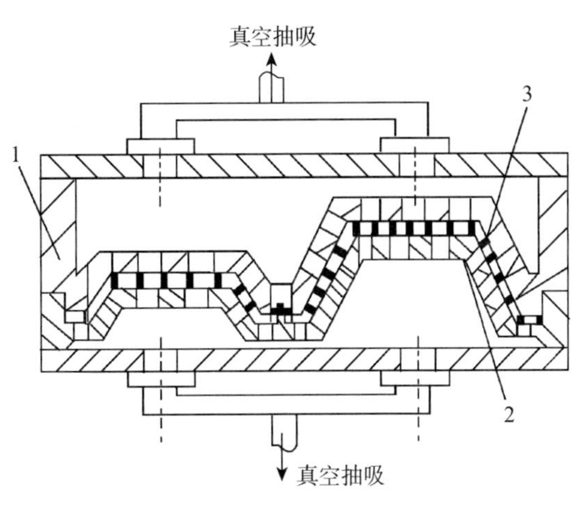

1—热压上模；2—热压下模；3—湿纸模

图 5-3　真空电加热干燥方法示意

（2）蒸汽加热

蒸汽加热是将饱和（或过饱和）蒸汽通入加热板内（或直接通入整型模内），使紧贴其上的整型模受热升温（或直接使整型模受热升温），实现对模内湿纸模坯烘干和整型。

蒸汽加热具有产品外观质量好、成品率高等优点。但成本较高、热能浪费大；设备加工要求高，需要专设蒸汽发生装置；管道承受压力高，管道质量要求高；干燥效率低；模具的制造加工比较复杂；接头处容易产生汽、油渗漏现象，污染产品。

采用蒸汽加热的缺点表现为：

①蒸汽对导管有腐蚀作用，易造成穿孔，存在不安全隐患，甚至损坏模具；

②蒸汽加热时，模具内的蒸汽无法顺利排出，降低模温和热效率，影响加热效果；

③导热管不能采用预埋方式，且存在两大问题：一是加热温度较低，一般只能加热到200℃左右，满足不了工艺要求；二是蒸汽加热热能浪费较大，因蒸汽排出后变成热水，通常这些汽、水混合物未被利用，这样就有相当一部分热能被浪费，增加生产成本。

（3）导热油加热

导热油加热是将饱和（或过饱和）的导热油注入加热板内（或直接注入整型模内），使紧贴其上的整型模受热升温（或直接使整型模受热升温），实现对模具内湿纸模坯烘干和整型。

导热油加热的优点：导热油封闭循环使用，明显减少了热能损失，热效率高；加热时间短、成本低；导热油压力低，对管道承压性要求低（只是热油泵产生的循环压力），安全系数高。可以依据模具型腔的形状，预埋管道，使模具受热均匀，而且能合理控制好管道与模具型腔的距离，提高加热速度，提高生产率。缺点在于需要更多的外围设备，模具的制造加工比较复杂；对管路密封性能要求高，为了避免管道接口处发生导热油泄漏污染产品，在接口处需采用石墨垫片密封，并要确保接口的焊接质量。

如图5-4所示为一套纸模方便面碗导热油加热热压模具。图中所示为热压凸模，其外形与圆柱形相近，模具温度分布主要受加热板温度、工作状况及模具本身传热状况等因素影响。经检测，导热油温度保持稳定，可认为加热板温度恒定（即通过热压凸模的热流量稳定）。热压凸模与加热板联结紧固，两接触面通过精磨并涂有一薄层硅油，加热板与模具间接触热阻可忽略（据估算，每平方米的接触热阻仅7×10^{-6}℃/W）。加热油管采用如图5-4所示的直线形布置形式，加热油管为A3油管，直径25mm，长度1 284mm，油管长径比为51，最小冷弯半径为60mm，加热板内共分布6道油管。由于采取了良好的绝热措施，可认为加热板输出的热量全部传导给热压模具，传热效率较高，热压干燥效果较好。

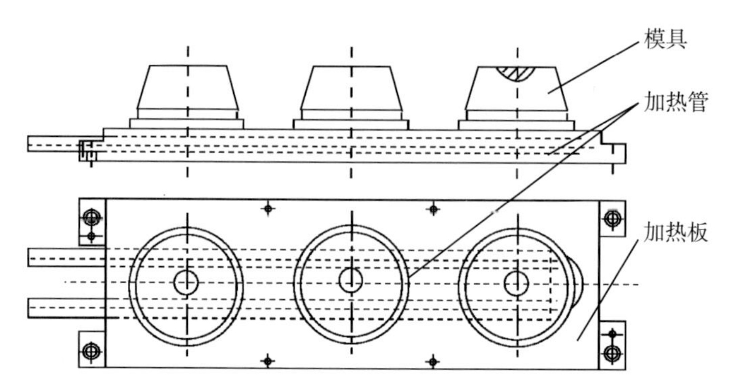

图 5-4　纸模方便面碗导热油加热热压模具

下面对以上三种不同加热方式作一简单的比较，见表5-2。

表5-2　三种不同加热方式的比较

指标名称	电加热	蒸汽加热	导热油加热
模温/℃	150	170	190
热压时间/s	55	43	30
干燥耗能成本/（元/只）	0.05～0.06	0.04～0.045	0.025～0.035
模具寿命	长	较短	长
加热管道布置	不合理	较合理	合理
传热效率	差	较差	好

注：每度电按0.6元计算，每吨蒸汽按60元计算，每升柴油按2.7元计算。

（4）热超导传热技术

模内干燥的关键问题在于提高热压干燥模具的加热效率，从而降低能耗，节约成本，这也是纸浆模塑设备的主要研究方向。采用热超导传热技术是降低能耗的一项有效措施。热超导技术是利用热导元件中的特殊介质分子的高速震荡摩擦来进行热能传导的。热超导介质所灌注的载体经密闭后即形成热超导元件。热超导元件在受热激发后将热量从一端迅速传向另一端，传热速度是银的7 000多倍，热量在传递过程中几乎没有损耗，热阻接近为零，热效率较高。使用范围为35～1 730℃，具有良好的等温性和可远距离传热等优点。

热超导传热技术应用于热压模中，可明显降低能耗，提高传热效率，模具表面温度均衡，整型质量优于传统电加热模。据实验表明，在相同的操作条件下，使用热超导传热技术的热压模可比传统电加热模省电20%～30%。

在传统电加热模（电热管或电热板）中，由于热阻较大，热传导速度较慢，往往模具外表面温度达不到所需温度，而在模具内部温度过高，影响电热元件的寿命。而采用热超导元件后，由于热阻较小，热传导速度极快，模具内部与外表面的温度趋于一致，热超导元件的使用寿命可达10万小时以上。

3. 纸浆模塑干燥设备的研发

（1）直热式燃气烘干线

直热式燃气（天然气）烘干线适用于食品包装用纸模制品，以及对清洁度要求较高的家电产品包装用纸模制品的干燥。

①总体设计。根据纸模制品干燥工艺条件和设计要求，确定燃气烘干线结构参数。例如，某烘干线烘箱总体长36m，宽2.84m，高1.92m，分15个加热干燥区段。各区段有一个热风循环系统，链式输送带从中间穿过，上下热风通过气体分布板上的风孔向输送带上的湿纸模坯吹送，对产品进行分段干燥，当湿纸模坯经过不同区段时，相应地调节不同区段的干燥温度。

烘箱上部安装一套天然气燃烧热风炉，配自动燃气燃烧机一台。热风炉燃烧室采用优质耐热钢卷焊接而成，内衬特殊的耐火材料，整个烘箱采用型钢框架，稳定性较好。烘箱壁内安装岩棉保温材料，因此烘箱外壁保温效果良好，表面温度小于60℃。

传动方式为链式传动，采用电磁调速电机+变速箱+链轮的方式，输送链配置不锈钢网带，输送链速度为1～3.5m/min，无级调速。

直热式燃气烘干线结构如图5-5所示。

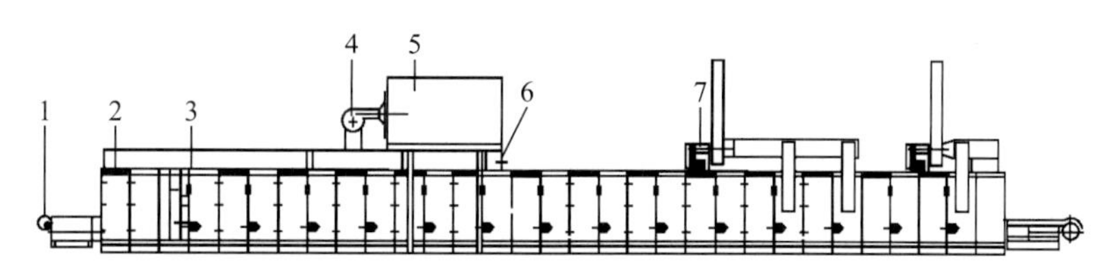

1—输送链装置；2—烘干线烘箱；3—热风循环系统；4—自动燃气燃烧机；
5—热风炉；6—测温控制仪；7—抽湿风机

图 5-5　直热式燃气烘干线结构示意

②单节烘箱设计。烘箱内设热风总管、上排风管、下排风管和循环风机。单节烘箱剖面结构如图5-6所示。单节烘箱长度为2 200mm，宽度为2 840mm，高度为1 920mm。

烘箱采用框架结构，上下层为固定保温层，采用厚度为100mm的保温岩棉，烘箱两边设置活动门，便于日常维修，活动门夹套也装有保温岩棉。

烘箱上层是热风总管，与热风炉相连。烘箱中间是上、下排风管，在上、下排风管的中间是输送链轨道，上、下排风管与循环风机相连。烘箱内右侧安装循环风机，风量5 500～6 500m³/h，功率4kW。在上、下排风管

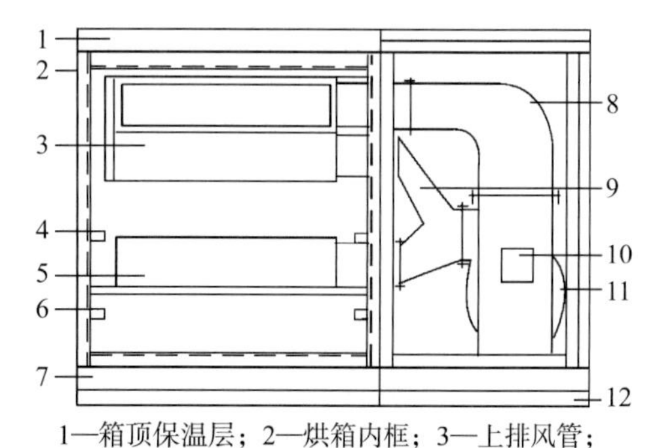

1—箱顶保温层；2—烘箱内框；3—上排风管；
4—上链轨；5—下排风管；6—下链轨；7—箱底保温层；
8—风机引风管；9—排风连接管；10—引风回风门；
11—循环风机；12—烘箱底架

图 5-6　单节烘箱剖面结构

中装有直流型分布板，其特点是空气通过它而形成许多空气射流穿过被干燥的物料，这种结构的气体分布器具有干燥效率高、产品质量稳定及通用性与适应性高等优点。

使用清洁能源作为燃料的直热式燃气烘干线已在一些纸模制品生产厂投入运行，完全能满足产品的清洁度要求，生产出清洁度较高的纸浆模塑包装制品，满足了电子工业和食品工业的需要。

（2）节能型蒸汽烘干线

某纸浆模塑制品生产厂家在总结多年使用蒸汽烘干线的基础上研发出一种节能型蒸汽烘干线。

原有蒸汽烘干线的生产能力为160～170kg/h，蒸汽耗用量为1 170～1 250kg/h，烘干线全长38m，整机内腔总容积为223m^3，整机外表总面积为469.7m^2，每烘干1kg制品需要蒸汽量6～7kg，烘干成本为1.3～1.4元/千克。

节能型蒸汽烘干线在同样生产能力（160～170kg/h）的情况下，蒸汽耗用量为700～800kg/h，烘干线全长29m，整机内腔总容积为79.78m^3，整机外表总面积为220m^2，每烘干1kg制品需要蒸汽量4～5kg，烘干成本0.9～1.1元/千克，烘干线制造费用也降低35%。

改进后的蒸汽烘干线整机采用支腿结构，下排风箱以下全部裸露，整机全长减少9米，取消外置式换热器箱体，所以大大减少了内腔容积和外表面积。内腔容积减少，可以减少维持内腔温度所需要的热量；整机外表面积减少，可以减少热量扩散。

原有蒸汽烘干线的换热器设计在机体顶部的保温箱内，先将风加热（160～170℃），再经由风道和风机送到排风箱，送到排风箱时仅有120～140℃。新设计取消了机体顶部的换热器箱，将换热器直接设计在排风箱的排风口处，风经过腔壁的预热风道和风机进入排风箱，最后在排风口处被加热，排风温度可提高到150～160℃。

新型节能烘干线通过减少热量损耗，提高热风温度，达到节能效果，从而降低了生产成本。新型节能烘干线对于烘干设备制造厂家和使用厂家都是良好的选择。

（3）资源再利用型烘干线

通常的烘道式烘干线的热能供给机构大多采用集中加热（锅炉）和介质传热方式。燃料有煤和柴油，介质有蒸汽、导热油和热风。热能经过介质传导要有效率损耗，更主要的是集中加热的热源（锅炉）产生的辐射热会白白浪费掉。

直热式烘干线是将集中加热的发热器（锅炉）化整为零设计在烘干线内部，热能不需要任何传热介质直接可以通过三种热的传递方式（辐射、传导和对流）将热量传给湿纸模坯进行干燥。其核心技术是将燃烧器设计成能将燃烧时产生的最高温度有效地转换成最大热量，因为干燥过程不需要最高温度，而需要充分的热量，同时热风循环和排湿机构设计得更加合理。

直热式烘干线在全长范围内按干燥对热量的需求规律分布了若干燃烧器，燃烧器设置在烘干线内部工作链带和回程链带之间。国内某纸模厂在使用直热式烘干线时，将原来烧煤改成了烧柴，因当地家具厂很多，生产家具下来的边角废弃物可以充分利用，价格又很便宜，可以使纸模制品干燥成本降低约50%。

这种烘干线还可进一步改进，可以燃烧木糠（生产密度板时锯、磨下的木粉）和农作物的秸秆粉。烘干线内部装置一种新设计的粉料燃烧器，能使粉料在燃烧器内以悬浮旋转状态燃烧，燃烧充分，粉尘极少。与其配套设计的除尘排烟装置能完全过滤粉尘，并使粉尘集中收集，燃烧木柴和秸秆的粉尘是良好的农家肥料。利用农作物秸秆作燃料，不仅解决了麦收时大量秸秆难于处理的难题，同时又开发了一种新的能源，也会给农民增加收入。

资源再利用型烘干线，尤其是能利用农作物秸秆作燃料的烘干线，可以在纸模生产厂家大力推广使用。

第二节　纸浆模塑的整型

一、纸浆模塑整型机理

1. 热压整型机理

要使从烘干线出来的纸浆模塑制品达到要求的干度以及使其得到更高的平整度和强度，一般采用热压整型方法对烘干后的纸模制品进行整型加工。热压整型是纸浆模塑制品成型的最后工序，它决定了产品的最终质量。

对于厚度较大的纸浆模塑包装制品，干燥和热压整型是分开的两个工序，对于厚度较小、形状要求高的纸模包装产品和纸模餐具来说，干燥和热压整型往往是在同一工段上完成。其干燥与整型工艺如图5-7所示，高精度的上下模在10MPa的压力下紧密贴合，通过热量的接触传递使纸模坯内的水分迅速汽化，水蒸气被真空系统带走。纸模制品中添加的防水防油剂决定了热压模的温度控制在180～200℃，热压模合模后前6s内为匀速干燥，水蒸气排出量大，此时用真空抽吸排出水蒸气，其后为降速干燥，水蒸气排出量很少，此时停止真空抽吸，否则真空会带走大量热量，增加能量损失。为使产品整型好，防水防油剂与纤维结合好，热压总时间控制在18～20s。热压之后，纸模产品厚度降低，达到原来的70%，密度增大。

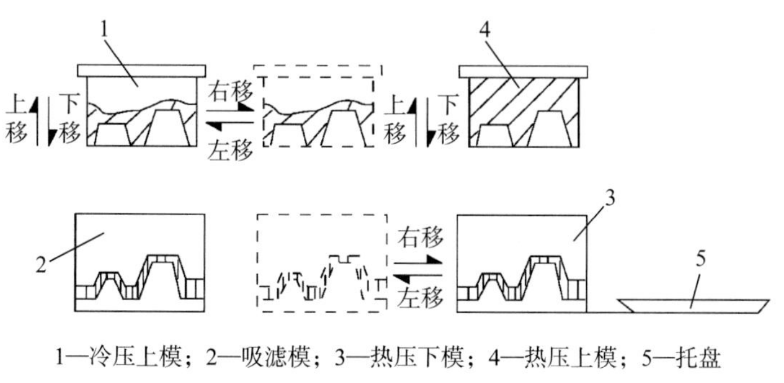

1—冷压上模；2—吸滤模；3—热压下模；4—热压上模；5—托盘

图 5-7　干燥与整型工艺流程

一般在整型过程中还附加切边工序，整型与切边过程用热模加压成型、压光、清除网模成型留下的网痕，使制品内外表面平整光滑，并可根据不同的客户和使用要求压上一些文字和图案。同时切除制品边缘处的毛刺，并压上便于盒盖折叠开启的压痕，以保证产品的外观整齐、美观。

2. 热压整型方法

对于纸浆模塑制品来说，由于纤维层的过滤阻力作用，经真空吸滤成型的湿纸模坯的干度通常只能达到20%～30%，湿纸模坯还要通过加热干燥后产品才能满足要求，一般纸模制品最终干度要达到90%以上。纸模制品生产过程中，干燥能耗很大，其成本约占纸模生产成本的15%～30%。模内干燥是目前纸模餐具生产过程中主要采用的方式，可以完成纸模制品的干燥和整型。模内热压整型方法主要有以下几种：

（1）一次热压整型

这种方法是将成型后的餐具坯料转移至热压整型模内，一次完成热压干燥和整型全部工艺过程。其特点是整型工序与热压工序组合在一起，整型工艺简单，成品率高。

（2）烘干后一次热压整型

这种方法是将湿纸模坯经烘道烘干后，再进行热压整型。若将湿纸模坯直接经烘干至成品所需的干度，则成品表面粗糙，产品形状不稳定，需再设一道热压工序进行整型。整型前的干度应不大于70%。其特点是热压整型工序复杂，设备复杂，设备投资大，维修量大；产品挺度差、松软，表面较粗糙。

（3）多次热压整型

这种方法是将成型后的湿纸模坯顺序放到多道整型工位内，依次完成热压整型。其特点是热压整型工艺过程分步进行，生产率高，对模具精度要求高，湿纸模坯脱模转移较困难。

纸模制品的湿纸模坯经吸滤成型后，含水量较高，为了减少热压干燥时的能耗和时间，在热压干燥前先进行冷压整型。参见图5-7，冷压时吸滤成型模作为冷压下模（阳模），冷压上模（阴模）以10MPa压力与冷压下模紧密贴合挤压，从湿纸模坯内压榨出的水由真空系统带走。经冷压后湿纸模坯干度可达60%左右，冷压上模又作为转移模将湿纸模坯转移到热压干燥下模。在热压干燥前，湿纸模坯如经过真空冷压榨工序，可降低产品进入热压模具时的含水率，进而大大降低了热压干燥模具的热能消耗。另外，冷压榨力能把湿纸模坯压实，可以使纸浆纤维互相更紧密地接触，增大湿纸模坯的强度、致密的均匀度和表面平滑度。在纸模制品热压干燥过程中，会产生大量水蒸气，因此对模具的要求是加热升温后能保持恒热恒温，并能使在这一过程中产生的大量蒸汽迅速排出去。

3. 热压整型加热方式

与前述的纸浆模塑制品模内干燥采用的加热方式相似，热压整型的加热方式有电加热、蒸汽加热、导热油加热和热超导传热技术等。其原理和特点在这里就不赘述了。

二、纸浆模塑整型设备

根据纸浆模塑制品的热压整型工艺，纸浆模塑整型设备主要分为一次热压整型设备和纸模制品烘干后的热压整型设备。

（1）一次热压整型设备一般装置于全自动纸浆模塑设备上，其热压整型过程与纸模成型、冷压、干燥等工序在一台机器上完成，自动化程度高，操作简单，工作平稳，可以节省大量能源。

如图5-8所示为一款全自动纸浆模塑成型/整型一体机，该设备采用独特的工艺方法，利用专用模具，经过真空吸浆、脱水、过模转移、干燥、定型等工艺过程，将纸浆原料制成纸浆模塑制品。其制品成型、干燥、定型工序在机器上连续自动完成，生产出的产品具有合格率高、厚度均匀、密度大、强度好、光洁度高等特点。该机主要适用于生产高品质的纸浆模塑包装制品、工艺品、精品纸模制品等。

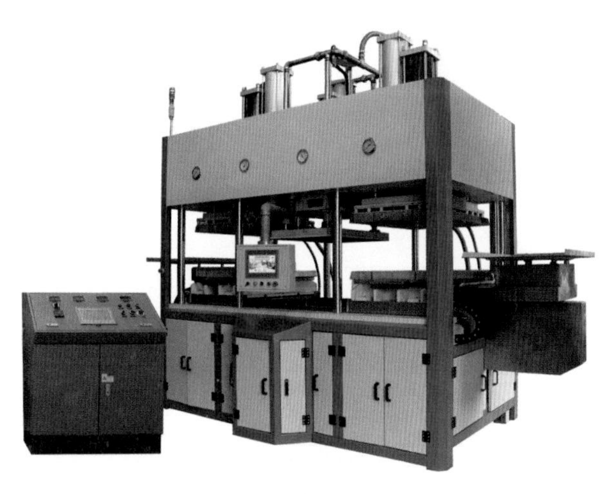

图 5-8　全自动纸浆模塑成型 / 整型一体机

（图片来源：广州市南亚纸浆模塑设备有限公司）

该机共三个基本工位，三个工位呈一字形结构，其中中间是吸浆成型工位，左右各一个干燥定型工位；产品干燥后从左右两边自动送出。机器的全部动作通过电气、液压、气动系统控制，实现自动化生产。

该机操作控制部分采用人机界面+PLC的方式，通过简洁可视的人机界面能轻松完成对机器实际运行中的各项参数进行设置、修改等。比如制品厚度、制品脱水时间、合模转移时间、热压整型时间等。多项参数均可在人机界面上设定，整个产品的生产周期、生产数量都能在人机界面上直观地反映出来。

（2）烘干后的热压整型设备一般是单台设置，独立完成纸模制品的整型工序。如图5-9所示是几种典型的热压整型设备。几种热压整型设备主要参数见表5-3。

表5-3　热压整型设备主要参数

主要参数	主要指标		
型　号	10t气/液加力缸热压整型机	20t气/液加力缸热压整型机	25t液压热压整型机
工作压力/吨	10	20	25
额定电压/V	AC220±（1±10%）		
耗电功率/kW	7.6	12	7.5
热压温度/℃	常温～180℃可调（温度设定后，自动恒温）		
工作周期/s	6～60可调	15～60可调	15～60可调
最大工作行程/mm	400		
气缸直径/mm	Φ125（气/液缸）	Φ160（气/液缸）	—
模板尺寸/mm	700×500	800×600	700×500
气源压力/MPa	0.5～0.6		
外形尺寸/mm	800×1 150×1 900	1 200×1 000×2 300	1 700×1 100×2 400

（a）10t气/液加力缸热压整型机

（b）20t气/液加力缸热压整型机

（c）25t液压热压整型机

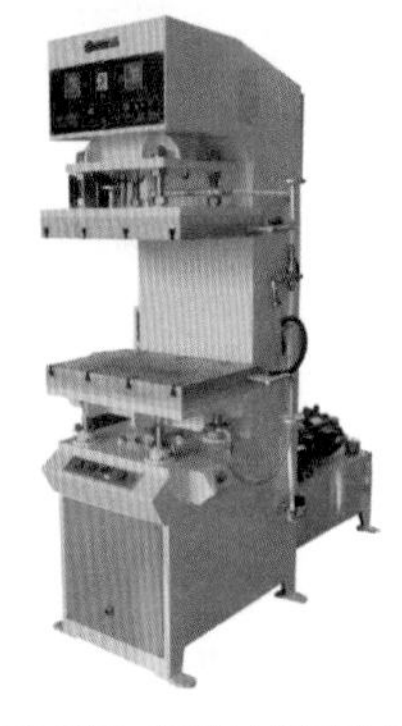

（d）下动式液压热压整型机

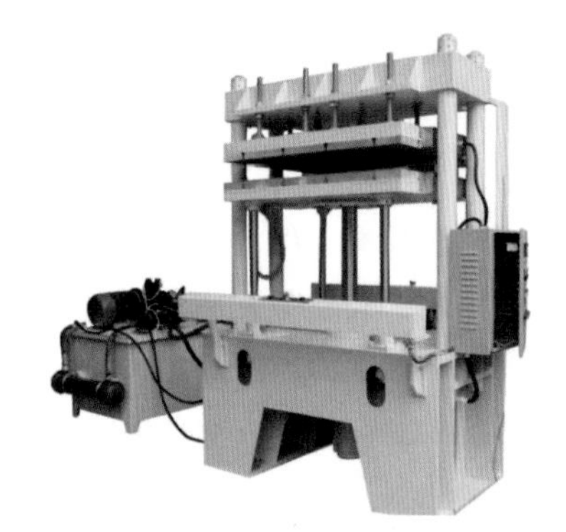

（e）大吨位四柱热压机

图 5-9 热压整型设备

（图片来源：广州市南亚纸浆模塑设备有限公司）

第六章　纸浆模塑的后加工

纸浆模塑制品是一种模塑成型纸制品，为了使纸浆模塑制品制成后获得所要求的形状、尺寸和使用性能，往往要进行纸浆模塑的后加工，其中包括覆膜、切边、印刷、模切和翻边等加工过程。本章将对纸浆模塑制品后加工的部分工艺和设备进行讨论。

第一节　纸浆模塑的覆膜

一、纸浆模塑覆膜工艺

覆膜，即贴膜，最早是将塑料薄膜涂上黏合剂，与被覆膜材料经加热、加压后黏合在一起，形成纸塑合一产品的一种加工技术。随着薄膜材料技术的发展，目前可以直接使用纯的PLA、PBAT等生物降解薄膜，不需要涂布黏合剂，通过专用覆膜设备和模具的改良，就可以实现纸塑完全贴合的效果。

纸浆模塑餐具是由植物纤维制成的，由于其本身的特性，纸模餐具对快餐（尤其是中餐及外卖）中的汤汁防渗透能力较差；而且，纸模餐具若长时间暴露在空气中，会慢慢吸收空气中的水分而变软，使其使用体验变差。另外，食品直接盛放在纸模餐具里，餐具上的一些粉屑可能会脱落粘在食品上，产生卫生问题。为解决这些问题，经常在纸模餐具制成后，在其表面覆上一层塑料薄膜，这样可以提高纸模餐具各方面的性能，如防水、防油、强度、抗湿度、耐高温、保鲜、安全卫生等性能，从而改善顾客使用体验效果。

纸浆模塑覆膜工艺技术是纸模制品制成之后的一种表面加工技术，它是利用类似贴体包装的原理，将需要覆膜的纸模制品放置在模具的腔位中，将覆膜用薄膜（行业内称为胶膜）放置在要覆膜的产品上部，通过加热使薄膜软化，再通过抽真空使软化的薄膜紧贴在被覆膜的产品上，形成一种纸塑合一的纸模制品。如图6-1所示为纸浆模塑制品覆膜原理示意图。如图6-2所示为覆膜后的纸模制品。

一般来说，覆膜工艺所用的薄膜有即涂膜、预涂膜、无胶膜三种；根据薄膜材料的不同又分为亮光膜、亚光膜两种。覆膜工艺目前存在的主要问题有：覆膜加工效率偏低，生物降解材料的价格比较高，造成覆膜成本偏高，市场不容易接受；覆膜后的纸模制品和薄膜材料难以回收，造成资源浪费。

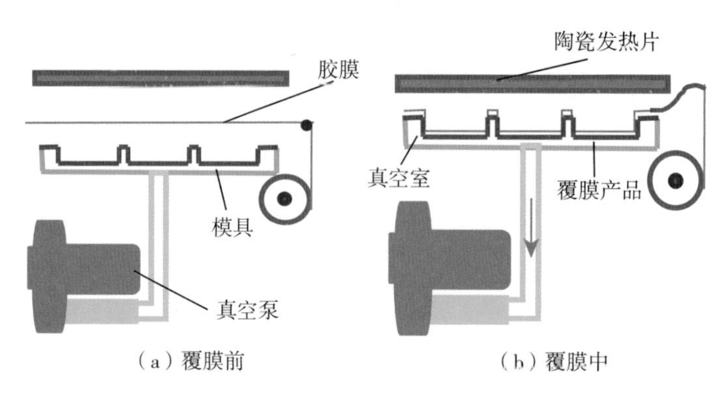

图 6-1　纸浆模塑制品覆膜原理示意

图 6-2　覆膜后的纸模制品

纸浆模塑覆膜工艺过程是指纸模制品覆膜加工的全过程，包括选膜、覆膜加工和剪裁。覆过膜的纸模制品具有防腐、防水、防尘、抗皱和防紫外线侵蚀等性能，可产生强烈的立体感和艺术感。

覆膜后的纸浆模塑制品质量问题分析：①由于纸浆模塑本身制造工艺的特性，纸模制品的表面会有凹凸不平的现象，经过覆膜以后，贴紧薄膜的地方就会比较亮，没有贴紧薄膜的地方就会比较暗，视觉上就会觉得凹凸不平、光泽不一，容易脱落；②由于是先覆膜再切边，薄膜与纸模的剪断力是不同的，当纸模剪断时薄膜还没有断，由此会造成纸模的边缘不平整。

覆膜工艺可行性分析：①覆膜加工方法对于干压工艺的纸浆模塑制品是不可行的；②覆膜大大降低了纸模制品的直观性；③覆膜使纸模制品不再具有环保优势。覆膜的纸模制品因无法简单回收而成为一种白色污染，覆膜工艺在欧美等国家已属淘汰工艺，欧美国家甚至禁止有塑料覆膜的各种包装物进口。因此开发和应用生物降解型的PLA、PBAT等覆膜用薄膜是纸模覆膜技术发展的一个方向。

二、纸浆模塑覆膜设备

纸浆模塑覆膜机是用来完成纸模制品覆膜加工过程的专用设备，覆膜机可分为即涂型覆膜机、预涂型覆膜机和无胶型覆膜机三大类。即涂型覆膜机包括上胶、烘干、热压三部分，其适用范围宽，加工性能稳定可靠。预涂型覆膜机和无胶型覆膜机，无上胶和干燥部分，体积小、造价低、操作灵活方便，不仅适用大批量餐具类纸模制品的覆膜加工，而且适用小批量、零散的纸模制品的覆膜加工，很有发展前途。

图 6-3　纸浆模塑无胶型覆膜机

（图片来源：佛山市南海区双志包装机械有限公司）

1. 无胶型覆膜机

无胶型覆膜是一次性覆膜成型，所用薄膜表面无胶粘剂，覆膜时通过加热使薄膜软化，再通过抽真空使薄膜黏合在纸模制品表面。这种覆膜设备造价低、操作简单，操作时不产生有害气体，是纸模制品覆膜技术发展的一个趋势，在日益注重环保的当今社会，无胶型覆膜技术将成为我国纸模制品行业主要的覆膜技术。

如图6-3所示为一款国产纸浆模塑无胶型覆膜机，该系列覆膜机的主要性能参数如表6-1所示。

表6-1　纸浆模塑无胶型覆膜机的主要性能参数

主要参数	主要指标	
型号	F-3500	F-3000
工作面尺寸/（mm × mm）	（450～1 000可调）× 1 000	750 × 1 000
功率/kW	装机45，实用34	装机40，实用32
使用胶膜宽度/mm	520～1 080	810
真空泵部分	2.2kW × 4台	
空压机部分	≥0.5MPa（单独配用时，只需2.2kW电机，共4台）	
生产速度/（秒/次）	30～40（视产品高度和胶膜而定）	
电气控制	台湾士林PLC和触摸屏控制（或西门子PLC和触摸屏控制）	
吸盘下降/mm	100（适合5～110mm高度产品）	
真空吸膜时间/s	0.1～99.9	
适用胶膜种类	PE、PP、PET、PLA、PBAT、EVOH	
适用胶膜厚度/mm	0.02～0.2	
设备外形尺寸/（mm × mm × mm）	3 500 × 3 000 × 2 450	3 500 × 2 800 × 2 350
设计产量/（kg/d）	≈3 500	≈3 200

无胶型覆膜机模具配置要点如下：

①覆膜模具成本需要根据产品的规格形状来确定。

②覆膜模具只需要下模。

③覆膜模具材料：铝合金，表面镀特氟龙（类似不粘锅的涂层）；根据产品覆膜要求及产品形状的复杂程度，可配置一体式模具或拼接式模具。

④模具产品排列：（450～1 000）×1 000mm，未切边的产品，产品之间的间隙要大于等于2mm，产品不能重叠。

如图6-4所示为无胶型覆膜机的模具。

2. 双工位覆膜机

如图6-5所示为一款国产纸浆模塑双工位覆膜机，该覆膜机的主要特点有：

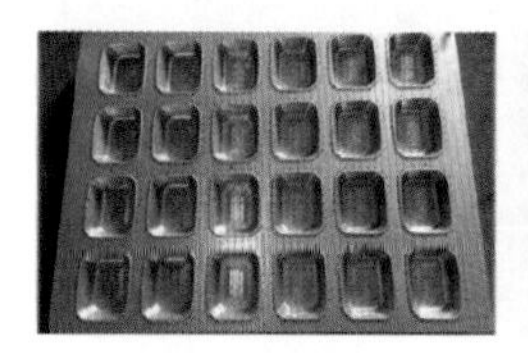

（a）一体式模具

（b）拼接式模具

（c）表面镀特氟龙模具

图 6-4　无胶型覆膜机的模具

（图片来源：佛山市南海区双志包装机械有限公司）

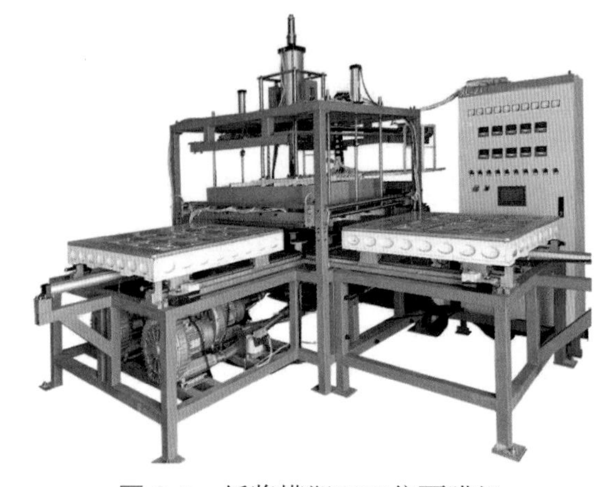

图 6-5　纸浆模塑双工位覆膜机

（图片来源：韶关市宏乾智能装备科技公司）

①整机分为三个区，1号料盘进出料区、2号料盘进出料区和加热覆膜区，呈L形排布，占地面积较小。

②两个料盘轮番交替分别进入加热覆膜区，其中一个料盘上下料，另外一个料盘加热覆膜，作业节拍快，覆膜效率高。

③压膜框为单框，且预设调整槽，可以适合不同宽度的薄膜。单框压膜比双框压膜少一个动作，工作效率高。

④采用齿轮啮合传动送膜及拉膜，薄膜送料平稳。

⑤全机采用气缸推动，运行速度快，生产效率高。

该双工位覆膜机的主要性能参数如表6-2所示。

表6-2　纸浆模塑双工位覆膜机主要参数

主要参数	主要指标	主要参数	主要指标
型号	HQFM-01	电气控制	西门子PLC+触摸屏控制
工作面尺寸/（mm×mm）	950×950（可调）	适应产品高度/mm	Max100
功率/kW	51（视工作版面大小可调）	真空吸膜时间/s	0.1～99.9
使用胶膜宽度/mm	Max1000（可调）	适用胶膜种类	PE、PP、PET、PLA、PBAT、EVOH
真空泵部分	2.2kW ×4台	适用胶膜厚度/mm	0.02～0.2
空压机部分	≥0.5MPa	设备外形尺寸/（mm×mm×mm）	3 750×3 192×3 100
生产速度/（秒/版）	25～35（视产品高度和胶膜材质而定）	设计产量/（千克/版/天）	3 000

第二节　纸浆模塑的切边

一、纸浆模塑切边工艺

1. 常见的纸浆模塑切边方式

经过热压整型后的纸浆模塑制品，往往还存在毛边等不整齐的边缘，还需要通过切边等外形加工工序来修整产品。

纸浆模塑制品切边加工方法，根据产品加工工艺要求不同可分为两大类：直切和环切；根据所使用加工刀具的形式不同又可分为两大类：采用模切版切边和采用刀片切边。

如图6-6所示，所谓直切即平行于产品切面方向的切割，切后产品保留部分翘边。环切即垂直于产品切面方向的切割，切后产品无翘边。

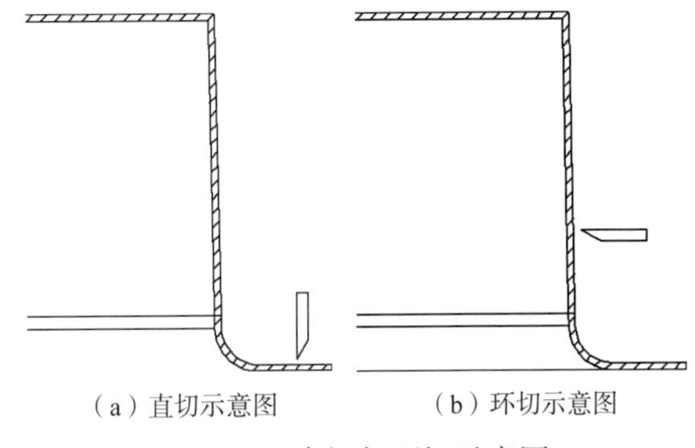

（a）直切示意图　（b）环切示意图

图 6-6　直切与环切示意图

2. 直切加工工艺

如图6-7所示，通常由纸浆模塑生产线加工出来的大批量的纸模制品是由多个相同的个体按矩阵形式排列组合在一起，然后通过切边设备将整板产品冲切成为单个产品。

直切加工通过安装在切边设备上的切边模具或模切版合模冲压干燥后的纸模坯，切掉纸模坯的边缘不整齐毛边。这种直切方式可以通过单台切边机、热压整型切边机或全自动成型热压切边一体机来完成。

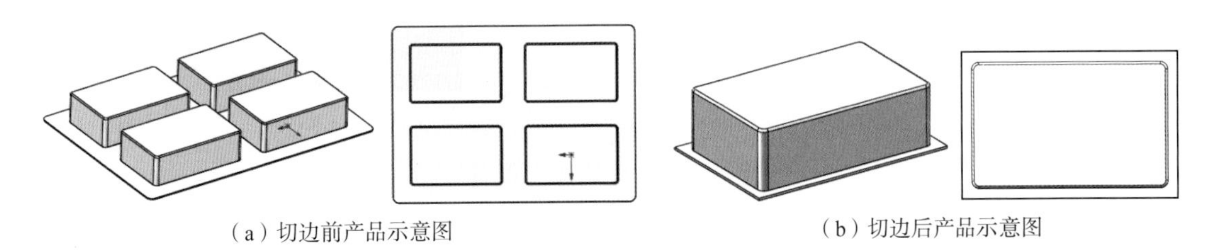

（a）切边前产品示意图　（b）切边后产品示意图

图 6-7　直切前后产品示意图

3. 环切加工工艺

如图6-8所示，精品工业包装纸模制品、纸模礼盒等高档纸浆模塑制品，加工精度要求高、产品质量精良，这类产品往往通过环切加工方法来完成切边过程，环切后的制品外表光滑无毛边、无台阶、无振纹、无煳味，整齐美观。

环切加工设备一般是单独设置，通过安装在切边装置中的切边刀杆上的圆形刀片（见图6-9）围绕纸模制品旋转一周，即可完成切边过程。

图 6-8　环切加工的纸浆模塑制品

图 6-9　圆形刀片

二、纸浆模塑切边设备

1. 直切加工设备

目前常见的纸浆模塑直切加工设备，根据提供的冲切动力的不同，可分为伺服液压式和气动机械式两种，如图6-10所示。

（a）伺服液压式切边机

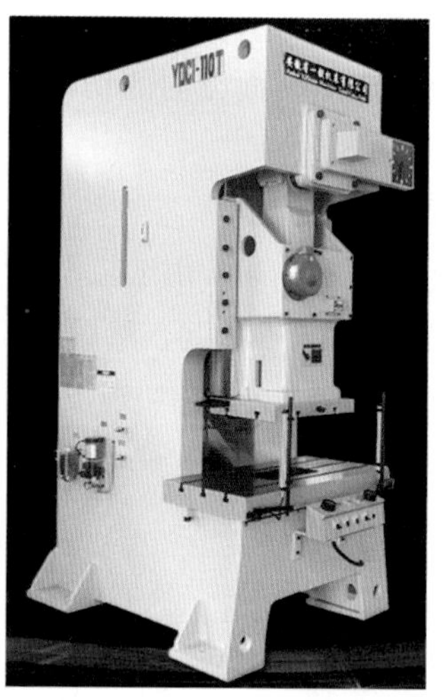

（b）气动机械式切边机

图 6-10　直切加工设备

（图片来源：苏州艾思泰自动化设备有限公司）

伺服液压式切边机采用直线电机送取料，速度快，精度高；运用伺服液压系统，光栅尺定位、压力反馈系统，换模调机速度快，噪声低，操作简单。

伺服液压式切边机机构简图如图6-11所示。其具体切边工艺过程：①将整板产品放入载台5的产品模具内；②输送平台检测到有产品后，移动至上料位置；③上料Z轴4下降将产品抓取提升至送料高度；④上料X轴3将产品送入切边模具2区域后，退回原取料位置；⑤伺服液压系统1工作，带动上刀模下降完成冲切后返回原高度；⑥下料X轴6进入切边模具2区域，将切后的产品及废边取出，分别放置于废边、成品输送带上。

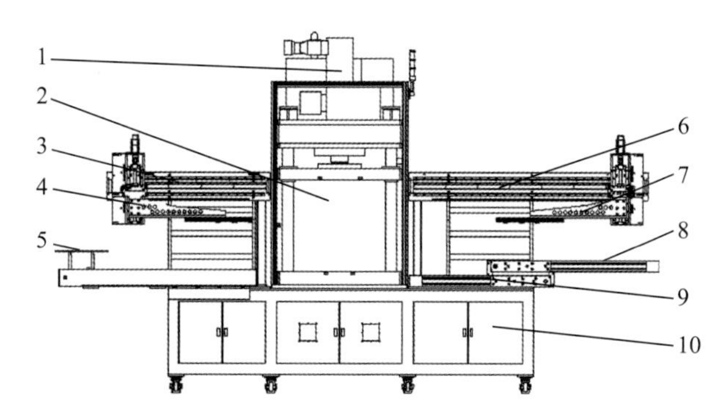

1—伺服液压系统；2—切边模具安装区域；3—上料X轴；4—上料Z轴；5—产品载台输送轴；6—下料X轴；7—下料Z轴；8—成品输送带；9—废边输送带；10—机体骨架

图 6-11　伺服液压式切边机简图

国内某厂家已开发出25t、30t、40t、60t系列伺服液压式纸浆模塑切边机，其主要性能参数如表6-3所示。

表6-3　伺服液压式纸浆模塑切边机主要性能参数

主要参数	主要指标			
型　号	ISTE-S25T-5S-A	ISTE-S30T-5S-A	ISTE-S40T-5S-A	ISTE-S60T-5S-A
最大出力 /t	25	30	40	60
压力类型	伺服油压	伺服油压	伺服油压	伺服油压
送料方式	直线电机，真空吸料	直线电机，真空吸料	直线电机，真空吸料	直线电机，真空吸料
取料方式	直线电机，真空吸料	直线电机，真空吸料	直线电机，真空吸料	直线电机，真空吸料
生产节拍 /s	7～9	7～9	8～10	8～10
输入气压 /MPa	0.5～0.7	0.5～0.7	0.5～0.7	0.5～0.7
直线电机规格	LMT48-40	LMT48-40	LMT48-40	LMT48-40
机器功率 /kW	9.34	9.34	9.34	15.84
外形尺寸 /（mm × mm × mm）	4 400 × 1 440 × 2 420	4 400 × 1 440 × 2 420	4 500 × 1 500 × 2 920	4 500 × 1 500 × 2 790
整机重量 /t	3.6	3.7	4.2	5.5

与纸浆模塑切边工艺相配套的设备还有纸模杯盖切边机，采用全自动上下料，直线电机送取料，生产效率达5 000片/时。其他配套加工设备还有纸模冲孔机、纸模折边机等。

2. 环切加工设备

纸浆模塑环切机适用于纸模3C产品、高档工业包装纸托纸盒、化妆品及首饰类纸托纸盒、烟酒类外包装盒、食品类外包装盒等。

图 6-12　纸浆模塑环切机
（图片来源：苏州艾思泰自动化设备有限公司）

如图6-12所示为国内某厂生产的纸浆模塑环切机，该机器具有加工速度快，2～3s就可以完成一件制品加工；加工后成品光滑无毛边、无台阶、无振纹、无煳味；应用的图形导入系统通用性强，易操作；新产品导入快，打样周期短、费用低、使用耗材成本低。

国内某厂家开发出的A、B、C系列纸浆模塑环切机，其主要性能参数如表6-4所示。

表6-4　纸浆模塑环切机主要性能参数

主要参数	主要指标		
型　号	ISTE-HQ-DZ-A1	ISTE-HQ-DZ-B1	ISTE-HQ-DZ-C1
单工位最大负载/kg	25	12	12
主轴数量/个	1	1	2
工位数量/个	1	2	2
单工位最大切割尺寸/（mm × mm）	650 × 340	280 × 250	280 × 250
单工位最小切割尺寸/（mm × mm）	15 × 15	15 × 15	15 × 15
单工位最大切割高度/mm	130	130	130
可切割厚度/mm	0.5～2	0.5～2	0.5～2
切口平整度/mm	≤0.15	≤0.15	≤0.15
产能（50mm × 50mm）/（pcs/h）	1200	900	1520
最大规格产能/（pcs/h）	220	340	520
机器功率/kW	4	5	7
外形尺寸/（mm × mm × mm）	1 490 × 1 778 × 1 890	1 490 × 1 460 × 1 890	1 490 × 1 460 × 1 890
整机重量/t	2.5	2	2.4

3. 全自动切边加工设备

国内一些纸浆模塑设备厂家开发的全自动纸浆模塑成型热压切边一体机，集纸模成型、热压、干燥、定型、切边等装置为一体，自动连续完成各个工序，占地面积小，节省人工及电耗，生产效率高，产品质量好，生产成本大大降低，机器便于维护保养。

如图6-13和图6-14所示分别为高速餐具成型热压切边一体机和多功能全自动纸浆模塑成型定型切边一体机。

图 6-13　高速餐具成型热压切边一体机

（图片来源：佛山市必硕机电科技有限公司）

图 6-14　多功能全自动纸浆模塑成型定型切边一体机

（图片来源：浙江欧亚轻工装备制造有限公司）

上述两款设备的性能特点在本书其他章节里已有介绍。

4. 全自动免切边、免冲扣生产设备

如图6-15所示为一款全自动食品包装（餐具）免切边、免冲扣生产设备，该设备的导热油加热系统采用节能导热油加热装置专利技术（专利号：2019 2 1882778.4）进行纸模坯料的热压、干燥和定型，也可根据生产需要采电加热方式。设备由内置机械手实现湿纸模坯自动脱模、制品自动转移、收集等工序完成免切边、免冲扣一次成品全自动化生产。

图 6-15 全自动食品包装（餐具）免切边、免冲扣生产设备

（图片来源：泉州市远东环保设备有限公司）

该设备的性能特点在本书其他章节里已有介绍。

第三节 纸浆模塑的印刷

一、纸浆模塑印刷工艺

为了扩大纸浆模塑制品在高端产品包装领域的应用，某些纸浆模塑制品制成后往往需要在其表面进行精美的印刷，以展示其包装商品的形象和外观。在纸模制品表面印刷过程中，由于纸模制品表面比较粗糙，其印刷适性与通常的纸质承印材料如胶版纸、铜版纸、箱板纸等相比有着明显的差别，而且一般纸模制品具有与被包装物外形相吻合的几何形状，其结构多样，凸凹变化多，印刷幅面小，采用传统常规印刷工艺难以满足其要求，所以应考虑采用比较灵活的印刷方式。如移印、喷墨印刷、丝网印刷、凸版胶印、UV打印等印刷方式，完成对纸浆模塑制品凹凸表面的多色精美印刷。

1. 移印

根据纸浆模塑材料的印刷适性及纸模制品的结构特征，可以采用移印技术对其表面进行装潢印刷。移印属间接印刷方式，系采用由硅橡胶铸成半球面形的移印头压向铜或钢质的凹版版面，将版面上的图文油墨沾起，然后转印至承印物上来完成印刷。移印可以完成对不规则凹凸表面的多色精美印刷，如图6-16所示。

图 6-16　移印的纸浆模塑制品

对于印刷图文面积较小、几何形状多变的纸浆模塑制品这类小批量印刷产品来说，从设备投资、成本核算、操作方便等因素综合考虑，移印可谓是一种比较实用的印刷方式。

2. 喷墨印刷

纸浆模塑制品结构上凹凸变化较多，采用喷墨印刷方式也可完成对其表面的装潢印刷。喷墨印刷是一种非接触式无版成像印刷方式，它应用计算机储存信息，而不必将图文信息存储于印版上，喷印头不接触承印物任何部位，可以在操作条件变化范围很广的情况下，在纸浆模塑制品的各个凹凸表面上，可靠地印刷出清晰的文字和图案。

喷墨印刷的原理，是将微小的油墨点从一个或多个喷印头通过缝隙喷射到位于生产线上的每一个纸模制品表面上，形成点阵组成的文字和图案。印刷机采用一个微处理器控制所需的文字图案，通过传感器的作用与生产线的速度保持同步，以保证每个纸模制品都能正确地印刷上要求的图文资料。油墨的喷射是由压力或静电来完成，可以沿水平方向、自下而上、自上而下，或者从任意角度喷印，特别适合于结构形状变化多端的纸浆模塑制品的表面印刷。

3. 丝网印刷

丝网印刷方式，是将油墨调放在丝网版上，然后用刮板与丝网版接触并形成一定的夹角，边施加压力边移动，从而使印墨通过丝网印版漏印到承印物上。

手工丝印方法采用一块刮板，用其同时完成刮印与刮墨两项工作。机械丝印必须有刮印和刮墨两块刮板，两刮板交替往返运动，刮印刮板挤压印墨印刷，回程时刮印刮板抬起脱离网版，为使刮印刮板再次刮印时有足够的印墨，刮墨刮板将印墨再刮回到印墨的初始位置，以便于继续印刷。

丝网印刷的主要特点是制版与印刷方法简单、设备投资少、成本低，适合于小批量生产；不受承印物种类、尺寸、形状的限制，可进行曲面、球面、易碎物的印刷。对于结构形状变化较多的纸浆模塑制品的表面印刷也比较适用，并且它的印品墨层厚、色彩鲜艳、立体感和遮盖力强。因此，可采用小型丝印设备对纸浆模塑制品的表面进行印刷，如图6-17所示。

图 6-17　丝网印刷的纸浆模塑制品

4. UV打印

UV打印技术是将普通的喷墨打印技术的操作方便与UV固化技术的高效节能等优点相结合，发明出的绿色环保型打印技术。UV打印技术将节能、环保、经济集于一身，是一种可用于纸浆模塑制品等立体型产品表面印刷的高科技打印技术。

UV墨水（UV漆）是Ultraviolet Curing Paint的英文缩写，即紫外线光固化油漆，也称光引发涂料、光固化涂料。其固化成膜的机理是：通过机器设备自动辊涂、淋涂或者喷涂到基材表面，发光剂在紫外线光（波长为320～390nm）的照射下分解，产生自由基，引发树脂反应，瞬间固化成膜。UV打印后的产品无须再做后期处理，快速固化，没有挥发性有机物，相对于溶剂型墨水，生产过程绿色环保。

UV打印技术在纸浆模塑制品表面印刷上的应用有以下几方面的优势：

①适应范围广。UV打印技术不受任何承印材料限制，包括在外形凹凸变化的纸浆模塑制品等材料上都可以达到高质量的印制效果，它突破了传统的平面打印技术，能够在多个维度上进行精美印刷。图6-18所示为UV打印的纸浆模塑制品。

图 6-18　UV 打印的纸浆模塑制品

（图片来源：深圳威图数码科技有限公司）

②效率高、低成本。UV打印的另一个特点是免制版全彩色数码印刷，不管是单件产品还是大批量生产的产品，每个产品的成本都一样，可以实现低成本、多品种、小批量生产，帮助小批量生产商获得更多的商业机会。并且UV打印是一个高精度的印刷方式，定位精准，克服了传统丝印工艺的缺点，达到高效率，零废品的高境界。

③绿色环保。UV漆的固含量达到95%以上，在使用过程中无有机溶剂的挥发，所含成分全部固化成膜，不仅在生产中无损耗，节约了资源，而且其不含汞，对操作人员的健康危害及环境的污染都是最低的，因此UV打印是真正的绿色环保打印技术。

二、纸浆模塑印刷设备

1. 移印设备

移印机的工作原理，是利用凹版印刷的原理，将凹版面全部涂以油墨后，用刮刀刮去表面空白部分的油墨，余下的凹面中的油墨用硅橡胶头转移到承印物上。由于其能在小面积、凹凸面的产品上进行印刷，具有非常明显的优势，适用于塑胶、玩具、玻璃、金属、陶瓷和电子等各种物体的表面印刷和装饰。

移印机主要由移印版、移印头和移印油墨三部分组成，如图6-19所示。移印头起着转印的作用。移印过程是由移印机自动完成的。移印机主要由机体、印版台、输送装置、刮刀机构和印刷机构等部分组成。其工作过程是首先将印版上的图文信息转移到硅橡胶的移印头上，再通过移印头的位置移动，完成印刷过程。

移印机具有许多同类印刷器材不可比拟的优势：①一台移印机最多可以做到12个套色印刷，可以一次性将产品全部印出，既提高了效率又降低了成本；②相比丝印机的特性来说，移印机的墨层很薄，很容易在任何产品的表面留下痕迹，无论是平面、曲面还是波浪面，都可以完美复制印刷图案；③移印机具有非常好的色彩表现力和印刷适应性，无论是纸质材料还是金属，无论是塑料还是玻璃制品，移印机都能实现完美印刷。

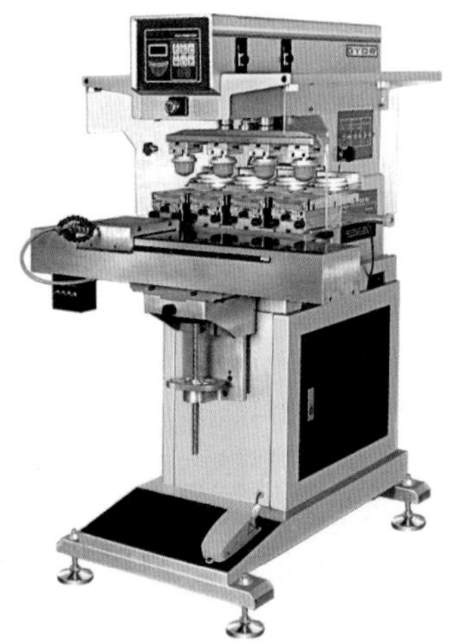

图6-19　移印头和移印机

2. 丝网印刷设备

丝网印刷机可分为平面丝网印刷机、曲面丝网印刷机、转式丝网印刷机等机型。主要由给料部分、收料部分、动力部分、印刷部分组成。承印材料通过滚筒或手工方式被送往印刷部分，特殊的丝网印刷机还可以输送立体承印材料。印刷部分主要由印版、刮墨板和承印平台组成，如图6-20所示。用于其制作丝网印刷机丝网印版的材料除真丝外，还可用尼龙丝、铜丝、钢丝或不锈钢丝等。丝网印刷机可采用多种油墨，在各种材料表面如纸张、玻璃、木板、金属、陶瓷、塑料和布匹上印刷。实际生产中可采用丝网印刷机对纸浆模塑制品的表面进行印刷。

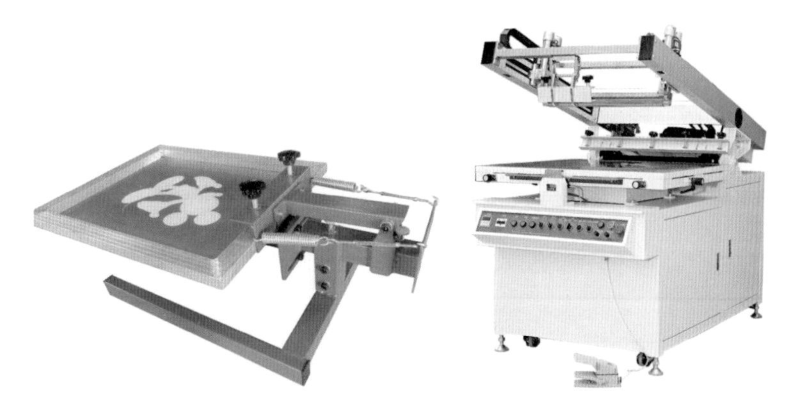

图 6-20　丝网印刷网版和丝网印刷机

丝网印刷机的工作过程，以常用的手工网版平面丝印机为例，其工作循环是：给件→定位→落版→降刮墨板、升回墨板→刮墨行程→升刮墨板→降回墨板→抬版→回墨行程→解除定位→收件。

3. UV打印设备

UV打印机是将普通的喷墨打印技术的操作方便与UV固化技术节能高效等优点相结合的绿色环保打印设备。因此UV打印机将节能、环保、经济集于一身，成为21世纪的绿色高科技打印技术的象征。

近年来，随着UV打印机技术的高速发展，UV打印面临着新的挑战。UV打印机产品的同质化现象已经非常严重，除了设备本体机械设计、制造精度、零部件用料上的对比，越来越多的厂家都在喷头的应用上做文章。市场上主流的UV打印机喷头基本都是进口品牌，如京瓷、理光、柯尼卡等。国内一些厂家也开发出适合我国市场的UV打印机技术和设备，国内某厂家开发的可用于纸浆模塑制品等立体型产品表面印刷的高科技UV打印机已经应用于纸模制品的印刷生产中。

如图6-21所示为典型的可用于纸浆模塑制品表面印刷的UV打印机。它是特别为个性化加工领域设计的一款高精度的轻型UV打印机，符合纸模制品的打印精度和个性化生产需求，配备了4～8个理光工业灰度级压电喷头，能以4～8色600 × 2 400dpi的高精度进行高速打印，高达22m²/h（6pass）的生产速度满足高精度个性化的生产需求。

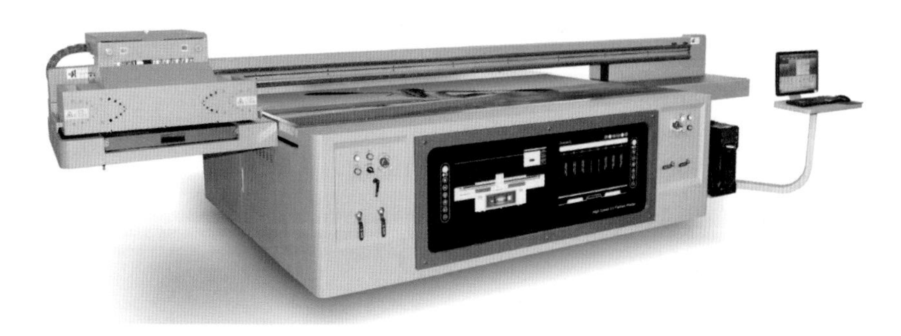

图 6-21　UV 打印机

（图片来源：深圳威图数码科技有限公司）

UV打印机的工作平台采用了双导轨运动控制系统，无论是刚性材质还是柔性材质都能确保完美定位，重复定位精度高达0.02mm × 0.05mm。该UV打印机易于维护，既能满足连续生产的需要又能适合间歇性生产。轻型的平台尺寸更加方便上、下料，只需一个操作员就能轻松自如地操作机器，可以加工各种个性化产品如广告、照片、礼品、玩具等。此外，可选的白墨模式和光油模式也为该UV打印机增添了更强大的多功能性。典型的UV打印机的主要性能参数如表6-5所示。

表6-5　UV打印机主要性能参数

主要参数	主要指标
喷头	Ricoh-Gen 5灰度级压电喷头
喷头数量/个	4～8
打印分辨率/dpi	600 × 1 200
打印模式	单向或双向
打印速度/（m^2/h）	22（6pass）
平台尺寸/m	2.5 × 1.3
介质类型	硬性和柔性板材
介质厚度/mm	100～350可调
适用介质	纸模、玻璃、亚克力、木板、瓷砖、金属板、塑料板等
墨水类型	环保型UV固化墨水
墨水颜色	C、M、Y、K、LC、LM
特殊墨水	UV白色墨水或者UV透明光油
输入格式	Adobe Postscript Level3、PDF、JPEG、TIFF、EPS、AI
软件接口	Windows、Seeget、Onyx、PP
设备净重/kg	1 300
设备尺寸/（cm × cm × cm）	130 × 200 × 470
功耗/kW	7.8（35A）
环境需求	独立、洁净、低尘、少光照、通风良好的工作间。 环境温度：18～30℃（64～86℃）；相对湿度：30%～70%（无冷凝）；通风设备：建议使用架空排气风扇，排气量600cfm（1cfm=28.3185L/min）

第七章　纸浆模塑制品及模具设计

在纸浆模塑制品的生产过程中，纸浆模塑制品结构设计与模具开发设计是一个关键环节。纸浆模塑制品结构设计是其模具设计的基础，而纸浆模塑模具的结构、形状和精度直接决定着纸浆模塑制品的性能。提高模具的设计质量、降低模具制作成本已经成为业内人士关注的焦点。模具的开发和设计技术要求高，投入大，周期长，风险也大。随着我国纸浆模塑行业生产规模的不断扩大，应用市场的不断拓展，产品性能的不断完善，纸浆模塑制品及模具设计也在不断地研究和探讨、逐步完善和提高之中。

第一节　纸浆模塑制品结构设计

一、纸浆模塑制品的结构特点

1. 消费品包装用纸浆模塑制品的特点

纸浆模塑制品具备一般纸制品具有的强度、挺度和韧性等性能，可以根据使用功能要求制成各种复杂形状的制品。用作一次性快餐用具时，形状比较简单，强度要求不高。作为消费品包装使用时，其形状相对复杂，强度要求也不高，但其对结构造型及美观要求高。这两种情况对模具的设计及加工精度有很大的关联性，其生产的纸模制品的特点体现在精度、展示性、造型美学性。

（1）精度。纸浆模塑制品的精度主要是外观表面的平整度、粗糙度、光泽度等多个指标参数的综合体现。大致分为高精度产品、中高精度产品、低精度产品三大类。

①高精度产品。其对外观要求非常高，几乎不允许有一点晃动和摩擦。需要根据客户要求，优化结构设计，符合工厂大批量生产工艺。主要应用于一些奢侈品的包装上。

②中高精度产品。对外观美学和精度要求较高的产品。主要在于结构造型设计，一般都能够大批量生产与制造。主要应用于电子消费品、护肤美妆产品、部分高端茶叶以及农产品等的包装上。

③低精度产品。主要应用于鸡蛋、鲜果及部分快速消费品等，本身产品价格不高的缓冲和销售包装，也可以制成育苗花盆等消耗性低成本包装。这类包装精度要求较低，在最大限度降低成本的情况下，能保证产品完整和安全即可。

（2）展示性。纸浆模塑制品作为外包装时，虽然缓冲强度也需要考虑，但并不是最重要的，其对外观的要求是最高的，要求表面平整、少掉屑，为了表达更多美感，制品表面也可以研发各种纹理和其他颜色，让包装成为一件行走的艺术品，同时传递着产品信息，促进产品的销售和品牌的创新升级。如图7-1所示为一款牙刷的展示纸模包装。

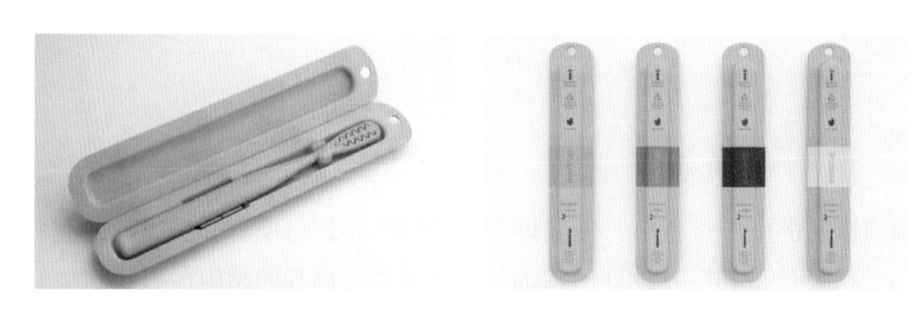

图 7-1　Everloop 牙刷展示纸模包装

（3）造型美学性。纸浆模塑制品结构设计是一种美学和功能性的结合，既要有包装和保护产品的硬性功能，又要达到提升包装产品形象的目的。简单几个圆角或者拔模角度等的不同设置都会对纸模制品的外观产生很大影响，更别说设计所采用的元素及体现的品牌文化内涵。包装设计背后的故事，从来都是说不完的。如图7-2所示的食品与红酒的纸模包装。

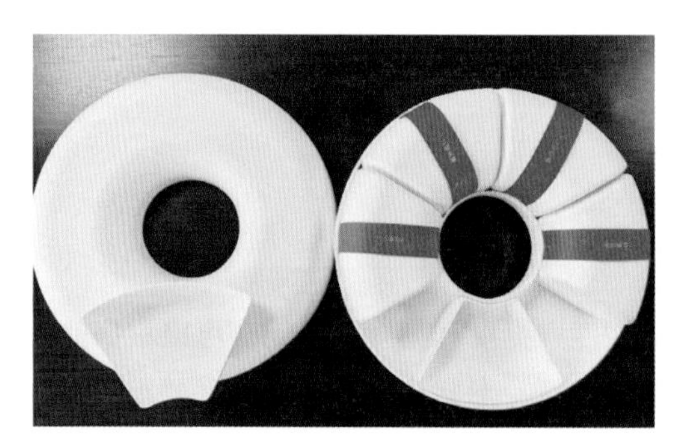

图 7-2　食品与红酒的纸模包装

纸浆模塑制品结构设计要从工厂实际生产技术出发，根据不同产品的外形和特点以及其他配件来设计整套包装。必须遵循科学性、可靠性、美观性和经济性的设计原则，考虑各种因素，综合达到最佳。

2. 工业品包装用纸浆模塑制品的特点

纸浆模塑制品用作工业产品的内包装时，其形状很复杂，重点在于提高纸模制品的缓冲保护性能，满足工业内包装的各项要求，如图7-3所示。

图 7-3　汽车水泵的纸模包装

（1）缓冲保护。纸浆模塑制品整体有一定的柔性和韧性，其结构形式应保证被包装物品在受到不同方位的冲击、振动等动态外力作用时能获得良好的保护。另外，纸浆模塑制品表面要有一定柔软性，与被包装物品接触摩擦时不损伤被包装物品的光泽表面。

（2）定位要求。要求纸浆模塑制品结构形状与被包装物品接触部位形状相吻合，接触贴合，大小应与被包装产品的形状和大小相适应，尺寸准确，保证被包装物品在包装箱内有足够的接触面积，松紧适度，确保定位稳定牢靠，避免在运输过程中发生位移、晃动、摩擦等情况。

（3）承载能力。纸浆模塑制品有一定的强度和刚性来支撑被包装物品和承受外界压力。因此，在定位设计过程中就需要设计足够的支撑承载面，承接面过小、过大，支撑台体过细、过高，都会影响整体承载结构强度。

（4）适应生产。纸浆模塑制品的结构设计要便于模具的加工和制造，同时有利于提高产品的生产效率和成品率。纸浆模塑制品成型时浆料的浓度较低，纸料纤维容易沿垂直方向流动，造成局部纤维产生堆积现象，影响脱模；纸浆模塑制品的各个棱边、拐角处，都要设置成适当的圆角或者圆弧，避免直角锐角等尖锐角，以免这些部位由于应力集中而造成局部损毁。

（5）包装和开启。纸浆模塑制品的结构形式应方便内装产品包装作业，需要考虑人工操作合理性、简洁性、便利性，这样有助于提高生产效率；如果涉及自动化装配生产，那就需要考虑纸浆模塑制品与包装设备的匹配性。同时在面向消费者使用时，需要充分考虑消费者的体验感，至少要保证开启使用便捷。

3. 纸浆模塑制品的功能性和工艺性结构

为了满足纸浆模塑制品上述功能要求，除了选择适当的原材料、助剂和生产工艺外，更重要的是通过纸浆模塑制品的结构设计，使其具有特定的结构特点。

（1）具有功能性结构

纸浆模塑制品的功能性结构设计是决定纸浆模塑制品缓冲保护性能的一个主要因素，纸浆模塑制品的缓冲保护机理不同于发泡泡沫材料，发泡泡沫制品的缓冲性能主要是依靠发泡材料自身较大的弹性系数，而纸浆模塑制品的缓冲性能主要是依靠其凹凸和型腔结构及加强筋设计来实现的。

纸浆模塑制品的成型工艺决定了同一个纸浆模塑制品的各部分材料厚度基本相同，而纸浆模塑制品材料的弹性系数较小，其缓冲性能很大程度上是取决于自身合理的结构，它是通过结构变形或破坏时吸收外部冲击的能量，从而达到缓冲保护的目的。因此，为了满足缓冲和承载等功能性要求，在结构设计上可利用型腔和立筋来调整纸浆模塑制品的强度和缓冲性能。通常型腔可以增加纸浆模塑制品整体的弹性和柔性，立筋可以增加纸浆模塑制品的强度和刚性。在纸浆模塑制品具有比较大的平面，且承载能力要求较高时，可以将其设计成瓦楞形状或蜂窝形状结构。

（2）具有工艺性结构

纸浆模塑制品在成型初期形成一个湿纸模，在后续生产工序逐步排除水分过程中，纸浆模塑制品的形状、位置和尺寸都会发生较大变化。由于纸浆模塑制品的各个部分，或同一个平面的不同位置，或同一个方向的不同位置，其收缩总量都是不同的，从而引起纸浆模塑制品发生翘曲或扭转变形。只有通过纸浆模塑制品的结构设计，使纸浆模塑制品具有调整这些收缩变形的工艺性结构，才能减少和消除这些变形，生产出比较理想的纸浆模塑制品。

二、纸浆模塑制品的结构形式

纸浆模塑制品具有产品的盛装、固定、缓冲、装饰等包装功能。在原料成分及生产工艺方法确定后，结构形式的变化是保证这些包装性能的基础。结构形式及其变化是获得包装设计中需要的抗压强度、弹性恢复力、抗外力冲击和吸收振动能量等包装性能的一个重要因素。

目前纸浆模塑制品的结构已研发出了多种类型，主要分为单个结构、组合结构、折叠结构、套装结构和重载荷结构等类型。

1. 单个结构

单个结构类型就是单独一个的纸浆模塑制品结构，它可以通过两个或者多个单个结构，采用上下、左右、前后或组合形式对产品进行保护。

单个结构的纸浆模塑制品从边沿结构特点上进一步细分为无边结构、翻边结构等。边沿结构在纸浆模塑制品结构设计中很常见，通常无边结构适用于重量轻、强度要求不高的一次性餐具和一些工业内包装制品，翻边结构和二重边结构多适用于工业内包装制品，可以起到提高纸浆模塑制品整体强度、缓冲性能和美化制品外观的作用。

（1）无边结构

边沿是指纸浆模塑制品模体结构与成型模板工作面平行的表面上，结构体的最外缘周边到结构体侧壁面之间的结构组成部分。边沿尺寸是指该结构组成部分的宽度值。在无边纸浆模塑制品结构形式中，实际最小边沿尺寸均小于2mm，其结构形式如图7-4所示。

无边结构在侧向的缓冲作用主要来自整体结构中周边结构形状的选择与处理。周边结构的侧向壁面可以倾斜于或垂直于载荷方向，并且可以通过这一角度的调整获得需要的缓冲效果。无边结构形式的纸浆模塑缓冲包装衬垫主要用于被包装产品两端部的缓冲包装中，且以对称结构的包装形式居多，其应用实例如图7-5所示。这种结构形式便于产品在包装作业过程中的放置及消费时的取出。无边结构可以有效地控制结构变化对缓冲作用的影响，减少边沿受力变形后产生的局部变形及产品在包装内固定失效等问题。并且无边结构形式便于纸模模具的加工与组装。

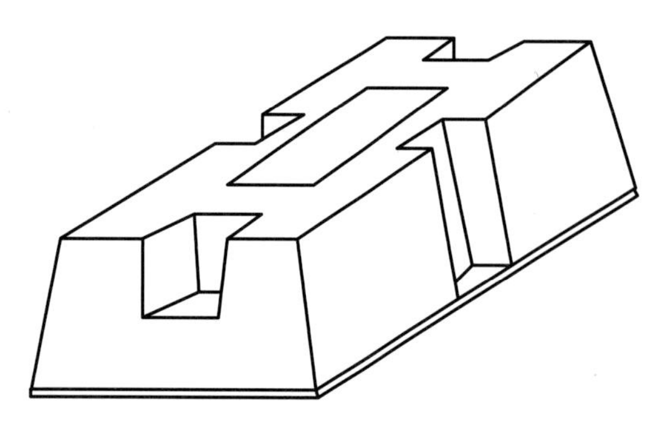

图 7-4　无边结构形式

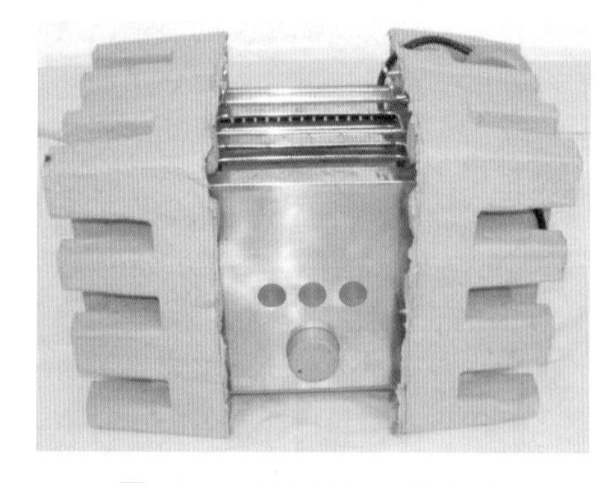

图 7-5　无边结构纸模制品

无边结构在餐具上经常使用，在部分工业内包装制品中也会使用到。通常会因为尺寸问题缩减边沿尺寸大小，不做翻边设计直接设计成无边结构。

除了上述无边沿情况外，也会有预留更大尺寸的边沿，但从设计角度而言，较大尺寸的边沿设计无论是从空间大小还是受力情况来说，都无太大实际意义。如果出现较大边沿尺寸，可以设计成无边沿结构，同时减小外包装内尺寸配合即可；或者考虑受力结构可以设计成翻边结构。

（2）翻边结构

带有边沿的纸浆模塑制品结构形式中，边沿尺寸通常为8～15mm。翻边结构就是把边沿进行翻折。通常翻边结构形式在边沿方向上的受力及缓冲作用与边沿长度和可变形空间相关，多用于盛放方式下的固定与缓冲，适于被包装物重量轻的应用场景，缓冲作用是通过边沿及侧壁的变形同时实现的。翻边结构的纸浆模塑制品多应用于被包装产品以“上顶下底”的方式放入纸浆模塑制品，产品的顶面通常与纸浆模塑制品包装结构的开口端表面平齐或略低于上端面，其结构形式如图7-6所示。这种包装形式在成套产品的组合包装中应用较多，且产品形体尺寸相对较小，其应用实例如图7-7所示。当作为缓冲垫用于较大产品的缓冲包装时，小边沿结构形式的纸浆模塑制品多以上顶、下底的包装方式应用，并注重对垂直方向上所受外力的防护，其应用实例如图7-8所示。

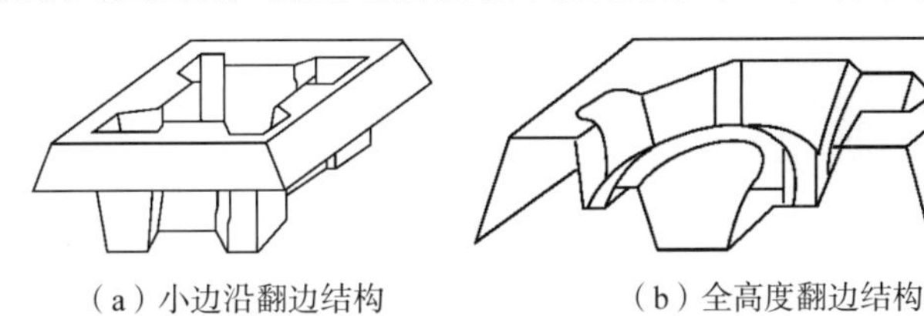

（a）小边沿翻边结构　　（b）全高度翻边结构

图 7-6　翻边结构形式

图 7-7　小边沿翻边结构纸模制品（盛放方式）

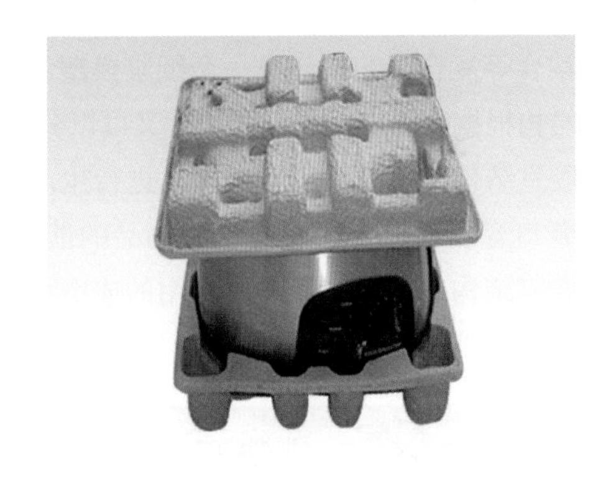

图 7-8　小边沿翻边结构纸模制品（上顶下底）

在图7-6（b）全高度翻边结构形式中，边沿结构向外侧延展并形成裙状外翻，使纸浆模塑制品模体结构在外观上形成较为完整的外侧壁。通常为了使被包装产品与纸浆模塑制品的网面侧接触以确保包装及固定尺寸的精度，同时使较平整的网面侧展现在外表面，使用翻边结构形式较为理想。

翻边结构形式中，翻边尺寸可以比模体高度的小，也可以与模体高度相同，见图7-9 (a)、(b)，翻边尺寸高度与被包装产品的结构特点、产品质量、纸模缓冲包装的形式及纸模结构体总高度有关。翻边结构的应用实例如图7-9所示。甚至翻边高度可以大于模体的高度，让模体底部悬空形成二级缓冲效果。

翻边结构形式在边沿方向上承载与变形不仅与边沿长度和可变形空间相关，还与翻边结构中侧向结构体的变化密切相关，翻边侧向结构体的变化决定着这种结构形式在侧向承载与缓冲性能方面的性质。尤其是侧向结构可选择的变化形式多，对调整这一方向的缓冲性能有很大灵活性，为缓冲设计提供了方便。

翻边结构形式虽然注重包装性能及整体美观性，但会在结构设计和模具加工上增加一些复杂程度，特别是当包装箱的内部尺寸已有限定的情况下，纸浆模塑制品模体的缓冲结构有效尺寸会因翻边结构而在与工作模平行的表面上受到限制，并将增加网片铺设的复杂程度，增加模具在工作模板上的安装尺寸。

（a）非全高度翻边结构

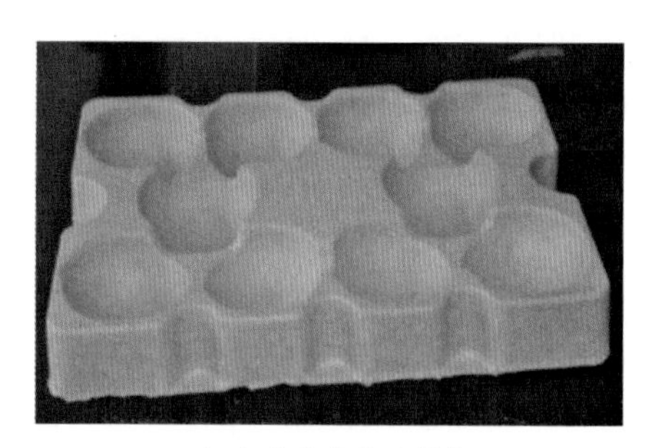

（b）全高度翻边结构

图 7-9　翻边结构纸模制品

2. 组合结构

组合结构纸模制品就是将单个或多个单个结构的纸模制品通过组合模具生产或者通过粘贴、裱合等复合工艺制作成一个纸浆模塑制品，常见的形式是两个单个的纸模制品组合而成。组合结构根据实际应用场景要求，又可以分为腔室结构及二重结构等类型。

腔室结构纸模是采用组合模具进行生产，纸模制品在结构上是某种形式的封闭空腔或成型为小开口容器，腔室内具有承装物品的能力或者整个外观可以仿形制作成艺术造型类文创产品。腔室结构的纸模制品需用专用的成型设备和工艺完成其生产过程。腔室结构的纸浆模塑制品大多作为盛器或装饰物，如图7-10所示。

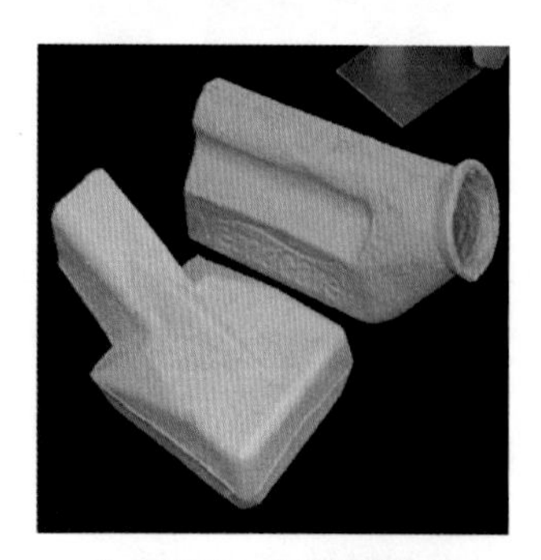

（a）小开口容器纸模制品

（b）文创纸模制品

图 7-10　腔室结构纸模制品

二重结构纸模是将两个或多个纸模制品通过后续粘贴、裱合等加工过程，制作成具有二次缓冲性能的结构，同时还可以形成两面“光”的效果，表面光滑平整，可用于消费电子的衬垫；也可以两面具有不同的承载功能，如图7-11和图7-12所示；甚至可以形成重载荷结构，满足超重需求的承载及保护性要求。

图 7-11 某电子产品二重结构纸模效果图

图 7-12 某款笔记本内部二重结构纸模制品

3. 折叠结构

折叠结构类型本质上也是单个结构，是把翻边结构与组合结构结合起来形成的单个纸浆模塑制品。它是通过边沿折叠的方式（翻边的形式），达到了组合结构的效果，它是介于单个结构与组合结构之间的一种特定结构，节省了浆料用量，避免了多个零散的纸浆模塑制品组合过程需要定位组装的不便利性。可以多个边沿结构采用折叠结构处理方式，最多可达四边折叠。如图7-13和图7-14所示，分别是两款折叠结构的纸浆模塑制品实物。

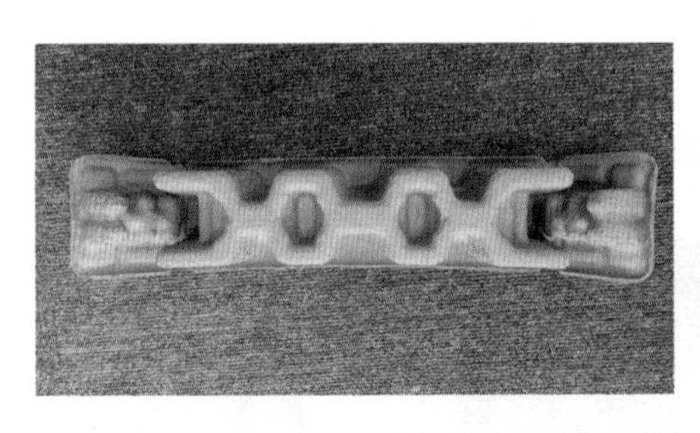

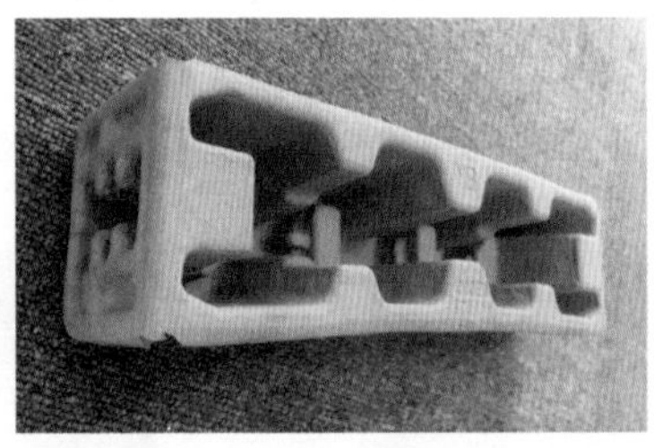

图 7-13 某款笔记本计算机包装用纸浆模塑衬垫

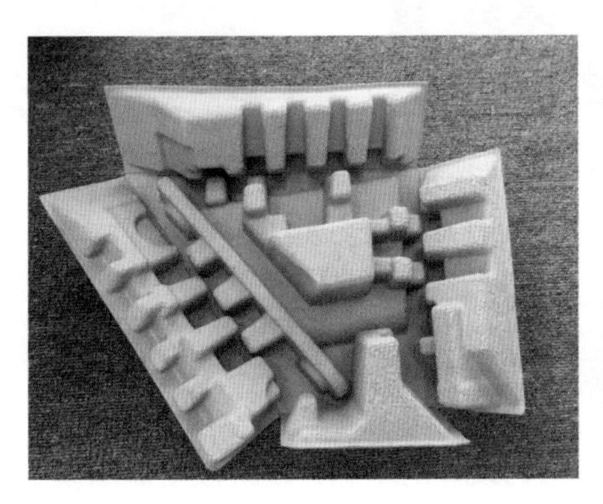

图 7-14 某款电子产品包装用纸浆模塑衬垫

4. 套装结构

套装结构类型本质上是多个单个结构按一定要求设计成一个整套包装，不仅内衬保护是纸浆模塑制品，而且整套可以直接组合形成一个包装盒或包装箱，可用于取代一个礼盒或者纸质彩盒结构，形成内外都是全纸浆模塑制品的套装包装。如果需要增加很多包装信息和产品相应图案，由于纸模曲面形状不容易印刷，立体印刷价格相对较贵，而且有局限性，可以将图案及信息单独印刷在标签上，再粘贴到纸模制品表面，还可以用卡纸封套来共同组合，既美观又解决了包装组合问题，也大大降低了印刷成本。如图7-15和图7-16所示，分别是两款套装结构的纸浆模塑制品实物图。

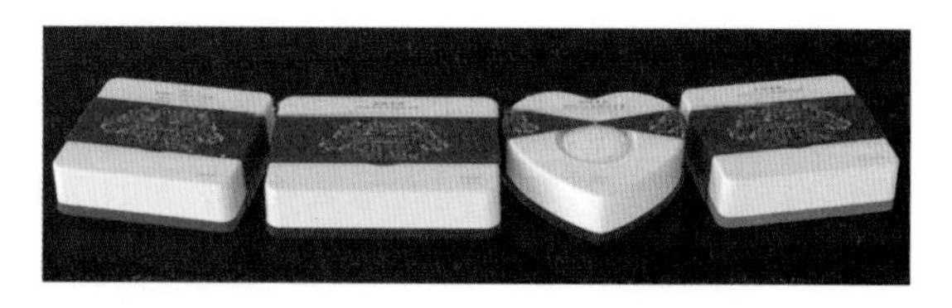

图 7-15　中国纪念币全纸模包装
（图片来源：永发模塑科技发展有限公司研发中心）

图 7-16　普洱茶全纸模包装
（样品来源：广州华工环源绿色包装技术股份有限公司）

这种结构通过设计可以制作成类似于手工礼盒，制作成天地盖礼盒结构，如果配合折叠结构设计，也可以制作成翻盖式礼盒。

5. 重载荷结构

重载荷结构形式本质上是纸浆模塑制品突破以轻型和小型产品为主要包装对象，变成以承受更大载荷为主要应用目的，这种结构形式可以通过加大模体厚度，或者通过增加模体侧壁排列密度来获得结构体的承载能力及需要的整体刚性。重载荷结构纸浆模塑制品多应用于重型制品的包装、物流运输包装中的集合包装或者在物流运输中起到固定作用。如图7-17～图7-19所示。

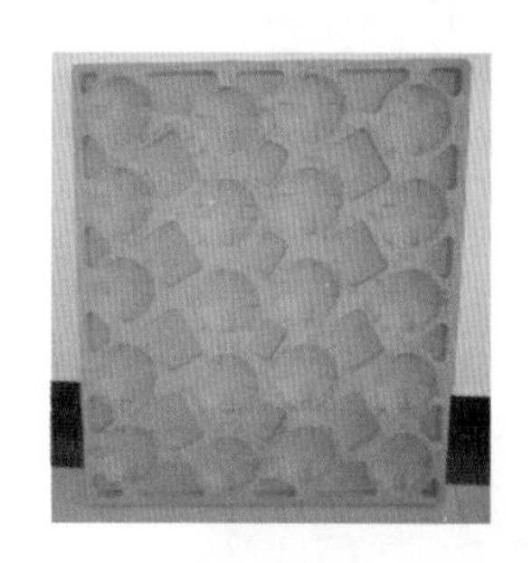

图 7-17　空调压缩机纸托

图 7-18　纸模托盘

图 7-19　圆柱形产品纸模衬垫

三、纸浆模塑制品的结构设计

1. 纸浆模塑制品的结构要素

缓冲包装结构要素的设计是纸浆模塑制品结构设计的基础，现阶段主流的基本结构要素包括波形、台形和半球形，其中较为常见的是波形和台形。纸浆模塑制品的结构设计过程，也是多种基本结构要素的组合过程，同时还需要结合一系列的加强筋设置来提高基本结构要素的各方面性能，这样才可以在设计过程中不断地提高其结构设计的综合性能与作用，使具体的纸模制品结构设计更加合理实用，取得良好的缓冲效果，适应于不同产品的包装要求。

基本结构要素的性能主要由承载能力、冲击能量的吸收性和回弹性等来体现。

（1）承载能力。采用不同的缓冲包装结构形式，所能承受的静载荷和变形情况是不同的。一些研究和实验证明，理想的缓冲包装结构要素的静态测试的负载–变形（P-x）曲线形状都近似于双曲正切曲线。这种曲线的特点是通过包装内物品传递给缓冲材料的最大的力被限制在规定范围内，即缓冲材料使内装物所受到的作用力不再增加，能量被缓冲材料完全吸收。由图7-20可以看出，具有波形和台形结构要素的纸浆模塑制品的负载–变形（P-x）曲线近似于双曲正切曲线。

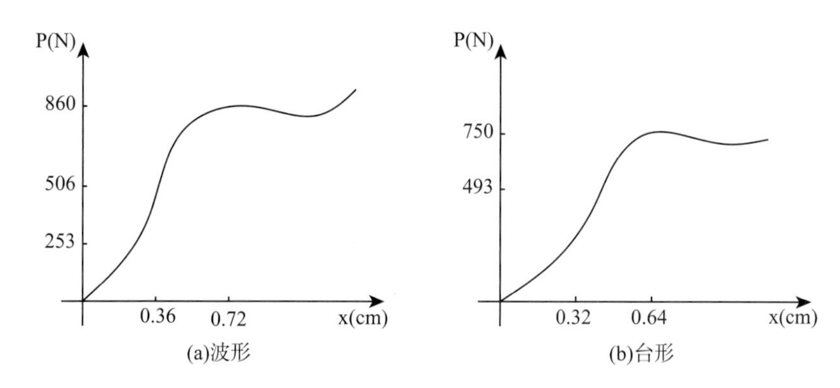

图 7-20　波形和台形结构的纸模制品的负载—变形曲线

双曲正切曲线是比较理想的缓冲曲线，由图7-20可看出，曲线与横坐标间的面积很大，缓冲效率高，与其他各种曲线相比较，只要较少的体积就可达到同样的缓冲效果，即当所受到的外力在其极限范围内时缓冲材料变形到一定程度，所传递给内装物的力不再增加，而缓冲材料则吸收了外界的绝大部分能量，使内装物得到可靠的保护。

应当承认，不同结构的承载能力本质上有很大差别。相对而言，台形结构的纸浆模塑制品的承载能力要大于波形结构，这是因为在结构要素中起支撑作用的是侧壁，同样大小和材质的缓冲材料因其放置的方式不同，其抗压强度也有所不同，波形结构如同弯曲放置，而台形结构如同直立放置。波形结构要素类似于两张相对弯曲放置的材料，侧壁受压后易弯曲变形，因此降低了承载能力。而台形结构倾斜度较小，稳定性较好，因此台形结构是纸浆模塑工业包装制品中比较理想的结构形式。如图7-21为波形和台形结构受力变形图。

实践证明，单一的台形、波形结构的纸浆模塑制品的承载能力要低于加入加强筋后的台形、波形结构的承载能力。当纸模的锋面受力时，加强筋会具有一种交叉稳定的作用，限制了其变形，提高了其承载能力。

另外，影响承载能力的另一个重要因素是斜度，从单一的承载能力上考虑，缓冲结构的侧壁倾斜度越小，其承载能力越高，但从纸模成型过程考虑，斜度过小，会影响湿纸模脱模。因此应当从承载能力和方便生产两方面考虑确定脱模斜度。

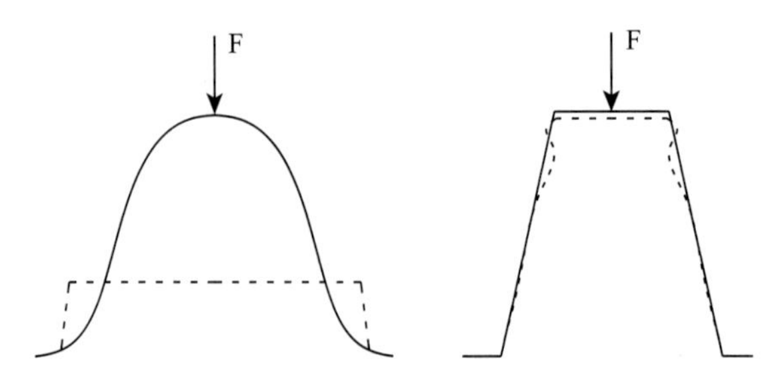

图 7-21　波形和台形结构受力变形

（2）冲击能量的吸收性。缓冲材料在产品流通过程中能够吸收外界的能量，从而保护产品，吸收的能量越大，缓冲能力越好。缓冲材料吸收的能量可由公式$\frac{\sqrt{\sum}}{\varepsilon}=\int_{0}^{x_m}\mathrm{P}(x)\,\mathrm{d}x$来反映，即负载—变形曲线下的面积越大，缓冲材料所吸收的能量越多。在实际应用中，比较接近理想状态的还是双曲正切曲线，即波形结构和台形结构以及加入加强筋的结构都能满足上述条件。另外，吸收能量的程度还与纸浆模塑制品的物理状态如密度、品质以及变形规律等有关，在生产中应注意控制这些参数以达到提高能量吸收的目的。

（3）冲击能量回弹性。回弹性是指缓冲材料在卸载后恢复到原有状态和尺寸的能力。回弹性好的缓冲包装材料能够接受多次冲击而始终保持与被包产品的接触；回弹性差的缓冲材料，受到冲击后残留的塑性变形大，几次承载后，原来与被包产品贴合的表面产生空隙，容易发生二次冲击，增大了被包产品破损的可能性。

缓冲材料的回弹性能是通过回弹率来描述的，可用公式（7-1）表示为：

$$R=\frac{T_o-T_s}{T_o}\times 100\% \tag{7-1}$$

式中　R——回弹率；

T_o——压缩前的原始厚度；

T_s——压缩后的厚度。

回弹率是通过缓冲材料的静压缩试验来确定的。实验表明，基本结构要素的回弹性主要取决于结构设计和材料的特性。要提高回弹性，不仅要从生产工艺即提高工艺特性的角度考虑，而且更重要的是要使产品结构设计符合工艺条件，并使其结构更趋于合理和优化。因此要求设计人员在设计过程要从结构、工艺等各方面全面考虑问题，并在实际设计过程中不断地摸索，不断地积累经验，使纸浆模塑制品的结构设计和生产工艺更趋完善。

2. 纸浆模塑制品的结构设计流程

纸浆模塑制品的结构设计流程也要遵循常规工业产品包装设计的流程，其设计流程如下。

（1）客户需求提出。客户会提出需求和要求，因为客户不一定熟悉纸浆模塑制品，只能提出大致的想法。因此需要结合工程师日常的经验，在沟通中提出自己一些想法和相关问题，以便更好地了解客户的需求。

（2）对产品的设计需求分析。对产品的设计需求分析主要包括产品定位要求、纸浆模塑制品与外包装箱的装配方式以及缓冲保护性能要求分析。

（3）全面调查研究。调查研究环节在设计过程中必不可少，深入全面的调查与研究，会使眼界更为开阔，考虑得更为全面。充分了解产品现状，包括在行业内的地位、市场定位、消费群体、销售渠道、物流运输、仓储方式等。研究原有包装，包括研究品牌历史、宗旨、理念、文化和需要遵循的品牌识别标准。实地考察，了解商品的展示方式、陈列方式、开启方式及相关保护方式，充分了解消费者的体验场景等。

（4）设计概念方案。根据需求分析的结果，工程师提出设计概念方案，确认后再进行设计绘图实施。一般建议在概念设计时进行头脑风暴，集思广益。通过不断地发散、聚敛建立思维模型，并摘取关键词、相关元素，再创意合并。也可以重新思考包装的结构、开启方式、材料、工艺等。

（5）设计图纸绘制与工艺评审。根据确定的设计概念，产品外形特点、尺寸、重力分布、性能保护要求和其他已确定的要求，结合各自企业生产的实际工艺特点，确定概念设计可以付诸生产实施，然后把纸浆模塑制品图纸绘制好，并标定好相应的技术参数，最终与生产人员共同评审以确定设计可以正常批量生产实现。

（6）样品确认。样品制作可以简易方式或者单模成品制作，这样可以直观地用于产品试装或者进行相关性能验证。

（7）设计修正与样品再确认。如果试装下来尺寸有偏差，需要重新设计修模再进行样品制作并确认。

（8）性能验证。根据需求进行相关性能测试验证，如跌落测试、振动测试等项目验证。如果测试验证未通过，则需要重新调整设计并重新进行样品制作确认及性能验证，直至通过为止。

（9）定稿生产及批量反馈。最终可以将所有设计文档归档下发安排生产，待后续批量供货后，还需要持续监控实际使用效果，如有反馈还需要不断地优化改进。

3. 纸浆模塑制品的结构设计要点

根据纸浆模塑制品的基本结构要素的性能特点，可以进行纸浆模塑制品的结构设计，其设计要点分析如下。

（1）固定支撑面。这是结构设计中最基本的一点，一般是根据产品需求，先定义出外观面以及固定支撑面（一般是与外观面相对的里面），固定支撑面可以根据被包装产品的要求以及外形尺寸和外包装物的内部尺寸来确定。例如，要设计一种电器产品的纸模包装，可以根据被包装产品的外形尺寸和外包装物的内部尺寸来确定纸模制品的长度、宽度及高度和相应的结构形式，并由此确定纸模制品的固定支撑面。同时要了解包装的侧重点是在强度上还是在缓冲上，一些重量大、强度高的产品的包装侧重点在强度上，但作为缓冲包装其缓冲性能也必须保持；而一些贵重产品的包装侧重点则在缓冲上，其包装也要具有一定的强度。设计中要将两者恰当地结合在一起，根据被包装产品的外形结构、重力中心和强度选择适当的基点，再由这些基点确定固定支撑面。如图7-22所示为纸浆模塑设计主要参数示意图。

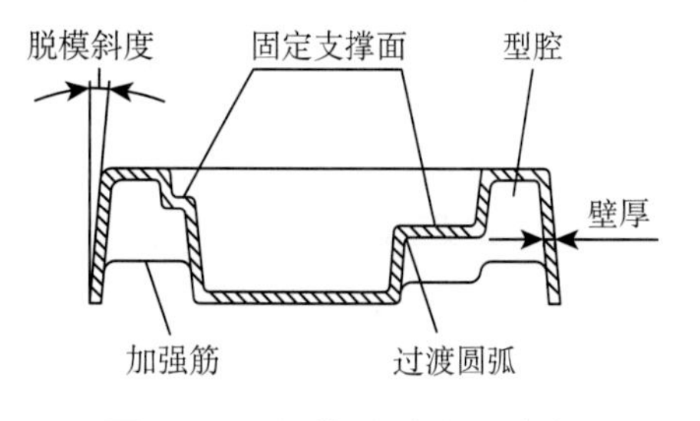

图 7-22　纸模设计主要参数

（2）型腔和加强筋。纸模制品包装的缓冲效果主要是利用其纸模壁在受到冲击时的弹性形变减缓或抵消外力来实现的。纸模材料本身的弹性并不高，主要是依赖于产品的加强筋设计及其形成的缓冲型腔，型腔和加强筋的设计对纸模包装制品的弹性形变即缓冲能力起着至关重要的作用，而型腔和加强筋设计的基本依据是产品本身的形状和用途。在纸模结构设计中设置型腔以保证纸模的动态缓冲性能，而设置加强筋则是为了增加纸模制品的自身强度，并增强纸模的动态缓冲性能。将若干个形状简单而动态缓冲性能好的型腔均布在纸模结构中，起到缓冲、稳定和提高强度的作用，对于大面积型腔对纸模结构所造成的结构不稳定和强度下降等问题，可以设置若干或对称的加强筋加以解决。型腔和加强筋的设置应充分考虑生产方便、加工简单和分布均匀并使产品的重力均匀分散等问题。一般型腔的尺寸要大于8mm，因为过窄的型腔不利于生产脱模，如图7-22所示。

（3）相关参数。根据被包装产品的要求和纸模制品结构设计的特点确定设计中的相关参数。

①尺寸与壁厚：纸模制品结构设计的最基本要求是要保证与被包装物之间紧密接触，防止被包装物在流通过程中产生串动，在此基础上再考虑缓冲和防震问题，因此在结构设计中尺寸一定要紧凑，尺寸的紧凑是由固定支撑面和型腔以及加强筋的综合配合来解决的。

结构设计中应根据纸模制品的使用条件和采用的纸料纤维种类来确定纸模制品的壁厚。壁厚是影响纸模制品强度的重要因素，壁厚的增加不但增加原材料消耗，而且在吸滤成型时会降低生产效率，壁厚的增加还会增加湿纸模烘干过程的能耗，并易使成品产生凹陷、缩孔和夹心等质量缺陷。所以在满足纸模制品强度的前提下应尽量降低壁厚，采用真空吸滤成型工艺时壁厚在0.5～6mm，采用压制成型工艺时壁厚在3～20mm，如图7-22所示。

②脱模斜度：在纸模成型过程中，湿纸模紧贴在网模上，而且纸料纤维还会镶嵌在网模的网孔中，为了便于湿纸模的转移，与脱模方向平行的纸模表面都应该有个合理的脱模斜度。斜度越大脱模越方便，斜度过小则脱模困难，还会造成制品表面拉痕或破裂；但斜度过大将会降低制品尺寸精度，还会影响纸模制品的承载能力和弹性恢复力，从而影响其包装功能。如图7-22所示，一般脱模斜度取3°～6°，过小的脱模斜度需要根据具体的纸模制品要求来评定，当然从现在的模具以及加工工艺技术发展来看，已经有一些企业实现了零度脱模的工艺。同时在设计脱模斜度的同时，还需要考虑纸模制品成品在运输过程中的嵌套堆叠情况，脱模斜度也要利于使用时容易把纸模制品取出分离和装入被包装产品。

③过渡圆弧：在纸模制品结构设计中，纸模制品的内外表面转角处、立筋与主体连接处和立筋的终端都必须用圆弧过渡，避免直棱直角。圆弧过渡有利于模具的制造和附网，有利于湿纸模转移时脱模，有利于纸浆液料在吸滤成型时的流动，也有利于避免应力集中造成包装破损。如图7-22所示。过渡圆弧的半径可根据具体产品和纸料性能以及包装的特殊要求来确定，一般为2～5mm；如果模具的精度以及工艺许可，甚至可以做到0.2mm或更小半径的过渡圆弧。

4. 纸浆模塑制品的结构设计实践技巧

由于纸模制品结构保护性能不能像发泡泡沫材料那样可以根据材料性能进行理论预测，所以在其保护性能设计上，现阶段还是以依靠工程师的结构设计经验为主。当然在不断地累积材料的性能以及常用结构的保护性能数据后，经过统计与分析，后期也是可以通过软件进行拟态分析来达到理论预测的目的。针对现阶段的实际情况，下面介绍一些纸模制品的结构设计实践技巧。

（1）充分利用加强筋的设置。前面提到，纸模的型腔是保护性能的基础，而加强筋则是提升型腔性能的必要手段，通过加强筋的设置可以连接型腔，分割原有结构力学模型。连接可以把两个容易被压溃或破坏的型腔变成一个“凸凹”状结构；分割可以把一个大的型腔变成两个小型腔，也构成一个“凸凹”状结构。这样两种结构设计均可以改变原有型腔结构的受力模型。如图7-23、图7-24中圆圈处所示的加强筋结构设计。

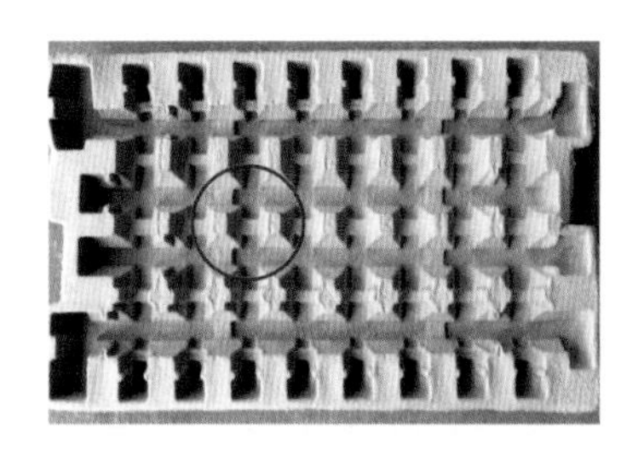

图 7-23　纸模加强筋结构设计 1

图 7-24　纸模加强筋结构设计 2

（2）充分利用边沿以及翻边进行设计。很多时候迫于尺寸上的限制，所以在纸模制品的一些边沿或翻边上进行一些结构设计。可以设计一些加强筋造型，从而改变边沿结构的受力模型，如图7-25所示圆圈中的结构；也可以设计成另一个产品的固定支撑面，如图7-26所示圆圈中的结构。

图 7-25　纸模边沿及翻边设计 1

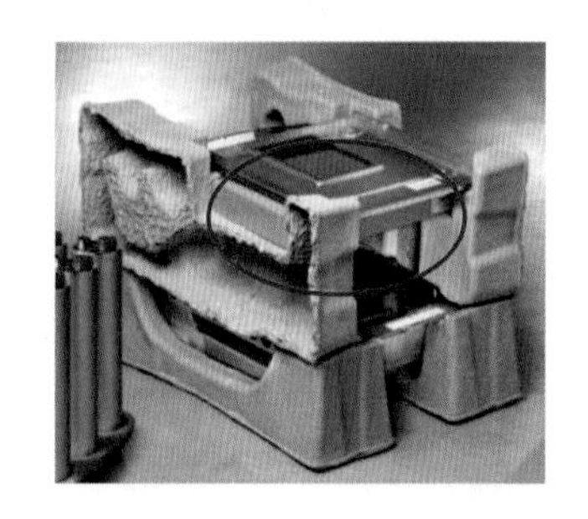

图 7-26　纸模边沿及翻边设计 2

（3）利用模切工艺实现额外功能。纸模制品同样可以通过模切工艺实现类似于纸板的切边、齿刀线以及通孔的设计要求。切边可以实现圆弧状以及光洁的边沿；齿刀线可以实现撕开以及折叠的功能；通孔配合其他通孔或结构可以实现挂钩以及锁扣的功能，如图7-27和图7-28所示。

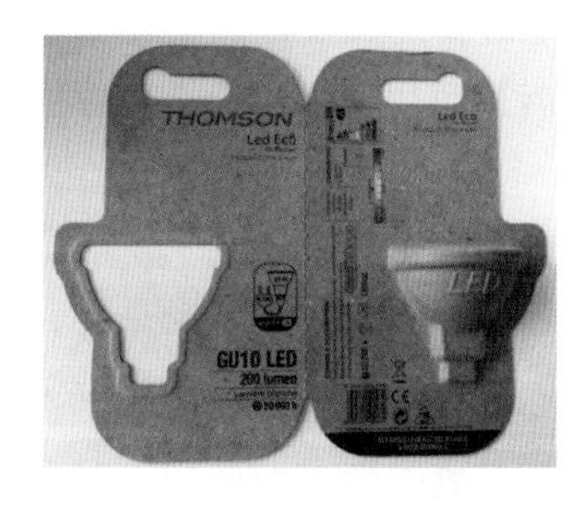

图 7-27　带有折叠齿刀线的纸模制品

图 7-28　锁扣结构的纸模蛋托盒

（4）估算纸浆模塑制品的重量。纸模制品设计中较重要的一环就是设计初稿完成后就可以初步预估出纸模制品的重量，因为重量往往会决定该制品的价格，因此工程师设计完成后就应该估算出大致重量，这便于评估是否达成客户对价格的需求。目前大部分都是采用绘图软件来确定制品的用料体积，再根据材料的密度，从而获取纸模制品的预估重量。

四、典型纸浆模塑制品结构设计案例

纸浆模塑制品的结构设计应用已经比较广泛与普遍，无论是在消费品领域应用还是在工业产品领域的保护应用都有不少典型的结构设计案例，下面介绍几款典型的纸浆模塑制品结构设计案例。

1. 山田土茶小饮系列包装

如图7-29所示是一款GDC设计奖2019年获奖作品，设计采用了上下两件套盒的纸模结构，并在外部用纸封套进行包裹固定。转角处采用了超大圆角过渡，使整个包装外观更加圆润美观，也使生产结构和工艺简单，成本也较为低廉。外部纸封套将品牌产品信息陈列于其上，并且封套颜色丰富，避免了直接在产品上进行印刷，使整个包装更加灵动环保。

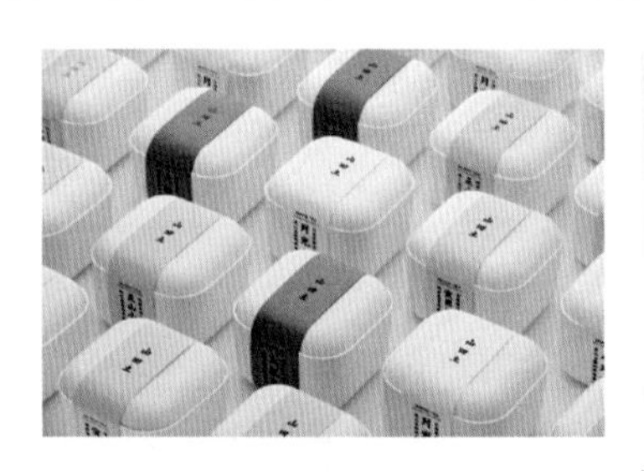

图 7-29　山田土茶小饮系列包装

2. 三仙岛大米纸模包装

如图7-30所示是一款原产地在泰国的Thung Kula Ronghai大米包装设计。大米是一款有机天然产品，整个大米包装设计的颜色是带纹理的米色，能够立即引起消费者的注意。这款大米包装设计面临最大的挑战是需要通过外包装设计反映这些有机大米所有的种植过程。最终使用谷壳来设计这款大米包装，谷壳是脱壳过程中的自然废物。包装盒是纸模工艺压成型的，盒子盖的顶部设计了一个大米的形状、加上稻穗和稻田，周围是图形线条和徽标的烧印章，设计细致入微。盒子内部装有装满大米的袋子，上面印有批号和其他必要的文字信息。整个盒子棱角分明立挺。这款设计的另一个亮点是盒子在完成包装使命之后，可以再次组合，DIY成抽纸盒，继续使用，节省资源。

3. 便携式纸模礼盒

如图7-31所示是一款2017 Core77设计奖包装类获奖作品，此设计是一个便携式礼盒，纸模包装盒采用一片式上下翻盖的设计，此包装是把图案印在纸封套上，整个纸模制品造型是个大型弧面结构，造型美观别致，弧面上的圆点纹理填补了整个大弧面的空白单调，其立体感更加丰富，充分体现了纸模制品造型丰富的特点。包装顶部设计了一个提手位，方便提取产品。

图 7-30　三仙岛大米纸模包装

图 7-31　便携式纸模礼盒

4. 永发音响礼品包装

如图7-32所示是一款荣获2019年“世界之星”包装奖的作品，这款包装由内而外全部采用纸浆模塑制品，完美体现了纸浆模塑的技术水准，而且上手手感和开箱体验也是极佳。盒内礼品为小音箱，纸模包装对产品起到了保护、防震、抗压的作用，设计与结构创意上采用“高山流水”主题，以此传达产品所给予受众的赏心悦目、洁净而美好的审美感受，包装开启方式为上下盖，开启方便。纸模材质以竹子及甘蔗浆为主材料，为可降解的环保材质。盒子边缘呈现接近直角，完美地表现设计者的创意——“高山流水”，表现出唯美的意境，洁净的白色犹如穿过云雾，发现一片纯净美好之地，这是一份给予受众精神享受的礼物。

图 7-32　永发音响礼品纸模包装

（样品来源：永发模塑科技发展有限公司研发中心）

5. Rokid智能音箱包装

如图7-33所示是一款2019年德国红点奖的获奖作品，此款设计的灵感来自一滴水滴，设计的目的是捕捉水滴落下的瞬间，凸起的包装形状似乎随时可以爆开，传达一种对未来期待的感觉。它与传统的纸模制品结构不同，通过双层纸模设计将空气密封在两层纸模之间形成缓冲衬垫，可以轻松抵御包装件从1.5米跌落所造成的冲击。纸模制品与内装产品接触面采用过盈配合，使纸模制品在震动测试中不会磨花内装产品表面及产生粉屑。纸模制品正面的弧面采用彩色烫金与内装产品的颜色相吻合。纸模制品上部的挂口设计，使包装产品可以在任何场合售卖。此款包装采用全纸模一次成型制作，大大减少了手工工作强度，与传统包装礼盒相比成本降低了20%。

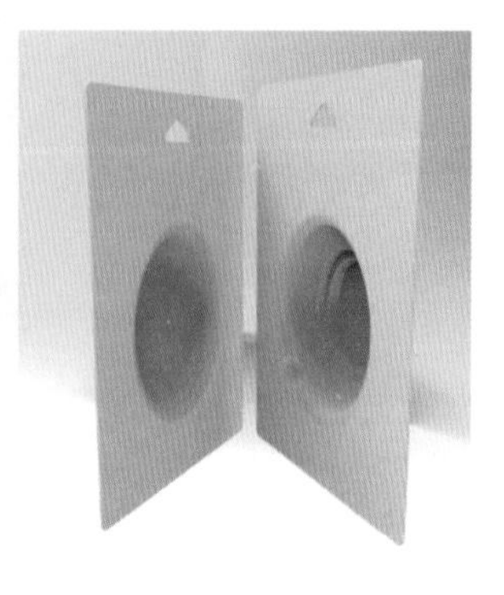
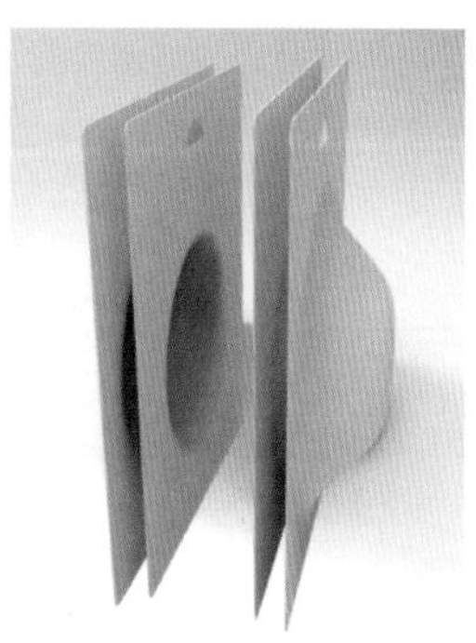

图 7-33　Rokid 智能音箱纸模包装

（图片来源：深圳市裕同包装科技股份有限公司）

6. 茶叶系列包装

如图7-34所示是一款茶叶系列包装盒，是采用可再生植物原料制成的纸模包装产品，可与食品直接接触，产品以甘蔗浆、竹浆为原料，是100%可堆肥降解材料，是符合可持续发展的食品级环保包装产品。

该产品采用的植物纤维具有良好的透气性，尤其是包装和存放普洱等类型的发酵茶，可以完美助力茶叶的自然转化与发酵，并且该茶叶盒具有良好的防震性能，当茶叶盒不慎摔落到地面时，该茶叶盒的防震结构可以最大限度地减小对内部茶叶的冲击，保障盒体内部的茶叶不会由于摔落变得松散。此外，这款茶叶盒在外观上可发挥的自由度也很高，顶盖可以根据客户的要求进行私人订制或者DIY创作，有利于提升品牌的认知度和记忆度。

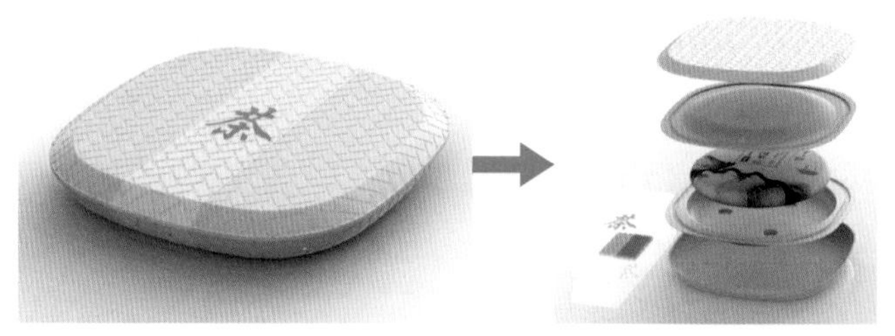

图 7-34　茶叶系列纸模包装盒

（图片来源：深圳市裕同包装科技股份有限公司）

第二节　纸浆模塑制品模具设计

一、纸浆模塑模具与制品的关系

纸浆模塑是利用成型模具将纸浆液料塑造成纸模制品，模具是纸浆模塑技术的关键。利用纸浆模塑生产一次性快餐盒、碗和盘等，形状比较简单，其模具和制品都有一定的通用性。而纸浆模塑用于工业内包装和其他方面时，制品尺寸变化比较大，形状也复杂多变，而且一款一式都要“对号入座”，没有通用性，因此其模具设计制作与制品生产要相伴始终。

纸浆模塑制品成型工艺与橡胶和塑料制品在模腔内成型大不相同，纸模制品成型时采用的纸浆液料是一种只含1%左右纤维的水溶液，成型过程中必须除去大部分的水分，所以纸模制品成型模具必须是网模。如图7-35所示为某款纸浆模塑成型设备及模具。

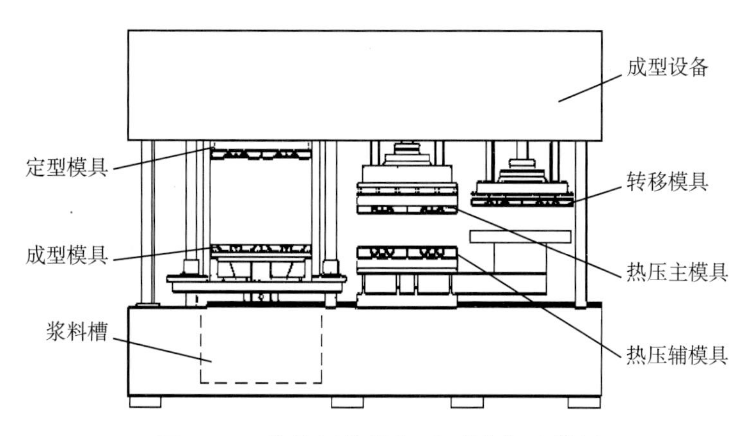

图 7-35　某款纸浆模塑成型设备及模具

纸浆模塑制品成型过程是将纸浆液料中大量的水分排除的过程，纸模制品在网模上形成一定厚度有个沉积过程，这样制品成型必须是在单一的凸或凹的网模的表面上成型；纸模制品成型过程同时也是一个过滤过程，随着厚度增加，过滤性能降低，厚度形成速度降低，所以纸模制品成型时各处壁厚是在同步增长的，不管制品形状如何复杂，其各处壁厚都是一致的。纸模制品的壁厚主要取决于网模内外的压力差，即模内成型时的真空度，采用真空吸滤成型法时纸模制品的壁厚受到很大的限制，因为成型时的真空度不会很高，一般为300～650Pa。

纸浆模塑制品成型之后是一个含水量在70%～75%的湿纸模，初成型的湿纸模吸附在网模上，湿强度很低，必须依靠另外一个与之对应的凸模或凹模合模之后，使湿纸模置于合模后的模腔内，利用压力差使之转移，再送入烘干设备中进行烘干。

纸浆模塑制品成型过程中的这些特殊性，对纸模制品的结构设计和模具设计影响很大，设计者必须全面考虑这些影响因素，才能设计出比较理想的纸模制品的结构和模具。

纸浆模塑制品的模具设计必须满足纸模制品的结构要求，而纸模制品的结构在符合使用和成型工艺条件的同时，也要符合模具设计和制造的要求。因此，在设计纸浆模塑模具之前，必须充分分析和研究纸模制品的结构，以便使模具设计和制品设计两者的经济合理性、技术可行性相互协调和统一。

二、纸浆模塑模具的结构及其设计原则

纸浆模塑模具的设计，首先必须同时满足纸浆模塑制品结构要求和成型工艺条件；其次必须符合模具设计和制造的要求，尽可能简化到使用标准工艺来制作；最后，模具的排版设计要

有利于生产拆卸和日常维护保养的基本要求。纸浆模塑制品的成型工艺主要有真空吸滤成型法和注浆成型法，真空吸滤成型法是纸浆模塑制品生产中最常用的一种成型方法，在这种工艺中，最终的纸浆模塑制品要经过多次进出模具才能成为合格产品。

纸浆模塑模具主要有成型模具、定型模具、整型模具、转移模具和模切模具等。

1. 成型模具

成型模具结构由凸模、凹模、网模、模具座、模具背腔和气室等组成。其中网模是模具主体，由于网模一般是由直径0.15～0.25mm的金属丝或塑料丝编织而成，通过焊接、粘接等方式贴附在模具工作表面。模具背腔是与模具工作面保持一定厚度，并与模具工作面形状完全同步的模具背面部位与模具座之间形成的空腔，即凸、凹模是一个具有一定壁厚的壳体。模具工作面与背腔之间由均布的小孔联通。模具通过模具座安装在成型机的模板上，模板的另 面安装有气室，气室与背腔相通，气室壁上设有两个通压缩空气或抽真空的通道。如图7-36为一款纸模制品的成型模具。

图 7-36 成型模具

成型模具的预留量是模具设计的关键。纸浆模塑制品从湿纸模到制成制品，由于水的排除而发生收缩，同一个制品的不同位置收缩率不相同又没有规律，致使制品在成型过程中发生多向、多变的收缩变化，给模具设计时确定预留量造成了困难。虽然常用的经验设计法可以满足包装对纸浆模塑制品精度的要求，但是随着纸浆模塑应用范围的不断加大，制品质量要求不断提高，预留量必须定量化和准确化。

为了获得更高的纸浆模塑制品制造精度，完善模具设计方法，纸模模具设计工作者应从采用原料种类、制品结构形状、成型条件、烘干方式及设计经验等多方面综合考虑，探索一种具有普遍使用价值、精度较高的模具预留量计算方式，以便对纸浆模塑模具设计起到普遍指导的作用。

成型模具是在真空负压下，将含有纤维的浆料吸附在模具表面，吸附的浆料被称为湿坯，其含水量控制在60%～80%，在精品纸模湿坯成型工位中，通常以负压在-0.06～-0.03MPa条件下，吸附一定的厚度值T_1（初始湿坯），经过初始的定型模具挤压定型，得到完整的湿坯T_2（定型湿坯）的过程，如图7-37所示。

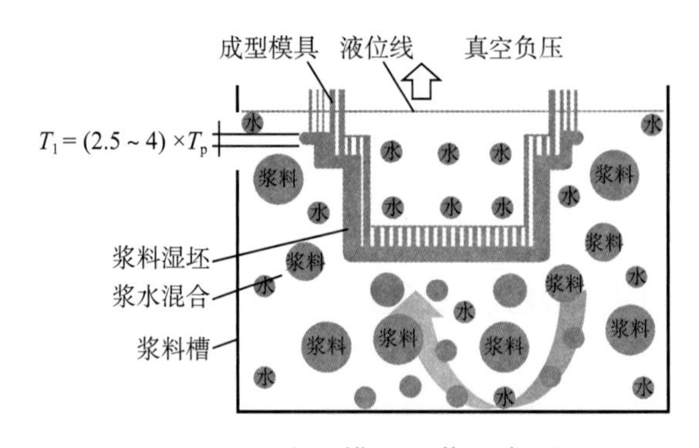

图 7-37 成型模具吸浆示意图

其中，成型模具吸附湿坯厚度值会因为浆料吸附在模具上的实际厚度及分布均匀情况而受到影响，通常可以按经验公式（7-2）计算：

$$T_1 = K_1 \times T_p \tag{7-2}$$

式中　T_1——初始湿坯厚度值；

K_1——经验系数，通常在2.5～4，取值与吸附模具的开孔数、产品密度有关；

T_p——成品的理论设计厚度值。

因此在模具设计时应注意选择其材质和设计其构造。如设计一款快餐盒模具，可以采用铸造金属（铝合金或青铜）模具，以铣床等工具开孔后在其表面安装30～40目的聚脂和不锈钢网而成。为提高模具成型性能，防止纸浆纤维粘网，便于湿纸模成型脱模，设计时应注意：

①模具开孔结构。根据成型工艺，纸模成型是通过固定在下模板上的凸模浸入到浆液液面以下，接通真空系统，在压力差的作用下，纸浆液流向模具表面，纸浆纤维因模具滤网的阻挡作用而被截流，形成纤维层，均匀地附着在成型模的滤网上。滤液经过模具下孔被真空系统抽走，经一定时间的过滤，在模具表面附着成一定厚度的湿纸模，但由于模具表面结构形状较复杂，使得成型湿纸模各部位的厚度分布不一定均匀。为使浆料能够均匀分布在成型网模上，要在下凸模上布设进气小孔，并且使小孔的进气阻力小而且均匀。试验表明，成型模具开孔的孔径、孔间距，开孔率（模具上所开孔面积与模具表面积之比值）对成型匀度影响较大。下凸模具采用铝合金，开孔率为50%～60%，在保证一定钢度的条件下，增大开孔率可以增加排液面积，从而减少吸滤时间。为了确保产品厚度均匀，模具上各部分脱水孔的开孔率应是不同的。一般情况下，顶角的开孔率约为70%，棱边的开孔率约为60%，上顶面的开孔率约为40%，上部开孔率为35%～50%，下部开孔率为20%左右，这样才能使浆料的沉积分布较均匀。如图7-38所示为模具开孔结构图。盒底部的小孔较密，孔径为ϕ=3mm，成阵列分布，行间距、列间距均为4mm；盒盖部分小孔分布较疏，孔径为ϕ=2mm，行、列间距均为6mm。

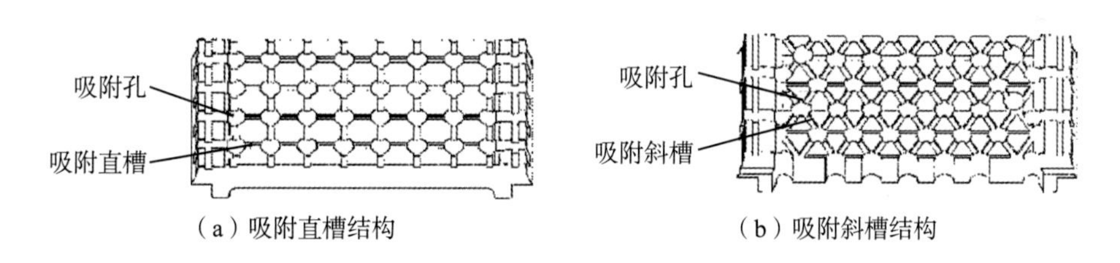

（a）吸附直槽结构　　（b）吸附斜槽结构

图 7-38　模具开孔结构

如图7-39所示为模具吸附槽孔结构图。在设计过程中需要注意吸附孔槽位置分布是否匹配机台真空压力，同时还需要考虑模具的强度是否能维持在产品寿命周期内。

另外成型模具功能面需要进行手工包网，也就是利用预埋的网钉，焊接上一层或几层网。按照经验，网的规格尽量优选40目、60目、80目的，视产品的外观要求做适当调整，成型模具的包网层数须符合设计的湿坯间隙。

②气室的设计应利于排水。如图7-40所示，安装下凸模的模板上设有气室，为了防止抽真空和增压脱水后积在气室中，把气室底部铣成3°～5°斜面，以便排水。

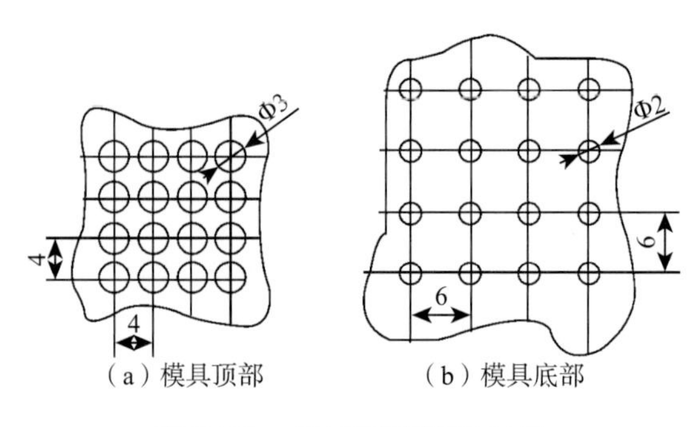

图 7-39　模具吸附槽孔结构

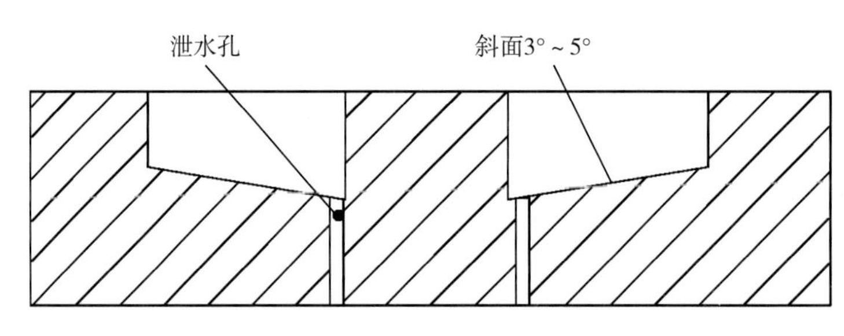

图 7-40　成型模气室结构

③模具设计成可调的组合模具，可降低大型模具的精度要求，便于模具的安装与维护。

④模具上的棱角和角隅处应该设计成圆角，以避免成型产品在此处形成应力集中造成破损。模内圆角半径一般等于或者大于纸模厚度，但R不得小于1.5mm。

⑤快餐盒侧面斜角越小，越有利于成型及其后的脱模，一般α不大于68°。盒盖与盒底的连接处宽度不能太小，否则成型制品在使用时很难合拢，如图7-41所示，L选择12～14mm较为理想。

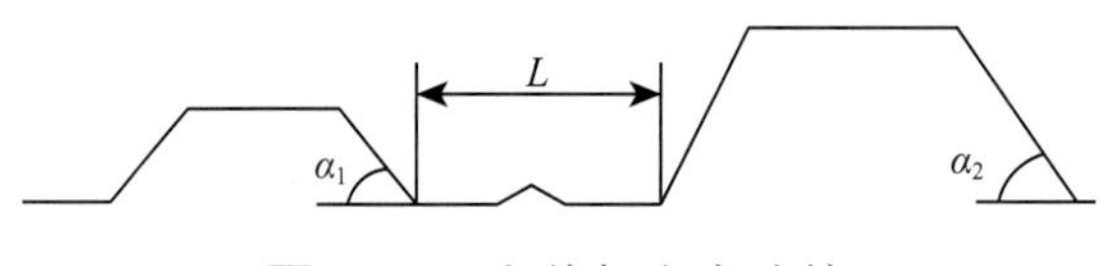

图 7-41　盒盖与盒底连接

2. 定型模具

定型模具是指湿纸模成型之后直接进入的具有加热、加压和脱水功能的模具。

定型模具用于湿纸模在模具内烘干定型。用定型模具制造出来的制品表面光滑美观、尺寸准确、坚实、刚性好。纸浆模塑一次性快餐用具一般都采用这种模具制造。

在工业品内包装中，一些细小、精密、数量大的小型物品多采用多层堆叠的方式包装，每层之间用来包装定位的包装制品，如果采用纸模制品就需要用定型模具来制造。而一般的工业内包装制品都是单面工作，不用热定型，湿纸模直接进入烘干机烘干即可。

定型模具结构包括凸模、凹模、网模和加热元件，附有网模的凸模或凹模上设有排水排气孔，工作时湿纸模在定型模内首先受到挤压，有20%的水分被压榨排出，此时湿纸模内含水量为50%～55%，然后湿纸模在模内受热，余下来的水分被加热汽化排出，湿纸模被压榨烘干定型后成为纸模制品。具体如图7-42所示。

定型模具预压后湿纸模坯的厚度值T_2，通常可以按经验公式（7-3）计算：

$$T_2 = K_2 \times T_p \quad (7\text{-}3)$$

式中　T_2——初始湿坯厚度值；

K_2——经验系数，通常在2～3取值，取值与湿纸模坯的厚度变化值、脱模角度以及热压主辅模具间隙大小有关；

T_p——成品的理论设计厚度值。

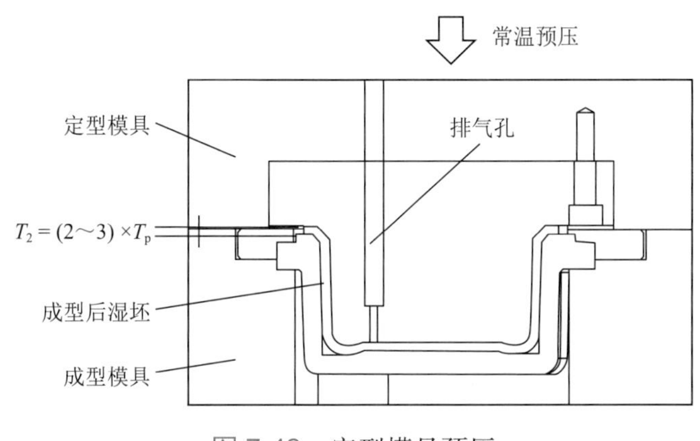

图 7-42　定型模具预压

3. 整型模具

由于湿纸模经过烘干后会发生不同程度的变形，或者对纸模制品外表形状要求精度高时，纸模制品要经过一道整型工序，整型过程使用的模具称为“整型模具”。这种模具也需要有加热元件，但可以没有网模。

整型过程是将烘干到一定程度的湿纸模放入整型模具内加压、加热，使制品在模具内干燥成型。热压整型机实际上是小型四柱压力机（液压或气压），稍有不同的是固定在上下压板的整型模具内装有加热元件。纸模制品整型的三要素是：压力，要求投影面积单位压力为0.4～0.6MPa；温度，模腔内温度一般要求在180～200℃；时间，视制品形状厚度而决定，一般在30～50s。在实际生产中，制品最终厚度大约是成型模具模腔厚度的70%。

需要整型的纸模制品在烘干时要保留25%～30%的含水量，以便于整型。由于在生产过程中纸模制品的含水量不易控制，使整型后的纸模制品难以达到质量要求。为了便于控制整型时的纸模制品的含水量，一种类似于喷雾熨斗结构的喷雾整型模具在生产中得到应用，这种喷雾整型模具在对应纸模制品需要整型的部位设有喷雾孔，工作时将经过完全烘干的纸模制品放进整型模具内，合模后水蒸气通过模具上的喷雾孔对纸模制品进行喷雾湿润，同时进行加热加压完成整型工作。

在高温高压下，挤压过的纸模湿坯由T_2压缩至T_3，即湿坯由含水率60%～80%热压干燥到5%以下的过程主要由整型模具来完成。整型模具的结构包括整型主模具结构和整型辅模具结构，整型主模具决定了产品的主要规格质量特征、精确还原产品的尺寸值，故在设计时要充分考虑模板的受力变形，影响到产品的外观质量和尺寸变化；而整型辅模具主要起辅助挤压、排气抽湿及产品吸附的作用，如图7-43所示为合模状态下的整型模具。

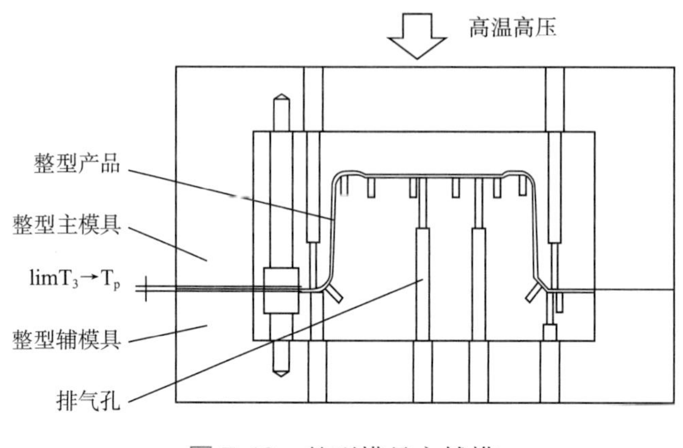

图 7-43　整型模具主辅模

一般纸模产品的强度不仅与自身结构设计相关，还与产品厚度值有直接关系，厚度值T_3为生产过程中关键的管控项，模具设计时加以调整预留，设计活动限位以调整合模时整型模具之间的间隙。

同时整型模具须在高温高压下工作，在结构设计之前还需要充分考虑模具材料在膨胀后体积产生的变化，每种材料在同一个温度区内都有各自相对固定的膨胀系数值，通常纸模模具工作在20～200℃的温度区内，因此该温度区的膨胀系数值将是设计要采用的一个补偿量值。在此处把金属模具简化近似成一维物体，从而认为长度是衡量其体积的决定因素，因此把膨胀系数看成线性膨胀。

通常是通过查阅《机械设计手册》，获取所用材料的膨胀系数α，导入膨胀量公式计算得出理论膨胀值ΔL。计算公式（7-4）如下：

$$\Delta L=\alpha \times L \times (t_1-t_2) \tag{7-4}$$

式中　α——热膨胀系数；

L——金属长度；

t_1——周围环境温度；

t_2——目标受热温度。

例如：某一$\Phi 2 \times 100$的金属试棒（如图7-44），材质为合金钢Cr12MoV，在室温20℃下升温到120℃时，试棒在长度方向的变化值：

首先，通过查阅《机械设计手册》，得到材料Cr12MoV的膨胀系数为：α=10.8×10^{-6}/℃

那么，长度变化值为：$\Delta L=\alpha \times L \times (t_1-t_2)=10.8\times 10^{-6}\times 100\times(120-20)=0.108$mm

另外，整型辅模具也要具有排水、透气以及吸附湿坯的功能，因此也需要合理有效地设计好气孔、气槽，这样有利于产品在设定的时间段内脱水干燥，并保持均匀而规律的线性膨胀和收缩，使产品内应力充分地释放。

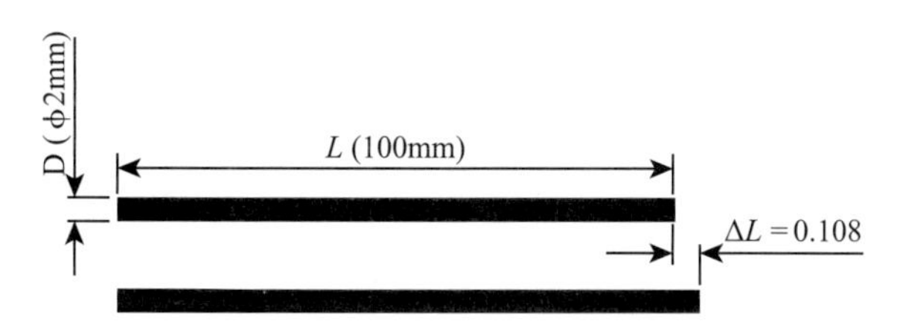

图 7-44　金属膨胀计算

通常通用气孔一般按照等距设计原则，常用取值范围为8～16mm。孔径的大小常用取值范围为ϕ1.5～ϕ3.0mm，实际取值依产品厚度及外观要求进行调整。有些产品的部分特征区域并不适合开气孔，这时需要用气槽来替代气孔，气槽的开槽宽度也要充分考虑产品厚度及外观要求，同时气槽的数量需要兼顾模具的强度，如图7-45所示。

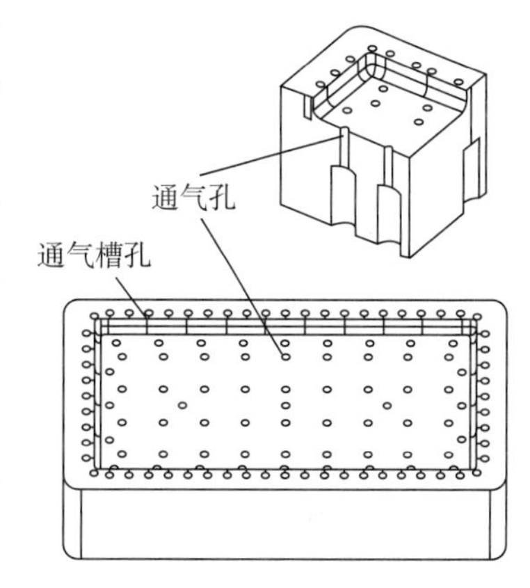

图 7-45　整型模具上气孔结构设计

从理论上来说，气孔密度是越高越好，实际设计需考虑加工的难度和成本，以及过高的气孔分布密度造成模具热量快速流失，故在实际设计时取平衡数值，产品区域的孔密度可适当高于加强筋区域。

整型辅模具气孔、气槽分布位置需要用网覆盖，模具设计时要充分考虑所覆网的厚度，以及热压主辅模受压时网的被压缩厚度。

4. 转移模具

转移模具为整个工序的最后一个工位，其主要作用是，将产品从整型辅模具安全转移到收料盘中，对于转移模具来说，其结构设计需要尽量简单，吸孔排布均匀，确保产品能平整地吸附在模具贴合面上即可，如图7-46所示。

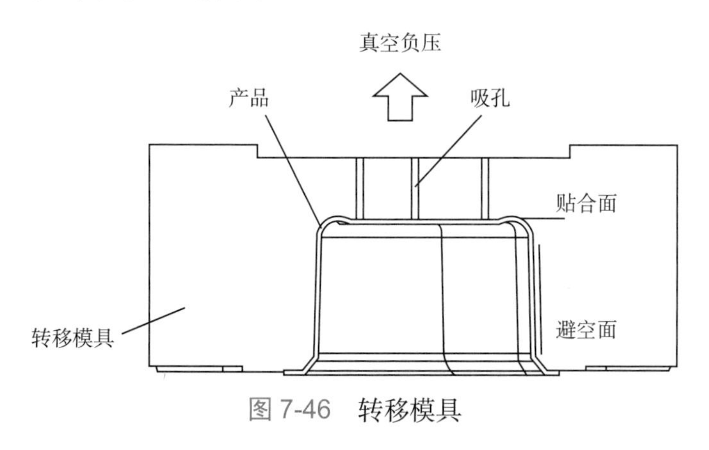

图 7-46　转移模具

转移模具设计需考虑的因素有：

①在转移合模过程中，为防止产品的平面被二次挤压，贴合面吸附要预留安全间隙；建议以产品厚度的0.05倍T_p来设置安全间隙尺寸，当然具体尺寸需要视产品结构而定；

②模具侧壁对避空结构进行简化设计，移除非必要的拔模角度，建议按0.5倍T_p间隙尺寸进行避空设计；

③简化设计特征，在非必要贴合面可以移除复杂的特征，便于加工制造，降低成本。

5. 模切模具

由于成型模具设计和制造精度的偏差、模具使用后磨损等原因，纸浆模塑制品的边缘往往参差不齐。为了使纸模制品整洁美观，外观要求较高的纸模制品都设有切边工序。模切模具就是用于修整纸模制品毛边的模具。然而，纸模制品的切边工艺是不合理的，它浪费资源，增加制品成本，还破坏了纸模制品的边缘纤维结构。目前，高精度模具已被开发出来，使用这种模具生产的纸模制品无须切边工序。

三、纸浆模塑模具的计算机设计

纸浆模塑制品质量在很大程度上取决于纸浆模塑模具的设计和加工，纸浆模塑行业属新兴产业，模具的设计和加工尚无成熟的理论和固定的模式，主要依靠丰富的实践经验进行设计和加工。目前国内一些企业已经采用了先进的CAD-CAM计算机设计，如使用Pro/ENGINEER、SolidWorks等软件进行设计，采用CNC自动数控机床进行加工，表面经过抛光处理，保证了模具设计和加工的精度。制作出的各种复杂的高难度模具，已经应用于家电、电子、陶瓷、工具、灯饰、工艺品、保健品和农产品等产品的包装用纸模制品上。

在模具设计中应用的软件Pro/ ENGINEER是一套基于三维基础进行设计的工具。用于模具设计中，其强大的功能是其他3D设计软件所不能比拟的。它与以往使用的AutoCAD设计软件相比更加直观，效率更高。Pro/ ENGINEER提供了一个较为完整的三维立体设计解决方案，从全参数设计到特征基础模型等都与传统的CAD系统有着极大的不同，其强大的功能可以达到较理想的设计效果。下文简单介绍Pro/ ENGINEER在纸浆模塑设计中的应用。

1. Pro/ ENGINEER 应用软件

（1）设计模块。Pro/ ENGINEER共有几十个模块，它是建立在一个单一的数据库上，即工程中的资料全部来自一个库，这样会在整个设计过程中，任何一处发生参数改动，即可以反映至整个设计过程的相关环节上。在该软件中，最典型的是Pro/ ENGINEER模块，它是一个造型软件包，其中的功能包括参数化功能的定义、实体零件及组装造型、三维上色、实体或线框造型、产生完整的工程图和不同视图等。

所谓参数化设计，是将每个尺寸都看作一个可变的参数，只要修改这些参数的尺寸，相关的造型就会按照尺寸的变化重新生成，达到设计变更的一致性。凭借参数化的设计，设计者可运用布尔或数学运算方式建立尺寸之间的关系式，减少人为改图或计算所花的时间，并减少错误的发生。

（2）草图模式。在该种模式下，运用平面设计的方法创建出制品的一面投影。而所有的尺寸都可通过输入数字进行修改，而图形立即通过修改正确地显示尺寸所示的大小，即所谓尺寸驱动。在草图模式下，可进行点、直线、矩形、样条曲线、圆、圆弧、椭圆及文字等的绘制。

常用的几何工具（Intersect）可将两条相交的线段一分为二，Trim可以用来修剪或延伸一个指定的线段，Divide用于分割线段，Mirror用于截面或线段的复制，Move Entity用于移动线段或尺寸。此外还有截面工具（Sec Tools），可以对已经存在或绘制完成的截面进行输出或输入的动作，并可以改变绘制截面时的环境设定。

（3）零件模式。零件模块分为实体、复合、钣金件、主体、线束五个子模块，纸浆模塑制品模具设计常用的就是实体模块。实体零件是众多的几何特征组合而成，几何特征包括实体特征、曲面特征、曲线特征及基准特征等，先进的Pro/ENGINEER包括许多特征的特征库能力，模具设计常用的能力有壳、扫描等。

（4）制造模式。该模式下具有模具型腔模式，可将实际产品分模等功能实现模具型腔的制备。通过使用参考模型、工件添加、分型面等过程，形成模具上下腔。通过强大的软件功能，提高产品设计效率，并可清晰看出产品特性。

（5）绘图模式。Pro/ENGINEER提供了强大的工程图功能，可以将三维模型自动生成所需的各种视图。而且工程图与模型之间是全相关的，无论何时修改了模型，其工程图自动更新，反之亦然。Pro/ENGINEER还提供多种图形输入输出格式，如DWG、DXF、IGS、STP等，可以和其他二维软件交换数据。从而快速建立符合工程标准的工程图。

2. 造型绘制的基本特征与技巧

（1）建立厚度。草图模式只能生成平面图形，要将其变成三维物体，就要给予厚度。令图形获取厚度的方式有多种，最简单的一种方式就是挤出（Extrude），所取得的立面还可以设计成具有脱模斜度。

（2）切割（Cut）。物体进行切割是Pro/ENGINEER的一项常用功能。它可在物体的某一个平面上向下或向上切割，也可以同时向两个方向切割；既可以贯穿切割，也可以控制切割的深度。

（3）旋转（Revolve）。旋转成型的方法是在基准面上绘制一个具有旋转特征的平面图形，通过中心线旋转360° 或任意角度成为三维物体。

（4）扫掠（Sweep）。某个形状的截面通过一条轨迹线生成三维物体，这个过程被称为“扫掠”，适合生成截面形状一致而轨迹不同的物体。

（5）混成（Blend）。混成至少要绘制两个截面才可以进行，不同形状的截面，通过指定的距离或旋转一定的角度生成三维物体。混成的关键是所有成型截面必须要有相同数目的边，如有不同，可通过分割（Divide）获得相同边数。

（6）其他特征的建立，如建立圆角（Round）、斜角（Chamfer）、孔（Hole）、薄壳（Shell）、肋（Rib）等特征。对于纸浆模塑制品设计来说，其薄壳（Shell）特征的建立这一功能尤其重要，因为纸浆模塑制品主要以壳体的形式存在。

（7）特征的复制。可通过镜射（Mirror）、复制（Copy）、阵列（Patten）与群组（Croup）完成特征的复制。

3. 组合件的建立

模组（Assembly）的建立是通过平面贴合（Mate）、对齐（Align）、插入（lnsert）、相切（Tangent）等方式使三维的零件装配成一个完整的组件亦即成为模组。至于纸浆模塑制品与被包装产品的关系，通过爆炸（Explode），将组合件分开一段距离，可清楚地表达被包装物与纸模制品之间的关系，它们之间的一些关系是具有约束条件的。

4. 模具的生成

在Pro/ ENGINEER中，可以根据所设计的零件直接生成模具。但由于纸浆模塑制品的成型模具为具有多孔和切口的金属模，其模上包有一层金属网。因此与所设计出来的模具还是有差别的，但这种差别是可以消除的。设计者可以根据实际模具与设计模具之间存在的差别取得经验数据并应用于设计中。

5. 纸浆模塑模具设计的一般过程

在设计前要先确定出被包装物，必要时可设计出被包装物外形。而包装用的纸浆模塑制品的设计过程是：首先建立一个坐标系，指定三维坐标中的一个平面作为绘制图形面，然后在指定的平面上绘制图形，再给予图形以厚度，让平面图形变为三维图形，接着再给予相关的各种特征，如隆起、挤出、切割、混成、扫掠、旋转、倒角、圆角、加入加强筋和钻孔等。在必要时，给予物体拔模角度。如要产生特殊的曲面，还可通过创建绸缎面即高级曲面特征来获得自由曲面。通过修改尺寸可不断完善设计，最后生成薄壳制件。如有必要，也可以通过所设计的物体创建平面图，即自动获得各个视图，也可以将此视图单独存档。

当纸浆模塑制品与被包装物都分别单独设计完成后，可将其生成装配形式的组合件，此组合可体现包装过程中两者的关系。再根据纸浆模塑制品设计成果，单独设计出与之相应的模具。

综上所述，可归纳出Pro/ENGINEER有着极其优秀的建模功能与特点：

①效率高，设计时间短。如果数据齐全，或制件相对不复杂，在数十分钟内就可以完成设计。

②在三维环境下进行设计，基本上以设计参数驱动三维物体成型，直观，减少出错，修改方便。

③能体现被包装物件与缓冲物件的关系，可同时设计制品与模具，并形成装配关系，检查两者之间的关系是否合理。

④可快速算出制件需用纸浆量、体积、表面积。

⑤无须打印出图纸，可直接通过磁盘传送或网络系统输入到相应的加工中心，通过简单的数控编程后进行加工，直接加工出模具。

第三节　纸浆模塑模具的材料与工艺

模具的耐用性除了取决于模具结构设计及其使用与维护情况外，最根本的问题是制模材料的基本性能是否与模具的加工要求与使用条件相适应。因此，根据模具的结构与使用情况，使用寿命及维护成本等因素，合理选用纸浆模塑模具的制模材料，是纸浆模塑模具设计人员的重要任务之一。

一、模具材料的基本要求

用于制造模具所采用的钢材，基本上应具备下列性能：

（1）加工性能良好，热处理局部变形小，尤以后者最为重要。因为模具零件往往形状很复杂，而在淬火以后加工又很困难，或根本就不适合加工，所以在选择模具材料时，应尽量选择热处理后变形小的钢材。模具零件也可以先进行粗加工，然后进行调质处理，但调质后的硬度不得高于HB300，其目的是为了便于机械加工和组合加工。热处理后的材料变形即使大一些，也没有关系，因为粗加工后的半成品毛坯，还要进行精加工才达到图纸的要求。

（2）抛光性良好。纸浆模塑制品常要求具有较好的光泽和表面状态，因而模具必须经过很好的抛光处理，选用的钢材不应含有粗糙的杂质和气孔等。

（3）耐磨性良好。纸浆模塑制品的表面光度和尺寸精度都与模具表面的耐磨性有直接关系，因此要求模具有很高的耐磨性。模具表面硬度大，可经受操作中对模具的机械划伤。

（4）耐腐蚀性良好。湿纸模及其添加剂对模具的表面有化学腐蚀作用，所以要选用耐腐蚀的钢材或进行表面处理。

常用金属材料的规格及相关力学性能如表7-1所示。

表7-1　常用金属材料规格及相关力学性能

GB牌号	JIS牌号	弹性模量	屈服强度	抗拉强度	硬度1	硬度2	膨胀系数	热导率
		$E/10^4$MPa	σ_s/MPa	σ_b/MPa	HB	HRC	20～200℃	W/（m·K）
3Cr13	SUS 420J2	21	540	735	—	淬≥50	11.5	28
5CrNiMo	NAK80	21	729	≥1200	—	淬≥50	11.3	—
4Cr5MoSiV1	SKD61	21	1240	1490	—	淬≥55	11.9	24.5
Cr12MoV	SKD11	21	≥685	≥885	—	淬≥58	11	—
Brass H59	C2800	9.8	y=200	y=500	y=163	—	18.8	—
Brass H62	C2720	10	y=500	y=600	y=164	—	18.8	108
Brass H68	C2680	10.6	y=520	y=660	y=150	—	18.8	—
Al 6061	Al 6061	—	54	122	30	—	23.6	—
Al 6061 T6	Al 6061 T6	6.9	276	310	95	—	23.6	167
Al 7075	Al 7075	—	102	225	60	—	23.6	—
Al 7075 T6	Al 7075 T6	7.1	505	574	150	—	23.6	173

二、模具的主要材料

目前，纸浆模塑制模材料仍以钢材为主，但根据纸模制品的成型工艺条件，也可采用低熔点合金、低压铸铝合金、黄铜和其他非金属材料，如环氧树脂等。下面就针对具体使用材料分别进行介绍。

1. 钢材

通常要求纸浆模塑模具使用寿命长，性能稳定，钢材是重要的选用材料之一，根据生产需要，用作纸模制品模具的钢材要由符合要求的化学成分构成，钢材中合金成分的含量会对模具的性质产生积极影响或消极影响。在实际生产中，用作模具的钢材应该具有如下属性：

①生产上具有经济性（机械加工、放电加工、磨光等）；

②允许热处理；

③有足够的刚度和强度；

④抗热和抗磨损能力；

⑤良好的热传导性及抗腐蚀性。

（1）合金工具钢材料

可用作纸浆模塑模具的合金工具钢的钢号及化学成分如表7-2所示。

（2）不锈钢材料

可用作纸浆模塑制品模具零部件的不锈钢能在一定的温度和腐蚀条件下长期工作，并保证其力学和物理性能不变。可以使用不锈钢制作纸模成型机零部件或其他一些与纸浆液料有接触的零件，如输浆管路、调料箱等。但不锈钢的价格比一般钢材高得多，而且它的切削加工性能比较差。

纸模模具用不锈钢的钢号和化学成分如表7-3所示。

表7-2　合金工具钢的钢号及化学成分（GB/T 1299—2014）

牌号	化学成分 / %						其他
	C	Si	Mn	Cr	Mo	Ni	
3Cr2Mo	0.28～0.40	0.20～0.80	0.60～1.00	1.40～2.00	0.30～0.55	—	—
3Cr2MnNiMo	0.32～0.40	0.20～0.40	1.10～1.50	1.70～2.00	0.25～0.40	0.85～1.15	—

表7-3　不锈钢的钢号和化学成分（GB/T 1220—2007）

牌号	化学成分 / %								
	C	Si	Mn	Cr	Ni	Mo	V	S	P
2Cr13	0.16～0.25	1.00	1.00	12.0～14.0	—	—	—	0.030	0.040
4Cr13	0.36～0.45	0.60	0.80	12.0～14.0	—	—	—	0.030	0.040
9Cr18	0.90～1.00	0.80	0.80	17.0～19.0	—	—	—	0.030	0.040
9Cr18Mo	0.95～1.10	0.80	0.80	16.0～18.0	—	0.40～0.70	—	0.030	0.040
1Cr17Ni2	0.11～0.17	0.80	0.80	16.0～18.0	1.50～2.50	—	—	0.030	0.040

2. 有色金属材料

（1）铝合金

铸造铝合金具有较高的耐腐蚀性和一定的强度、硬度、耐热性及焊接性，比钢材易于切削加工成型，可以大幅缩短模具加工周期，因此在纸浆模塑制品模具中得以广泛应用。铸铝模具用于尺寸较小、中等批量的纸模制品的生产时，由于成型压力不大，使用寿命可以得到延长。用于精度要求不高的工业内包装制品时可以直接采用精铸成型的铝合金模具，而精度要求较高的工业内包装制品则必须采用机械切削加工法制造的模具。铝合金板材经过塑性加工和焊接后也可制成纸模制品的模具。

纸模模具用铸造铝合金主要为铝硅合金，其牌号和化学成分如表7-4所示。

表7-4　铸造铝合金的牌号和化学成分（GB/T 1173—2013）

合金牌号	合金代号	主要元素 / %							
		Si	Cu	Mg	Zn	Mn	Ti	其他	Al
ZAlSi7Mg	ZL101	6.5～7.5	—	0.25～0.45	—	—	—	—	余量
ZAlSi7MgA	ZL101A	6.5～7.5	—	0.25～0.45	—	—	0.08～0.2	—	余量

纸模模具用铝合金板材主要类别为防锈铝，其牌号和化学成分如表7-5所示。

表7-5　防锈铝合金的牌号和化学成分（GB/T 3190—2008）

牌号	主要化学成分 / %							
	Si	Fe	Cu	Mg	Mn	Zn	Cr	Al
5A02	0.40	0.40	0.10	2.0～2.8	或Cr 0.15～0.4	—	—	余量
3A21	0.60	0.70	0.20	0.05	1.0～1.6	0.10	—	余量

纸模模具用铝合金板材的机械性能如表7-6所示。

表7-6　防锈铝合金板材产品的机械性能

冷轧板										热轧板					
牌号	材料状态	厚度	$\sigma_b \geq$	$\sigma_{10} \geq$	牌号	材料状态	厚度	$\sigma_b \geq$	$\sigma_{10} \geq$	牌号	材料状态	厚度	$\sigma_b \geq$	$\sigma_{0.2} \geq$	$\sigma_{10} \geq$
		毫米	千克/毫米^2	%			毫米	千克/毫米^2	%			毫米	千克/毫米^2	千克/毫米^2	%
5A02	退火	0.3～1.0	17～23	16	3A21	退火	0.3～3.0	10～15	22	5A02	热轧	5～25	18		7
		>1.0～10.0		18			>3.0～10.0		20			26～80	16		6
	1/2硬	0.3～1.0	24	4		1/2硬	0.3～6.5	15～22	6	3A21	热轧	5～10	11		15
		>1.0～4.0		6		硬	0.3～0.5	19	1			11～25	12		15
	硬	0.3～1.0	27	3			>0.5～0.8		2			26～50	11		12
		>1.0～4.0		4			>0.8～1.2		3						
							>1.2～6.0		4						

（2）黄铜

纸模模具用铸造铜合金主要为普通黄铜，其牌号和化学成分如表7-7所示。

表7-7　铸造铜合金的牌号和主要化学成分（GB/T 1176—2013）

合金牌号	合金名称	主要化学成分 / %	
		Zn	Cu
ZCuZn38	38黄铜	余量	60～63

（3）黄铜网

网模是纸浆模塑模具中的关键性模具，是直接影响制品质量和生产效率的重要环节。网模用网有金属网和塑料网，金属网又分黄铜网、不锈钢网和镀铬网，网丝直径在0.15～0.25mm。按网的编织方法又分为单经网、三经网、捻织网和双层织网等。网孔几何形状有正方孔、长方孔和六边形孔。网目一般在40～65目。

纸模网模用黄铜网、不锈钢网的规格如表7-8所示。

表7-8　工业用金属丝编织方孔筛网规格（GB/T 5330.1—2012）

网孔基本尺寸 / mm		金属丝直径/mm	筛分面积百分率%	单位面积网重 /（kg/m^2）		相当英制目数/（目/英寸）
R10系列	R20系列			黄　铜	不锈钢	
0.400	0.400	0.200	44	0.933	0.841	42.33
		0.180	48	0.782	0.705	43.79
		0.160	51	0.640	0.577	45.36

国内一厂家为满足纸浆模塑同行对模具用网的需求，结合自身从事模具加工和生产的经验，根据纸模模具对丝网的特殊要求，采用进口不锈钢丝进行特殊加工处理，成功研制出用于纸浆模塑工业包装制品、餐具制品模具的专用ZMW系列不锈钢网。其主要品种及参数如表7-9所示。

表7-9　ZMW系列不锈钢网主要品种及参数

型　号	目数/（目/英寸）	丝径/mm	网 纹	备　注	
				规 格	材 质
ZMW-30-18X	30	0.18	斜 纹	15米^2/卷	进口非磁不锈钢丝
ZMW-30-20X	30	0.20			
ZMW-40-18X	40	0.18			
ZMW-40-20X	40	0.20			
ZMW-40-020P	40	0.20	平 纹	15米^2/卷	进口非磁不锈钢丝
ZMW-40-022P	40	0.22			
ZMW-50-018P	50	0.18			
ZMW-50-020P	50	0.20			
ZMW-50-022P	50	0.22			
ZMW-60-016P	60	0.16			
ZMW-60-018P	60	0.18			

ZMW系列不锈钢网除了具有一般不锈钢网的表面光滑、耐腐蚀、韧性好、耐压、抗拉、耐高温等特征外，还具有柔软度好、驯服度好、打折不反弹等特点，能轻易包附在各种复杂几何形状（如凸凹面、孤面、小沟、槽等）的模具上。产品的各种物理性能与进口的纸模专用不锈钢网接近，且价格低廉，是纸模具优良的网材。

（4）铜基球状粉末冶金

在使用定型模具进行湿纸模压榨烘干过程中，定型模具中的网模会使制品表面产生网痕，而且网模在频繁挤压中会很快变形甚至破损。为了解决这个问题，一种采用铜基球状粉末冶金制造的新型无网模已经研制成功，无网定型模具的寿命是一般网模的10倍，并且成本降低50%，用其制造出来的纸模制品精度高、内外表面光滑、无网痕。

3. 其他制模材料

除了以上所述的各种钢材和有色金属外，环氧树脂和低熔点合金等也可用作纸模模具的制模材料，但一般也只能适于小批量纸浆模塑制品或试制产品的生产。

（1）环氧树脂

用环氧树脂制作的成型模具中的转移模，具有一定的机械强度、良好的化学稳定性和工艺性能，可缩短模具生产周期，降低模具成本。为保证模具的制造精度，可采用浇注法直接从对应的凸模或凹模上（或者石膏过渡模）翻倒制造出模具。

环氧树脂制模所用材料如下：

①环氧树脂。环氧树脂品种很多，目前广泛使用的有双酚A类环氧树脂和脂环族环氧树脂。

双酚A类环氧树脂黏结力高，化学稳定性好，收缩率低，机械和电气性能良好。如环氧树脂634#、环氧树脂6101#。

脂环族环氧树脂黏度低、工艺性能好，分子结构紧密，固化后硬度大，耐热性和耐紫外光老化等特性好。如环氧树脂6207#。

②填料。填料可降低成本、减少环氧树脂用量、降低线膨胀系数和收缩性，提高机械强度。常用填料有铝粉、氧化铝、石英粉、碳化硅、钢丝绒和玻璃纤维等。

③硬化剂。硬化剂促进环氧树脂的固化反应。常用硬化剂有乙二胺、间苯二胺、顺丁烯二酸酐、均苯四酸二酐和邻苯二甲酸酐等。

④封闭剂。使用石膏模作过渡模时，涂在石膏模上的封闭剂为聚乙烯醇。聚乙烯醇是白色无味的粉末，能溶解于水中。封闭剂的主要作用是不使环氧树脂液在浇注过程中渗入石膏模微孔内。

⑤脱模剂。常用的脱模剂有硅油、二硫化钼。硅油是一种含硅的合成材料，常用的二甲基硅油是无色透明的油状物。二硫化钼是蓝灰色的固体粉末，有金属光泽，对酸的抗腐蚀性较强，作为脱模剂用的二硫化钼粒度越细越好。

环氧树脂浇注材料的配方如表7-10所示。

表7-10　环氧树脂浇注材料的配方

配方类型	材料名称	规　格	重量比
1	环氧树脂6207# 环氧树脂634# 金属铝粉 顺丁烯二酸酐 甘油 钢丝绒	工　业 工　业 100～200目 化学纯 化学纯 工　业	83 17 220 48 5.8 适　量
2	环氧树脂6207# 环氧树脂634# 金属铝粉 金属铁粉（还原铁粉） 顺丁烯二酸酐 甘油 钢丝绒	工　业 工　业 100～200目 200目 化学纯 化学纯 工　业	83 17 250 100 48 5.8 适　量
3	环氧树脂634# 金属铝粉 苯均四酸二酐 顺丁烯二酸酐 钢丝绒	工　业 100～200目 化学纯 化学纯 工　业	100 170 21 19 适　量

（2）低熔点合金

利用低熔点合金浇铸制模方法，可以以纸模样品作母模直接翻倒出转移模具。低熔点合金浇铸制模不仅可以缩短模具的制造周期，节约大量的钢材，同时还节省劳力。低熔点合金的种类较多，目前使用的较简单的一种是铋58%和锡42%的铋锡合金。

低熔点合金熔化与浇铸工艺过程如下：

将搀和好的铋锡合金料置于熔锅内，加热至140℃左右（温度测量可采用半导体点温计或普通温度计），熔化均匀后即可浇铸在准备好的纸模样品母模上成型，铸型后的铸件冷却半小时左右，最后修正铸件浇铸时留下的残痕，即可制作出转移模。

（3）塑料网

纸模网模用塑料网主要为合成纤维网等，其规格如表7-11所示。

表7-11　工业用合成纤维网规格

网号/（目/英寸）	30	40	50	60	80
丝径/mm	0.25 0.3	0.25	0.2	0.2 0.15	0.15

（4）ABS塑料

ABS塑料是丙烯腈（A）–丁二烯（B）–苯乙烯（S）的三元共聚物。它综合了三种组分的性能，其中，丙烯腈具有高的硬度和强度、耐热性和耐腐蚀性，丁二烯具有抗冲击性和韧性，苯乙烯具有表面高光泽性、易着色性和易加工性。上述三组分的特性使ABS塑料成为一种“质坚、性韧、刚性大”的综合性能良好的热塑性塑料。ABS塑料的成型加工性好，可采用注射、挤出、热成型等方法成型，可进行锯、钻、锉、磨等机械加工，或用于3D打印。ABS塑料强度高、轻便，表面硬度大、非常光滑、易清洁处理，尺寸稳定、抗蠕变性好。ABS塑料在工业中应用极为广泛。ABS注射制品常用来制作壳体、箱体、零部件、玩具等。可进行热压、复合加工及制作模型。可通过3D打印制备模具配件或直接使用CNC制作模具设备配件。

4. 制模过渡材料

模具的过渡材料是用来制造初造型的母模或在样品上翻倒制模所用材料。过渡材料有木材、型砂、石蜡、硅橡胶、石膏和树脂等。

三、制模工艺和设备

Pro/ENGINEER是一款高端的CAD/CAM软件，其功能强大、优势突出，在机械制造等行业应用普及。Pro/E的三维造型功能是最优化最严格的，为数控加工奠定了优良的基础，而Pro/NC是其自动化CAM加工模块，可提供制造零件的最佳加工路径和智能化加工控制，并具备完善的实体仿真效果，能生成驱动数控机床加工零件所需要的数据和信息，完成数控加工的全过程。将满足产品要求的模具工程图发送给CNC编程师进行CNC加工，通过CNC工程师制作出模具。

计算机数字化控制精密机械加工技术（CNC编程加工技术）以其高的加工精度和高的切削进给速度二者的优良匹配，成为模具加工的常用手段。模具的自由曲面加工可以通过CNC编程加工，极高地提高产品加工质量以及产品加工时间，从而提高模具的制造质量和生产效率，对于提高产品精度和效率有十分积极的有益作用。CNC编程还可以高速度、高效率地加工出高精度、表面粗糙度值小和高光顺性的模具型面，从而大大减少后续工序的工作并整体提高模具精度及质量。

通常利用CNC加工模具主要分为打孔、包网、攻牙、装配、表面处理五个步骤。

①打孔。在模具加工过程中，由于需要预留吸浆孔，打孔是很常见的基本操作，打孔通常采用专用夹具进行装夹以保证在加工过程中工件位置的固定性，在企业生产中根据需要选择合适的加工方式。一般来说，对于精度要求高的重要孔采用数控铣床、加工中心等设备来保证孔加工质量，但大多数时候因设备、时间、成本等各种因素的限制，在单件加工时常采用“传统”的加工方法，一般分为画线、预留、打样冲眼等步骤来保证孔的加工精度。这些方法虽简单易行，但是通过数控画线或者前期设计人员预留的位置，加工出来的孔也可满足日常生产，钻孔是模具钳工操作中一项基本操作技能。

②包网。由于模具上密集分布着吸浆孔，直接施加压力后会形成均匀的吸浆孔的痕迹，造成产品表面粗糙，达不到产品需求。模具包网后，会有效的解决产品表面的吸浆孔的痕迹，切表面更平整，但由于模具造型根据产品而定，且根据要求，产品使用不同规格的金属网，需通过人工的方式初步包网，再通过压力机将金属网紧密地包裹在模具上，并通过电焊等工艺将金属网链接在模具上，从而提高产品质量。

③攻牙。模内攻牙技术真正意义上实现了“无屑加工”，由于攻牙采用的是挤压丝锥，所以螺纹成型过程中不会产生因为切削而形成的切屑，做到了清洁环保，并且螺纹的强度得到了很好的提高。这些都是传统工艺加工所不能比拟的。

④装配。将各个生产工艺阶段的模具配件一一装配到位，形成需要使用的整套模具。

⑤表面处理。只有通过表面处理后的模具才能初步达到交货需求，然后再通过尺寸等各项指标的检验，合格后方可达到交付使用要求，才能正式付诸生产使用。

模具表面增加涂层和纹理工艺，主要作用是改善与模具表面接触的产品外观质量，以及延长模具的使用寿命，间接降低生产成本，目前主要的表面处理工艺分为抛光工艺、喷砂工艺和特氟龙涂层工艺。

a.抛光工艺。抛光工艺是用研磨来降低工件的表面粗糙程度的方式，也是目前纸模模具行业中普遍的一种表面处理方式，经过抛光后的模具，能获得高质量的产品表观效果。同时抛光也是一项专业性很强的技术，主要依赖手工来完成，维护成本和周期相对比较长。

b.喷砂工艺。是采用压缩空气为动力形成高速喷射束，将喷料等高速喷射到需处理的工件表面，使工件外表面发生变化，喷料对工件表面的冲击和切削作用，使工件表面获得一定的清洁度和不同的粗糙度，使工件表面的机械性能得到改善。经过喷砂后的模具表面，呈现均匀美观的凹凸纹理，纹理的粗细可根据选用的喷料来调整。使用喷砂工艺的模具保养维护简单，但不利于产品脱模，对于拔模角度比较小的产品不推荐使用。

c.特氟龙涂层工艺。特氟龙即聚四氟乙烯，一般称作不粘涂层，是一种使用了氟取代聚乙烯中所有氢原子的人工合成高分子材料。这种材料具有抗酸抗碱、抗各种有机溶剂的特点，几乎不溶于所有的溶剂。同时，聚四氟乙烯具有耐高温的特点，它的摩擦系数低。当模具表面涂覆特氟龙涂层后，即便在一定的负载下，表面的摩擦值也仅在0.05～0.15，同时由于特氟龙自身的抗湿性，即便模具表面沾有油脂和污垢，简单擦拭即可清除。目前特氟龙广泛应用于纸浆模塑的模具中，特别适合高光高亮的精品纸模产品，以及适用于拔模角较小、不易脱模的产品结构。

第八章　纸浆模塑生产过程自动化

我国纸浆模塑工业经过三十多年的发展，在生产工艺、产品性能、机械设备、生产规模等方面都处于世界前列。国内纸浆模塑设备制造技术已趋于成熟，制造出的设备在性能、生产工艺等方面均能与进口设备媲美。国内纸浆模塑生产设备按使用方式分为半自动和全自动两种形式。半自动生产设备自动化程度低，生产效率低，工人劳动强度大，所需操作人员多，安全防护性能差，湿纸模由人工转移，机器的各种动作由人工操作控制，纸模成型、热压定型、切边分别由多个工作程序完成。全自动生产线是将各个工序集中在一台机器上完成，以节约劳动力，降低工人劳动强度，提高生产效率，降低生产成本。

目前，国内已有珠三角、长三角等地区20多个纸浆模塑设备生产厂家在开发全自动纸浆模塑生产设备。新型的全自动纸浆模塑生产设备采用了先进的计算机控制系统、可编程序控制器技术、触摸屏控制操作，大大降低工人劳动强度，提高生产效率，具有较好的经济效益和社会效益，对于保护环境、推动我国纸浆模塑工业的发展具有重要意义。

第一节　可编程序控制器概述

可编程序控制器（Programmable Controller），是20世纪80年代初迅速发展起来的新一代工业控制装置。它以原有的继电器逻辑控制系统为基础，逐步发展为以微处理器为中心，既有逻辑控制、计时、计数、分支程序、子程序等顺序控制功能，又有数学运算、数据处理、模拟量调节、操作显示、联网通信等功能的控制系统。国内外许多资料将可编程序控制器简称为PLC。

现代的可编程序控制器结构简单、编程方便、性能优越，可广泛应用于工业生产过程的自动控制。用PLC构成的机电一体化自动控制系统已成为当今工业发达国家自动控制的标准设备，自动化生产流水线普遍采用PLC网络控制系统，PLC已成为当今工业自动化的主要支柱之一。

一、可编程序控制器的概况

可编程序控制器是在20世纪60年代后期和70年代初期问世的，当时工厂实现生产过程自动控制的设备主要是以继电器为主要元件的顺序控制系统，复杂的系统可能需要成百上千个各式各样的继电器，用成千上万根导线连接起来。继电器控制系统有大量的机械触点，因此本身的可靠性不高，当系统出现故障时，要进行检查和排除非常困难。特别是当生产工艺发生变化，整个控制系统的元件和接线也需要作相应的变化，耗费大量的人力、时间和资金。随着现代生产的发展和技术进步，人们迫切需要一种新型的控制装置来取代继电器控制系统，使电气控制系统工作更可靠、更容易维修，更能适应经常变动的工艺条件。1968年，美国通用汽车公司（GM）为了满足因汽车型号不断变化和生产工艺不断更新，生产线的控制系统也跟着变化的需要，提出设想把计算机通用、灵活、功能完备等各优点和继电器控制系统的简单易学、形象直观等优点结合起来，制造成一种通用控制装置，并将计算机的编程方法和程序输入方式进行简化，用面向控制过程、面向问题的梯形图语言进行编程，使不熟悉计算机的工程技术人员也能方便地使用。1969年，美国数学设备公司（DEC）研制出第一台可编程序逻辑控制器（Programmable Logic Controller，PLC），在GM公司的自动装配线上试用，获得巨大成功。20世纪70年代中期，可编程序控制器进入了实用化发展阶段。随着多种八位微处理器和十六位微处理器的相继问世，可编程序控制器技术产生了飞跃。在逻辑运算功能的基础上，增加了数值运算、闭环调节功能，提高了运算速度，扩大了输入/输出规模，并开始与网络和小型机相连，构成了以可编程序控制器为重要部件的初级分散控制系统。

20世纪70年代末，可编程序控制器进入了成熟阶段。十六位微处理器和51系列单片机的出现，使可编程序控制器向大规模、高速度、高性能方面继续发展，形成了多系列化产品，出现了紧凑型、低价格的新一代产品和多种不同性能的分布网络系统。在程序编制方面，PLC还借鉴微机的高级语言，采用面向工程技术人员使用的图形语言。在功能上，可编程序控制器已经完全取代传统的逻辑控制装置、模拟控制装置和小型机的DDC控制系统。随着应用领域的迅速扩大，到20世纪80年代中期，世界上已有近百个厂家生产200多种机型和系列的可编程序控制器。在发达的工业化国家，PLC已经广泛应用于所有的工业部门。

20世纪90年代，可编程序控制器仍在继续发展，主要表现为新系列不断涌现、编程软件的高级化和多样化，以及PLC网络技术取得重要进展。

目前，国际上生产可编程序控制器的厂家很多，它们遍及美国、日本、德国和部分欧洲国家，各公司的产品也有所不同，但无论哪个厂家的产品，就技术而言都大同小异，概括起来有如下特点：系列化生产、多处理器、较大的存储能力、功能完备且很强的输入输出模块、智能外围接口模块、网络化、紧凑型和高可靠性及简单易学的编程语言等。从而满足不同控制对象和不同使用人员的需要。

二、PLC 控制系统的功能与特点

现代可编程序控制器在控制领域中越来越受到人们的重视，并得到广泛的应用。过去许多采用微型计算机、单板机/单片计算机和集散控制系统的场合已逐渐被可编程序控制器及其网络控制系统所取代，这与PLC自身的优点密不可分。

可编程序控制器的优点如下：

（1）功能齐全。PLC的基本功能包括数学量输入/输出、模拟量输入/输出、内部中间继电器、锁存继电器、延时ON/OFF继电器、主控继电器、计时器、计数器、移位寄存器、四则运算、逻辑运算、跳转和强制I/O等。

PLC的扩展功能有通信联网、数据块传送矩阵运算、PID闭环回路控制、排序查表功能、中断控制功能以及特殊程序块或函数等。此外，PLC还具有自诊断、报警、监控等功能。正因为如此，PLC的适应性极强，几乎所有的控制它均能满足。

（2）应用灵活。现代可编程序控制器除极少数为整体式结构，如日本OMRON个别型号的PLC，绝大多数采用积木式硬件结构以及模块化的软件设计，这使得它不仅可以适应大小不同、功能复杂的控制要求，而且可以适应各种工艺流程变化较多的场合。

PLC的安装和现场接线比较简单，可以按积木方式扩充和删减其系统规模。由于它的逻辑、控制功能可以用软件实现，省去了大量安装元件和布线工作，从而缩短了整个设计、生产和调整周期，研制费用相对来说也少。

（3）操作方便，维修容易。PLC的基本功能采用工程技术人员习惯的梯形图编程，使用户能十分方便地读懂程序和编写、修改程序。程序清晰直观，操作人员只要稍加培训，就能使用PLC。另外，PLC带有十分完善的监视和诊断功能，对内部工作状态、通信状态、I/O点状态和异常状态等有醒目的提示。因此，操作人员和维修人员可以及时准确地了解机器故障点，利用更换模块的方法迅速处理故障。

（4）稳定可靠。目前各生产PLC的厂家都严格地按有关技术标准进行生产，如美国有NEMA标准，日本有JIS标准，德国有DIN标准等。所以尽管PLC有各种型号，但都可以适应恶劣的工业应用环境。

第二节　纸浆模塑生产工艺流程控制策略

一、生产工艺流程控制系统分析

本章主要讨论纸浆模塑生产过程自动化方面的技术，现以全自动纸浆模塑生产线为例进行生产工艺流程控制系统的分析。

全自动纸浆模塑生产线流程如图8-1所示。由图可知，全自动纸浆模塑生产线设备分为成型、热压、物料转移三部分，其中模具的移动通过气动系统实现，所以必须对生产线工艺参数进行分析，选择控制点，确定控制策略，根据生产要求进行控制系统的设计和实现。

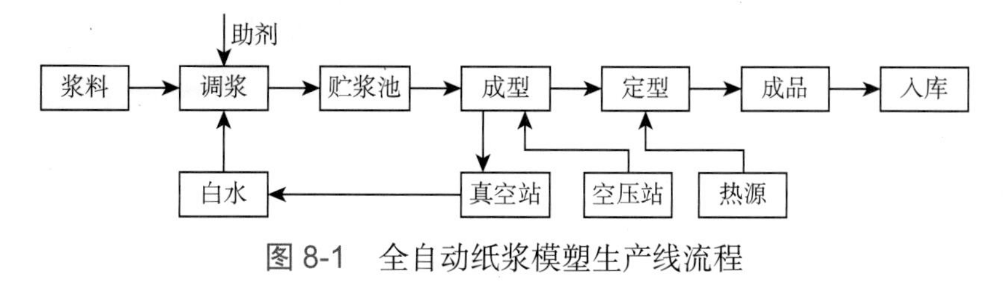

图 8-1　全自动纸浆模塑生产线流程

下面以国内某企业生产的TSMP-9570型全自动纸浆模塑制品生产设备为例进行讨论。全自动纸浆模塑制品生产设备结构简图如图8-2所示。该机由成型机构、冷压机构、热压干燥机构、翻转机构、转移机构等组成。其生产过程为：配制好的浆料由系统自动送至成型浆箱；成型下模（吸浆模）稳步下降，在下降到一半的直线轨道高度时开始翻转；在吸浆模下降的过程中，清洗模具的喷水系统自动打开对模具进行清洗，同时浆箱进浆系统自动给成型机浆箱进浆；当吸浆模下降到吸浆位置时，控制系统自动打开吸浆阀开始吸浆并保持吸浆模下降；吸浆完成后，吸浆模开始反方向运行上升；在吸浆模上升过程中，吸浆模的真空阀保持打开状态，当上升到直线轨道的中间位置时，吸浆模开始翻转，在翻转的同时喷水系统自动打开，清洗湿纸模坯毛边；当吸浆模上升到脱水位置时停止，等待脱水完成（脱水使用时间控制）；脱水完成后，吸浆模上升与热挤压模合模，对湿纸模坯进行热挤压进一步脱水；热挤压完成后，吸浆模吸气，纸模坯留在吸浆模上；上模平移系统退回到位后，吸浆模上升与热压上模合模把纸模坯转移到热压上模上；转移时吸浆模吹气，热压上模吸气，完成纸模坯转移后，吸浆模开始下降并重复上面的动作进行下一个湿纸模坯的制作；热压上模接到纸模坯后，上模平移系统开始动作把上模系统移出，移到位后热压下模上升与热压上模合模，开始烘干、整型作业；热压完成后，热压下模吸气，同时热压上模打开吹气阀把纸模坯转移到热压下模；热压下模下降到工作位置停止，上模平移系统退回到位后，热压下模上升与转移模合模，到位后热压下模吹气，转移模吸气，纸模坯被转移到转移模上；这时上模平移系统将上模系统移出，转移模吹气把纸模坯转移到机械手装置；机械手装置接到纸模坯后下降，移动到切边机，将纸模坯放进切边机的

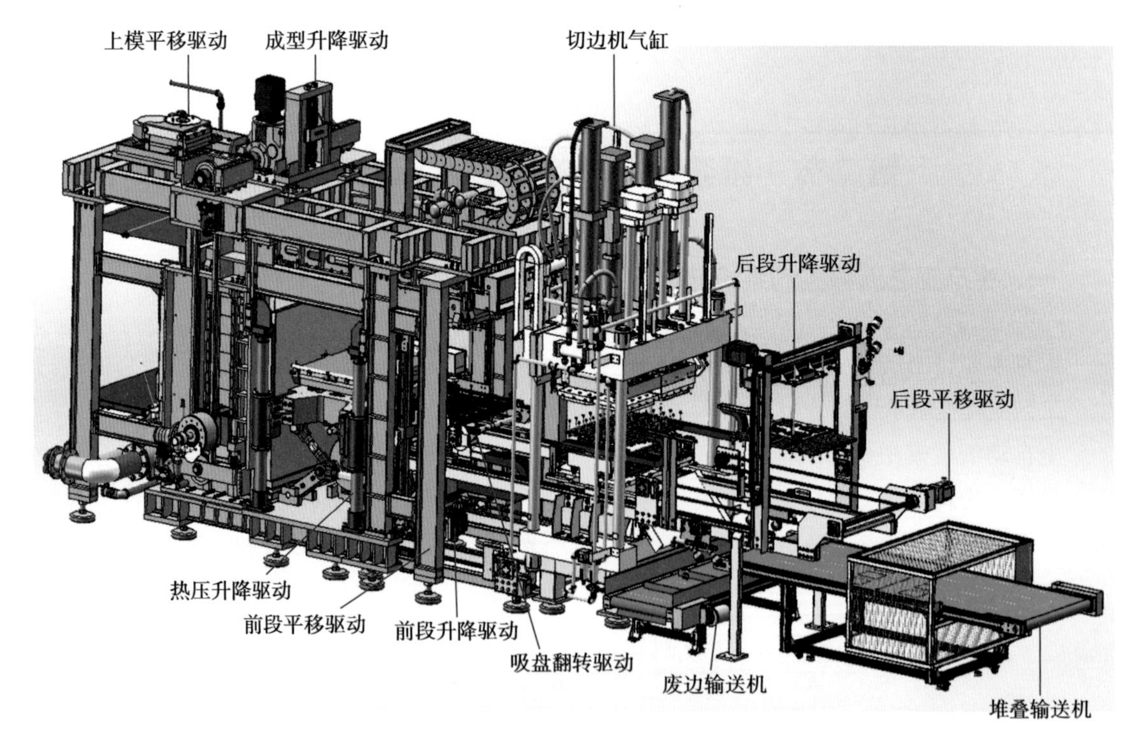

图 8-2　全自动纸浆模塑制品生产设备结构

（图片来源：佛山市必硕机电科技有限公司）

切边模具上，切边机合模切边；切边完成后，机械手装置后退吸取纸模成品后前进，将纸模成品转移到堆叠装置，堆叠装置接到纸模成品后下降完成堆叠产品。经过以上步骤就完成了整个机器从吸浆→清洗产品→脱水→热挤压→转移（吸浆模转移到热压上模）→热压转移（热压上模转移到热压下模并热压）→烘干整型→转移（热压下模转移到转移模）→转移（转移模转移到机械手装置）→转移（机械手装置到切边机）→切边→转移（切边机到机械手装置）→转移（机械手装置到堆叠装置）→堆叠的生产过程。重复上面的动作，全自动纸浆模塑制品生产设备就连续不间断地生产出纸模产品。

全自动纸浆模塑生产工艺流程控制系统就是要对上述的各个机构的工艺动作进行识别、分析、管控和操作。

二、现场工艺参数与控制策略分析

通过分析可知，与纸浆模塑生产过程直接相关的现场参数有纸浆浓度、真空系统真空度、压缩空气压力和模具温度等，这些参数互相影响，互相作用，关系复杂。

1. 纸浆浓度

浆液浓度直接影响到产品质量，浓度过低则产品强度低，容易造成产品破损、断裂，产生废品；浓度过高则增加产品重量，浪费材料，二者都将造成产品生产成本提高。采用人工控制浆液浓度，控制精确度差，响应速度慢，采用自动控制则要好得多。

虽然国内有现成的造纸行业使用的浆浓控制系统，但由于在纸浆模塑生产过程中，设备机台分布比较分散，浆液输送管道较长，使得在整个系统中浆液浓度控制比较困难。因而采用多点测试、多点调节的方法来调节浆液浓度，控制过程采用PID算法，由浆液浓度测量传感器送来浓度变化信息，由控制计算机计算后输出相应的控制量控制稀释清水量，即可满足急剧变化的控制要求，也满足了累积趋势的控制要求。实践表明，这种控制响应速度较快，控制精确度较高，产品生产率和成品率皆能达到甚至超过设计要求，完全能满足生产需要。

2. 真空度

真空度的高低同样影响着纸浆模塑产品的质量，但是真空度的控制比纸浆浓度控制更难。因为系统的真空度是由真空泵的工作能力、真空用量、缓冲罐大小、管路长度等多因素共同决定的。为稳定真空度而购置大功率真空泵和大型缓冲罐不但加大了设备投资，也增大了电耗，是不可取的。纸浆模塑生产中采用间接控制的方法，即不直接控制真空度，转而控制由真空度变化而受影响的对象。通过分析得知，真空度的改变主要影响湿纸模的成型。真空度高，湿纸模成型时间短；真空度低，湿纸模成型时间长。如果成型抽真空时间固定不变，则会造成真空度高时浪费能源，真空度低时湿纸模坯不干，影响正常生产。因此把成型抽真空时间当作变量进行控制，在真空度高时自动缩短抽真空时间，在真空度低时自动延长抽真空时间，以保障设备的正常工作需要，是一种比较理想的控制方法。

3. 模具温度

采用导热油加热模具，温度不容易控制。采用间接控制的方法可以达到目的，即通过控制热压定型时间来控制模具温度。当模具温度高时，若热压时间过长，则浪费热能并可能烤焦产品；模具温度过低，加热时间过短则易产生粘模故障，影响设备的正常运行。将模具温度与加热定型时间联系起来，由模具温度反馈控制热压定型时间，当模温高时自动缩短热压时间，模温低时自动延长热压时间，模温与时间的关系曲线可以由操作人员根据操作的经验通过人机界面输入控制系统，控制系统将根据该数据自动进行控制。

4. 动作循环控制

纸浆模塑生产线动作循环是由模具下移、吸浆、模具上移、冷挤压成型、热压定型、物料转移等周而复始地循环，整个过程为一个顺序过程，故可用可编程控制器来实现顺序动作循环进行控制。其主要的技术难点在于：由于纸浆模塑生产过程中含有冷挤压成型、热压定型两道工序，并且两道工序不能合并，必然存在纸模制品转移的问题。可通过微动开关与可编程控制的配合控制来解决这个问题。当制品转移成功时，已转移的制品压住微动开关，微动开关向可编程控制器发送接料信息，接料成功则继续执行下一动作，接料失败则重试三次接料。否则停机报警，等待操作人员处理后继续运行。

第三节　纸浆模塑生产线可编程序控制器的选用

一、生产线控制要求

纸浆模塑生产线要求机、电、气一体化，生产过程按生产流程（如图8-1）依序连续完成，自动化程度高，运行安全可靠，整个生产过程基本上实现无人操作。由于生产线生产过程复杂，现场环境比较潮湿，对设备有一定腐蚀，输入/输出I/O点数多，并且要求现场生产故障率低，可靠性高等。根据工艺流程和控制要求（动作顺序循环为主），可选用可编程序控制器代替单片机作为控制系统核心部件。

二、PLC 的选择

PLC是控制系统的中心，选择得好既能完成任务又能减少成本投入，选择的核心问题是I/O点数的问题。一般所选择的PLC的I/O点应等于或略大于实际I/O点数。

全自动纸浆模塑机主要的驱动机构是电机，采用现在比较普遍的Profinet通讯模式，整套系统共有8台伺服电机、3台普通电机及一套切边液压系统。首先I点选择，全自动纸浆模塑机生产线的输入信号有系统开启，检测元件接近开关定位检测等。其中，操作键盘I点有系统开启5点；伺服电机的限位以及原点开关，切边气缸的上下位、转移机械手上的气缸限位开关，共有I点36个。

再选择O点。全自动纸浆模塑生产线的输出信号用于控制电磁阀、指示灯等。其中，指示灯1个，电磁阀有控制转移气缸电磁阀2个，控制左右热压缸电磁阀4个，控制左右水平移动缸电磁阀4个，控制左右热压定位缸电磁阀4个，控制接料定位缸电磁阀8个，吸模、脱模电磁阀10个，则O点共有33点。

通过上述计算可知，控制系统的总I/O点数为I点36点、O点33点，共69点，实际选择点数比计算大5%～30%，以最大值30%计，实际所需最少I/O点数为90点，可选择小型PLC（小型PLC点数在65～128点，内存容量在1～3.6KB），可采用西门子S7-1200的1215为CPU单元，外加4个16个输入/输出扩展I/O，构成100点I/O，其中I点数为60点、O点数为40点，与设计的I/O点数相适应。1215体积小，重量轻，功能丰富，处理速度快，还可通过可编程终端进行编程，外围接口可供选择余地多，且全为标准化模块，方便用户使用。其中，用户存储器有2 KB，数据存储器有1 KB，简单易学，而且满足生产线控制要求。

三、I/O 点的配置

西门子S7-1200的I点主要配置如表8-1所示，O点主要配置如表8-2所示。

表8-1　I点配置

序号	名称	规格	序号	名称	规格
I0.0	成型翻转上限位	DC 24V	I3.4	平移模点动前进	DC 24V
I0.1	成型翻转原点	DC 24V	I3.5	平移模点动回原	DC 24V
I0.2	成型翻转下限位	DC 24V	I3.6	平移模点动后退	DC 24V
I0.3	热压升降上限位	DC 24V	I3.7	急停信号	DC 24V
I0.4	热压升降原点	DC 24V	I4.0	SSSR1跳闸检测	DC 24V
I0.5	热压升降下限位	DC 24V	I4.1	SSSR2跳闸检测	DC 24V
I0.6	上模平移原点	DC 24V	I4.2	SSSR3跳闸检测	DC 24V
I0.7	安全门请求	DC 24V	I4.3	SSSR4跳闸检测	DC 24V
I1.0	备用	DC 24V	I4.4	SSSR5跳闸检测	DC 24V
I1.1	翻转过压保护	DC 24V	I4.5	SSSR6跳闸检测	DC 24V
I2.0	系统手动	DC 24V	I4.6	SSSR7跳闸检测	DC 24V
I2.1	系统自动	DC 24V	I4.7	SSSR8跳闸检测	DC 24V
I2.2	消音按钮	DC 24V	I5.0	成型模伺服跳闸	DC 24V
I2.3	复位按钮	DC 24V	I5.1	热压模伺服跳闸	DC 24V
I2.4	备用	DC 24V	I5.2	上模伺服跳闸	DC 24V
I2.5	备用	DC 24V	I5.3	SSSR9跳闸检测	DC 24V
I2.6	成型翻转点动上	DC 24V	I5.4	安全继电器信号	DC 24V
I2.7	成型翻转点动回原	DC 24V	I5.5	SSSR10跳闸检测	DC 24V
I3.0	成型翻转点动下	DC 24V	I5.6	SSSR11跳闸检测	DC 24V
I3.1	热压升降点动上	DC 24V	I5.7	SSSR12跳闸检测	DC 24V
I3.2	热压升降点动回原	DC 24V	I6.0	取料升降上限位	DC 24V
I3.3	热压升降点动下	DC 24V	I6.1	取料升降原点	DC 24V

续表

序 号	名 称	规 格	序 号	名 称	规 格
I6.2	取料升降下限位	DC 24V	I9.3	移裁1后退按钮	DC 24V
I6.3	取料点动上升	DC 24V	I9.4	堆叠上升按钮	DC 24V
I6.4	取料点动回原	DC 24V	I9.5	堆叠原点按钮	DC 24V
I6.5	取料点动下降	DC 24V	I9.6	堆叠下降按钮	DC 24V
I6.6	取料上吸盘上限位	DC 24V	I9.7	液压缸下限位	DC 24V
I6.7	取料上吸盘下限位	DC 24V	I10.0	前段升降伺服跳闸	DC 24V
I7.0	备用	DC 24V	I10.1	移裁1伺服跳闸	DC 24V
I7.1	取料下吸盘上限位	DC 24V	I10.2	堆叠升降伺服跳闸	DC 24V
I7.2	取料下吸盘下限位	DC 24V	I10.3	翻转伺服跳闸	DC 24V
I7.3	备用	DC 24V	I10.4	移裁2伺服跳闸	DC 24V
I7.4	堆叠输送电机跳闸	DC 24V	I10.5	取料翻转原点位	DC 24V
I8.0	前段平移前限位	DC 24V	I10.6	取料翻转下限位	DC 24V
I8.1	前段平移原点位	DC 24V	I10.7	取料翻转上限位	DC 24V
I8.2	前段平移后限位	DC 24V	I11.0	移裁2原点位	DC 24V
I8.3	堆叠升降上限位	DC 24V	I11.1	移裁2前限位	DC 24V
I8.4	堆叠升降原点位	DC 24V	I11.2	移裁2后限位	DC 24V
I8.5	堆叠升降下限位	DC 24V	I11.3	备用	DC 24V
I8.6	液压缸上限位	DC 24V	I11.4	备用	DC 24V
I8.7	液压缸中限位	DC 24V	I11.5	废边电机跳闸	DC 24V
I9.0	备用	DC 24V	I11.6	安全门复位	DC 24V
I9.1	移裁1前进按钮	DC 24V	I11.7	备用	DC 24V
I9.2	移裁1原点按钮	DC 24V			DC 24V

表8-2 O点配置

序 号	名 称	规 格	序 号	名 称	规 格
Q0.4	安全门输出	DC 24V	Q2.5	前取料左真空	DC 24V
Q0.5	系统异常黄灯	DC 24V	Q2.6	前取料右真空	DC 24V
Q0.6	系统运行绿灯	DC 24V	Q2.7	取料左排空	DC 24V
Q0.7	系统报警红灯	DC 24V	Q3.0	翻转刹车气缸	DC 24V
Q1.0	系统蜂鸣器	DC 24V	Q3.1	后取料下气缸	DC 24V
Q2.0	成型模吹气	DC 24V	Q3.2	备用	DC 24V
Q2.1	成型模抽真空	DC 24V	Q3.3	翻转原点指示	DC 24V
Q2.2	热压排空	DC 24V	Q3.4	热压原点指示	DC 24V
Q2.3	冷压模抽气	DC 24V	Q3.5	平移原点指示	DC 24V
Q2.4	切边废品扫把	DC 24V	Q3.6	加油机输出	DC 24V

续表

序 号	名 称	规 格	序 号	名 称	规 格
Q3.7	故障灯指示输出	DC 24V	Q9.2	后取料上吸盘吹气	DC 24V
Q4.0	成型进浆阀	DC 24V	Q9.3	堆叠吸盘左真空	DC 24V
Q4.1	洗膜	DC 24V	Q9.4	堆叠吸盘右真空	DC 24V
Q4.2	上模2加热4	DC 24V	Q9.5	堆叠电机启动	DC 24V
Q4.3	热压模加热4	DC 24V	Q9.6	洗毛边	DC 24V
Q4.4	上模1加热1	DC 24V	Q9.7	前取料吸盘右排空	DC 24V
Q4.5	上模1加热2	DC 24V	Q10.0	废边电机启动	DC 24V
Q4.6	上模1加热3	DC 24V	Q5.5	热压模加热2	DC 24V
Q4.7	热压模加热1	DC 24V	Q5.6	翻转小真空	DC 24V
Q5.0	热压模加热3	DC 24V	Q5.7	后取料上气缸	DC 24V
Q5.1	上模1加热4	DC 24V	Q8.0	电磁溢流阀	DC 24V
Q5.2	上模2加热2	DC 24V	Q8.1	主缸快下	DC 24V
Q5.3	上模2加热3	DC 24V	Q10.1	液压缸模具真空	DC 24V
Q5.4	热压模加热1	DC 24V	Q10.2	液压缸模具排空	DC 24V
Q8.2	主缸回程	DC 24V	Q11.0	洗膜2	DC 24V
Q8.3	主缸工进	DC 24V	Q11.1	搅拌箱吹气	DC 24V
Q8.4	主缸泄压	DC 24V	Q11.2	上模3吹气	DC 24V
Q8.5	液压电机输出	DC 24V	Q11.3	上模3抽真空	DC 24V
Q8.6	备用	DC 24V	Q11.4	上模2吹气	DC 24V
Q8.7	后取料下吸盘真空	DC 24V	Q11.5	上模2真空	DC 24V
Q9.0	后取料下吸盘吹气	DC 24V	Q11.6	热压吹气	DC 24V
Q9.1	后取料上吸盘真空	DC 24V	Q11.7	热压真空	DC 24V

第四节　控制系统的软硬件

一、硬件组成

纸浆模塑生产过程为：成型模具下移、吸浆、成型模具上移、增压脱水、热压定型、物料转移等动作，整个生产过程为一个顺序过程，用PLC可编程控制器来实现动作循环。

如图8-3给出一个以可编程序控制器为主的核心控制系统硬件原理图。其中，PLC包括1个主机西门子S7-1200的1215为CPU单元和4个扩展单元16个输入/输出扩展I/O，输入部分有检测传感器、接近开关、磁控开关和启动按扭等，输出部分有执行电磁阀、指示灯等，还有用于显示操作的图形终端及上传数据的通信电路。编程终端采用西门子公司的博图TIA Portal V15.1，这是一款西门子打造的全

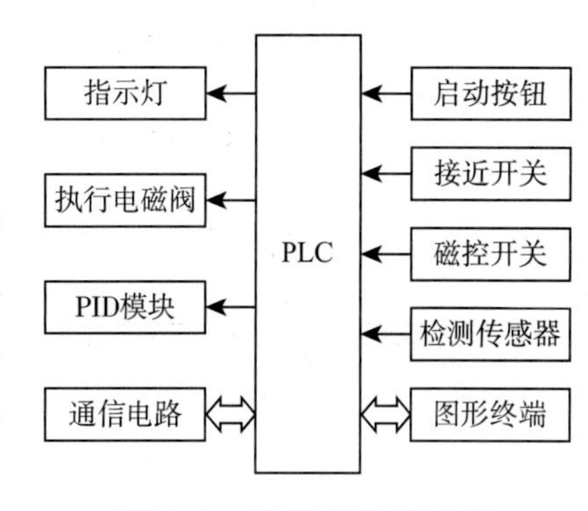

图 8-3　控制系统原理图

集成自动化编程软件。

整个程序采用模块化结构，分为循环动作运行和手动运行两个模块。循环动作运行是生产正常下的运行模块，手动运行为设备检修或设备调试运行模块。

二、生产线程序框图

根据系统的要求，软件编程的主要任务包括：将吸浆冷挤压成型、烘干定型和物料转移的动作协调起来，组成一个动作顺序循环，并在图形终端表示出来。纸浆模塑生产线为一个成型工位，一个热压工位组成的动作循环控制。这里以成型生产流程说明程序的流程框图。如图8-4（a）所示为成型运行程序流程框图。主要工位有成型升降、上模平移和热压升降三个。如图8-4（b）、图8-4（c）、图8-4（d）所示为后段运行程序流程框图。主要工位有前段升降、前段取料翻转、前段平移、切边机、后段平移和堆叠升降六个。

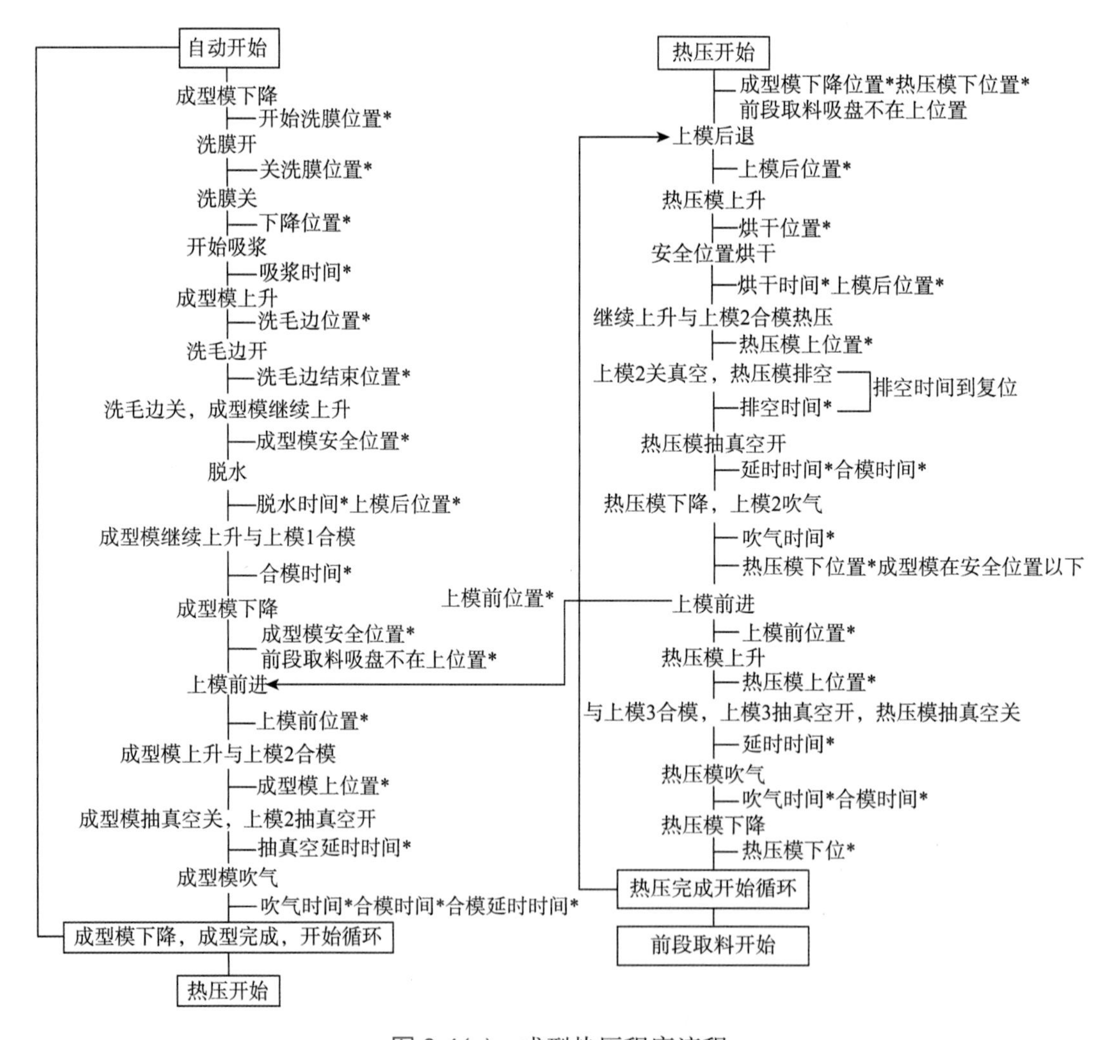

图 8-4(a)　成型热压程序流程

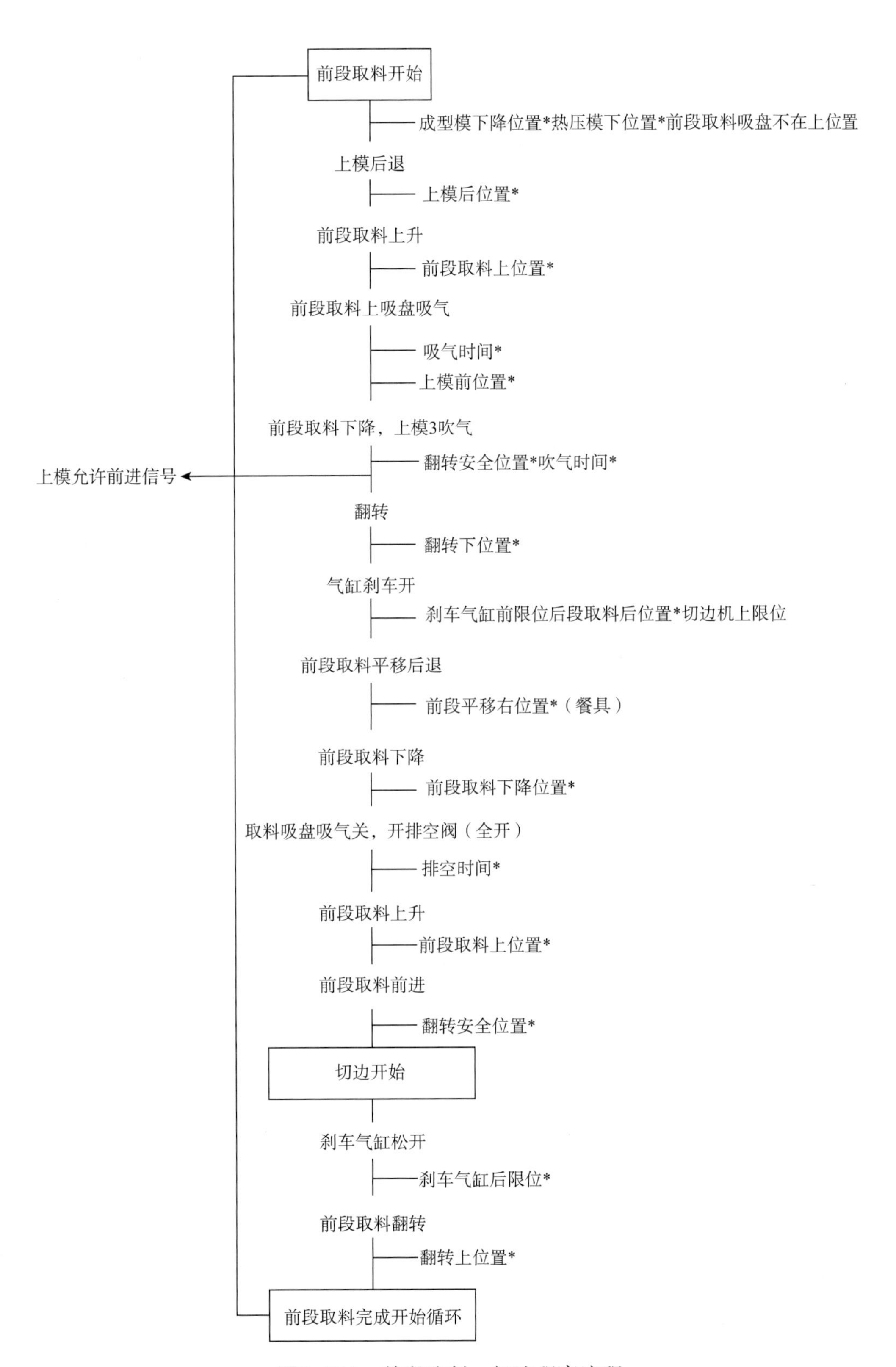

图8-4(b)　前段取料、切边程序流程

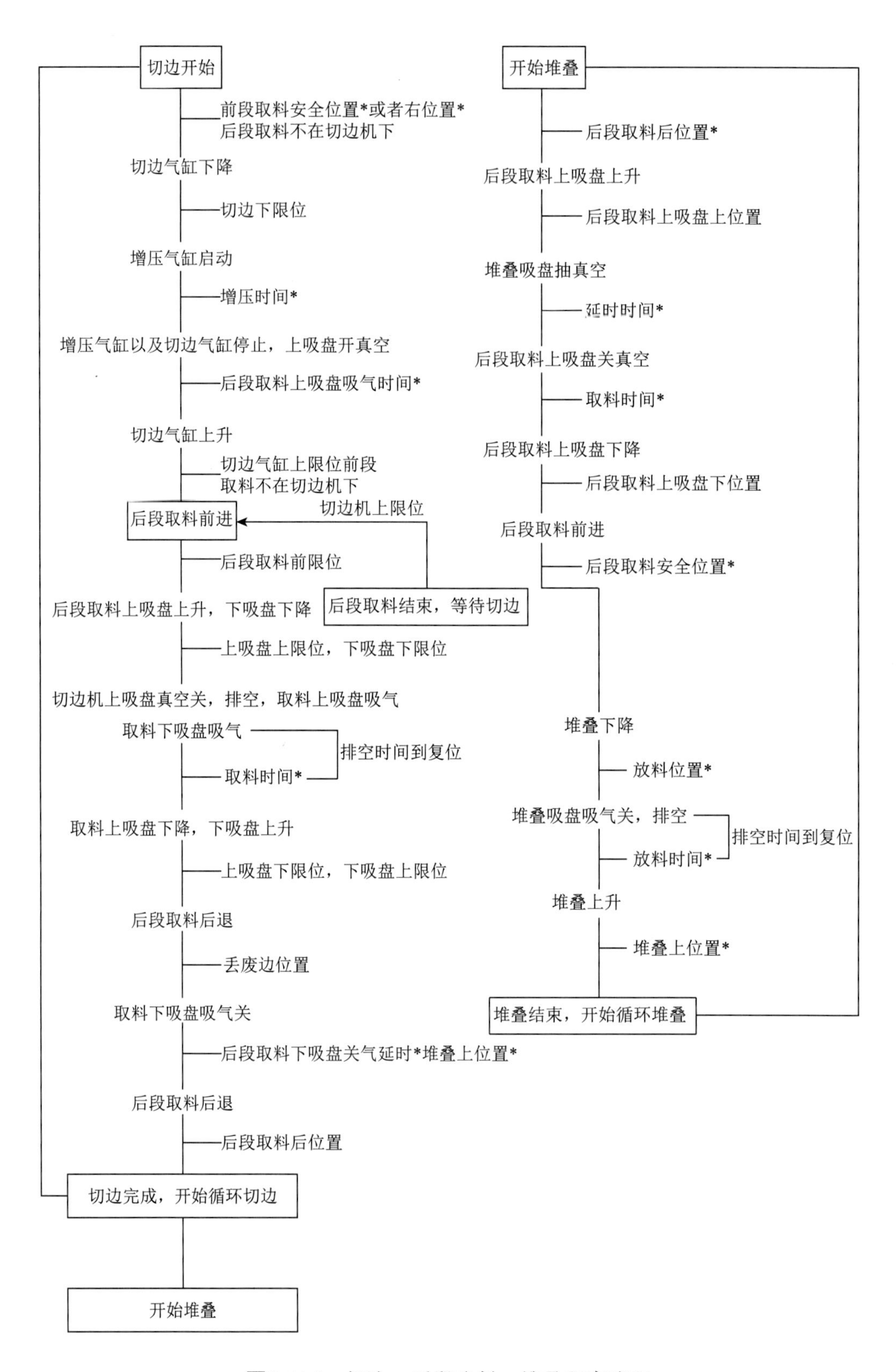

图8-4(c) 切边、后段取料、堆叠程序流程

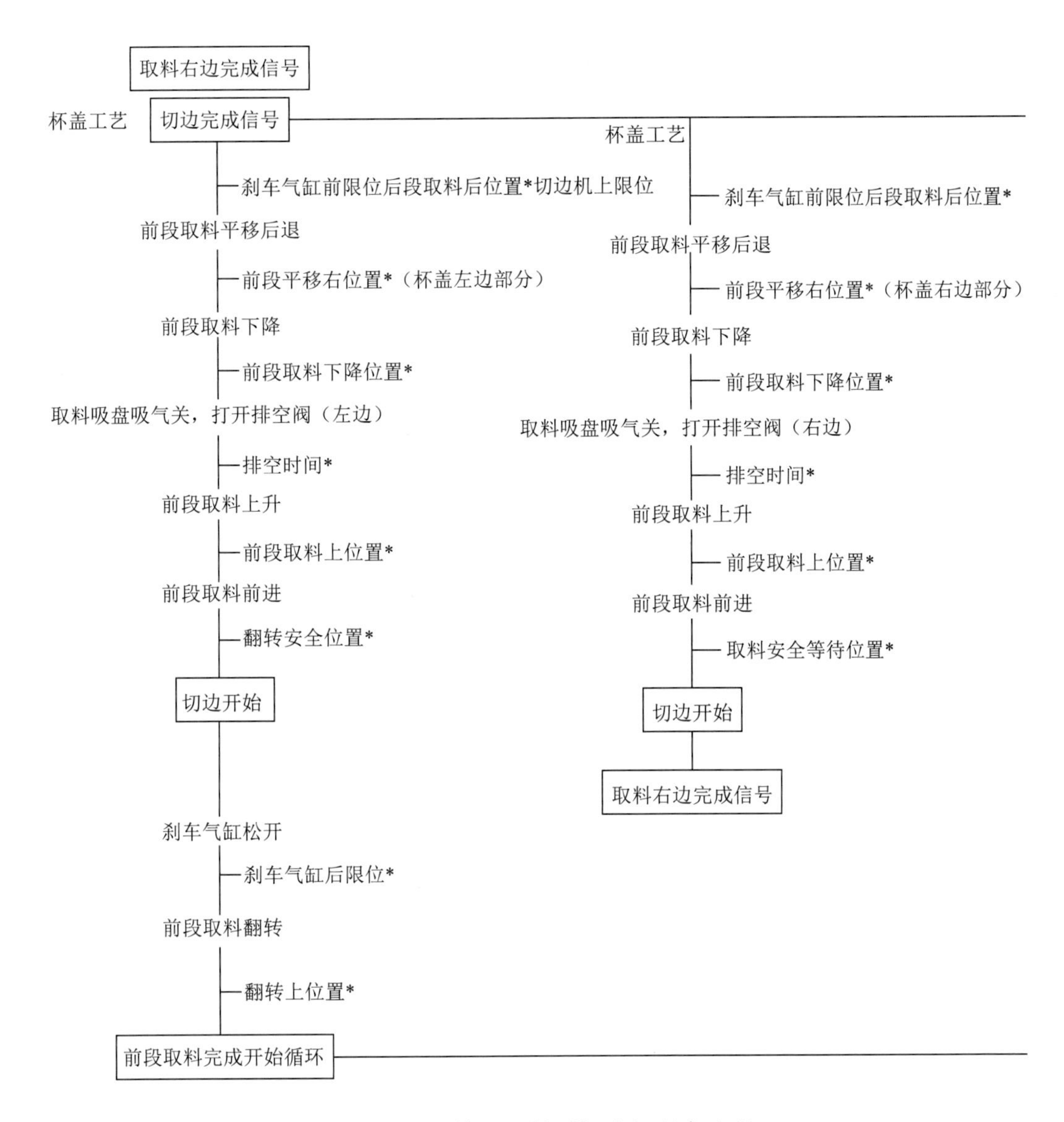

图8-4(d)　前段送料到切边机程序流程

三、图形编程终端

采用的图形编程终端为6AV2123-2MB03-0AX0，蓝屏幕米灰色底，其具有文字显示功能（可全中文、英文或其他国家语言显示）、半图形功能、数值显示功能、灯闪功能、图表显示功能、开关输入功能，并带有多种内置的控制单元，可以与PLC直连连接通信，适合TIA Portal V15.1的可编程终端中文支持软件。该图形编程终端最大的优点为操作界面友好、简单（操作者无须专门培训，可以依据中文提示操作），操作界面替代传统的按钮和开关，提高系统运行可靠性，降低后期维护的难度。其界面程序分为手动和自动两部分。自动为正常生产使用，手动为调试产品时使用，方便用户生产和试验。

四、生产线程序运行

纸浆模塑生产线程序的重点在于保证在正常时序时同一时间内不同机械运动件不会存在同一空间，同时保证在某些运动件发生运行故障时会自动停机，等待人工排除后继续按正常时序运行，绝不因异常的时序引发机械损坏，从而保证了自动线持续、安全、可靠及稳定的运行。

纸浆模塑生产线控制系统采用了西门子S7-1200系列PLC作为系统的主控制单元，简化电路构成（只有输入与输出），方便调试与修改，缩短设备的研制与生产周期及设备和后期维护（支持该产品的外部扩展单元也非常齐全，备品备件多，容易购买）。检测单元全部采用IME12-08NPSZCOS光电开关，此开关的安装、更换和调整都非常方便，同时具有很好的防潮和耐腐蚀特点，非常适合自动线恶劣运行环境的需要，同时提高设备的可靠性和降低生产成本。系统的运行频度高，日工作次数可达十几万次。

生产试验表明，纸浆模塑生产线控制系统稳定可靠，能满足生产需要。其特点有：控制系统体积小，重量轻，造型美观；操作界面友好，便于维护；无触点接近开关代替有触点开关，可编程终端代替传统按钮和面板开关，降低了系统故障率，提高了系统可靠性；合理的软件设计，避免运动件的干涉，提高了系统运行的稳定性。随着纸浆模塑生产规模的不断扩大，生产线数量增加，生产设备机台数增加，纸浆模塑生产线控制系统也在不断地进行改进和提高。

第九章　纸浆模塑的质量控制与检验

随着我国国民经济的快速发展和人们环保意识的不断增强，纸浆模塑行业及其制品得到了社会各界更多的重视，纸浆模塑作为一个低利润的行业，生产中的每一步都要谨小慎微。产品品质是纸浆模塑生产企业的生命线，从设计到生产阶段进行品质控制，减少质量问题，提高生产效益是企业的最终目标。纸浆模塑的质量控制是一个系统工作，涉及设计、生产及应用的各个方面。纸浆模塑质量控制系统通过大量的检测数据积累和质量大数据分析，为纸浆模塑行业的健康发展提供数据支撑，为提高纸浆模塑制品的品质提供保障。

第一节　纸浆模塑制品的质量要求

纸浆模塑制品根据其用途不同，普遍使用的有三大类：纸浆模塑餐具、纸浆模塑蛋托、纸浆模塑工业包装制品。

纸浆模塑餐具是指纸浆通过成型、模压、干燥等工序制得的纸质餐具，包括模塑纸杯、模塑纸碗、模塑纸餐盒、模塑纸盘和模塑纸碟等。这类产品属于食品直接接触材料，采用原生纤维浆作为原料，强度优于其他同类产品，而且回收价值大、可降解，被视为绿色、环保的产品。其质量要求遵循国家标准GB/T 36787—2018《纸浆模塑餐具》。纸浆模塑餐具的质量要求包括外观、尺寸偏差、容量偏差、漏水性、耐温性能、杯身挺度、负重性能、抗压性能、盒盖对折试验、跌落试验、交货水分、安全要求和原料要求等。

纸浆模塑蛋托具有疏松的材质和独特的蛋形曲面结构，有更好的透气性、保鲜性和优良的缓冲性及定位作用，适用于鸡蛋、鸭蛋、鹅蛋等禽蛋的大批量运输包装。使用纸浆模塑蛋托包装鲜蛋，在长途运输过程中，蛋品的破损率可以由传统包装的8%～10%降低到2%以下。其质量要求遵循行业标准BB/T 0015—20××《纸浆模塑蛋托》（征求意见稿）。纸浆模塑蛋托的质量要求包括外观、规格尺寸、质量偏差、含水率、耐水性、耐压性和脆性等。

纸浆模塑工业包装制品是近几年迅猛发展的新型包装材料，例如用于包装电子产品、化妆品、医药用品、精密仪器等工业品的纸浆模塑制品。为防止此类工业品在包装内的移动、刮擦等造成的损坏，采用纸浆模塑制品做定位内部缓冲包装，对纸浆模塑制品的产品尺寸、外观、质量要求极高。其质量要求遵循行业标准BB/T 0045—20××《纸浆模塑制品 工业品包装》（征求意见稿）。纸浆模塑工业包装制品的质量要求包括外观、规格尺寸、质量允差、含水率、抗水性和抗压力等。

一、纸浆模塑餐具质量要求

1. 外观质量要求

纸浆模塑餐具色泽应均匀，同批产品应无明显色差，表面应平整洁净、无油污、无破裂、无孔眼、边缘光滑、规整，模切应整齐，无异物、异味。带盖纸浆模塑餐具的盖子盖合应方便、平整，容器与盖应匹配，反弹性盖应可别扣。

2. 物理机械性能

纸浆模塑餐具的物理机械性能指标应符合表9-1规定。

表9-1　物理机械性能

指标名称		规　定			
		模塑纸杯	模塑纸碗	模塑纸餐盒	模塑纸盘/碟/托
尺寸偏差/mm		—		±2	
容量偏差/%		±4.0		—	
漏水性[a]		无渗漏			
耐温性能	（95±5）℃水，30min[b]	无阴渗、无渗漏、无变形			
	（95±5）℃油，30min[c]				
杯身挺度/N		≥3.5	—	—	—
负重性能/%		—		≤7.0	—
抗压性能/N		—	≥300	—	—
盒盖对折试验		—		无裂纹、无破损	—
跌落试验		无破损			
交货水分/%		≤7.0			

[a]标称无盛装液体功能的模塑纸杯、模塑纸碗、模塑纸餐盒等不考核，模塑纸盘、碟、托等不考核。
[b]仅对预盛装热菜、热食物及热饮的模塑纸杯、模塑纸碗、模塑纸餐盒等考核，标称不耐高温的模塑纸杯、模塑纸碗、模塑纸餐盒等不考核，模塑纸盘、碟、托等不考核。
[c]仅对预盛装热菜、热食物的模塑纸碗、模塑纸餐盒等考核，标称不耐油的模塑纸碗、模塑纸餐盒等不考核，模塑纸杯、纸盘、碟、托等不考核。

3. 其他特殊要求

（1）安全要求

纸浆模塑餐具应符合GB 4806.8—2016《食品接触用纸和纸板材料及制品》的规定。其规定食品接触用纸和纸板材料及制品使用的原料不应对人体健康产生危害，对理化指标包括铅、砷指标，残留物指标（甲醛、荧光性物质），迁移物指标（高锰酸钾消耗量、重金属）等有详细规定。

（2）原料要求

纸浆模塑餐具原料应符合QB/T 5051—2017《模塑纸餐具专用纸浆》的规定，原材料应无毒、无害、无污染。规定用于生产模塑纸餐具所用的各种纸浆包括木浆、草浆、苇浆、蔗渣浆、竹浆或以上混合。

二、纸浆模塑蛋托质量要求

随着鲜蛋销售包装的逐步改善，纸浆模塑蛋托已成为最常见的鲜蛋包装材料之一，纸浆模塑蛋托具有保护性能良好、便于回收、原料易得等优点，产品种类也随着市场需求大幅增加，从原标准中规定的盛装30枚，扩展到20枚、25枚、40枚等规格，并且其生产技术也得到了很大的提高。纸浆模塑蛋托的盛装枚数宜以5为模数，蛋托高度宜高于35mm，两个相邻蛋窝中心距应符合客户需求，蛋托的单位重量应符合客户需求。

1. 外观质量要求

纸浆模塑蛋托外观应无硬杂质、洞孔、破口、折损、裂缝、断边沿等机械性损坏。正面可有网络纹迹，反面可有轻度波纹。同批产品应色泽均匀，正反面不得有不洁斑点。允许有纸质气味，不得有其他异味，不得有霉变。

2. 物理机械性能

（1）规格尺寸

纸浆模塑蛋托截面示意图如图9-1所示，其规格尺寸偏差见表9-2。

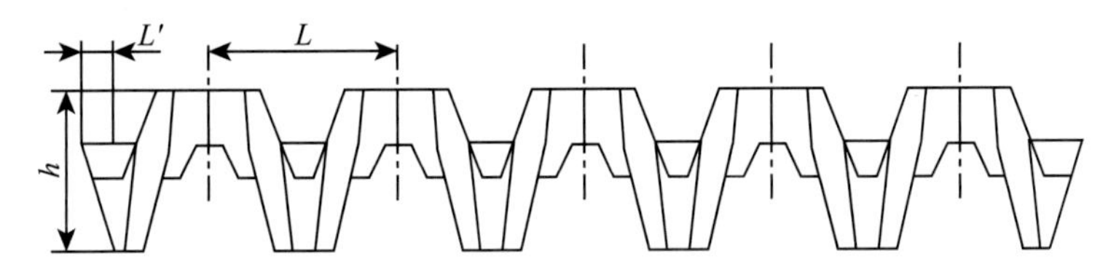

图 9-1　纸浆模塑蛋托截面示意图

表9-2　纸浆模塑蛋托规格尺寸偏差

尺寸代号	L	L'	h
尺寸偏差	≤±1%	≥8mm	≤±1%

注：规格尺寸按供需双方商定。

（2）物理机械性能

纸浆模塑蛋托的物理机械性能应符合表9-3规定。

表9-3　纸浆模塑蛋托的物理机械性能

项目	质量偏差/%	含水率/%	耐水性	耐压性	脆　性
指标	≤10	≤10	盛水48h不渗漏	830N压力下变形量≤3mm	4个拐角蛋窝中分别承受0.5kg砝码保持1分钟无折损或裂缝

三、纸浆模塑工业包装制品质量要求

纸浆模塑工业包装制品具有拔模角度小、R角小、规格尺寸要求高、外观精美、生产设备和模具精度要求高、产品附加值高等特点，近年来用户对纸浆模塑工业包装制品品质精度要求越来越高，特别是电子产品、化妆品、医药用品、精密仪器等行业对高精度纸浆模塑包装制品的需求与日俱增，这也符合国家关于产业升级的要求，高端纸浆模塑制品使用天然植物纤维原料，具有绿色环保、可降解、可循环再生利用等优点，符合国家关于绿色生产、可持续发展的产业政策。

纸浆模塑工业包装制品按缓冲防护功能和定位功能分为三类：A类、B类、C类。

A类：以缓冲防护功能为主要技术特征，具有一定的定位功能的纸浆模塑制品。

B类：同时兼顾缓冲防护和定位功能的纸浆模塑制品。

C类：以精确定位功能为主要技术特征，具有一定的缓冲防护功能的纸浆模塑制品。

1. 外观质量要求

纸浆模塑工业包装制品的外观质量要求应符合表9-4规定。

表9-4　纸浆模塑工业包装制品的外观质量要求

项目	要求					
	A类		B类		C类	
	产品正面	产品反面	产品正面	产品反面	产品正面	产品反面
异物杂质	—		应无异物杂质（长度大于7mm的毛丝不应超过2条）、无脏迹	—	应无异物杂质（长度大于7mm的毛丝不应超过2条）、无脏迹	—
异色点	不应有明显霉变的异色点		不应有面积大于20mm^2的异色点；每50mm × 50mm面积内大于7mm^2的异色点不应超过3个	—	不应有面积大于2.5mm^2的异色点；每10mm × 10mm面积内大于1.5mm^2的异色点不应超过3个，大于0.3mm^2的异色点不应超过5个	—
挂浆	—		不应有面积大于100mm^2的块状挂浆，面积不大于100mm^2块状挂浆不超过1个；线形挂浆的累计长度不应大于100mm	—	不应有面积大于100mm^2的块状挂浆，面积不大于100mm^2的块状挂浆不应超过1个；线形挂浆的累计长度不应大于100mm	—
褶皱	—				A型褶皱累计分布长度不大于100mm	—
					不应有分布宽度大于5mm的B型褶皱；分布宽度不大于5mm的B型褶皱，累计面积不应超过200mm^2	
开裂	不应有宽度超过1mm、长度超过40mm的通透性开裂	—	不应有通透性开裂和宽度大于3mm的开裂；开裂单一长度不应大于40mm，累计长度不应大于80mm	—	不应有通透性开裂和宽度大于2mm的开裂；开裂单一长度不应大于20mm，累计长度不应大于50mm	—
R角弧面粗糙	—				R角弧面处应光滑	—
凹凸点	—				不应有面积大于2.0mm^2的凹凸点；面积大于0.7mm^2的凹凸点，单个面不应超过2个	—
网格印	—				不应有清晰可见的网格印	—
变形	—		应无明显的平面翘曲、收缩、膨胀等变形缺陷			
裁切	—		切口应平滑整齐，无毛边、无压痕、无刀花、无起皮、烧焦、黄点等			
水迹印	—		应无大于25mm^2的水迹印	—	应无目视可见的水迹印	—
晕圈	—		—		应无目视可见的晕圈	—
图文标记	应清晰可辨识					

2. 规格尺寸

纸浆模塑工业包装制品的规格尺寸应符合表9-5要求。

表9-5　纸浆模塑工业包装制品规格尺寸要求　　单位：mm

项　目		要　求		
		A类	B类	C类
长度允差	l≤100	±2	±1.0	±0.5
	100<l≤200	±3	±1.2	±0.5
	200<l≤400	±4	±1.5	±0.8
	400<l≤600	±6	±2.0	±1.0
	600<l≤1000	±8	±3.0	*
	l>1000	±10	*	*
宽度允差	b≤100	±2	±1.0	±0.5
	100<b≤200	±3	±1.2	±0.5
	200<b≤400	±4	±1.5	±0.8
	400<b≤600	±6	±2.0	±1.0
	600<b≤1000	±8	±3.0	*
	b>1000	±10	*	*
高度允差	h≤100	±2	±1.0	±0.5
	h>100	±3	±1.5	*
平面度	l≤200	—	—	≤2.0
	200<l≤400			≤3.0
	400<l≤600			≤4.0
直线度	l≤300	—	—	<1.0
	300<l≤600			<1.5

注："—"表示不要求，"*"表示供需双方商定。

3. 物理机械性能

纸浆模塑工业包装制品的物理机械性能应符合表9-6要求。

表9-6　纸浆模塑工业包装制品物理机械性能

项　目		要　求		
		A类	B类	C类
质量允差/%	m≤20g	≤15	≤15	≤15
	20g<m≤50g			≤12
	50g<m≤100g	≤10	≤10	≤10
	100g<m≤300g	≤8	≤8	≤8
	300g<m≤500g	≤7	≤7	≤7
	500g<m≤1000g	≤6	≤6	≤6
含水率/%		≤14	≤14	≤12
抗水性（如要求时）/min		≥3		≥10
色差		同批产品应色泽均匀，不应有明显的色差		产品正面与标准样之间的CIE LAB色差ΔE_{ab}^{*}应不大于3.5
抗压力		按供需双方协商，按本章第二节中抗压测试方法进行测试		

第二节　纸浆模塑制品的检验方法

一、纸浆模塑制品一般性能检测

1. 外观检测

（1）纸浆模塑餐具外观

在自然光或日光灯下，按纸浆模塑餐具外观质量要求，观察试样的外观，每种样品目测10个试样。如果2个以上（含2个）的试样不符合规定，则判定该项不合格。

（2）纸浆模塑蛋托外观

在自然光下，按纸浆模塑蛋托外观质量要求，目测检验。

（3）纸浆模塑工业包装制品外观

①目视检测

a. 照明条件：采用D50标准光源，照度500～1500 lx；

b. 照明均匀度：在观察面1m × 1m的范围内，任意一点照度与中心点照度的比值≥80%；

c. 检验距离：（300 ± 50）mm；

d. 与入射光线夹角：（45 ± 10）°；

e. 试验方法：如图9-2所示，检验时，先在*X-Y*水平面转动产品进行观察，接着分别在*X-Z*和*Y-Z*面30°的范围内转动产品进行观察；

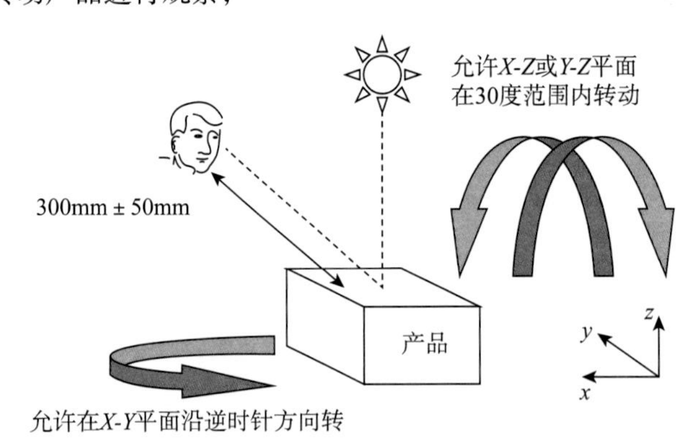

图 9-2　检验方法示意图

②异物杂质

使用精确度为0.5mm的长度测量工具，测量毛丝的最大直线距离作为毛丝的长度。

③异色点、凹凸点、水迹印

用符合GB/T 1541—2013《纸和纸板 尘埃度的测定》附录A的标准尘埃图比对测量点形状、大小，测定其面积。

④挂浆

按下述方法进行测量和计算：

a. 区分类型：将能容纳直径2mm圆形面积的挂浆称为块状挂浆，其他挂浆称为线形挂浆；

b. 块状挂浆：用符合GB/T 1541—2013《纸和纸板 尘埃度的测定》附录A的标准尘埃图比对块状挂浆形状、大小，鉴定其面积；

c. 线形挂浆：使用精确度为0.5mm的长度测量工具，测量线形挂浆的最大直线距离作为其长度值，各个线形挂浆长度值之和作为累计长度。

⑤褶皱

使用精确度为0.5mm的测量工具，按下述方法进行测量和计算。

a. 区分类型：测量褶皱的最大宽度作为其宽度值，以宽度值作为判定褶皱类型的依据。宽度值不大于2mm为A型褶皱，宽度值大于2mm为B型褶皱；

b. A型褶皱：测量A型褶皱的最大直线距离为其长度值，将各个A型褶皱长度值之和作为累计长度；

c. B型褶皱：将B型褶皱分布范围视同1个长方形，测量其长度和宽度，并计算其面积。将各个B型褶皱面积之和作为累计面积。

⑥开裂

使用精确度为0.5mm的长度测量工具，测量开裂的最大直线距离作为其长度值，各个开裂长度值之和作为累计长度。

⑦R角弧面粗糙、网格印、变形、裁切、晕圈、图文标记按照前述“目视检测”的要求进行目视检验。

2. 尺寸偏差

为了避免产品尺寸与标称值偏差大，规定了尺寸偏差要求。

（1）纸浆模塑餐具

①纸浆模塑餐盒

用分度值为0.02mm的游标卡尺分别测定模塑纸餐盒的底部长边、底部短边、高（模塑纸餐盒合盖后的整体高度）。

②纸浆模塑餐盘、碟、托

用分度值为0.02mm的游标卡尺分别测定模塑纸盘、碟、托的长边、短边，圆形模塑纸盘、碟、托测定直径。

（2）纸浆模塑蛋托

用分度值为1mm的标准长度测量工具测量，测点不少于3点，取算术平均值。

（3）纸浆模塑工业包装制品

A类产品的长度、宽度、高度使用精确度为0.5mm的长度测量工具测量。

B类、C类产品的长度、宽度、高度使用精确度为0.05mm的长度测量工具测量。

C类产品的平面度、直线度使用精确度为0.05mm的测量工具或符合GB/T 24635.3—2009《产品几何技术规范（GPS）坐标测量机（CMM）确定测量不确定度的技术.第3部分：应用已校准工件或标准件》要求的三坐标测量机测量。

3. 容量偏差

适用于纸浆模塑纸杯（碗）等有容量要求的产品。

（1）容量的测定

①重量法

a.检测原理

通过称量容器内水的质量，用质量除以密度计算容器的容量。

b.检测设备

天平：感量为0.1g。

c.检测步骤

（a）每个样品取5个试样进行检测；

（b）用天平称量空模塑纸杯（碗）的质量记作m_1；

（c）将温度为（23±1）℃的水加入空模塑纸杯（碗）内至杯（碗）内容积标线处，对于没有容积标线的杯或碗，应加水至离上边缘（溢出面）5mm处；

（d）称量纸杯（碗）和水的总质量记作m_2。

d. 结果处理

模塑纸杯（碗）的容量V按式（9-1）计算：

$$V=\frac{m_2-m_1}{\rho} \tag{9-1}$$

式中：V——模塑纸杯（碗）的容量，mL；

m_1——空模塑纸杯（碗）的质量，g；

m_2——模塑纸杯（碗）盛满水后的质量，g；

ρ——水的密度，g/mL。

②容量法

容量法直接用量筒或者量杯来量取纸杯（碗）所装水的体积，其过程如下：

根据模塑纸杯（碗）的大小，取相应容量的量筒。将温度为（23±1℃）的水加入杯（碗）内，至杯（碗）内容积标线处，对于没有容积标线的杯或碗，应加水至离上边缘（溢出面）5mm处，然后小心地将水倒入量筒内，读数并记录。每个样品测定5只模塑纸杯（碗），记录测定结果，取算术平均值。

（2）容量偏差的计算

模塑纸杯（碗）的容量偏差D按式（9-2）计算：

$$D=\frac{V_1-V_2}{V_2}\times 100 \tag{9-2}$$

式中　D——模塑纸杯（碗）的容量偏差，%；

V_1——模塑纸杯（碗）容量的平均值，mL；

V_2——模塑纸杯（碗）容量的标识规定值，mL。

4. 质量偏差

对于一些有质量和质量偏差要求的纸浆模塑制品，如蛋托、餐盘等，根据需要选择合适分度值的天平称量样品的质量，与标准值相比计算质量偏差。

二、纸浆模塑制品力学性能检测

1. 杯身挺度检测

适用于纸浆模塑杯类产品。

（1）检测原理

如图9-3所示，沿纸杯杯身相对的两侧壁，在杯身高度约三分之二的位置，沿直径方向以5mm/min的相对速度均匀施力，以纸杯侧壁总变形量达到9.5mm时所受的最大力作为纸杯的杯身挺度。

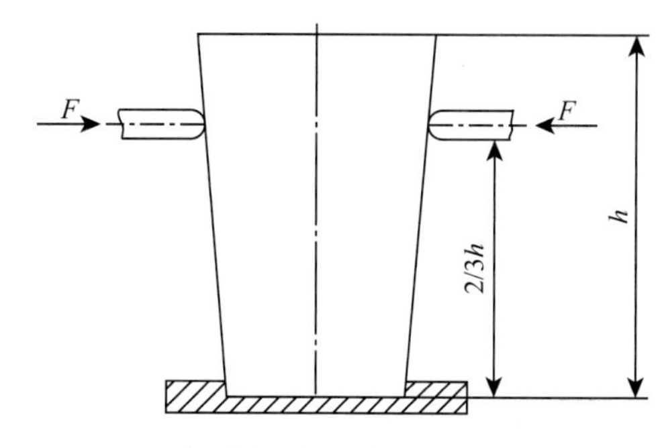

图 9-3　杯身挺度测定试验方法示意图

（2）检测设备

杯身挺度测定仪，如图9-4所示。

主要参数：

①测试速度：（50 ± 2.5）mm/min

②测头相对移动距离：（9.5 ± 0.5）mm

③测头对中性：≤0.2mm

④两测头球面半径：5mm

（3）检测步骤

每个样品取5个试样进行检测。将待测纸杯放在杯身挺度测定仪的活动台架上，使测头接近纸杯的侧壁，调节活动台架的高度，测头与杯底的垂直距离约为杯高的三分之二，并使待测纸杯的杯身接缝朝向测试者，然后启动仪器进行测试。

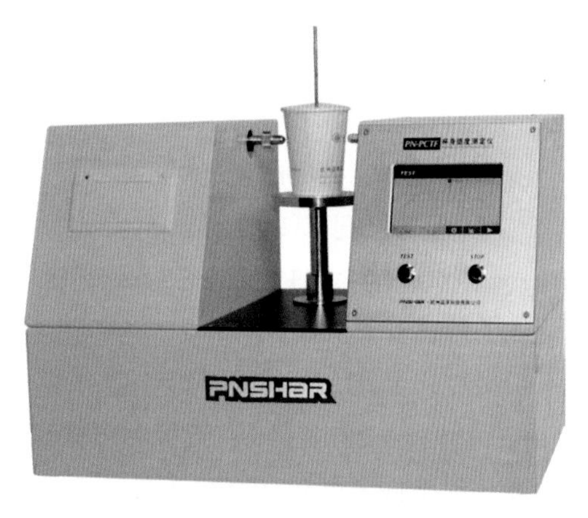

图 9-4　杯身挺度测定仪

（本章图片来源：杭州品享科技有限公司）

（4）结果表达

每个样品测定5只纸杯，以其平均值表示测定结果，准确至0.01N。

2. 负重性能

适用于纸浆模塑纸餐盒。

（1）检测设备

220mm × 150mm × 3mm的平板玻璃，3kg砝码，分度值为1mm的金属直尺。

（2）检测步骤

将模塑纸餐盒盒盖扣好放在平滑的水平桌面上，再将平板玻璃放在盒盖上。用钢直尺测量平板玻璃下表面至水平桌面的高度。然后将3kg砝码置于平板玻璃中央处，负重1min后，再次测定上述高度，计算试样的负重性能。每个样品测定2只模塑纸餐盒，取算术平均值。

（3）结果表达

试样的负重性能W按式（9-3）计算：

$$W=\frac{H_0-H}{H_0} \tag{9-3}$$

式中 W——负重性能，%；

H_0——试样高度，mm；

H——试样负重1min后的高度，mm。

3. 抗压性能

（1）纸浆模塑纸碗

①检测原理

在规定条件下，以一定速度对试样施压，直到压溃所能承受的最大压缩力，以N表示。

②检测设备

纸碗抗压强度测定仪，如图9-5所示。

主要参数：

a.变形量误差：≤±0.1mm

b.压板面积：200mm×200mm

c.压板平行度：≤0.1mm

d.测试速度：（12.5±2.5）mm/min

③检测步骤

每种样品取2个试样进行检测，模塑纸碗应在符合GB/T 10739—2002《纸、纸板和纸浆试样处理和试验的标准大气条件》规定的条件下放置至少4h，并在该条件下进行测定。将试样放在仪器下压板的中心位置。启动仪器，使试样受压直至整体被压溃，读取压力值，准确至1N。测试时如出现试样未被整体压溃的情况，该测试值应舍弃，必要时调整仪器参数，重新取样测试。测定时应5个试样的碗口向上，另外5个试样的碗口向下。

图 9-5 纸碗抗压强度测定仪

④结果表达

抗压性能以10个试样测定结果的算术平均值表示，单位为牛顿（N），结果修约至整数。

（2）纸浆模塑工业包装制品

使用符合GB/T 4857.4—2008《包装 运输包装件基本试验 第4部分：采用压力试验机进行的抗压和堆码试验方法》中要求的压力试验机，按下述步骤进行测试：

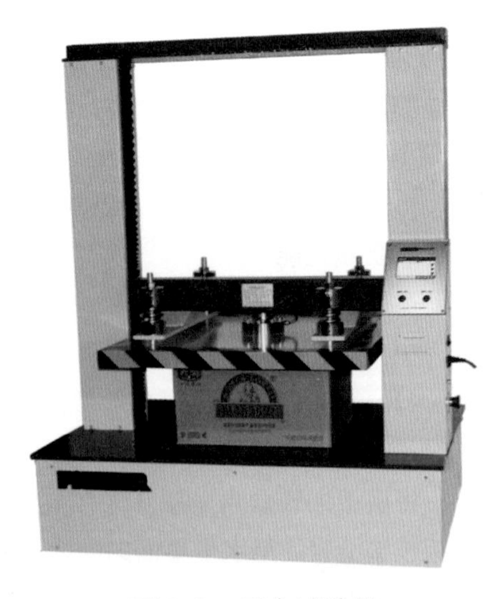

图 9-6 压力试验机

如图9-6所示，将待检测的纸浆模塑样品置于压力试验机两平行压板的下压板中心位置。设置初始载荷为10N，测试速度为10mm/min和约定变形量。启动测试，两块压板以设定的速度向样品施加压力，当压力为10N时，开始记录样品变形量。当样品变形量达到设置的约定变形量时，其所对应的压力值记为样品的抗压力值。

注：约定变形量可根据纸浆模塑制品设计需求或客户要求确定。

4. 耐压性

适用于纸浆模塑蛋托，其测试方法有两种。

（1）静载荷法

试样放置在厚8～10mm、外廓大小与受检试样相等的平整光滑金属板上，将另一块同样的板材放置在试样上面，在上板材上以适当形式施加压力，当达到100N（包括上板重）压力时，用精确度为0.05m的高度尺测量上下板材间距，记下结果；再逐渐加压至830N（包括上板重），保持5min，再次测量上下板材间距，记下结果。每次测量的测点不少于四点，两次测量位置应相同，取算术平均值。

变形量δ按式（9-4）的计算：

$$\delta = h_1 - h_2 \tag{9-4}$$

式中　δ——变形量，mm；

h_1——压力加到100N时的平均高度值，mm；

h_2——压力加到830N时的平均高度值，mm。

（2）压力试验机法

将试样放在压力试验机下压板的中心位置，选择堆码模式，将初始载荷设置为100N，堆码强度设置为830N，堆码时间设置为5min，测试速度设置为10mm/min，启动测试，仪器按设置参数自动完成测试过程。

5. 脆性

适用于纸浆模塑蛋托。

将4个0.5kg的砝码分别放置于试样的四个拐角最外层的蛋穴孔中，用规定的提勾（如图9-7所示）卡住试样的最长边端盘部位，将提棒穿过两个提勾的穿孔，使用拉力机均匀的提起提棒（如图9-8所示），使有负荷的蛋托完全离开地面，保持1min，应无折损或裂缝。

将一个0.5kg的金属砝码放置于试样的中心蛋孔中，用规定的提勾卡住试样的最短边端盘部位，将提棒穿过两个提勾的穿孔，使用拉力

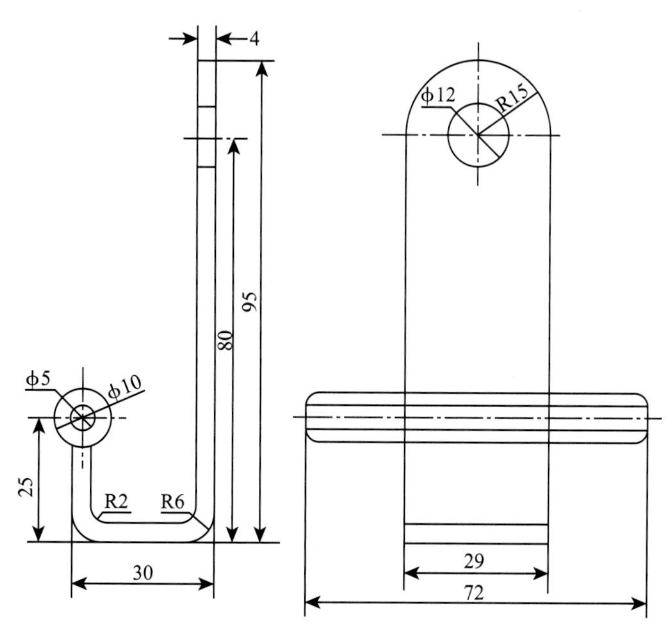

图 9-7　脆性试验器具

机均匀地提起提棒，使有负荷的蛋托完全离开地面，保持1min，应无折损或裂缝。

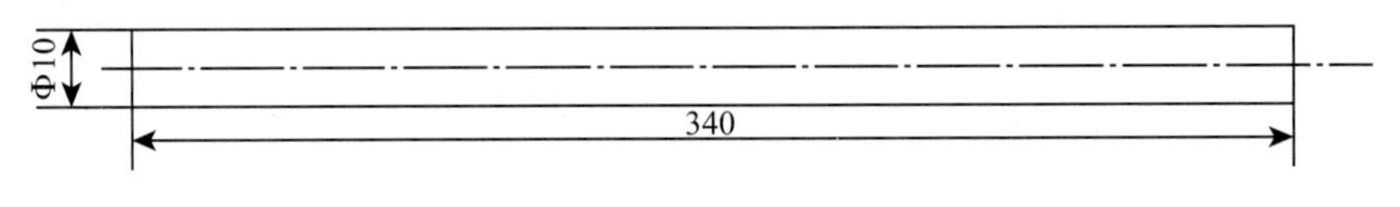

图 9-8　脆性试验提棒

三、纸浆模塑制品物理性能检测

1. 盒盖对折试验

适用于纸浆模塑纸餐盒。

对于盖和容器连体的带盖模塑纸餐盒试样，将盒盖连续0°～180°开合15次（一开一合为一次），观察盖与盒体连接处有无出现裂纹、破损现象。每个样品测定3个试样，若3个试样均未出现裂纹、破损现象，则判该样品无裂纹、无破损。

2. 耐水性

适用于纸浆模塑蛋托。

将试样正面朝上放置于平台上，再将温度低于35℃的水灌入互不相邻的五个空穴中，每孔灌入10～15mL，经48h后，检查试样反面有无水浸透痕迹。

3. 抗水性

适用于纸浆模塑工业包装制品。

使用符合GB/T 12807—1991《实验室玻璃仪器 分度吸量管》要求的0.1mL不完全流出式吸量管，取0.1mL的（20±3）℃蒸馏水，从不高于20mm的高度处滴到纸浆模塑制品表面，保持水滴静置并用秒表计时，观察在要求时间内水滴镜面是否消失。至少选择3个不同的位置进行试验，如任意一点达不到要求时间，即为不合格。

4. 耐温性

适用于纸浆模塑餐具（模塑纸杯、纸碗、纸餐盒、纸盘、碟、托）。

（1）耐热水

将试样放在衬有滤纸的干玻璃板或平板上，注满（95±5）℃的水，静置30min后，观察试样有无变形，底部有无阴渗、渗漏的现象。每个样品测定3个试样，若3个试样均未出现阴渗、渗漏、变形的现象，则判该样品无阴渗、无渗漏、无变形。

注：试验时因试样内外温差引起底部出现水蒸气凝结，这种现象不视为阴渗、渗漏。

（2）耐热油

将试样放在衬有滤纸的干玻璃板或平板上，注满（95±5）℃的食用油，静置30min后，观察试样有无变形，并观测滤纸上是否有渗出的油印。每个样品测定3个试样，若3个试样均无变形，且滤纸上未出现油印，则判该样品无阴渗、无渗漏、无变形。

5. 漏水性

适用于纸浆模塑餐具（模塑纸杯、纸碗、纸餐盒、纸盘、碟、托）。

将试样放在衬有滤纸的平板或玻璃板上，注满（23±1）℃的水，静置30min后，观察滤纸上有无渗出的水印，若有水印则视为渗漏，否则视为无渗漏。每个样品测定3个试样，若3个试样均无渗漏，则判该样品无渗漏。

6. 含水率

按照GB/T 462—2008《纸、纸板和纸浆 分析试样水分的测定》的要求进行检测。

（1）检测原理

称取试样烘干前质量，然后将试样烘干至恒重再次称取质量，试样烘干前后的质量之差与烘干前的质量之比，即为试样的水分。

（2）检测设备

天平：感量0.000 1g（蛋托0.1g）。

试样容器：用于试样的转移和称量。该容器应由能防水蒸气，且在试验条件下不易发生变化的轻质材料制成。

烘箱：能使温度保持在（105±2）℃。

（3）检测步骤

取样前应将洁净干燥的容器编上号，并在大气中平衡，然后将每个容器称量并盖好盖。取约50g样品装入容器中，称量装有试样的容器，并计算试样质量记作m_1。将装有试样的容器，放入能使温度保持在（105±2）℃的烘箱中烘干。烘干时，应将容器的盖子打开或将样品取出来摊开，但试样和容器应在同一烘箱中同时烘干。

注：当烘干试样时，应保证烘箱中不放入其他试样。

当试样已完全烘干时，应迅速将试样放入容器中并盖好盖子，然后将容器放入干燥器中冷却，冷却时间可根据不同的容器而定。将容器的盖子打开并马上盖上，以使容器内外的空气压力相等，然后称量装有试样的容器，并计算出干燥试样的质量。重复上述操作，其烘干时间应至少为第一次烘干时间的一半。当连续两次在规定的时间间隔下，称量的差值不大于原试样质量的0.1%时，即可认为试样已达恒重，计算试样质量记作m_2。

（4）结果表达

水分X（%）应按式（9-5）进行计算：

$$X=\frac{m_1-m_2}{m_1} \tag{9-5}$$

式中：X——水分，%；

m_1——烘干前的试样质量，g；

m_2——烘干后的试样质量，g。

7. 跌落试验

适用于纸浆模塑餐具（模塑纸杯、纸碗、纸餐盒、纸盘、碟、托）。

将试样距平整水泥地面0.8m高处底部朝下自由跌落一次，观察试样是否完好无损。每个样品测定3个试样，若3个试样均完好无损，则判该样品无破损。

四、纸浆模塑制品光学性能检测

1. 色差

适用于纸浆模塑工业包装制品。

从纸浆模塑工业包装制品上裁取不小于30mm×30mm的矩形样片，使用符合GB/T 19437—2004《印刷技术 印刷图像的光谱测量和色度计算》要求的分光光度计进行测量并计算。

2. 尘埃度

适用于纸浆模塑工业包装制品。

（1）目视检验，用符合GB/T 1541—2013《纸和纸板 尘埃度的测定仪》附录A的标准尘埃图比对测量点形状、大小，相近的点的面积即为测量面积。

（2）按照GB/T 450—2008《纸和纸板试样的采取及试样纵横向、正反面的测定》规定切取试样，切取250mm×250mm至少四张。将一张试样放在旋转工作台上，如图9-9所示，在日光灯下检查试样表面上肉眼可见的尘埃，眼睛观察时的明视距离为250～300mm，用不同标记圈出不同面积的尘埃，用标准尘埃图片鉴定试样上尘埃的面积大小。也可采用按不同面积的大小，分别记录同一面积的尘埃个数。将试样板旋转90°，每旋转一次后把新发现的尘埃加以标记，直到返回最初的位置，然后再照上述方法检查试样另一面。按上述方法检查其余三张试样。

图 9-9 尘埃度测定仪

（3）结果处理

①尘埃度N_D计算式（9-6）如下：

$$N_D = \frac{M}{n} \times 16 \tag{9-6}$$

式中 N_D——尘埃度，个/米^2；

M——全部试样正反面尘埃总数；

n——进行尘埃测定的试样张数。

注：a.同一个尘埃穿透纸页，使两面均能看见时，应按两个尘埃计算。

b.如果尘埃大于5.0mm^2，或超过产品标准规定的最大值，或是黑色尘埃，则应取5m^{2}试样进行测定。

②每平方米的尘埃面积，按式（9-7）进行计算，精确到一位小数。

$$S_D = \frac{\Sigma a_x \cdot b_x}{n} \tag{9-7}$$

式中 S_D——每平方米的尘埃面积，mm^2/m^2；

a_x——每组面积的尘埃的个数；

b_x——每组尘埃的面积，mm^2；

n——进行尘埃测定的试样张数。

五、纸浆模塑制品其他非标性能检测

1. 拉伸性能检测

（1）检测原理

使用抗张试验机，在恒定的拉伸速度下将规定尺寸的试样拉伸至断裂，记录其抗张力、伸长量。计算抗张强度、抗张指数、断裂时伸长率、抗张能量吸收和弹性模量。

（2）检测设备

计算机抗张试验机，如图9-10所示。

主要参数：

①变形量误差：≤ ± 0.1mm

②夹头宽度：15mm（25mm、50mm可选）

③测试速度：（20 ± 5）mm/min

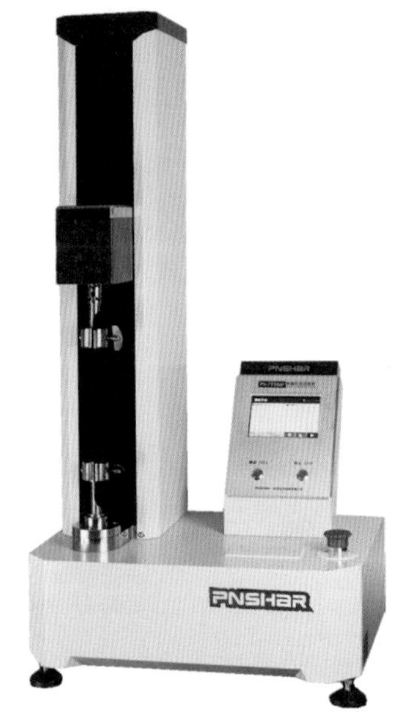

图 9-10　计算机抗张试验机

（3）检测步骤

按GB/T 450—2008《纸和纸板试样的采取及试样纵横向、正反向的测定》规定采取试样，按GB/T 10739《纸、纸板和纸浆试样处理和试验的标准大气条件》规定对试样进行温湿处理并在此大气条件下制备试样并进行试验。从无损伤的纸模试样上，切取宽度为（15 ± 0.1）mm，长度足够夹持在两夹头之间的试样条。避免用手直接接触位于两夹头之间的试样部分，试验区域不得有水印、折痕和褶皱。

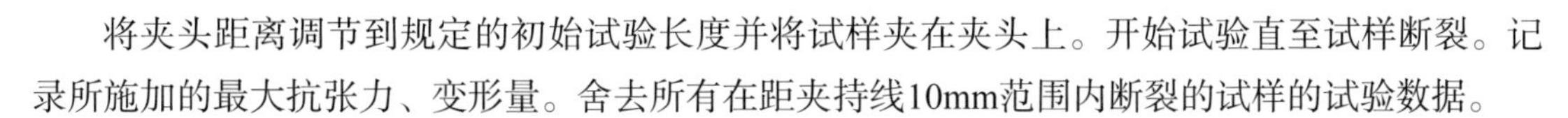

将夹头距离调节到规定的初始试验长度并将试样夹在夹头上。开始试验直至试样断裂。记录所施加的最大抗张力、变形量。舍去所有在距夹持线10mm范围内断裂的试样的试验数据。

（4）结果表达

①抗张强度

测定每个试样的最大抗张力，计算最大抗张力的平均值，按式（9-8）计算抗张强度，单位为千牛每米（kN/m）：

$$S = \frac{\overline{F}}{b} \tag{9-8}$$

式中　$\overline{F}$——最大抗张力的平均值，N；

　　　b——试样的宽度，mm。

②抗张指数

如需要，按式（9-9）计算抗张指数，N·m/g：

$$I = \frac{1000S}{w} \tag{9-9}$$

式中　w——试样的定量，g/m^2。

③断裂时伸长率

如需要，按式（9-10）计算每次试验的断裂时伸长率，以断裂时伸长量与初始试验长度的比值（%）表示：

$$\varepsilon = \frac{\delta}{l} \times 100 \tag{9-10}$$

式中　δ——断裂时伸长量，mm；

l——试样的初始试验长度，mm。

④裂断长

如需要，按式（9-11）计算裂断长L_B，单位为千米（km）：

$$L_B = \frac{1}{9.8} \times \frac{S}{w} \times 10^3 \tag{9-11}$$

⑤抗张能量吸收

如需要，按式（9-12）计算抗张能量吸收Z：

$$Z = \frac{1\,000 \times \overline{E}}{b \times l} \tag{9-12}$$

式中　$\overline{E}$——抗张力—伸长量曲线下方面积的平均值，mJ。

⑥抗张能量吸收指数

如需要，按式（9-13）计算抗张能量吸收指数I_Z，J/kg：

$$I_Z = \frac{1\,000 \times Z}{w} \tag{9-13}$$

2. 耐破强度检测

（1）检测原理

将试样放置于弹性胶膜上，紧紧夹住试样周边，与胶膜一起自由凸起。当液压流体以稳定速率泵入，使胶膜凸起直至试样破裂，所施加的最大压力即为试样耐破度，以kPa表示。

（2）检测设备

计算机耐破强度测定仪，如图9-11所示。

主要参数：

①送油量：（95 ± 5）mL/min

②夹持系统：上夹盘ϕ（30.5 ± 0.1）mm，下夹盘ϕ（33.1 ± 0.1）mm

③胶膜阻力：≤凸起下夹盘顶面（9 ± 0.2）mm，阻力（30 ± 5）kPa

图 9-11　计算机耐破强度测定仪

（3）检测步骤

按GB/T 450—2008《纸和纸板试样的采取及试样纵横向、正反面的测定》规定采取试样，按GB/T 10739—2002《纸、纸板和纸浆试样处理和试验的标准大气条件》进行温湿处理，并在该大气条件下进行测试。每个试样尺寸不小于70mm × 70mm。将试样放置在上下夹盘之间，启动仪器进行测试，直至试样破裂。测试结束，上夹盘复位，屏幕显示测试结果。

（4）结果表达

计算平均耐破度，以千帕（kPa）表示。

耐破指数以千帕平方米每克（kPa · m^2/g）表示，由式（9-14）计算得出：

$$x = \frac{p}{w} \tag{9-14}$$

式中　p——耐破度平均值，kPa；

　　　w——试样定量，g/m^2。

3. 耐折度检测

（1）检测原理

采用MIT法，在标准条件下，试样受到张力的作用，向左向右折叠，直至试样断裂。

（2）检测设备

MIT耐折度测定仪，如图9-12所示。

图 9-12　MIT 耐折度测定仪

主要参数：

①折叠角度：（135 ± 2）°

②折叠速度：（175 ± 10）次/分

③弹簧张力：（4.91～14.72）N

④折口的圆弧半径：（0.38 ± 0.02）mm

（3）检测步骤

按GB/T 450—2008《纸和纸板试样的采取及试样纵横向、正反面的测定》规定采取试样，按GB/T 10739—2002《纸、纸板和纸浆试样处理和试验的标准大气条件》规定对试样进行温湿处理并在此大气条件下制备试样并进行试验。试样尺寸：长度≥140 mm，宽度为（15 ± 0.1）mm。

调节所需的弹簧张力并固定张力杆锁，弹簧张力一般为9.81N，根据要求也可以采用4.91N或14.72N。将试样夹于上下夹头之间，夹试样时不应触摸试样的被折叠部分。松开张力杆锁。启动仪器进行测试，直至试样断裂，仪器将自动停止计数，记录试样断裂时的双折叠次数。

（4）结果表达

以试样断裂时的折叠次数或折叠次数的对数（以10为底）表示。

4. 撕裂度检测

（1）检测原理

具有规定预切口的一叠试样，用一垂直于试样面的移动平面摆施加撕力，使纸撕开一个固定距离。用摆的势能损失来测量在撕裂试样的过程中所做的功，最后计算撕裂试样所需的力，以毫牛（mN）表示。

（2）检测设备

计算机撕裂度测定仪，如图9-13所示。

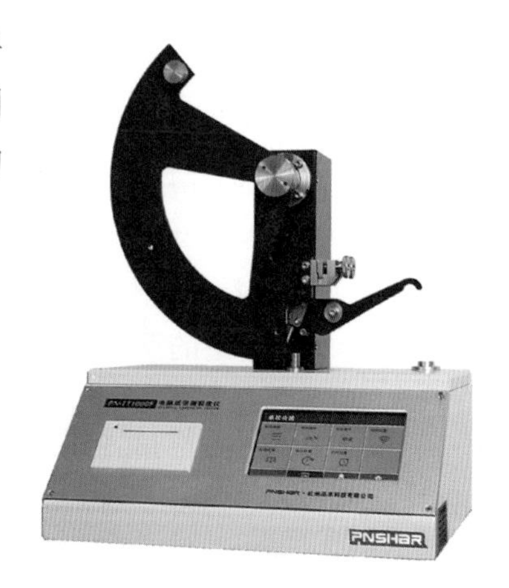

图 9-13　计算机撕裂度测定仪

主要参数：

①撕裂力臂：（104 ± 1）mm

②撕裂初始角：（27.5 ± 0.5）°

③夹纸器间距离：（2.8 ± 0.3）mm

④试样切口长度：（20 ± 0.5）mm

（3）检测步骤

按GB/T 450—2008《纸和纸板试样的采取及试样纵横向、正反面的测定》规定采取试样，按GB/T 10739—2002《纸、纸板和纸浆试样处理和试验的标准大气条件》规定对试样进行温湿处理并在此大气条件下制备试样并进行试验。试样尺寸：（63 ± 0.5）mm ×（50 ± 2）mm，长度方向为撕裂方向。将试样固定在夹头内，按下切刀把手切出撕裂口，长度为20mm。启动仪器进行测试，撕裂后测试结束，屏幕显示测试结果。

（4）结果表达

计算撕裂指数，以毫牛平方米每克（$mN·m^2/g$）表示，由式（9-15）计算得出：

$$X=\frac{\overline{F}}{w} \tag{9-15}$$

式中 $\overline{F}$——撕裂度平均值，mN；

w——试样定量，g/m^2。

第三节 纸浆模塑生产常见问题及解决办法

一、纸浆模塑制品厚度不均匀

1. 常见问题

（1）模具沉入浆液中的深度不够。

（2）成型模具的开孔率不合适。纸浆模塑制品的成型过程是一个立体造纸过程，这样就使得成型模具存在顶角、棱、表面有高低和倾斜程度的差别。如果开孔率不合适，将会造成制品厚度不均匀。

（3）反冲水时间太短。若反冲水时间太短，则不能对注浆槽中的浆液进行很好的搅拌，不均匀的浆液导致成型模表面的纤维沉积不均匀，降低产品合格率。

2. 解决方法

（1）调节模具沉入浆液中的深度（H），使其与制品的形状高度（h）满足关系式$H \geqslant 2h$，这样才能使制品浆料分布的厚度一致。

（2）为了使浆料在模具上沉积分布均匀，模具上各部分脱水孔的开孔率数值是不同的。一般情况下，顶角的开孔率约为70%，棱的开孔率约为60%，上顶面的开孔率约为40%，斜面上的开孔率更为复杂，一般是上部开孔率高，在35%～50%之间，下部开孔率低，为20%左右，这样才能使浆料在模具上的沉积分布较均匀。

（3）确定合适的反冲水时间。

二、纸浆模塑制品强度不够

1. 常见问题

（1）纸浆模塑制品结构设计不合理，承载面上筋的数量不够。

（2）浆料配比不合适。

2. 解决方法

（1）增加筋的个数，但不可一味追求数量的增加，应保证做斜度之前筋的宽度不小于12mm，这样才能使制成纸模制品具有足够的强度。

（2）瓦楞纸浆相比其他浆料生产出来的制品强度要好，所以根据需要适当地调节纸模制品的浆料配比，即适当提高瓦楞纸浆的比例，是提高纸模制品强度的有效方法。例如在同等情况下用瓦楞纸与报纸比例为7∶3的浆料制成的产品的强度明显高于二者比例为5∶5的浆料制成的产品。

（3）在结构合理、浆料固定的情况下，可以尝试在浆料中加入滑石粉。采用滑石粉作填料不仅能提高制品的强度，而且能达到高留着率的目的，但必须注意添加工艺的选择，滑石粉不能直接加入打浆池，必须采用填料预处理系统，使滑石粉充分分散润湿后添加，这样才能通过化学助剂的作用使滑石粉与纤维发生络合。具体工艺是：用含20%～30%的滑石粉填料的水悬浮液在搅拌器中高速处理6min，用水稀释后加入化学助剂，再处理5min，制成填料悬浮液，再加入浆料中。

三、纸浆模塑制品成型后含水量较大

1. 常见问题

（1）打浆度过高致使纤维切断过度。

（2）吸附时间过短，导致纸模成型湿坯含水率过高、产品脱模比较困难。

（3）真空度过低。若真空度过低，则成型模内腔与成型模外面吸浆罩内的压力差减小，没有足够的压力差对成型模具进行抽吸，导致在吸附结束时仍有大量水分留在成型的湿坯中。

（4）反冲水时间太长。若反冲水时间太长，不仅会影响吸附效果，而且会使成型的湿坯含水量升高，甚至会使后工序的脱模无法正常进行。

2. 解决方法

（1）在处理废纸时应尽量保持纤维强度，在疏解完全的基础上，不要过分地提高打浆度，避免纤维切断过度，以保证纸模成型湿坯顺利滤水、脱模。

（2）适度延长吸附时间。吸附时间太长会使生产效率降低，导致整体真空度下降。另外，也会浪费大量能源，因为吸附到一定程度后纸模成型湿坯的含水量不再下降，必须依靠后面的生产过程进一步降低含水量。

（3）适当增加真空度。若真空度过高，则成型模内腔与成型模外面吸浆罩内的压力差变大，这时虽有足够的压力抽吸成型模中的水分，但却使纸模成型湿坯的含水量太低而影响热压过程的进行，使热压后的产品质量轻、强度差。

（4）适当缩短反冲水时间。若反冲水时间太短，则不能对注浆槽中的浆液进行很好的搅拌，不均匀的浆液将导致成型模表面的纤维沉积不均匀，降低产品合格率。

四、纸浆模塑制品变形严重

1. 常见问题

（1）由于模具设计不当，造成纸模制品的局部厚度过大，引起纸模制品干燥不均而发生变形。

（2）纸模制品干燥过急或受热不均。在模具设计合理的条件下纸模制品也常发生变形，这是由于干燥过急或某一方表面受热温度高于其他各方所致。

2. 解决方法

（1）在不影响纸模制品包装功能的条件下，改进模具的设计以消除纸模局部出现过厚的现象，另外可以增加一些防变形结构来改善这种情况。

（2）在干燥初期阶段温度相对高一些，接近中点时温度应缓缓下降，在条件允许的情况下可配置较长的干燥隧道，尽量降低干燥温度、延长干燥时间使纸模制品整体均匀受热。

（3）为了减轻纸模制品变形，可多使用机械浆，因为其收缩率小于其他黏状的化学浆，同时能减轻纸模制品的毛边现象。

五、纸模制品与被包装产品表面摩擦后产生毛屑

1.常见问题

（1）纸模工业包装制品的原料一般是废纸，在生产过程经过干燥后，纤维强度比原始纤维低，造成产品中纤维彼此间的结合力差，一旦经过摩擦，一些细小的纤维便会脱落。

（2）产品的紧度太低，造成纤维之间接触不紧密，影响其在干燥时的氢键结合，造成纤维彼此间的结合力差，与被包装产品表面摩擦后，细小纤维易脱落。

2.解决方法

（1）在成型前，先在浆料中加入1%～2%的阳离子淀粉，以增加纤维间的粘结强度，搅拌均匀后，再送到成型机成型。

（2）增加一套冷压设备，成型后的湿纸模坯先经过一道冷压工序，以增加纤维间的接触面积。

（3）将纸模坯整型前的水分控制在15%～20%左右，提高整型时的压力，必要时可适当提高整型温度至140～150℃。

（4）在制品表面喷涂一些化学试剂（例如X300AF）之后再进行热压，可使制品表面光洁。

（5）在制品表面覆膜（PE+EVA）可解决纸模制品经过摩擦掉毛屑的问题，但产品成本会上升，且不利于回收再利用。

第十章　纸浆模塑（干压工艺）工厂设计

第一节　生产工艺流程

一、生产工艺原理和流程

1. 生产工艺原理

本设计为一座年产10 000吨纸浆模塑制品生产工厂，主要产品为纸浆模塑工业包装制品。工厂以废旧报纸、纸箱纸以及纸箱厂或印刷厂的边角废纸为主要原料，以电和蒸汽作为动力，以水为介质进行纸浆模塑制品的生产，其流程包括废纸碎浆、疏解、成型和干燥等主要生产环节。将废纸原料投入水力碎浆机碎解成纸浆纤维后，经过纤维分离机疏解成浆料，在贮浆池内加入少量的功能性助剂，以赋予纸模制品特殊的功能（如防水、防潮、抗静电等），并加入清水或白水，将贮浆池内的浆料调至成型要求的浓度后，输入到成型机中，浆料在特制的金属模具上，通过真空吸附进行成型，成型后的湿纸模坯再经烘道热风干燥、热压整型即为成品。本生产工艺流程简单、原材料资源丰富、投资少、见效快、能耗低、效益高。

2. 生产工艺流程

生产工艺流程如图10-1所示。

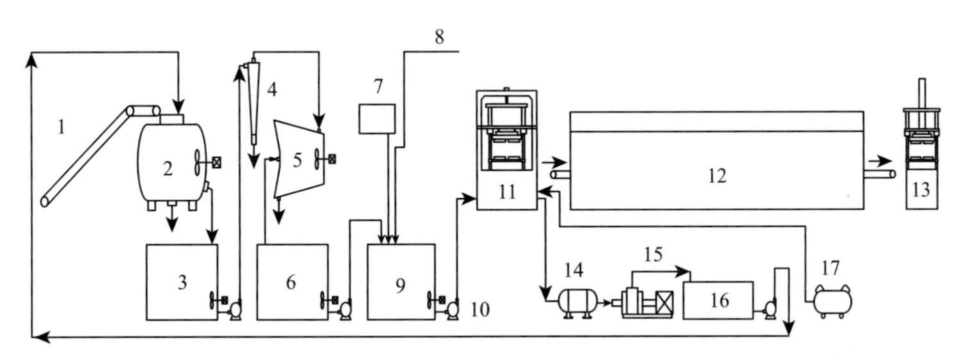

1—皮带运输机；2—水力碎浆机；3—粗浆池；4—高浓除渣器；5—复式纤维分离机；6—浓浆池；7—调料箱；8—清水管；9—配浆池；10—浆泵；11—成型机；12—干燥机；13—整型机；14—分离罐；15—真空泵；16—回水池；17—空压机

图 10-1　生产工艺流程示意图

二、生产工艺流程说明

1. 浆料的制备

纸浆模塑制品的生产原料主要有商品浆板和废纸原料，商品浆板主要用于生产食品包装、餐具和少数高档产品的纸模包装制品，废纸原料主要用于生产蛋托、果托和纸模工业包装制品。通过不同渠道回收的国内废纸，其组成非常复杂，既有以草浆为主的印刷废纸和机械浆为主的废报纸，也有草木浆混杂的废旧纸箱，其中含有一定量的对生产过程有影响的杂质（如塑料胶带、箱钉等）。纸浆模塑生产对纸浆的基本要求是：能快速均匀而无障碍地沉积到网状模具上，干燥时制品的整体收缩率要低，制品在各个方向上均不产生任何明显的翘曲。由于要达到使用功能，需要添加功能性化学助剂。制浆工艺对纸模产品性能的影响至关重要，其制浆工艺源于造纸厂的废纸制浆工艺，但又不同于该工艺，纸浆模塑制品对纤维的要求、对助剂的添加与造纸并不完全相同。若纤维品质不能达到纸浆模塑制品的要求，将影响成品的强度和缓冲性能。为了获得可用作纸模制品生产的纤维浆料，在制浆工段，用水力碎浆机对废纸箱、废报纸、瓦楞纸板的边角废料等进行碎解，其中的塑料捆扎带等长条状杂质缠绕在绞索上通过绞索机引出、卸下、清除。水力碎浆机底部的重物捕集器定时排放，排除重污物。碎解后的粗浆在浆池中贮存，通过浆泵送往高浓除渣器，良浆送往复式纤维分离机进一步筛选、分离、疏解。如生产浆料打浆度要求不高的纸浆模塑工业包装制品，可以省去打浆或磨浆过程，如需打浆可采用间歇式的打浆机或者连续式的磨浆机、精磨机。分选净化后的浆料可按设计的浆料配比将调料和助剂定量加入到浆液中。纸浆施胶是为了提高纸模制品的抗液体渗透性能。对于纸模包装制品，所用施胶剂一般为松香、石蜡乳胶或松香石蜡胶。试验表明，为了得到高质量的纸模制品，对非黏结类废纸制品纸浆，必须加入相当于纸浆绝干纤维质量3%的松香胶；对黏结类的废纸制品纸浆，应加入1.5%～2%的松香胶。此外，应根据产品的要求调节施胶量，含量较多则质地硬些，反之则松软。在浓度为2%～5%之间时施加胶料效果最好。再根据成型设备配制所需的浓度，在浆池中贮存，以供下一工序使用。

2. 成型

纸浆模塑制品生产有三种不同的成型方法，分别是液压成型法、真空吸附法和压缩空气成型法。虽然这三种方法生产出的产品有不同的特征，但是原料的准备基本上是相似的。

本生产线采用真空吸附法进行成型，在成型过程中，浆水混合液利用模具网筛一面的部分真空抽吸而形成模具的形状。与液压成型法比较，这种方法制出的纸模制品有很高的含水率，一般正常状态下是75%。这些残余的水分会经过后面的热硬化干燥过程进行处理，然后在具有硬度和光滑的产品表面压印上客户的名字和商标等。真空吸附方法在全自动纸浆模塑机上操作，最少需要两个型模，其中一个是可转移的模具。也有利用多个模具的，这要根据机器的大小和要加工的产品尺寸而定。由于这种方法模具加工成本较高，一般只用于生产大量产品的情况下。

3. 热风干燥

在纸模包装制品的生产过程中，每千克成品通过干燥过程要脱除大约3.5～4kg水分，因而，干燥过程的生产成本在纸模包装制品的生产中占有较大的比重，提高干燥效率是增加纸模包装制品生产效益的一个关键措施。目前国内纸模包装制品大多采用热空气对流干燥方式，干燥设备本身要有良好的保温层以减少热量损失，并保证其内部各部位的温度均匀一致。通常热空气的温度一般要控制在110～120℃以下，过高的温度虽然在一定条件下可使干燥效率提高，但会使植物纤维发生热降解，并使纸模包装制品产生过量的收缩变形。干燥设备内的湿度对干燥过程影响很大，热空气作为水分载体，要将从湿纸模中不断蒸发出来的水分吸纳排走，其推动力为热空气与湿纸模的水分浓度差。干燥设备内的热空气维持较低的湿度，对提高干燥效率是十分有利的。一般通过新鲜热空气的不断补充和废热空气的及时排除，使干燥设备内的热空气保持基本恒定的湿度。有时为了提高热能的利用率，排除的废热空气要进行部分循环，应根据干燥设备内的湿度要求，严格控制好废热空气的循环量。在干燥过程中，要求有足够的热空气均匀地吹向纸模制品的表面，应对进入干燥设备内热空气的流速进行合理的控制，热空气的流速过高，会使干燥系统的动力消耗增加；流速过低，则会使干燥效率降低，通常热空气的流速应保持在5m/s左右。

尽管加强干燥过程中的工艺控制，可使纸模包装制品的干燥效率得到一定的提高，但从总体上来看，目前国内纸模包装制品生产中采用的干燥设备和干燥方式的突出的问题是干燥效率低、设备系统庞大和运行成本高。考虑到柴油法和远红外法干燥成本较高，本生产线采用经济有效的蒸汽干燥法，由锅炉提供的水蒸气通过管道进入热交换器，一部分水蒸气被交换器加热用于干燥产品的热风，另一部分的水蒸气遇冷回流到锅炉中，达到了循环使用的目的，同时降低成本而且环保。

4. 热压整型

对于尺寸要求高的纸浆模塑产品，热压整型是必要的。为此，干燥后需要对制品进行整型。热压整型的作用包括提高纸模制品的紧密度、强度和表面平滑度、强制制品保证设计的形状并保证制品的尺寸不易变化。必须指出的是，热压整型时制品的含水率是十分重要的指标。事实上，如果制品的含水率太低，则热压整型的效果就会很差，所以必须保证从成型机出来的湿纸模的含水率。湿纸模干燥过程可以分为4个阶段，即升速干燥阶段、等速干燥阶段、降速干燥阶段与平衡干燥阶段。在外界自然环境允许的条件下，湿纸模可以被置于露天通风环境里进行天然干燥，一般一天左右。当然也可以使用周期或连续作业的干燥机，制品被套在防止收缩的模型上送入干燥炉中，用热空气来干燥制品。连续式干燥炉内通过不同的温度区，最后干燥到含水率为10%～12%左右即可。一般出干燥机的产品要经过一天的放置，使其内部的水分平均分布后再进行热压整型，否则，产品由于受热不均匀，收缩严重，造成变形。

本生产线采用的热压整型设备是单台设置、独立完成纸模制品的整型工序。

第二节　物料平衡计算

生产方法和工艺流程确定之后，工艺设计的任务就是沿流程，即按设备顺序进行工艺平衡计算。工艺平衡计算是工艺设计的一个重要环节，它包括生产过程各阶段的物料平衡计算和热量平衡计算。计算的结果可作为设备容量及台数选择的依据，同时也为辅助部门的设计和经济概算提供了重要的数据资料。物料衡算所遵循的原则就是质量守恒。本设计的物料平衡计算以1吨成品为计算基础进行从后往前推算。

一、生产工艺流程框图

纸浆模塑制品生产工艺流程如图10-2所示。

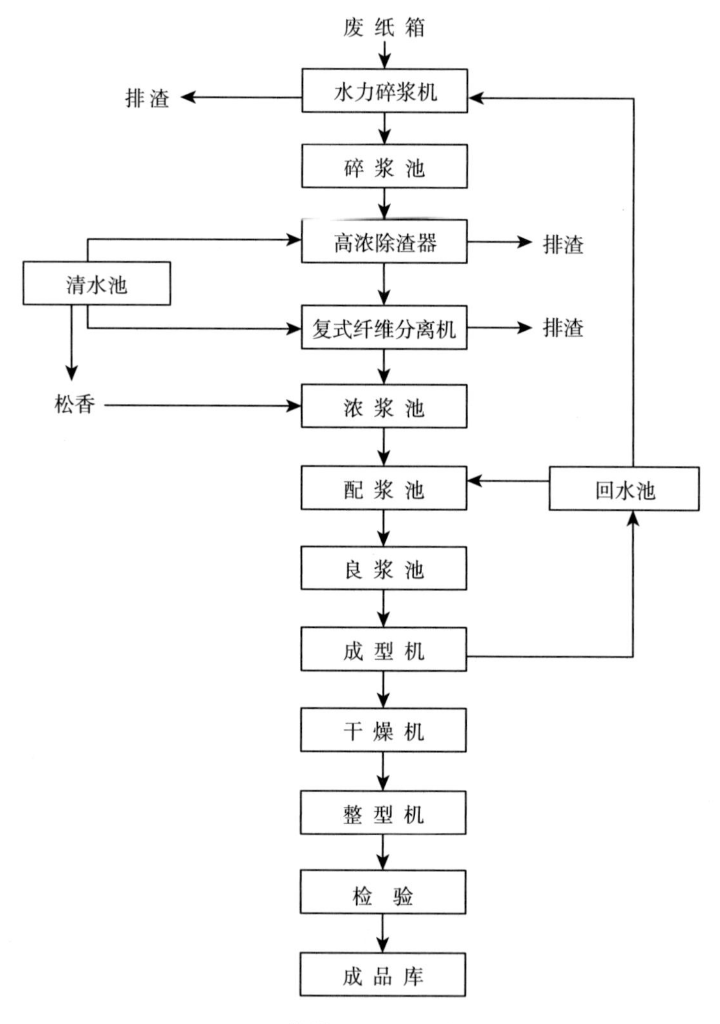

图 10-2　纸浆模塑制品生产工艺流程

二、有关定额和技术数据

本设计为年产10 000吨纸浆模塑制品工厂，所用原料的有关定额和技术数据见表10-1。

表10-1　年产10 000吨纸浆模塑制品所用原料的有关定额和技术数据

名　称	定额	备注	名　称	定额	备注
废纸含水率	10%		纤维分离机除渣率	2%	对于绝干浆
成品含水率	6%		纤维分离机除渣率	1%	对于进浆量
进入整型机含水率	12%		纤维分离机除渣浓度	6%	对于浆渣
进入干燥机含水率	75%		高浓除渣器进浆浓度	3.5%	
进入成型机浆浓度	1%		高浓除渣器出浆浓度	3%	
加入松香量	2%	对于绝干浆	高浓除渣器排渣率	1%	
加入松香浓度	2%		高浓除渣器排渣浓度	5%	
纤维分离机进浆浓度	3%		水力碎浆机浆浓度	3.5%	
纤维分离机出浆浓度	2.5%		水力碎浆机排渣率	2%	对于绝干浆

三、浆水平衡计算

以1t产品（含水率为6%）为计算基础。单位：纤维为kg，液体为L。

1. 热压整型机平衡（图10-3）

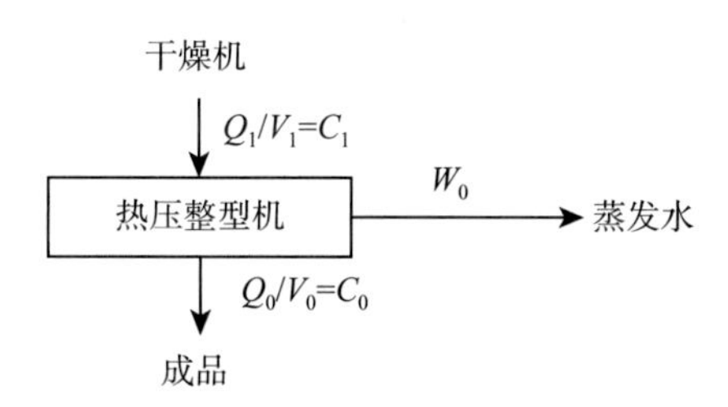

图 10-3　工作示意图

已知：成品含水率为6%，则$C_0 = 94\%$；$C_1 = 1-12\% = 88\%$；$V_0 = 1\ 000$。

求得：$Q_0 = C_0 \times V_0 = 94\% \times 1\ 000 = 940$

又$Q_0 = Q_1 = 940$

$V_1 = Q_1/C_1 = 940/88\% = 1\ 068.182$

$W_0 = V_1-V_0 = 1068.182-1\ 000 = 68.182$

2. 干燥机平衡（图10-4）

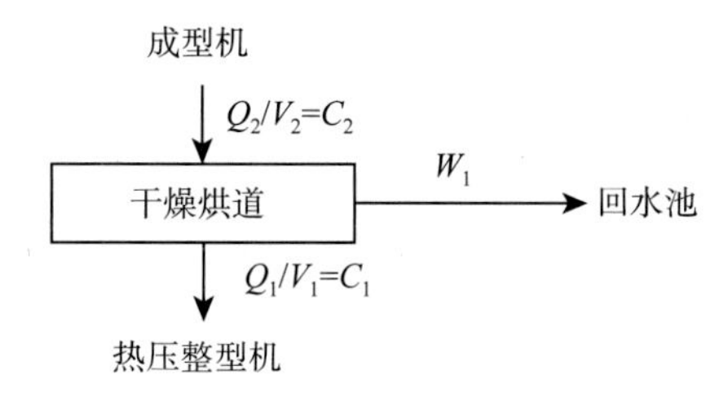

图 10-4　工作示意图

已知：$C_2 = 1-75\% = 25\%$，$Q_2 = Q_1 = 940$

求得：$V_2 = Q_2/C_2 = 940/25\% = 3\ 760$

$W_1 = V_2 - V_1 = 3\ 760 - 1\ 068.182 = 2\ 691.818$

3. 成型机平衡（图10–5）

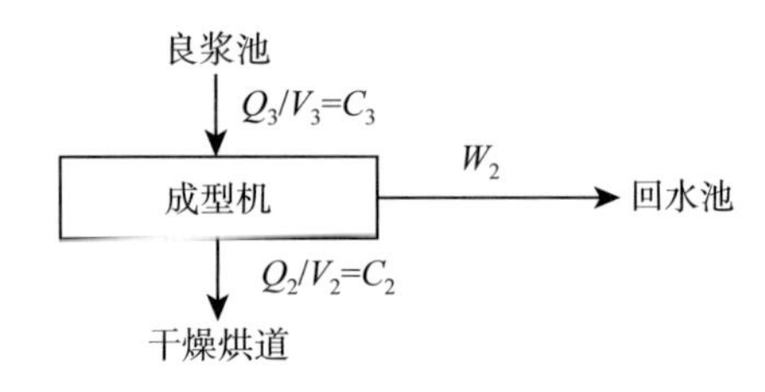

图 10-5　工作示意图

已知：$C_3 = 1\%$，$Q_2 = Q_3 = 940$

求得：$V_3 = Q_3/C_3 = 940/1\% = 94\ 000$

$W_2 = V_3 - V_2 = 94\ 000 - 3\ 760 = 90\ 240$

4. 配浆池平衡（图10–6）

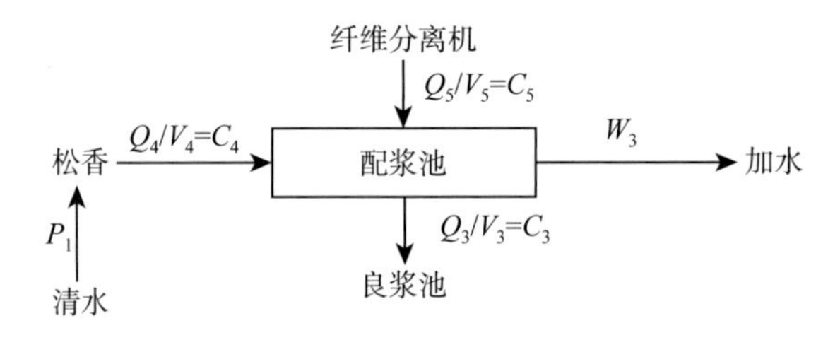

图 10-6　工作示意图

已知：$Q_5+Q_4 = Q_3$，$Q_4 = 2\%Q_3$，$C_4 = 2\%$，$C_5 = 2.5\%$，$C_3 = 1\%$，$Q_3 = 940$，$V_3 = V_5+V_4+W_3$

求得：$Q_5 = 921.2$；$V_5 = Q_5/C_5 = 921.2/2.5\% = 36\ 848$；

$Q_4 = 2\%Q_3 = 940 \times 2\% = 18.8$；

$V_4 = Q_4/C_4 = 18.8/2\% = 940$；

$P_1 = 940 - 18.8 = 921.2$；

$W_3 = V_3 - V_5 - V_4 = 94\ 000 - 36\ 848 - 940 = 56\ 212$

5. 纤维分离机平衡（图10–7）

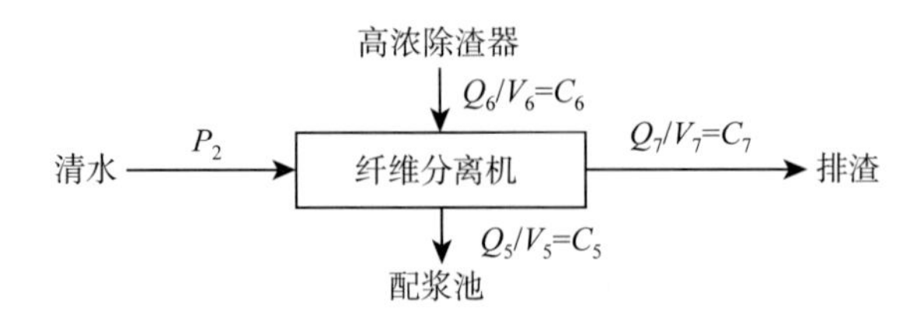

图 10-7　工作示意图

已知：$Q_5 = 921.2$，$Q_7 = 2\%Q_6$，$V_7 = 1\%V_6$，$C_7 = 6\%$，$C_5 = 2.5\%$

求得：$Q_7 = 18.8$；$C_7 = 2\%Q_6/1\%V_6 = 6\%$，$Q_6/V_6 = 3\% = C_6$；

$Q_6 = 940$；$V_6 = Q_6/C_6 = 31\,333.333$；$V_7 = 313.333$

由浆水平衡：$P_2+V_6 = V_5+V_7$；$P_2 = 5\,828$

6. 高浓除渣器平衡（图10–8）

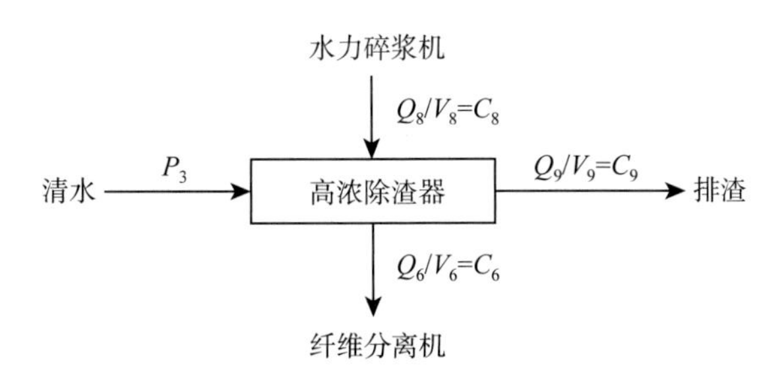

图 10-8　工作示意图

已知：$C_9 = 5\%$，$C_8 = 3.5\%$，$C6 = 3\%$，$V9 = 1\%V8$

求得：$Q_9/1\%V_8 = 5\%$；（$940+Q_9$）$/V_8 = 3.5\%$；$Q_9 = 13.623$；$V_8 = 27\,246.377$；

$V_9 = 272.46$；$Q_8 = 953.623$；

$P_3 = 31\,333.333+272.46-27\,246.377 = 4\,359.416$

7. 水力碎浆机平衡（图10–9）

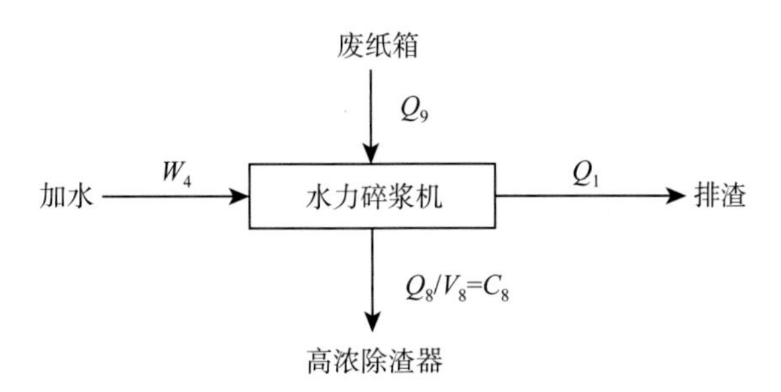

图 10-9　工作示意图

已知：$Q_{10} = 2\%Q_9$

求得：$Q_8+Q_{10} = Q_9$，$Q_9 = 973.085$，$W_4 = 27\,246.377$

四、浆水平衡表

根据物料平衡计算数据，列出纸浆模塑生产浆水平衡明细表（如表10-2）、浆水平衡总表（如表10-3）。

表10-2　浆水平衡明细表

序号	单元	来源与去向	纤　维（kg）		浆　料（kg）	
			收入	支出	收入	支出
1	成品库	来整型部	940		1000	
		去成品库		940		1 000
		小计	940	940	1 000	1 000
2	整型部	来干燥部	940		1 068.182	
		去成品部		940		1 000
		蒸发水				68.182
		小计	940	940	1 068.182	1 068.182
3	干燥部	来成型部	940		3 760	
		去整型部		940		1 068.182
		蒸发水				2 691.818
		小计	940	940	3 760	3 760
4	成型部	来良浆池	940		94 000	
		去干燥部		940		3 760
		回水池				90 240
		小计	940	940	94 000	94 000
5	配浆池	来纤维分离机	921.2		36 848	
		来松香	18.8		940	
		去良浆池		940		94 000
		加水			56 212	
		小计	940	940	94 000	94 000
6	纤维分离机	来高浓除渣器	940		31 333.333	
		排渣		18.8		313.333
		去配浆池		921.2		36 848
		清水			5 828	
		小计	940	940	940	940
7	高浓除渣器	来水力碎浆机	953.623		27 246.377	
		排渣		13.623		272.47
		去纤维分离机		940		31 333.333
		清水			4 359.416	
		小计	953.623	953.623	31 605.813	31 605.813
8	水力碎浆机	来废纸箱	973.085			
		去高浓除渣器		953.623		27 246.377
		排渣器		19.462		
		加水			27 246.377	
		小计	973.085	973.085	27 246.377	27 246.377
9	贮料室	来贮料室	971.326		1 081.206	
		去水力碎浆机		971.326		1 081.206
		小计	971.326	971.326	1 081.206	1 081.206

表10-3 浆水平衡总表

项 目	纤 维（kg）		浆 料（kg）	
	收 入	支 出	收 入	支 出
成品出库		940.000		1 000.000
整型部蒸发				68.182
干燥部蒸发				2 691.818
成型部回水				90 240
配浆池加水			56 212	
松香	18.8		940	
纤维分离机加水			5 828	
纤维分离机排渣		18.8		313.333
高浓除渣器加水			4 359.416	
高浓除渣器排渣		13.623		272.47
水力碎浆机加水			27 246.377	
水力碎浆机排渣		19.462		
水力碎浆机	973.085			
总计	991.885	991.885	94 585.793	94 585.793

五、浆水平衡方框图

根据物料平衡计算数据，绘出纸浆模塑生产浆水平衡方框图，如图10-10所示。

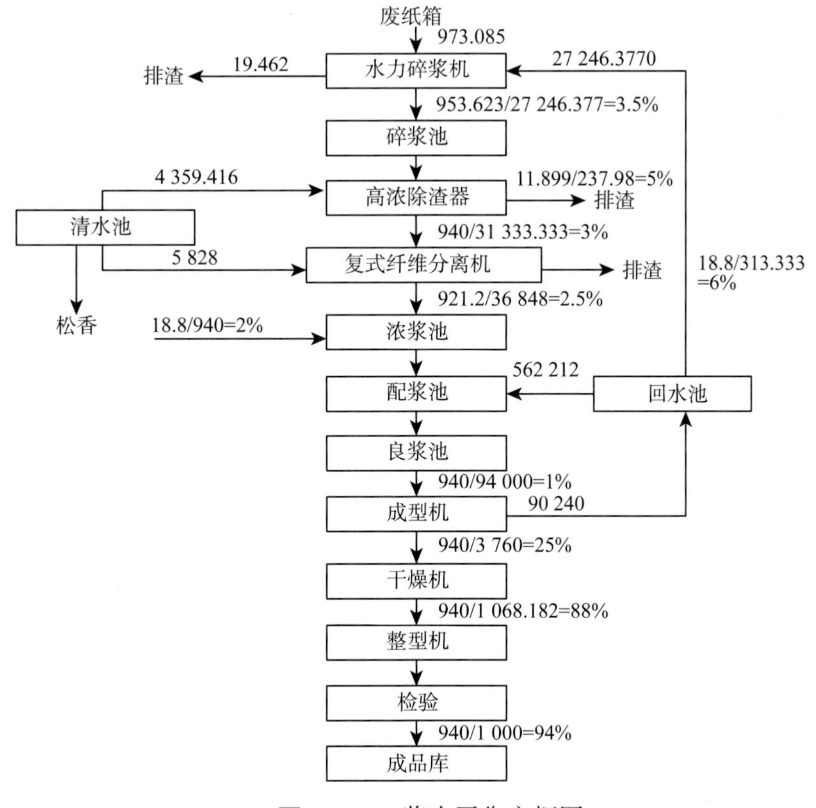

图 10-10 浆水平衡方框图

第三节　热量平衡计算

热量平衡计算，也是工艺平衡计算的内容之一，它主要是对纸模制品干燥过程中的热量进行平衡计算。热量平衡计算不仅是对工艺设计，而且对日常生产管理，也具有十分重要的意义。

一、热量平衡计算的目的

（1）通过热量平衡计算可以掌握生产过程中热量的消耗（主要是蒸汽）和变化情况，所得到的单位产品的蒸汽消耗量，是供热设计和经济概算的依据之一。

（2）热量平衡计算是确定加热器、换热器能力的基本依据。

（3）通过热量平衡计算，可以得到废热的排出量，从而为有效地实施废热回收和利用提供依据。

二、热量平衡计算的原则

热量平衡计算所遵循的原则是热量守恒，即引入某一系统的热量必等于产品所带出的热量和损失的热量之和。

即

$$Q_1+Q_2+Q_3=Q_4+Q_5 \quad (10\text{-}1)$$

式中　Q_1——原料或半成品所带入热量；

Q_2——加热介质所提供的热量；

Q_3——化学反应热；

Q_4——产品所带出的热量；

Q_5——整个过程的热损。

三、热量平衡计算过程

1. 基本数据

热量平衡计算基本数据见表10-4。

表10-4　基本数据表

指标名称	定　额	指标名称	定　额
进入干燥机纤维含水率	75%	干燥机中铁件带走的热量	占热量收入总量的3%
出干燥机纤维含水率	12%	干燥机自身热量损失	占热量收入总量的3%
常温水比热容	4.2kJ/kg·K	140℃水蒸气的比热容	1.55kJ/kg·K
100℃水蒸气的汽化热	2 259.5kJ/kg	140℃水蒸气的密度	1.962kg/ m^3
纤维的比热容	1.47kJ/kg·K		

2. 计算过程

（1）热量支出

以进入干燥机1kg的绝干纤维量为计算对象，则进入干燥机的浆料总量为：$\frac{1}{25\%}=4$（kg）；则带入的水量为4−1=3（kg）。

①将产品中的水从常温加热到100℃所需的热量为：

$$Q_1=M_1C_1(T_1-T_0)=3\times4.2\times(100-15)=1\ 071\ (\text{kJ})$$

②在干燥机中蒸发的水分质量为：

$$M_2=4-\frac{1}{88\%}=2.863\ 6\ (\text{kg})$$

蒸发这部分水所需要的热量为：

$$Q_2=M_2R=2.863\ 6\times2\ 259.5=6\ 470.304\ 2\ (\text{kJ})$$

③将纤维从常温加热到100℃需要热量为：

$$Q_3=M_3C_3(T_1-T_0)=1\times1.47\times85=124.95\ (\text{kJ})$$

④干燥机中铁件带走的热量：

由于干燥机的各部分部件都是铁质，所以在干燥过程中必将会带走一部分热量，约为热量总收入的3%。

⑤干燥机散热：

由于干燥烘道本身不是完全密封的结构，所以在干燥过程中必会有热量散失到空气中，约为热量总收入的3%。

（2）热量收入

由热量总收入：$Q'=Q_1+Q_2+Q_3+Q_4+Q_5=Q_1+Q_2+Q_3+(3\%+3\%)Q'$

可求得热风带入量：$Q'=8\ 155.59$（kJ）

锅炉的生产能力：

1kg纤维经过干燥机时，水蒸气放热量为：$Q'=Q_1'+Q_2'$

①水蒸气从140℃降到100℃放出的热量：

$$Q_1'=M_1'C_1'(T_1-T_0)=M_1'\times1.55\times40=62\ M_1'$$

②水蒸气变为冷凝水放出的热量（设冷凝水的回流量为50%）：

$$Q_2'=50\%M_1'R=1\ 129.75\ M_1'$$

③由$Q'=Q_1'+Q_2'$，可以求出$M_1'=6.843$（kg）

按1年300个工作日计，则每天锅炉需要补充水：

$$M=\frac{6.843\times10\ 000\ 000\times94\%}{300}\approx215\ (\text{t})。$$

第四节 设备选型和平衡计算

一、设备平衡的原则

（1）确定主要设备：既不能过大地超出设计能力的要求，又要适当地留有余地。

（2）确定设备数量：对于需要确定台数的设备，其数量要考虑该设备发生事故或检修时，仍有其他设备做备用维持生产。

（3）确定备品。

（4）利用公式计算法计算设备能力，公式中的某些系数要合理选取。要根据所选设备的成熟程度、所用原料的特点，以及操作工人的操作水平和技术素质等来选取设备。

（5）避免设备在生产过程中产生大幅度波动，造成能源浪费或运行不稳。

二、主要设备选型及参数

1. 水力碎浆机

水力碎浆机是传统的用于废纸碎解的常用设备，也是用来处理浆板和损纸的主要设备。水力碎浆机在碎解浆板、损纸、废纸等原料时具有以下几个优点：

（1）对纸浆只有离解作用而没有切断作用。

（2）碎解能力强，单位产量电耗小。

（3）设备简单，造价低廉，占地面积小，维护检修方便。

（4）需用的劳动力少，并可实现机械化和自动化。

卧式水力碎浆机是我国废纸加工行业中使用最为普遍的一种设备。它由槽体、转盘（转子）和传动装置组成。转盘位于槽体的中央位置，上面安有若干叶片，转盘底部的槽体上装有多把固定的刀片（阻流板）。底部筛板的孔径范围较大，多在5～22mm之间。其工作原理是将废纸投入水力碎浆机后，按比例加入一定量的水，电动机通过皮带轮使主架的主轴及固定在主轴上的转盘一同旋转。利用这种旋转运动，槽体内的废纸、水受机械作用和旋转运动造成里外线速度不相等而使纸料纤维互相摩擦和撕裂，达到纸浆碎解的目的，废纸碎解后变成纸浆纤维悬浮液。然后经过装配在槽体下部的筛板筛选后，良浆通过筛孔经过接在槽底下的出浆管流至贮浆池；槽内留下的粗渣，经由槽体底部的排渣漏斗中排除。

图 10-11 卧式水力碎浆机

由物料平衡计算可知，本生产线每天生产浆料34吨，可以查得生产力在这一范围的水力碎浆机的有关参数，选择国产卧式水力碎浆机，如图10-11所示。该设备具有碎解能力强、碎浆时间短、操作维修方便等优点。由于该设备的主轴呈水平安装，浆料中的金属、砂石等杂物因重力作用而沉积到槽底的排渣漏斗中，因此对转子叶片、筛板的磨损大大减轻，故它特别适用于未经挑选、含有粗大杂质的浆料的碎解。

主要技术参数如下：

①有效容积：$8m^3$

②生产能力：30～40t/d

③叶轮形式：节能式

④叶轮直径：600mm

⑤浆料浓度：2%～5%

⑥筛板孔径：16mm

⑦电机功率：55kW

2. 高浓除渣器

高浓除渣器主要在水力碎浆机后，用于除去密度较大的杂质（如石块、金属块、铁钉、玻璃碎片等），是废纸制浆系统中的一种保护性的重要设备，它可以保证筛选设备的正常运转，避免意外损伤和过量的磨损。除渣器应用自由涡流原理，可以有效去除各类纸浆中的重杂质。浆料从切线方向以特定的角度向下进入除渣器，浆流沿内壁以螺旋线方式向排渣口方向移动时，产生离心力作用，浆中的杂质（如碎石、金属块等）在离心力的作用下抛向内壁，并向下从下端口排入沉渣室。在沉渣室中，浆料得到进一步的清洗，纤维得以回收，废渣就沉积在渣室的底部，良浆以螺旋方式向上，从除渣器顶部导流管排出。锥筒部分由外部的钢质壳体和内部的陶瓷材质的上下二段锥体组成，上锥体为离心除渣区，下锥体的上截面为方形，下锥面为圆形，在上锥体分离的粗渣流入下锥体中，逐渐减速并得到清洗，粗渣沉入沉渣室，纤维返回浆流之中，所以纤维流失较低，整个除渣器也不会发生堵塞现象。

本生产线选用国产高浓除渣器，如图10-12所示，其技术参数如下：

①通过量：800～900L/min

②进浆浓度：3%～5%

③进浆压力：0.2～0.5MPa

④良浆压力：0.01～0.05MPa

⑤平衡水压力：0.3MPa

⑥平衡水流量：30～50L/min

⑦外型尺寸：826mm × 550mm × 2 950mm

⑧功率：3kW

图 10-12　高浓除渣器

3. 复式纤维分离机

纤维分离机既能分离轻重杂质，又能疏解未碎解的纸片和纤维束，并在一台设备上可完成粗选与精选两级筛选，是一种多功能的废纸处理设备。它与水力碎浆机配合可以减少水力碎浆机的碎解时间，降低碎浆机的电耗，提高水力碎浆机的生产能力，并能节省一台离心筛浆机，大大简化处理流程，降低能量消耗。

本生产线选用国产复式纤维分离机，如图10-13所示，其技术参数如下：

①公称处理能力：35～48t/d

②进浆浓度：<3.5%

③进浆压力：0.15～0.25MPa

④压力损失：0.1MPa

⑤配用电机功率：55kW

⑥外形尺寸：3 650mm × 2 370mm × 1 380mm

图 10-13　复式纤维分离机

4. 成型机

成型设备是纸浆模塑制品的主要生产设备。目前，应用于生产纸浆模塑内衬缓冲（防震）包装制品较为普遍，常用的有往复式成型机、翻转式成型机。其特点为设备操作维护简单，投资成本不高，模具安装、更换灵活，可生产尺寸大、深度高的产品。往复式成型机，是通过气缸带动将下模板（成型模具安装在此模板）下降沉入到浆槽内进行吸浆，吸浆完成后上升至中停位置脱水，脱水完毕，上升至上限位完成合模并转移产品，湿纸模坯最后由上模板带出并吹落至接料平台或烘干线，整个生产周期约为3～4次/分。因为模板面积较大，可安装较大尺寸的模具，它适用于吸滤时间长、制品尺寸较大、制品的壁较厚、形状比较复杂的工业用缓冲包装制品的生产。翻转式成型机是通过电机或者气动/液压将下模板180° 翻转到浆槽内吸浆，然后翻转回起始位置脱水，上模板再下降完成合模和制品转移，上模板带着湿纸模坯上升并吹落至接料平台或烘干线，整个生产周期约为3～4次/分。翻转式成型机与往复式成型机类似，能有效防止“兜浆”情况，适用于小批量、生产吸滤时间较长、厚壁且形状复杂的工业用缓冲材料制品的生产。

目前，应用于生产托盘类制品的有转鼓式成型机（采用八工位或六工位或四工位），其特点为生产效率高、生产产能大，生产周期约为15～20次/分。适合于形状简单、深度较浅的纸浆模塑制品的生产，但对设备的制造精度要求高，模具的数量多，投资大。转鼓部分转动采用槽轮式间歇机构，转鼓分为八面/四面筒体，配合电、气联动，实现机、电、气持续运转，使模具在筒体上完成吸浆、脱水、过模、脱落和清洗模具等工艺过程。可实现纸模制品成型全过程连续性自动化生产，而且可根据不同的产品调整八面转鼓的转速，也可以调节吸浆的时间，控制产品的重量。目前国内常用这种设备生产水果托盘、蛋托蛋盒、瓶架托和咖啡杯托等产品。

本生产线考虑到产品的生产量、工厂的规模以及生产条件，还有产品的精确度和壁厚等问题，选用往复式双缸双工位往复成型机。这种成型机一般为半自动化，需要人来操作完成，灵活性大。其主要部分包括上下模板（模具）、槽体机架和控制装置等。纸模成型时，成型机的槽体内装有一定液位的浆料，下模板及成型模具在气缸的推动下沉入浆料槽内，成型模具内与真空系统相通，使悬浮在浆料中的纤维吸附在其表面上成型。然后下模板上行至中位继续利用真空脱水，达到一定干度后上行与上模板上的转移模具贴合，此时，成型模具内转换成压缩空气，转移模具内与真空相接，使湿纸模坯被转移。最后，上模板及模具在横向气缸的推动下前行至输送带上方，在压缩空气的作用下将其吹落，送入干燥工段。成型机浆槽结构为溢流式，槽内的浆料浓度始终保持在1%，溢流量约为10%。上下移动式成型机结构简单，配套的模具数量少，可随时通过更换模具生产不同的纸浆模塑制品，特别适用于生产专用工业品包装制品。

根据模具大小以及能源消耗量等因素，选择国产自动送料往复式双工位半自动成型机，如图10-14所示，其主要技术参数如下：

①设备型号：CY010

②生产周期：12～60s，可调

③真空度：-0.05～-0.07MPa

④输入气压：0.5～0.7MPa

⑤功率消耗：≤1kW

⑥可生产工件高度：≤160mm

⑦模板尺寸：800mm × 600mm × 2mm

⑧外形尺寸：2 700mm × 2 500mm × 3 060mm

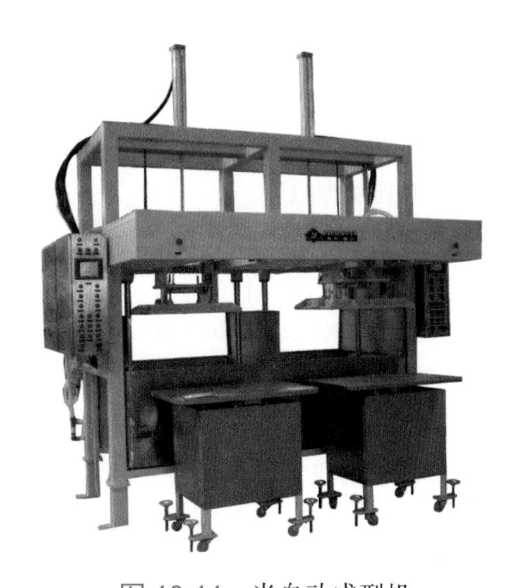

图 10-14　半自动成型机

（图片来源：广州市南亚纸浆模塑设备有限公司）

5. 干燥机

经成型机成型后的湿纸模坯还含有75%左右的水分，通常湿纸模坯中所含的大量水分需在专用烘干设备（纸浆模塑干燥线）上蒸发去除。这是纸浆模塑制品生产过程的第三道工序。目前国内的纸浆模塑制品绝大多数都采用热风对流干燥法，在特定的干燥设备内用热空气作为干燥介质对纸浆模塑制品进行干燥。热空气主要由两种方式取得，一种是利用热风炉燃烧直接产生热空气，另一种是利用蒸汽/导热油通过热交换器与空气进行热交换产生热空气。纸浆模塑制品干燥过程采用的设备主要有干燥箱、隧道式干燥机和链式干燥机等。无论采用哪一种干燥设备，其干燥机理基本是相同的。目前，为了节省干燥成本，国内有不少厂家采用自然晾干、太阳晒干等方法去除湿纸模坯中的水分，但这种方法效率低、产品变形大、破损率高且受气候（在一年中大约有一半以上时间因受气候的影响不能采用晒干的方式）和场地等条件的制约，另还需增加人工成本；由于受光照方向、风向及风力的影响，产品表面干燥不均匀、变形大、成品率大大下降，不适合大批量、工业化生产，不能适应日益加快的生产节奏。因此，稍有规模的企业就必须配备和使用干燥线，尽量降低干燥成本是本行业的主要关键技术之一。干燥1t纸模制品耗汽量为4.5～6.5t（200～240℃的饱和蒸汽，使用温度在120～170℃），按吨热蒸汽单价以90元计，则1t产品干燥成本为500元左右，因而用蒸汽干燥线干燥1t产品比用燃油干燥线干燥1t产品，成本可降低50%以上。因此本生产线选择蒸汽式干燥线，在干燥箱中干燥是通过鼓风机来提供空气，空气加热由蒸汽通过热交换器来完成。而蒸汽由锅炉提供，箱内湿空气由抽风机抽走，冷凝成回流水进行回收再利用，并同时给干燥机提供预干热空气，箱内随时保持额定循环空气量。

根据生产量，选择国产蒸汽式干燥线，如图10-15所示，其主要技术参数如下：

①输送带尺寸：2 000mm × 48 000mm

②外型尺寸：48 000mm × 3 000mm × 2 400mm

③输送带速度：0.5～3.5m/min，可调

④装机容量：90kW

⑤热源（饱和蒸汽）：1.0 MPa，最大输入2t/h

⑥蒸汽温度：185～200℃

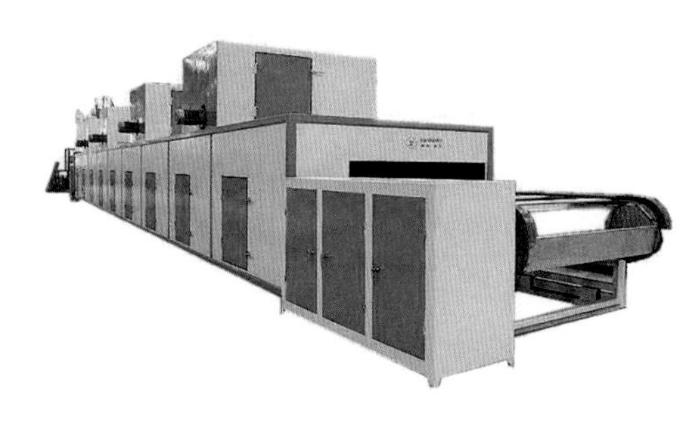

图 10-15　蒸汽式干燥线

（图片来源：广州市南亚纸浆模塑设备有限公司）

6. 热压整型机

纸浆模塑制品经过干燥线干燥后，其尺寸、厚度和均匀度往往都达不到要求，所以要利用热压整型机进行热压校形，使制品更加密实、壁厚均匀、外表面光滑平坦、提高强度，同时使制品的形状和所得到的尺寸长期保持不变。热压整型一般在专用的热压整型机上进行。整型时的温度一般为200℃，热压压力大小取决于制品种类及对制品强度的要求，一般为2～5MPa。热压整型的模具可拆卸，表面非常光滑，一般都经过抛光处理。

图 10-16　气动式热压整型机

（图片来源：广州市南亚纸浆模塑设备有限公司）

本生产线选择国产气动式热压整型机，如图10-16所示，其主要技术参数如下：

①设备型号：ZC050

②工作压力：20t

③耗电功率：12kW

④热压温度：常温～180℃，可调（温度设定后，自动恒温）

⑤工作周期：15～60s，可调

⑥最大工作行程：400mm

⑦模板尺寸：800mm × 600mm

⑧外形尺寸：1 200mm × 1 000mm × 2 300mm

⑨气源压力：0.5 ～ 0.6MPa

7. 浆泵

浆泵主要由泵体、叶轮、传动轴、电机等组成，电机通过柱销联轴器带动叶轮高速旋转，由叶轮高速旋转产生的离心力，将浆料从进浆管吸入叶轮。通过叶轮的动量输送，使浆料产生压力能和速度能而送至泵体涡旋流道。在涡旋流道中，浆料的部分速度能转变为压力能，而将浆料吸入并排出泵体。

（1）粗浆泵

根据经验公式：

浆泵扬程=下一个设备所需压力+下一个设备进浆高度+管道损失压力（一般取1米水柱）

所以连接碎浆池和高浓除渣器之间的浆泵扬程估算：H_1=20+3+1=24（m）

连接高浓除渣器和复式纤维分离机之间的浆泵扬程估算：H_2=20+2.3+1=23.4（m）

根据上述估算，粗浆泵选择国产浆泵，如图10-17所示，其主要技术参数如下：

①出口直径：100mm

②流量：$40m^3/h$

③扬程：24m

④功率：7.5kW

⑤外型尺寸：1 500mm × 500mm × 500mm

图 10-17　粗浆泵

（2）细浆泵

由于浆池内浆料的进浆压力非常小，所以连接浓浆池与配浆池、配浆池与良浆池、良浆池与成型机间选择较小扬程的浆泵即可。

细浆泵选择国产浆泵，如图10-18所示，其主要技术参数如下：

图 10-18　细浆泵

①进口直径：80mm

②流量：$20m^3/h$

③扬程：10m

④功率：1.5kW

⑤外型尺寸：650mm × 250mm × 300mm

8. 真空泵

真空泵在纸浆模塑生产过程中起到了真空吸浆、合模脱水的作用，在纸模生产过程中，真空泵是成型机的一个配套设备，在成型工段主要用来吸取湿纸模坯中的水分，使之循环到回水池中；在定型工段，主要起真空定型产品的作用。

图 10-19　SA2S 型无油永磁变频真空泵
（图片来源：广东思贝乐能源装备科技有限公司）

根据成型机在成型过程中所需的负压值选择真空泵的有关参数，选择国产SA2S型无油永磁变频真空泵，如图10-19所示，其主要技术参数如下：

①抽气速度：$1.95\sim325m^3/min$

②极限真空：-0.095MPa

③电机功率：15～250kW

9.空气压缩机

主要用于为纸浆模塑生产线提供空气动力。选择国产SC2S型螺杆空气压缩机，如图10-20所示，其主要技术参数如下：

①额定功率：7.5～250kW

②排气量：$1\sim50m^3/min$

③最高排气压力：0.8MPa

④储气罐容量：$0.8m^3$

图 10-20　SC2S 型螺杆空气压缩机
（图片来源：广东思贝乐能源装备科技有限公司）

10. 循环泵

由于成型机在工作过程中，槽内的浆料发生溢流，流回配浆池中，所以选择循环泵使配浆池内的浓度保持一定的数值。

选择国产浆池循环泵，如图10-21所示，其主要技术参数如下：

①叶轮直径：350mm

②转轮：600r/min

③浆料浓度：<3.5%

④扬程：2.05～1.4m

⑤流量：15～21.6m^3/min

⑥功率：7.5kW

⑦外型尺寸：1 457mm × 540mm × 520mm

图 10-21　浆池循环泵

三、非标准设备的选型

1. 浆池容积计算

浆池贮浆能力与所贮浆料浓度有关。选择多大容积的浆池，不仅取决于产量，而且取决于质量，所需的实际贮浆容积可按式（10-2）求得：

$$V = \frac{QT}{C}\ (\text{m}^3) \tag{10-2}$$

式中　V——所需贮浆容积，m^3；

Q——所需贮存浆（绝干浆）料量，t/h；

T——贮存时间，h；

C——浆料浓度，%。

（1）碎浆池

所需贮存浆（绝干浆）料量$Q = \frac{0.954 \times 33.3}{24} = 1.32$（t/h）

所需贮浆容积$V = \frac{1.32 \times 1}{3.5\%} = 37.7$（m^3）

为了使浆料混合均匀，使浆料处于悬浮状态，浆池内通常设有搅拌器，并且在搅拌过程中有泡沫漂浮在液面上，使体积增大，而且碎浆池的体积不应小于碎浆机的体积。所以，实际生产中建设40m^{3}的碎浆池，长 × 宽 × 高=5m × 5m × 1.6m。

（2）浓浆池

所需贮浆容积$V = \frac{1.32 \times 1}{2.5\%} = 52.8$（m^3），同上述理由，实际生产中建设两个30m^{3}的浓浆池，长 × 宽 × 高= 6m × 5m × 1m。

（3）配浆池

随着浓浆池中浆料的流入，在浓度调节器的控制下，加入大量白水使浓度在1%左右保持恒定，体积变化较大，所以建设容积为5m³。长×宽×高=2m×2.5m×1m。

（4）良浆池

浆池内的浆料始终保持在1%，同时也具有贮存浆料的作用，建设容积为8m³，长×宽×高=2m×4m×1m。

2. 回水池

回收的循环水，一方面用于配浆使用，另一方面供水力碎浆机碎浆使用。本设计建两个回水池，分别位于水力碎浆机和配浆池附近，供这两个工序使用，减少管道的距离。

3. 浆池搅拌器

浆池搅拌器用作方浆池的循环搅拌装置，以利于纤维保持悬浮状态，保证纸浆的组成部分在浆料中均匀分布。

4. 绞绳机

绞绳机作为一种粗筛选设备，与水力碎浆机配套使用。将废纸浆料中的各种轻杂质，如铁丝、塑料、细绳、棉纱等不断缠绕绞集而成为一股绳。在绞绳机的控制下，通过股绳管被拉出碎浆机而排除，使浆料得到初步净化。

5. 储气罐

供成型机湿纸模坯成型、气吹脱模和用高压空气喷洗模具时使用。

四、设备数量的确定

1. 卧式水力碎浆机

根据所选卧式水力碎浆机的参数，可知它的生产能力完全满足生产量，所以选用1台水力碎浆机即可。

2. 成型机

假设本生产线生产的单个纸模产品的重量是150g，工厂每天要生产33.4t产品，即生产纸模制品的数量为$\frac{33\ 400\ 000}{150}$=222 666.667=222 667（个）。设定纸浆模塑制品的成型时间为10s，一个模板可以安装4套模具，即一台双工位成型机可安装8套模具。即每台成型机一天可以制作纸模制品的数量为$\frac{24\times3\ 600\times8}{10}$=69 120（个），则需要成型机台数为$N=\frac{222\ 667}{69\ 120}=3.22\approx4$（台）

3. 干燥机

采用两条蒸汽式干燥线，每条干燥线有9个干燥箱，3个为一段，共三段。

4. 主要设备一览表

本生产线的主要设备见表10-5。

表10-5　主要设备一览表

序号	名称	参考型号	数量/台	序号	名称	参考型号	数量/台
1	水力碎浆机	ZDWS	1	3	复式纤维分离机	ZDFF	1
2	高浓除渣器	BRD	1	4	成型机	CY010	4

续表

序号	名称	参考型号	数量/台	序号	名称	参考型号	数量/台
5	干燥机	蒸汽式干燥机	2	11	空气压缩机	SC2S	1
6	热压整型机	ZC050	4	12	碎浆池	$40m^3$	1
7	浆泵	80XWJ25-12.5A	4	13	贮浆池	$30m^3$	2
8	水泵		2	14	配浆池	$5m^3$	1
9	循环泵	CZ80-315	3	15	良浆池	$8m^3$	1
10	真空泵	SA2S	1	16	回水池		2

第五节　重点车间及全厂布置

一、重点车间布置

1. 车间布置设计的原则

（1）生产设备要按工艺流程的顺序配置。在保证安全及环境卫生的条件下，尽量节省厂房面积与空间。

（2）保证车间能充分利用自然采光与通风的条件，使各个工作地点有良好的劳动条件。

（3）保证车间交通运输及管理方便。万一发生事故时，人员能迅速安全地疏散。

（4）厂房结构要紧凑简单，并为生产发展及技术革新等创造有利条件。

2. 车间布置说明

纸浆模塑车间布置见图10-22，车间总面积90.4m × 24.4m，一层高，为长方形车间，柱子之间的距离是6m，柱子与柱子之间为窗户，车间宽敞明亮，采光效果好。车间的南北方向分别设有大门，分别通向原料仓库和成品库，车间内设有贮料室、生产区、更衣室、卫生间、半成品区和成品区。生产线的顺序是严格按照工艺流程的顺序来设计。水力碎浆机设置在贮料室与生产区的通道处，这样节省了运送原料的距离，可供碎浆操作人员方便地取原料，随时调节碎浆浓度。由于水力碎浆机、高浓除渣器和复式纤维分离机都需要排渣，所以分别把这三个设备放在1m高的平台上，下部设有排渣口可以方便地排渣。考虑到行人通过，主要的设备离墙面的距离都至少有500mm，这样设备安装拆修都方便。干燥线的主要热源是锅炉，为了室内环境和安全问题，把它放在室外，通过合理的管道设置，使蒸汽传到干燥机。由于干燥后的产品不能直接整型和出厂，必须经过放置自然干燥阶段，所以在干燥烘道的旁边设置半成品区，出干燥烘道的产品直接放置在半成品区，自然干燥一定时间后，再进入到热压整型机上。整个设备摆放和空间设计连接紧密，顺序合理。

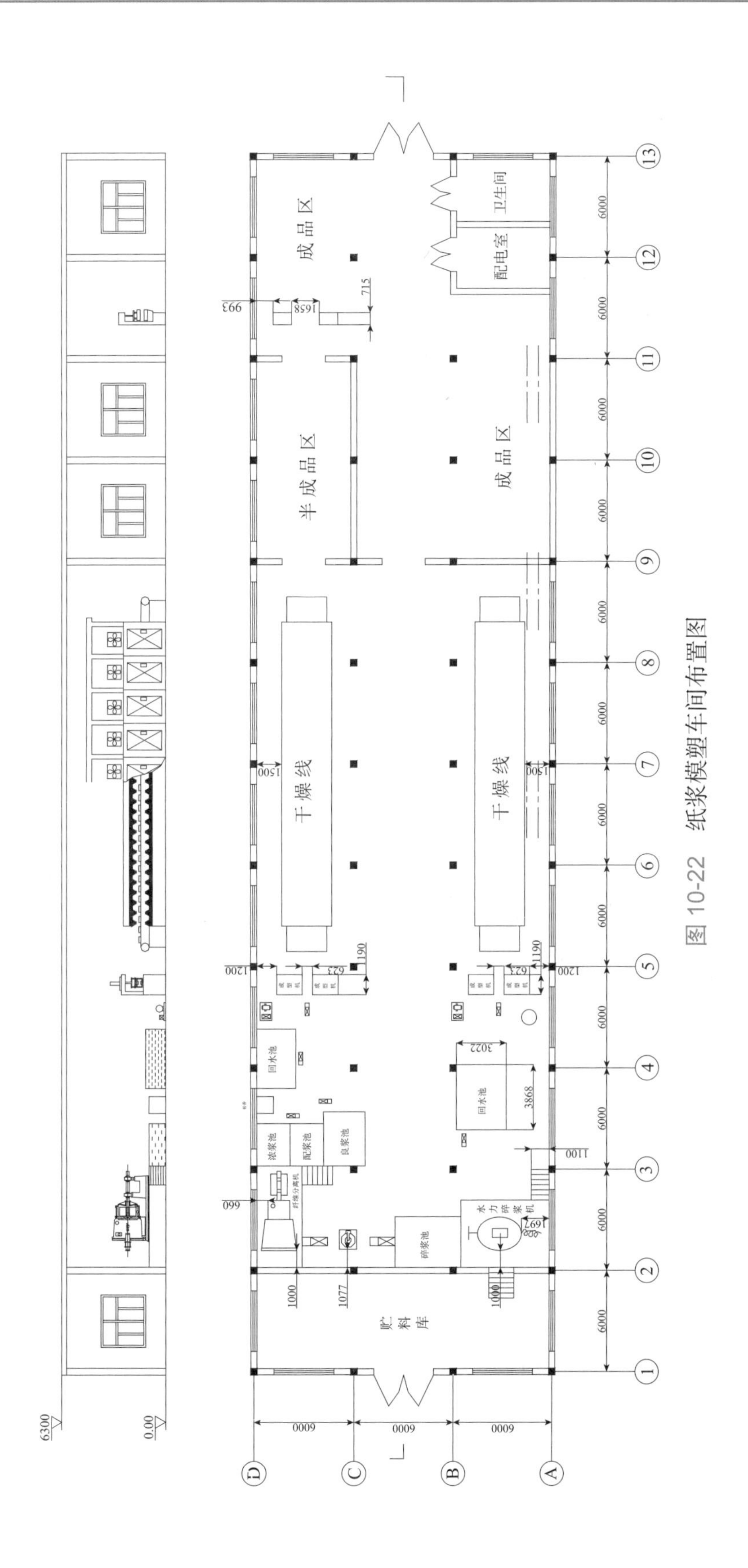

图10-22　纸浆模塑车间布置图

二、厂址布置说明

1. 厂址选择应遵循的原则

（1）符合所在地区城市建设总规划的要求。

（2）接近原材料、燃料基地和成品消费地区。

（3）有良好的铁路、水路、公路等交通运输条件。

（4）接近水源和电源，具备废水排除条件（如地势等）且不因排水造成大面积污染。

（5）有良好的基建、生产及协作条件。

（6）有适宜的原料堆厂及排渣、排污条件等。

2. 厂区布置说明

厂区布置见图10-23，本厂占地总面积为22 479.52m^2，建筑物面积为5 413.16m^2，绿化面积为2 115.6m^2。厂区布置为南北方向，西面是生产区，东面是生活区。厂区一共有3个门，分别是南面的正门、西面的供方便运送产品的大门、东面生活区的便门。厂区内设有原料库、生产车间、锅炉房、配电室、储煤棚、办公楼、食堂、宿舍和浴池等。道路宽度为8m，在厂区右下脚处的空地，可为以后的扩大生产规模做准备。

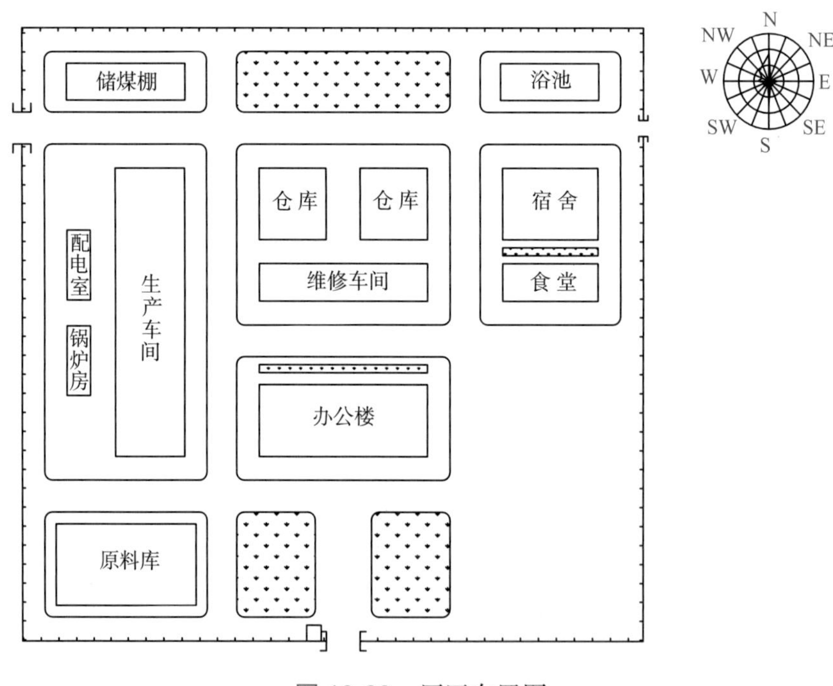

图 10-23　厂区布置图

$$厂区的建筑系数 = \frac{5\ 413.16}{22\ 479.52} \times 100\% = 24.1\%$$

$$厂区的厂地利用系数 = 24.1\% + \frac{8\ 192}{22\ 479.52} \times 100\% = 60.5\%$$

第六节　水电汽消耗计算

全厂为全日制生产，以全厂1天的消耗为研究对象。

1. 耗水量

生产线部分流程使用循环水回用，所以水的消耗量为主要车间清水的消耗量、锅炉需水量以及生活用水量之和。由物料衡算可知每天车间所需清水量为148.4t；由热平衡计算可知锅炉每天需水58.25t；生活用水为工业用水的10%。所以得到工厂的日消耗水量为：148.4+58.25+（148.4+58.25）×10% = 227.315（t）

2. 耗电量

全厂的电消耗为重点车间机器的耗电量与生活用电量之和。由以上的设备选型可知各个设备的功率参数，车间日总耗电量为2 650kW · h；生活耗电量为车间耗电量的5%，为132.5kW · h。所以全厂每天总耗电量为2 782.5kW · h。

3. 耗汽量

蒸汽主要来自锅炉加热水，供干燥烘道的热交换器干燥产品使用。由热平衡计算得每天需要蒸汽228.6kg。

4. 耗煤量

参照国内外该规模工厂的用煤情况，根据干燥机干燥效率参数以及锅炉效率的类比，工厂日用煤量为120t。

第七节　经济技术分析

一、全厂定员编制

因为本厂是24小时连续工作，所以员工劳动安排为三班倒工作，每班8小时，具体安排如表10-6所示。

表10-6　全厂定员表

工种	每班人数	班次	总计	工种	每班人数	班次	总计
打浆	3	3	9	配电	2	3	6
除渣	3	3	9	管理	10	1	10
配浆	1	3	3	技术	4	1	4
成型	8	3	24	设计	2	1	2
干燥	16	3	48	后勤	10	1	10
热压	4	3	12	司机	3	1	3
检验	4	3	12	门卫	2	3	6
包装	8	3	24	合计			188
维修	2	3	6				

二、经济效益分析

表10-7 纸浆模塑制品经济效益分析 （以1t产品消耗计算）

项目	数量	单价/元	金额/元	备注
废纸原料	1.1t	2 200	2 420	废纸箱
化学助剂			1 000	按综合助剂估算
包装费	84套	6	504	每件制品120g，每箱装100件
水耗	8t	3.0	24	
电耗	1 947.75kW·h	0.9	1 753	实际用量按70%计算
煤耗	3t	450	1 350	
工人工资			844	150元/日，日产量33.4t
管理费用			1 400	按产值10%计
产品税			1 400	按产值10%计
生产成本			10 695	
销售额			14 000	
利润			3 305	

第八节　环境保护分析

随着人们对塑料制品所产生的危害和对环境影响的认知不断提升，我国已经提出了禁塑限塑计划，这意味着至2022年年底，我国一次性塑料制品的消费量将明显减少。在此情况下，“以纸代塑”在各行业内的呼声越来越高，相关企业为了满足消费者的健康需求，纷纷开始推出纸制产品代替塑料产品。

本工厂正是在这种形势下进行建设的，其生产工艺流程主要是以废旧瓦楞纸箱为原料，其生产本身就有原料循环再生的意义，起到了保护环境的作用，而且所利用的原料和制品废弃后可以自然降解。生产过程中主要污染源为碎浆时产生的废浆渣以及燃烧锅炉产生的煤渣和废气，由于生产过程中所用的水大部分都循环利用和蒸发到空气中，所以产生废水的量是很小的。对废水采用生化法处理，达标后排放。采用环保型锅炉，解决废气排放问题。采用先进的工艺技术和成熟可靠的设备和设施，工业“三废”排放均符合国家规定的排放标准和要求，将污染降到最低点，符合国家环境保护的基本国策。

第十一章　纸浆模塑（湿压工艺）工厂设计

第一节　生产工艺设计

一、纸浆模塑生产工艺与设备概述

1. 纸浆模塑工艺分类

纸浆模塑也称植物纤维模塑，它是将植物纤维浆料通过特制的模具制成各种模塑制品的一种加工方法。目前普遍应用的生产工艺主要有干压法和湿压法两种生产工艺。

干压法纸浆模塑工艺，是以一定浓度的纸浆液，加入适量的助剂，经吸附成型形成湿纸模坯，湿纸模坯脱离模具进入烘道进行干燥（模外干燥），再对干燥制品进行热压整型的工艺方法。

湿压法纸浆模塑工艺，是以一定浓度的纸浆液，加入适量的助剂，经吸附成型形成湿纸模坯，湿纸模坯被转移到热压定型模具内进行干燥定型（模内干燥），生产出纸浆模塑制品的工艺方法。

目前，生产食品包装、精致高档工业包装等纸模制品，大都采用湿压法纸浆模塑工艺。而生产低端的蛋托、果托和简易的工业包装制品则采用干压法纸浆模塑工艺。近几年，湿压法纸浆模塑工艺已经广泛应用于各种纸模产品的生产中。

本章主要以一间采用湿压法工艺生产植物纤维环保餐具的工厂为例，介绍湿压法纸浆模塑的生产工艺、设备选型及工厂设计。

2. 湿压法纸浆模塑生产设备简介

湿压法纸浆模塑生产设备是指以纸浆为原料，经吸附成型制成湿纸模坯，再转移到热压定型模具进行加压干燥定型，干燥定型后的制品被送出热压定型模具，并完成切边等工序的纸浆模塑生产设备。

（1）湿压法纸浆模塑设备分类

①按成型方式分为注浆式、捞浆式、翻转式。

②按对制品的热压工位的数量分为：单热压工位模式、双热压工位模式和多热压工位模式。

③按自动化程度分为手动、半自动、全自动。

④按切边方式分为自动切边、手工切边、免切边。

⑤按功能方式分为单一功能机、多功能机。

（2）按自动化程度分类的湿压法设备

①全自动纸浆模塑成型定型切边一体机。该设备在生产过程中，由机器自动吸附纸浆成型形成湿纸模坯，并自动转移到热压定型模具进行加压干燥定型，干燥定型后自动转移到切边工位进行整边处理，制成成品后自动转移到成品堆积工位。

②半自动纸浆模塑成型定型切边机。该设备在生产过程中，由机器自动吸附纸浆成型形成湿纸模坯，并自动完成干燥定型，由手动完成切边加工工序。

③手动纸浆模塑成型定型切边机。该设备在生产过程中，由机器吸附纸浆成型形成湿纸模坯，人工把湿纸模坯转移到热压定型模具进行干燥定型，并且手动完成切边加工工序。

（3）各类湿压法生产设备的特点

①半自动或手动纸浆模塑成型定型切边机，生产效率低，占地面积大，安全装置有待完善，生产食品包装的纸模制品在包装前需要单独的消毒装置对制品进行消毒。

②全自动纸浆模塑成型定型切边机，生产效率较高，产量大，按国家行业标准装有完整的安全装置，生产的纸模制品在包装前不需要单独的消毒装置对制品进行消毒，可直接包装。

a.单一功能自动纸浆模塑机，只适用于生产某一种类型的产品，比如普通餐具，其生产的产品精度不高，仅适用于生产高度较低（通常小于70mm）、大角度的简单产品，不适用于生产精品小角度工业包装制品及杯盖类产品。

b.多功能全自动成型定型切边一体机，机器精度非常高，适用于生产各类高端产品，比如高档餐具、高端精品小角度工业包装制品、热饮杯盖等。多功能全自动成型定型切边一体机外形如图11-1所示。

图 11-1　EAMC 型多功能全自动纸浆模塑成型定型切边一体机

（图片来源：浙江欧亚轻工装备制造有限公司）

3. 多功能全自动成型定型切边一体机的优点

纸浆模塑生产设备是纸浆模塑工厂的主设备，也称主机，纸浆模塑生产设备主要包括吸附成型设备、热压定型设备、切边设备等。同时具备吸附成型、热压定型、切边功能的设备称为全自动纸浆模塑成型定型切边一体机。

本工厂设计拟采用EAMC型多功能全自动成型定型切边一体机作为主要生产用机器，该机具有以下优点：

①多功能机，一机多用。同一设备适用于生产环保餐具、倒扣热饮杯盖、精品小角度工业包装制品、精品蛋盒蛋托、精品果蔬托盘等产品；

②该机集全自动成型、干燥、定型、切边于一体，设计简单精巧，结构紧凑，占地面积小；

③占用同样面积的生产车间，该机产能是同类机器2～3个车间的产能，大大降低了土建成本、厂房租金和管理成本；

④安装有全封闭安全防护装置，保证安全生产；

⑤按照欧美安全标准设计，机器运行过程中开门即自动停止运行；

⑥全自动化、高产能、低能耗、低人工成本；

⑦生产效率高，直接生产成本大大降低，约比常规设备降低30%生产成本；

⑧机器运行流畅、稳定；

⑨拥有国际、国内高科技的制造方法和机器结构；

⑩人工操作环境干净舒适。

二、工艺技术方案和生产工艺流程

1. 工艺技术方案

本设计拟定新建年产2万吨纸浆模塑制品工厂，主要产品为植物纤维环保餐具。初步拟定采用54台EAMC型全自动纸浆模塑成型定型切边一体机（简称EAMC型一体机），组成5条生产线，每条生产线由10～11台EAMC型一体机组成，以蔗渣浆、竹浆、木浆、芦苇浆、麦草浆和棕榈浆等为主要原料，以电为动力源、天然气为燃料、导热油为加热介质、以水为介质进行纸浆模塑制品的生产，其工艺流程包括碎浆、吸附成型、热压定型、切边冲孔等主要生产工序。将原料浆板投入水力碎浆机碎解成纸浆纤维后，为了赋予制品特殊的功能（如防水、防油、抗静电等），在贮浆池内加入少量的功能性助剂，并加入清水或白水，将浆料调至成型要求的浓度（通常0.3%～0.5%）后，输送至吸附成型工位，在吸附成型模具上通过真空吸附制成湿纸模坯，然后湿纸模坯被转移到热压定型模具内进行干燥定型，干燥定型后的制品又被转移到切边工位进行切边处理即为成品。本生产工艺过程简单、原材料资源丰富、车间占地少、产量高、投资小、见效快、能耗低、效益高。

2. 生产工艺流程

生产工艺流程如图11-2所示。

（1）浆料的制备

以漂白草本原浆或本色原浆作为环保纸模制品的原材料。如纸浆模塑工厂靠近原料产地，许多蔗渣浆厂、竹浆厂的原浆可直接通过管道输送到纸浆模塑工厂的制浆车间。从制浆厂直接送过来的湿浆一般浓度较高，需要加入适量的水使其成为0.3%～0.5%左右的浆液，在配浆池中加入助剂配制成纸浆模塑生产所需的浆料。大部分食品包装制品生产用浆料的助剂主要是防水剂、防油剂。部分精品工业包装制品等还需要把蔗渣浆、竹浆和木浆按不同比例配在一起使用，而不需加入防油剂。

大部分纸浆模塑工厂是以商品浆板作为原料，经加水浸泡软化后，用水力碎浆机等设备疏解成浆水混合液，使其成为适合纸浆模塑生产所需浓度的浆料。

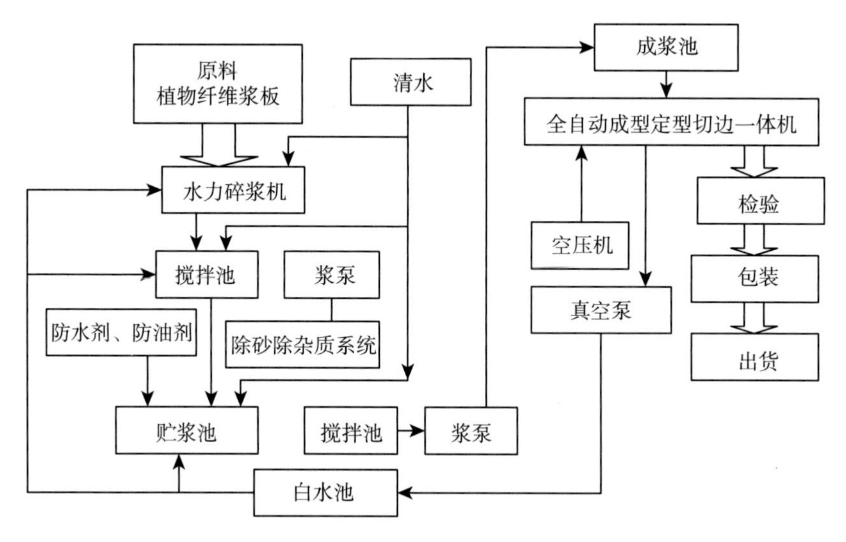

图 11-2　生产工艺流程

在纸模切边过程产生的边料，由于内含助剂，经加水浸泡软化，用水力碎浆机碎解后，还必须经过疏解机再次进行疏解分散，才能混入原浆进入生产流程，否则生产出的制品表面会产生浆块而影响外观。

配浆用水可以是吸附成型后排出的白水或部分清水，其pH为在6.4～6.5，较为理想，用搅拌装置把浆池中的浆液搅拌均匀，以保证浆液浓度稳定。

（2）纸模制品的生产

制浆工序完成后，适合纸模生产的浆液被送入EAMC型一体机，接下来的吸附成型、热压定型、自动切边等全部工艺过程都在EAMC型一体机上自动完成。其生产工艺过程简述如下：

经供浆系统完成制备浆料后，浆泵将浆液通过管道输送到EAMC型一体机的吸附成型浆槽内，浆槽中的成型模具经吸附成型制出湿纸模坯，湿纸模坯的含水率通常在65%～75%，经过上下模具冷挤压使湿纸模坯的含水率达到60%左右。每个纸模制品的重量可以通过调节真空吸滤时间来控制。接着，湿纸模坯被转移到热压定型模具内进行热压固化定型，热压定型模具的温度约180～200℃。热压定型模具可以采用电加热和导热油加热。EAMC型一体机采用导热油加热，加热的导热油通过与模具加热板的热交换释放出热量，从而把导热油锅炉产生的热量传输到热压定型模具。经过热压定型模具，完成固化定型的半成品转移到切边工位将制品外边边缘修切整齐，制成符合标准尺寸的产品，再转入检验包装工序，最后成品检验出厂。

第二节　自动供浆系统设计

一、自动供浆系统的作用

自动供浆系统主要用于为EAMC型一体机提供合适生产用的纸浆。纸浆原料以蔗渣浆、竹浆、芦苇浆、麦草浆、棕榈浆、木浆等任意一种浆为主要原料，并配以适量的功能性助剂。供浆系统由浆板碎浆机、边料碎浆机、疏解机、纸浆泵、水泵、计量泵、浆池、搅拌器、气动阀、电磁阀、手动阀、液位计、空压机系统、电控装置和管道等组成。系统由PLC进行“机电气一体化”控制，完成自动配浆和供浆。

二、自动供浆系统工艺流程

供浆系统的原料主要是原浆（浆板或制浆厂湿浆）和回用的边料，其中，回用的边料占比不超过10%。

经过称重的浆板被送到浆板碎浆机里，加适量的水进行碎解。浆板经碎浆机处理成较高浓度的纸浆液后，由浓浆泵送至磨浆机磨浆，再输送到配浆池备用。

经过称重的边料被送到边料碎浆机里，加水进行碎解。碎解后的浆料流入疏解机进行疏解和除砂。疏解结束后，由浓浆泵输送到配浆池备用。用白水泵送适量的水到配浆池，并加以搅拌，使纸浆液稀释到合适的浓度。

纸浆液配好后，由供浆泵送到EAMC型一体机的成型机里进行成型操作。供浆系统工艺流程方框图如图11-3所示。

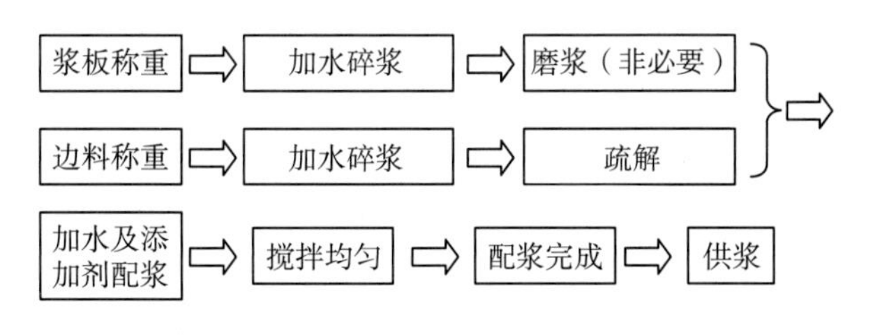

图 11-3　自动供浆系统工艺流程

第三节　导热油加热系统设计及热量平衡计算

一、导热油加热系统简介

导热油加热系统是将有机热载体（导热油）经过导热油锅炉直接加热，并通过高温油泵进行强制性液相循环，将加热后的导热油输送到用热设备，再由用热设备出油口回到导热油锅炉，导热油锅炉再次加热导热油，形成一个完整的循环加热系统。该加热系统包括导热油锅炉、储油槽、膨胀槽、油气分离器、导热油循环泵、注油泵等设备以及安全仪表、管道等。由于导热油加热系统具有操作压力低、运行可靠、加热效率高、出口温度控制精确等特点，已被广泛应用于石油、化工、电子、纺织、印染、食品和塑料等行业中。

本设计采用导热油加热系统作为加热源，导热油在导热油锅炉中被加热，通过耐高温油泵把250～260℃的导热油从导热油锅炉输送到EAMC型一体机的热压定型模具中，热压定型模具对湿纸模坯进行加热干燥定型。导热油把部分热量传递给热压定型模具后返回导热油锅炉，导热油锅炉加热导热油后再次输出，如此循环完成加热工作过程。

二、导热油加热系统流程

本设计导热油加热系统与EAMC型一体机的热压定型模具热循环流程如图11-4所示。

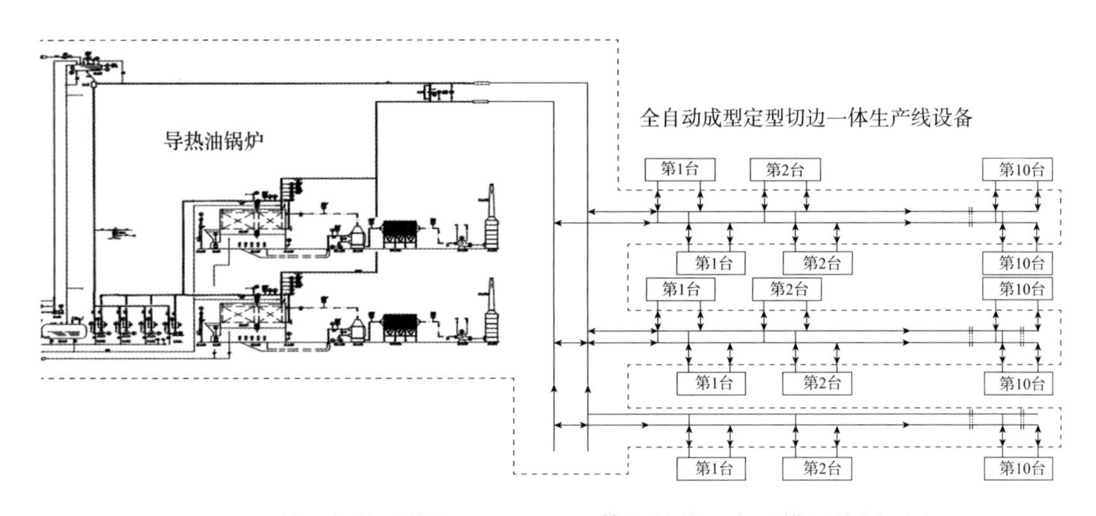

图 11-4　导热油加热系统与 EAMC 型一体机的热压定型模具热循环流程

三、热量平衡计算

热量平衡计算是工艺平衡计算的内容之一，它主要是对纸模制品干燥过程中的热量进行平衡计算。热量平衡计算对生产工艺设计和日常生产管理具有十分重要的意义。

1. 热量平衡计算的目的

（1）通过热量计算可以掌握生产过程中热量的消耗和变化情况，得出单位产品的热量消耗量，作为工厂供热设计的依据。

（2）热量平衡计算是确定供热设备的基本依据。通过热量平衡计算，可以得到废热的排出量，为有效地组织废热回收和利用提供依据。

2. 热量平衡计算的原则

热量平衡计算所遵循的原则是热量守恒，即设备引入供热系统的热量应等于制成成品所需要的热量和损失的热量之和。

即
$$Q_1+Q_2=Q_3+Q_4 \quad (11\text{-}1)$$

式中 Q_1——原料或半成品所带入热量；

Q_2——加热介质所提供的热量；

Q_3——产品烘干需要的热量；

Q_4——整个过程的热损。

具体计算方法可参照第十章第三节中热量平衡计算的方法。

3. 热量平衡计算基本数据

热量平衡计算基本数据见表11-1。

表11-1 热量平衡计算基本数据表

指标名称	定 额
成型机湿坯含水率	75%
成品含水率	6%
导热油比热容	2.5kJ/kg·℃
成型机自身热量损失	占热量收入总量的3%
250℃导热油的密度	848kg/m^3

第四节 主要生产设备选型

一、设备选型的原则

（1）根据生产工艺流程确定主要设备的型号和参数：既不能过大地超出设计能力的要求，又要适当地留有余量。

（2）合理确定设备数量，对于需要确定机台数的设备，其数量要考虑该设备发生事故或检修时，仍有其他设备做备用维持生产。

（3）在利用公式计算法计算设备能力时，公式中的某些系数要合理选取。选取时要依据所选设备的成熟程度、所用原料的特点以及操作工人的操作水平和技术素质等。

（4）应避免设备在生产过程中产生大幅度波动，而造成设备运行不稳或能源浪费。

二、主要生产设备配置框图

本工厂主要生产设备配置框图如图11-5所示。

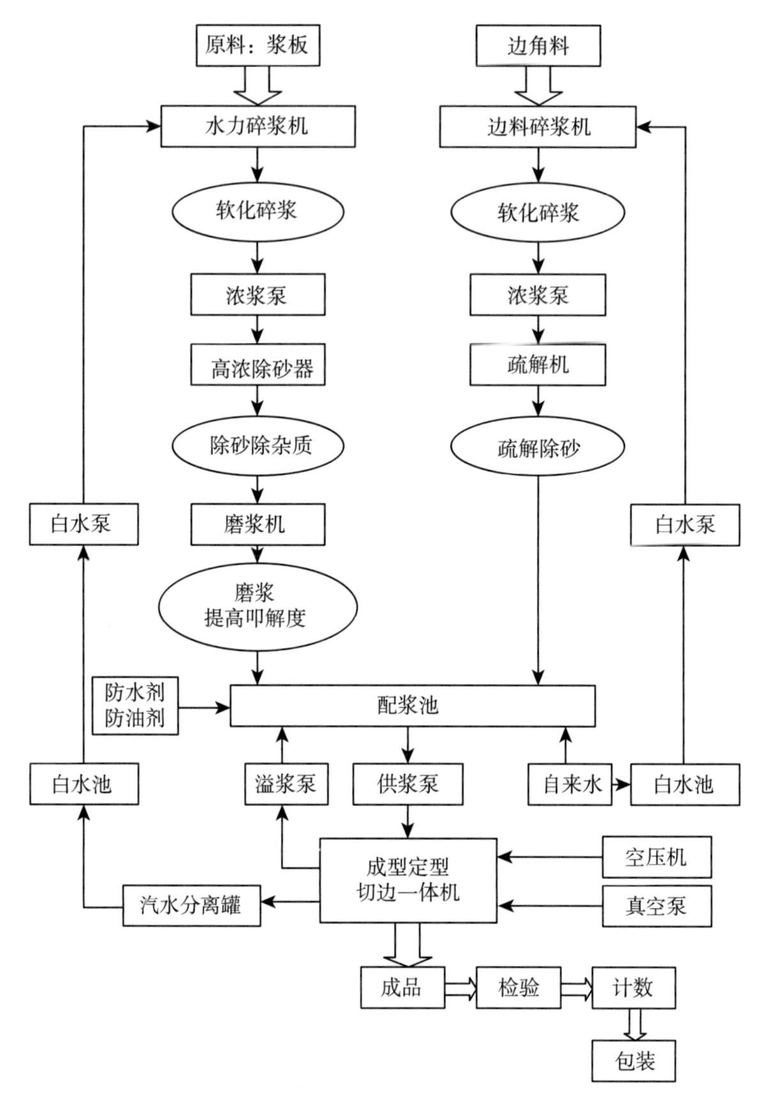

图 11-5 主要生产设备配置

三、主要设备选型及计算

本建厂方案以一条由10台EAMC型全自动成型定型切边一体机组成的生产线为例，其配套的自动供浆系统单次配浆可提供10台成型机组1h的供浆量。系统中需要的主要设备选型及计算过程如下：

1. EAMC型全自动成型定型切边一体机

EAMC型全自动成型定型切边一体机（如图11-6所示）是纸浆模塑工厂的生产主机，主机的产能决定了工厂的总产能。拟定年产2万吨纸浆模塑制品的纸浆模塑工厂，主机的数量计算过程如下：

$$N = CQ/Q_0/V_0 \quad (11\text{-}2)$$

式中 Q_0——单机日产量，t；

Q——工厂年总产能，t；

N——成型数量，台；

C——产能安全系数，C=1.1；

V_0——工厂年工作日，V_0=330d。

已知：Q_0=1.2t，Q=20000t/年，C=1.1，V_0=330d

求得：$N=CQ/Q_1/V_0=1.1\times 20000/1.2/330=50$（台）

因此，选用50台EAMC型全自动成型定型切边一体机。

图 11-6　EAMC 型全自动成型定型切边一体机

（图片来源：浙江欧亚轻工装备制造有限公司）

EAMC型一体机的主要参数如下：

①外形尺寸：6 000mm × 6 000mm × 4 500mm

②总重量：约30t

③产量：单机1 500～2 000kg/d

④电压频率：380V，60Hz

⑤气源压力：≥4MPa

⑥真空度：-0.098～-0.05MPa

⑦热压最大合模力：50t

2.立式水力碎浆机

立式水力碎浆机是纸模行业用来碎解浆板、损纸、商品废纸的主要设备，适用于纸浆纤维的分离、浆料的净化和粗选。

立式水力碎浆机在碎解浆板、废纸等方面具有下列几个优点：

①对浆料只有离解作用而没有切断作用。

②碎解能力强，碎浆时间短，电耗小。

③设备简单，操作维修方便，占地面积小。

④连续、间歇放料皆可。

立式水力碎浆机的工作原理是，由转盘叶片的机械力和转子回转时所引起的水力剪切力作用于纸浆原料。当转子回转时，浆块、纸料、水流沿着中心轴线吸入，从转子向外周高速甩出，形成强烈的湍流循环，由于叶片对浆料的强烈打击、撕扯和不同速液流层间所存在着的巨大摩擦力，使浆块、纸料在液态中被强力破碎离解，未被碎解的纸片、纤维束又在转子叶片与筛板之间得到进一步疏解，符合要求的良浆通过一定规格的筛孔从碎浆机中流出，放入到下面的贮浆池中。

在与一条由10台EAMC型一体机组成的生产线配套的自动供浆系统中，立式水力碎浆机的选型与计算过程如下：

假设10台EAMC型一体机的产量为1天生产12t产品，产品含水率为6%。自动供浆系统的单次供浆可提供10台成型机1h的供浆量，且每天实际生产23h，进入成型机的纸浆浓度为0.35%。

已知：$Q_0 = 1200$，$C_0 = 6\%$，$T_0 = 23$，$D_0 = 0.35\%$

求得：$C_1 = 1 - C_0 = 1 - 6\% = 94\%$

$Q_3 = 10Q_0C_1 = 1200 \times 10 \times 94\% = 11280$

$Q_4 = Q_3/T_0 = 11280 \div 23 = 490$

$V_2 = Q_4/1000D_1 = 490 \div 1000 \times 5\% = 9.8$

式中 Q_0——1天生产的产品重量，kg；

C_0——产品的含水率，%；

T_0——每天实际生产时间，h；

D_0——进入成型机的纸浆浓度，%；

D_1——水力碎浆机生成的最大纸浆浓度，%；

C_1——绝干浆百分比，%；

Q_3——10台一体机1天生产需要的绝干浆的重量，kg；

Q_4——10台一体机1h生产需要的绝干浆的重量，kg/h；

V_2——所需的水力碎浆机的最小容积，m³。

综上可知，匹配包含10台EAMC型一体机的生产线的供浆系统中，水力碎浆机的容积最小可以选择10m³。

本生产线采用的S10型立式水力碎浆机如图11-7所示。其主要技术参数如下：

①有效容积：$10m^3$

②生产能力：45～60t/d

③叶轮直径：900mm

④浆料浓度：2.5%～5%

⑤筛板孔径：10mm

⑥电机功率：110kW

图 11-7 S10 型立式水力碎浆机

3. 高浓除砂器

图 11-8　ZSC 型高浓除砂器

高浓除砂器主要在水力碎浆机后，用于除去密度较大的杂质（如石块、金属块、铁钉、玻璃碎片等），是制浆系统中的一种保护性的重要设备，它可以避免设备意外损伤和过量的磨损。除砂器利用纤维和杂质比重不同，应用自由涡流原理，使重杂质从纸浆中分离出来，达到净化纸浆的目的。

除砂器由耐磨材料制成的进口头、双锥体、气动控制等部分组成。纸浆在一定压力下沿切线方向进入除砂器，利用进出口压差作动力，使纸浆沿锥体作螺旋运动并产生离心力，纸浆中的重杂质在离心力作用下，被抛向上锥体内表面，并靠重力作用向下运动，良浆由中间的上出口排出。重杂质及部分纤维下沉至下锥体，在冲洗水作用下进行反冲洗涤，使纤维上浮至上锥体沿良浆方向排除，重杂质经下锥体球阀下沉至由铸铁制成的沉渣罐内。沉渣罐上设有给水口、排气口、排渣门、视窗，供清洗、排气、观察及排渣用。在进口头上还装有进出口压力指示表，供运行中观察进浆压力及进出口压差。

本生产线采用ZSC型高浓除砂器，如图11-8所示，其技术参数如下：

①通过量：1.5～2m³/min

②进浆浓度：0.8%～6%

③进浆压力：0.15～0.35MPa

④出浆压力：0.1～0.3MPa

4. 双盘磨浆机

双盘磨浆机为制浆系统的粗、精磨连续打浆设备，也可作尾渣和废纸的磨浆设备，具有生产效率高、耗电低等优点。它与水力碎浆机配合可以减少水力碎浆机的碎解时间，降低碎浆机的电耗，提高碎浆机的生产能力。同时，可以改善碎浆机出来的纸浆的纤维质量，并提高一定的叩解度。

双盘磨浆机内部由固定在机壳和移动座上的两个固定磨片与安装在转动轴上的磨片形成两个磨区。浆料由机壳体与定子进刀盘上的两根进浆管进入磨区中心，在离心力和进浆压力的作用下通过磨区，经过磨区内齿盘的压挤撞击完成打浆过程，由出浆口送出。

本生产线选用国产FPM型双盘磨浆机，如图11-9所示，其主要技术参数如下：

①磨盘直径：ϕ380mm

②生产能力：6～20t/d

③进浆浓度：2%～5%

④进浆压力：0.1～0.3MPa

图 11-9　FPM 型双盘磨浆机

⑤电机功率：37kW

5. 浆泵

浆泵是供浆系统输送纸浆用的设备，XWJ型无堵塞纸浆泵是一种节能型纸浆泵，具有高效、无泄漏、抗堵塞性能好、运行平稳等特点，可用于浓度低于6%的纸浆的输送。浆泵主要由泵体、叶轮、传动轴和电机等组成，电机通过柱销联轴器带动叶轮高速旋转，由叶轮高速旋转产生的离心力，将浆料从进浆管吸入叶轮，再通过叶轮的动量输送，排出泵体。

（1）浓浆泵

水力碎浆机碎解之后生成的纸浆，需要以一定的压力送入高浓除砂器中。所以在碎浆机和除砂器之间应配套一台浓浆泵，以保证纸浆的顺利输送。

根据经验公式：

泵扬程=下一个设备所需压力+下一个设备进浆高度+管道损失压力（一般取1米水柱）+ 浆池高度

所以连接碎浆机和高浓除砂器之间的浓浆泵扬程估算：H_1=15+3+1+5=24（m）

选择型号为125XWJ100-32A的浆泵1台，如图11-10所示，其技术参数如下：

①进口直径：ϕ125mm

②流量：90m^3/h

③扬程：28m

④功率：11kW

图 11-10　125XWJ100-32A 型浆泵

（2）供浆泵

在配套的自动供浆系统中，供浆泵的选型与计算过程如下：

假设10台EAMC型一体机的产量为1天生产12t产品，产品含水率为6%。自动供浆系统的单次配浆可提供10台成型机1h的供浆量，且每天实际生产23h，进入成型机的纸浆浓度为0.35%。

已知：$Q_0 = 1200$，$C_0 = 6\%$，$T_0 = 23$，$D_0 = 0.35\%$

求得：$C_1 = 1–C_0 = 1\text{-}6\% = 94\%$

$Q_3 = 10Q_0C_1 = 1200 \times 10 \times 94\% = 11280$

$Q_4 = Q_3/T_0 = 11280 \div 23 = 490$

$V_3 = 10Q_4/D_0/1000 = 490 \div 0.35\% \div 1000 = 140$

式中　Q_0——1天生产的产品重量，kg；

C_0——产品的含水率，%；

T_0——每天实际生产时间，h；

D_0——进入成型机的纸浆浓度，%；

D_1——水力碎浆机生成的最大纸浆浓度，%；

C_1——绝干浆百分比，%；

Q_3——10台一体机1天生产需要的绝干浆的重量，kg；

Q_4——10台一体机1h生产需要的绝干浆的重量，kg/h；

V_3——所需的供浆泵的最小流量，m³/h。

综上可知，匹配包含10台一体机生产线的供浆系统中，供浆泵的流量最小选择140m³/h。

选择型号为125XWJ100-20A的浆泵2台，其技术参数如下：

①进口直径：ϕ125mm

②流量：90m³/h

③扬程：18m

④功率：11kW

（3）溢浆泵

在成型机工作过程中，浆槽内的一部分纸浆会发生溢流，流回地下浆池，所以需要选择浆泵将地下浆池的纸浆泵回到配浆池。考虑到可能存在成型机没有使用纸浆，而供浆泵仍在工作的情况，所以溢浆泵的流量应大于供浆总量。

选择型号为150XWJ200-20的浆泵1台，其技术参数如下：

①进口直径：ϕ150mm

②流量：200m³/h

③扬程：20m

④功率：18.5kW

6. 疏解机

在配浆过程中，可以加入一些切边排出的边角料，以节省成本。边角料在经过水力碎浆机碎解之后，仍然会存在未完全离解的部分，所以需要疏解机将浆料进一步疏解磨浆。

疏解机能够在完全疏解草类纤维和其他废纸再生纤维的同时除去砂石、金属等杂质。它的优势在于节能，并且不损伤纤维，适合于各种制浆流程。因对纤维不切断，浆料流失小，能使纤维高效地脱水，提高纸浆的质量。

疏解机的疏解作用主要靠一对保持一定间隙的转子和定子的相对运动来实现。设备工作时转子高速旋转产生的离心力和除砂锥型帽产生冲击波，从而使浆料各质点以不同的离心力进行高效分解和除去杂质。从入口到出口过程中纤维原料受到离心力和冲击波的反复作用，在相对高浓条件下，疏解区内浆料中与转定子发生碰撞产生的强烈水力剪切和纤维间剧烈的内摩擦，从而使纤维被分丝帚化，而纤维不被切断，游离度保持在最低值，并且疏解帚化均匀除砂效果好，纤维流失小。

本生产线选用国产XDLC型疏解机，如图11-11所示，其技术参数如下：

①公称处理能力：14～20t/d

②进浆浓度：2%～5%

③进浆压力：0.1～0.3MPa

④压力损失：0.1MPa

⑤电机功率：22kW

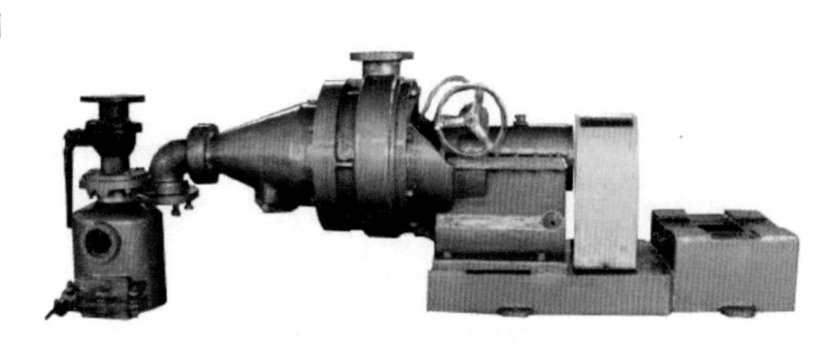

图 11-11　XDLC 型疏解机

7. 真空泵

在纸浆模塑生产过程中，真空泵是成型机的一个配套设备。它可以用来吸取纸浆中的水分，使之成为湿纸模坯，抽取出的水流到白水池中，能继续用来配浆。真空也可以用来吸取和转移制品。

根据成型机在成型过程中所需的负压值选择真空泵的有关参数，选择90PM节能真空泵，如图11-12所示，其技术参数如下：

图 11-12　90PM 真空泵

①抽气速度：88m³/min

②极限真空：–0.06MPa

③电机功率：90kW

8. 空气压缩机

空气压缩机主要用来为纸浆模塑生产线提供压缩空气，用于转移湿纸模坯或半成品纸模制品，也用于吹送成品及切边废料等。

本设计选择LG9/8型螺杆空气压缩机，如图11-13所示，其技术参数如下：

图 11-13　LG9/8 型螺杆空气压缩机

额定功率：90kW

排气量：17m³/min

最高排气压力：0.8MPa

储气罐容量：5m³

9. 贮浆池和白水池

（1）配浆池

配浆池容积的选择，取决于生产设备的产量和纸浆的浓度，所需的实际配浆池容积可按下面方法求得：

假设10台EAMC型一体机的产量为1天生产12t产品，产品含水率为6%。自动供浆系统的单次配浆可提供10台成型机1h的供浆量，且每天实际生产23h，进入成型机的纸浆浓度为0.35%。

已知：$Q_0 = 1200$，$C_0 = 6\%$，$T_0 = 23$，$D_0 = 0.35\%$

求得：$C_1 = 1 - C_0 = 1\text{-}6\% = 94\%$

$$Q_3 = 10Q_0 C_1 = 1200 \times 10 \times 94\% = 11280$$

$$Q_4 = Q_3/T_0 = 11280 \div 23 = 490$$

$$V_4 = 10Q_4/D_0/1000 = 490 \div 0.35\% \div 1000 = 140$$

式中　Q_0——单机日产能，kg；

C_0——产品的含水率，%；

T_0——每天实际生产时间，h；

D_0——进入成型机的纸浆浓度，%；

C_1——绝干浆百分比，%；

Q_3——10台成型机1天生产需要的绝干浆的重量，kg；

Q_4——10台成型机1h生产需要的绝干浆的重量，kg/h；

V_4——1h需要的供浆量，m³/h；

一般情况下，配浆池内可以贮存的纸浆约占总容积的80%，所以可求得配浆池的容积V为：

$$V = V_4/80\% = 140 \div 80\% = 175\ (m^3)$$

为了保证供浆泵可以持续供浆，所以配浆系统中需要2个同样大小的配浆池，轮流进行配浆。

（2）白水池

从成型机中抽取出来的白水，一方面可以用于配浆使用，另一方面可以供水力碎浆机碎浆使用。本设计中设置一个白水池，用于贮存成型机中抽出的白水。配浆过程中，白水可以循环使用。白水池的容积需要比配浆池略大。

（3）溢浆池

成型机在工作过程中，浆槽内的纸浆会发生溢流，需要流回溢浆池。溢浆池一般建造成地下池，以方便成型机中多余的纸浆可以自流到溢浆池中。当溢浆池中纸浆贮存一定量后，使用浆泵将纸浆泵回到配浆池。溢浆池的容积一般为配浆池的10%～15%。

（4）浆池搅拌器

为了使纸浆混合均匀，使浆料处于悬浮状态，配浆池内通常设有搅拌器。搅拌器有多种样式，如立式、卧式、框式等。

10. 生产线主要设备一览表

一条由10台EAMC型一体机组成的生产线的主要设备如表11-2所示。

表11-2　生产线主要设备一览表

序　号	名　称	参考型号	数量/台
1	成型定型切边一体机	EAMC	10
2	水力碎浆机	S10	1
3	高浓除砂器	ZSC	1
4	磨浆机	FPM	1
5	疏解机	XDLC	1
6	浆泵	125XWJ100-32A	2
7	水泵		1
8	浆泵	125XWJ100-20A	2
9	浆泵	150XWJ200-20	1
10	真空泵	90PM	4
11	空气压缩机	LG9/8	1
12	浆池		3
13	水池		1

第五节　重点车间及全厂布置

一、重点车间布置

1. 车间布置设计的要求

（1）生产设备按工艺流程的走向配置，在保证安全生产及环境卫生的条件下，尽量节省车间厂房面积与空间。

（2）保证车间能充分利用自然采光与通风的条件，使各个工作地点有良好的劳动条件。

（3）保证车间内道路畅通，物品运输及管理方便。万一发生安全事故时，人员能迅速安全地疏散。

（4）厂房结构要紧凑简单，并留有余地，为生产发展及技术革新等创造有利条件。

2. 车间布置说明

纸浆模塑车间布置见图11-14，车间总尺寸165 × 70=11 550（m^2），其中EAMC型一体机生产线部分占地约7 350m^2， 其机器布置效果图见图11-15。辅机部分（磨浆机、真空泵、空压机等）占地约4 200m^2。长方形车间，一层设计，柱子间距6m，柱子与柱子之间为窗户，车间宽敞明亮，采光效果好。车间的东西方向分别设有大门，分别通向原料仓库和成品库，车间内设有原料区、配浆区、自动生产区、包装输送区、实验室和成品区，另有配套风淋室、更衣室、卫生间及车间办公室等。

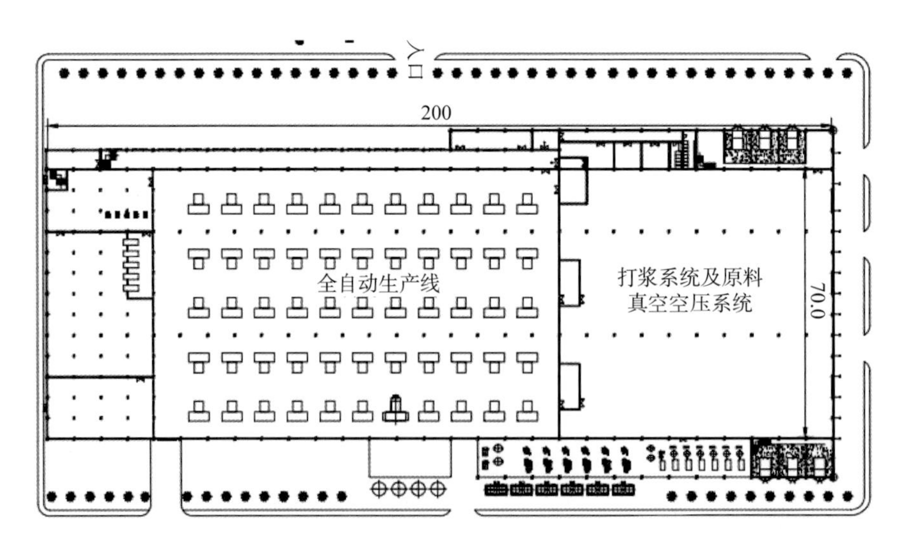

图 11-14　纸浆模塑车间布置

生产线排布按照工艺流程顺序来布置。原料区紧挨制浆工段，以节省运送原料的距离。制浆区域辅机设备离墙面的距离至少500mm，以方便安装拆修。EAMC型一体机部分排布要充分考虑留有足够的更换模具的空间。产品自动生产出后就地检验包装，减少搬运及更多占地成本。成品区域设置产品装箱平台，便于装车运输。

图 11-15 EAMC 型全自动纸浆模塑成型定型切边一体生产线效果

二、厂址选择和厂区布置

1. 厂址选择的原则

（1）符合所在地区城市建设总规划的要求；

（2）附近有充分的纸浆原材料、水源以及能源供给；

（3）附近有良好的铁路、水路、公路等交通运输条件；

（4）附近有良好的基建、生产及协作条件。

2. 厂区布置说明

厂区布置见图11-16，本厂占地总面积约为90亩，建筑物面积为33 000m^2，绿化面积为8 900m^2。厂区布置为南北方向，东侧是生产区，厂区共有3个大门，分别是工厂人员进出口、原料进口、成品出口。厂区内设有原料仓库、生产车间、锅炉房、配电室、办公楼、食堂和停车场等。

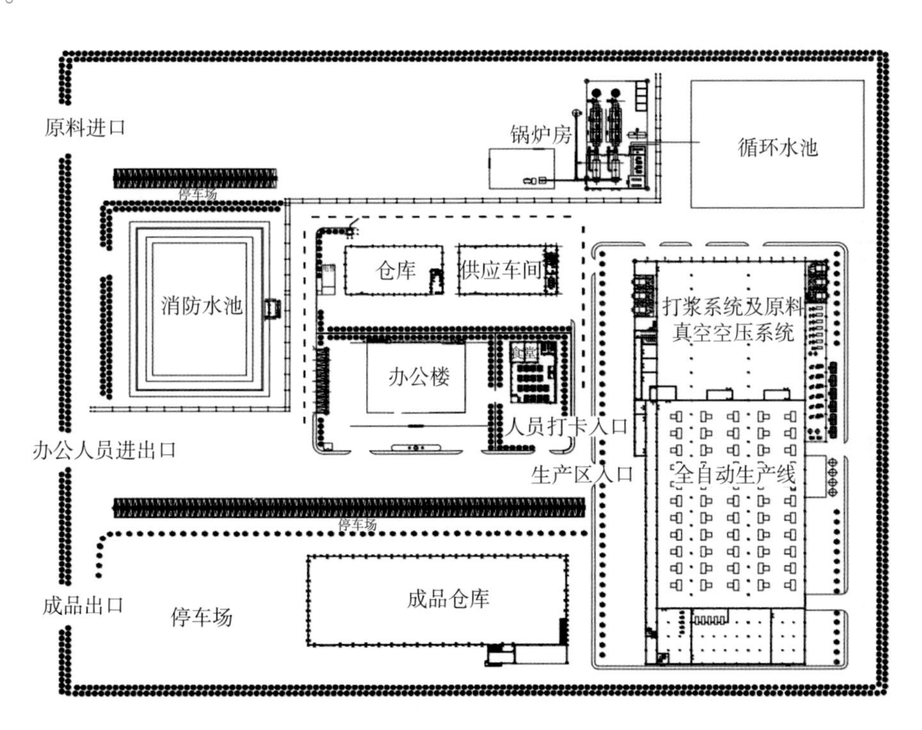

图 11-16 厂区布置

厂区道路设施宽敞，锅炉房按国家要求进行防火防爆设施建设，厂区内设有消防水池。

厂区绿化带覆盖10%～15%，建筑密度不大于60%，容积率1.0～2.5。

第六节　水电气消耗计算

全厂为全日制生产，以全厂1天的消耗为研究对象。

1. 耗水量

全厂生产线用水为循环使用，主要用水为干燥蒸发水量与车间清洗用水，每天用水量约为60t。

2. 耗电量

耗电主要为机器驱动用电，包括主机用电、真空空压系统及制浆系统用电，总用电量约为2 000kW·h。

3. 耗气量

天然气的消耗主要用于加入到导热油锅炉中燃烧，以便加热导热油，再通过热导热油将热能传递给纸模成型机的热压定型模具，用于热压干燥湿纸模坯，每小时用量约为800m^3。

第七节　经济技术分析

一、全厂定员编制

本工厂年有效工作日为330天，生产车间两班连续生产，每班12h，日工作时间为24h。长白班实行每周五个工作日，日工作时间为8h。具体安排如表11-3所示。

表11-3　全厂定员

工　　种	每班人数/人	班次	总计	工　　种	每班人数/人	班次	总计
制浆配浆	3	2	6	机修	5	2	10
成型定型切边生产	10	2	20	管理	3	1	3
检验包装	30	2	60	合计			99

二、经济效益分析

本工厂生产纸浆模塑制品的经济效益估算如表11-4所示。

表11-4　纸浆模塑制品经济效益分析（以1t产品消耗计算）

项目	消耗量	单价/元	金额/元	备注	项目	数量	单价/元	金额/元	备注
浆板	1.05t	5000	5 250	植物纤维原浆	工人工资			480	
防水防油剂			1 000	按综合助剂估算	生产成本			9 037	
包装物料费	100套	3	300	纸箱包装袋等	销售价			16 500	
水耗	2t	3.3	6.6		利润			7 463	
能耗			2 000	耗电+耗燃气					

第八节　环境保护分析

当今社会，建设生态文明是关系人民福祉、关系民族未来的大计。我国已经明确把生态环境保护摆在更加突出的位置。我们既要绿水青山，也要金山银山。本工厂的建设符合国家环保政策和要求，主要生产工艺是以一年生的植物纤维纸浆为原料，加入水中碎解后再加工成纸浆模塑制品。在此加工过程中没有废物及废气的排放，生产用水全部循环利用，废边料全部回收使用，锅炉采用环保型燃气导热油锅炉。采用先进的工艺技术和成熟、稳定、高效的全自动生产线的设备，高效率，低能耗，经济效益和社会效益都较好。

第十二章　纸浆模塑生产废水处理技术

纸浆模塑制品生产所采用的原料主要分为两种：商品浆（或浆板）和废纸原料。生产纸浆模塑工业包装制品所采用的废纸原料具有来源广泛、成本低廉、供应充足等特点。利用废纸进行纸浆模塑制品的生产符合国家节约能源、保护环境的产业政策。但也应看到，废纸再生利用过程所产生的废水污染负荷虽然相对较低，能节约用水50%左右、节约能源60%～70%，也能节约大量的化工原料等，但仍产生大量的废水。据统计，2019年我国造纸生产用浆中废纸浆比重已占到总用浆量的57%，折合废纸量约为5 443万吨。其中各类进口废纸961万吨，国内回收的各类废纸接近4 420万吨。废纸再生利用过程排放的废水量10～18亿吨。这些废水对环境的污染仍很严重。我国为缺水国家，国家对造纸废水排放量标准定在60～80m^3/t纸。目前，我国大多数废纸再生利用企业的废水排放量都大大超标。若不经处理即外排，必然严重污染江河水体，特别是废纸再生利用企业大多靠近或位于城市，对城市水体的污染危害更是不容忽视。因此必须对废纸再生利用产生的废水进行严格处理，达到国家造纸废水排放标准后才能排放。

第一节　纸浆模塑生产过程中的废水处理

一、废水的来源及其特性

1. 废水的来源

废纸再生生产纸浆模塑工艺可分为制浆和成型两大部分。在制浆部分，废纸的脱墨、除渣、洗浆、漂洗等过程中会产生大量的洗涤废水。在废纸再生纸模成型部分，也会产生含有纤维、填料和化学药品的“白水”。与采用木材、草类纤维化学方法制浆相比，废纸脱墨、洗涤的用水量和污染物排放量都小得多。一般每生产1t纸模制品，约需1.2～1.25t的废纸，每吨脱墨浆的用水在30～60m^{3}之间。废纸生产纸模制品的废水排放量与废水水质与废纸原料种类、设备、工艺操作过程、产品品种、水资源及用水水质等因素有关。为了防治污染，通常将制浆车间与纸模成型车间联合，利用成型机白水作为水力碎浆机和高浓洗浆机的用水，相应地可以减少清水用量。国外的废纸再生利用工厂一般每生产1t脱墨浆约需补充清水17～40m^3，而我国在30～60m^{3}之间。

2. 废水的特性

废纸中的50%的填料、70%的细小纤维和95%的油墨进入废水中，同时还有少许脱墨剂中的硅酸钠及表面活性剂等，导致废水中悬浮固形物（SS）、化学需氧量（COD）和生化需氧量（BOD）等污染指标较高，且含有有色物质并具有一定毒性。

（1）悬浮固形物（SS）

废水中含有的悬浮物主要有细小纤维（构成SS的主要来源，约占有机污染物的60%～70%）、印刷油墨、颜料、填料（主要是白土、碳酸钙、二氧化钛等）及涂料（如树脂、高分子助留剂、轻质$CaCO_3$等）。例如来自旧杂志纸的脱墨废水，其总SS约一半是无机物（铝、硅、钙和钛等），一半是有机物，包括细小纤维等。

一般来说，SS较易于处理，不需添加凝聚物（明矾或聚合物等），采用一级气浮澄清处理即可。

（2）化学需氧量（COD）和生化需氧量（BOD）

废水中含有大量成分复杂的有机物，这些有机物由可溶性的浆料、化学添加剂及不溶的纤维等物质组成，包括烷烃、烯烃类、芳烃类、酸类、酯类、醇类、酚类和酮类等成分，这些成分都会使废水中的COD和BOD浓度升高。

据测定表明，非脱墨（即不需经脱墨处理的）废纸再生利用产生的废水的化学需氧量（COD_{Cr}）浓度为800～1 500mg/L、五日生化需氧量（BOD_5）浓度为150～350mg/L、总SS浓度为900～1 200mg/L，脱墨废纸再生利用产生的废水的COD_{Cr}浓度为200mg/L、BOD_5浓度为300～900mg/L、总SS浓度为 500～1 500mg/L。

废纸经不同的制浆方法所产生的污染物总量不同，表12-1为几种制浆方法污染物排放量比较，其中TDS为总可溶性固形物。

表12-1　废纸回收污染物排放量

单位：kg/t

制浆方法	化学需氧量（COD）		生物需氧量（BOD）		总可溶性固形物（TDS）
	总量	溶解性	总量	溶解性	
机械法	40	40	15	15	
浮选脱墨	140	55	40	25	100
洗涤脱墨	190	65	50	30	100

（3）色度

废水的色度与其中的悬浮物有关，在测量水样的色度之前应预先除去其中的悬浮物。颜色会造成废水的接纳水体的使用价值降低，下游用水点的水处理费用上升，水体透光性差，浮游生物减少，鱼类等水产品的效益受损，严重时会造成生态环境的破坏。

（4）废水的毒性

废水中的毒性物质种类也很多，有机的主要有树脂类化合物、单宁类化合物、氯代酚、可吸附有机卤化物（AOX）、有机硫化物等；无机的毒性化合物以含硫化合物为主，如硫酸盐、亚硫酸盐、硫化氢等。

如要对废纸进行漂白处理（主要由含氯漂剂漂白），就必然有二噁英的存在。在一些使用次氯酸钠漂白废纸工厂的脱墨废水中也发现有三氯甲烷。随着无氯漂白的推广应用，二噁英、呋喃和三氯甲烷等含氯有毒物质的含量将大大减少。另外，脱墨废水中含有重金属，随着油墨制造商越来越多地采用有机颜料，重金属的浓度也会逐步降低。

二、废水的处理方法

据GB 3544—2008《制浆造纸工业水污染排放标准》中的污染物浓度限值显示，废水指标应满足多项指标，如表12-2所示。而目前纸浆模塑废纸再生利用过程中的制浆废水和成型废水的负荷主要反映在SS、COD_{Cr}、BOD_5、色度四个指标上。

表12-2 制浆企业污水排放浓度限值及单位产品（浆）基准排水量

<table>
<tr><th>序号</th><th>污染物项目</th><th>限值（制浆企业）</th><th>序号</th><th>污染物项目</th><th>限值（制浆企业）</th></tr>
<tr><td>1</td><td>pH</td><td>6-9</td><td>7</td><td>总氮</td><td>15mg/L</td></tr>
<tr><td>2</td><td>色度（稀释倍数）</td><td>50</td><td>8</td><td>总磷</td><td>0.8mg/L</td></tr>
<tr><td>3</td><td>悬浮物</td><td>50mg/L</td><td>9</td><td>可吸附有机卤素（AOX）</td><td>12mg/L</td></tr>
<tr><td>4</td><td>五日生化需氧量（BOD_5）</td><td>20mg/L</td><td>10</td><td>二噁英/（pgTEQ/L）</td><td>30mg/L</td></tr>
<tr><td>5</td><td>化学需氧量（COD_{Cr}）</td><td>100mg/L</td><td colspan="2" rowspan="2">单位产品（浆）基准排水量/（m^3/t）</td><td rowspan="2">50</td></tr>
<tr><td>6</td><td>氨氮</td><td>12mg/L</td></tr>
</table>

1. 废水处理系统分级

目前，根据不同处理程度，废水处理系统可分为一级处理、二级处理和三级处理（深度处理、高级处理）等不同处理阶段。

一级处理也称预处理阶段，主要进行悬浮固体、胶体、油类等污染物的分离、调节pH，为后续处理提供条件，这一过程以物理方法为主并辅以化学方法。

二级处理主要解决可分解或氧化的、呈胶状或溶解状的有机污染物的去除问题，降低生化耗氧量，多采用较为经济的生物化学处理法，它往往是废水处理的主体部分。二级处理之后，一般均可达到排放标准，但可能会残存有微生物以及不能降解的有机物和氮、磷等无机盐类。

三级处理是近几十年来逐渐发展起来的深度处理方法，主要用以处理难以分解的有机物和溶液中的无机物等污染物，使处理后的水质达到工业用水和生活用水的标准。三级处理方法多属于化学和物理化学法，处理效果更佳，包括活性炭吸附、膜分离技术和高级化学氧化技术等。随着人们对环境保护工作的重视和三废排放标准的提高，三级处理在废水处理中所占的比重也正在逐渐增加，新技术的使用和研究也越来越多。

2. 废水处理方法

通常按照废水处理的作用原理分类，将废水处理方法分为物理方法、化学方法和生物方法。

（1）物理方法

物理方法指用机械的、物理的手段去除水中污染物，主要用来去除废水中不溶解的、粒径较大的杂质，包括机械过滤（如格栅、筛网、微滤机、滤床）、沉淀、浮选和膜分离等方法。

①过滤

过滤是利用过滤设施截留废水中固体悬浮物的方法。对于废纸脱墨废水中含有的大量细小纤维，最简单的去除方法莫过于用过滤方法，而且过滤也能对其他处理设施起到保护作用。过滤通常采用细筛网或微滤机，但由于负荷较大，可能会造成堵塞，因此应考虑清污操作。当然，过滤不能去除油墨、溶解性物质以及过于细小的悬浮物，所以只能作为预处理的手段。

②混凝沉淀

混凝沉淀法具有过程简单、操作方便、效率高、投资少的特点。其基本原理是，在混凝剂的作用下，通过压缩微颗粒表面双电层、降低界面 ζ 电位、电中和等电化学过程，以及桥联、网捕、吸附等物理化学过程，将废水中的悬浮物、胶体和可絮凝的其他物质凝聚成“絮团”；再经沉降设备将絮凝后的废水进行固液分离，“絮团”沉入沉降设备的底部而成为泥浆，顶部流出的则为色度和浊度较低的清水。

混凝沉淀是比较适用于废纸脱墨废水处理的一种工艺，为了加速纤维、油墨及其他悬浮物与水的分离，适当地加入一些混凝剂、絮凝剂，使水中杂质形成较大的颗粒（矾花），然后通过沉淀把矾花沉下来，上清液流出去。混凝沉淀对SS去除率可达85%～98%，色度去除率可达90%以上，COD_{Cr}去除率可达60%～80%。常见的混凝剂包括无机铝盐、铁盐和有机高分子化合物。混凝沉淀的优点是构筑物简单、设备少、投资少；缺点是占地面积大、污泥量多、出水水质不好。尤其是原废水性质波动，混凝剂投加比例失调，混凝效果不好，会造成水质达不到排放标准。混凝沉淀法处理废纸制浆废水的工艺流程如图12-1所示。

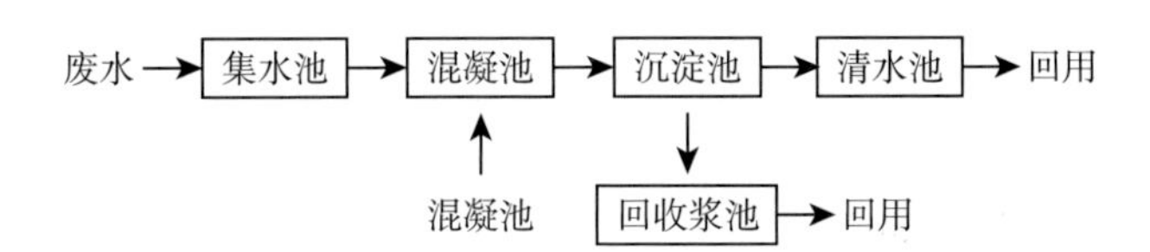

图 12-1　混凝沉淀法处理废纸制浆废水的工艺流程

国内某厂对采用混凝沉淀工艺处理废纸脱墨废水进行了研究。废纸脱墨废水水质的情况见表12-3。

表12-3　废纸脱墨废水水质情况

SS /（mg/L）			COD_{Cr} /（mg/L）			pH		
最低	最高	平均	最低	最高	平均	最低	最高	平均
358	1 482	1 042	1 195	2 564	2 139	8.40	9.92	9.41

表12-4为几种常用的混凝剂处理脱墨废水的效果。由表12-4可知，当聚合氯化铝（PAC）混凝剂用量为500mg/L时，脱墨废水中SS、COD_{Cr}和BOD_5的去除率可达82.5%、70.8%和66.4%，混凝沉淀剂效果较好。

表12-4　几种混凝剂处理脱墨废水的效果比较（沉降20min）

测定项目	空白	$AlCl_3$	$Al_2(SO_4)_3$	$FeCl_3$	Al_3PAM	APAM	PAC
SS /（mg/L）	582	242	213	260	159	186	102
COD_{Cr}/（mg/L）	1180	786	703	826	532	603	345
BOD_5 /（mg/L）	387	276	283	268	197	226	130

此外，国内外多项研究指出壳聚糖复合净水剂、 poly DAD-MAC、三氯化铝天然聚合物复合混凝剂等新型混凝剂对废水 COD 和 SS 的去除也很有成效。

由表12-5可知，采用连续运行+微滤处理方法可取得更好的效果。对脱墨废水进行连续处理后，废水各污染指标已基本达到国家废水排放标准。

表12-5　脱墨废水采用不同方法的处理效果（沉降时间30min）

处理方法	SS去除率 / %	COD去除率 / %	BOD去除率 / %
一般沉淀法	81.8	70.7	66.4
连续运行处理	89.0	81.0	70.6
连续运行+微滤	93.3	85.6	74.2

③加压气浮

气浮法处理废水是利用空气在一定的压力下溶解于水中产生高度分散的微小气泡来吸附水中的细小悬浮物，使其随气泡一起上浮到水面而加以分离的一种处理方法。

脱墨车间废水在进入气浮澄清器（DAF）前，先用离心泵泵送至一压力槽（泵送时同时吸入空气），压力槽内约300～400kPa的压力使空气在水中达到超饱和溶解。废水在压力槽内停留约1min后，从压力槽经减压阀送入气浮澄清器，溶解空气在压力消失后，迅速形成大量小气泡从废水中逸出，并附着于废水内的细杂质颗粒上。水中的微小气泡把污泥浮到水面，并不断浓缩，借气浮物收集器将这些杂物去除。处理后的水从泥面以下部位流出。脱墨车间废水的COD、BOD主要来自SS，溶解性污染物质少，故加压气浮法处理效果很好，如表12-6所示。

表12-6　台湾某废纸处理厂加压气浮法处理废水的结果

项　目	原废水	处理水
pH	6.2～6.9	5.9～6.6
COD /（mg/L）	650～750	12～40
BOD /（mg/L）	160～185	5～18
SS /（mg/L）	600～800	10～42

加压气浮法通常有无废水回流加压和部分回流加压两种方法，使用最为广泛的是部分回流加压法，见图12-2。

常见的气浮池有溶气气浮、射流气浮和空穴气浮。气浮的优点是节约占地面积、易于自动控制、保养容易、价格低廉，只要设计正确，处理水质要比沉淀法好，动力也小于沉淀法，出水水质稳定；缺点是动力消耗较大，同时操作较为复杂，运行成本也较高。近年来国内外都在

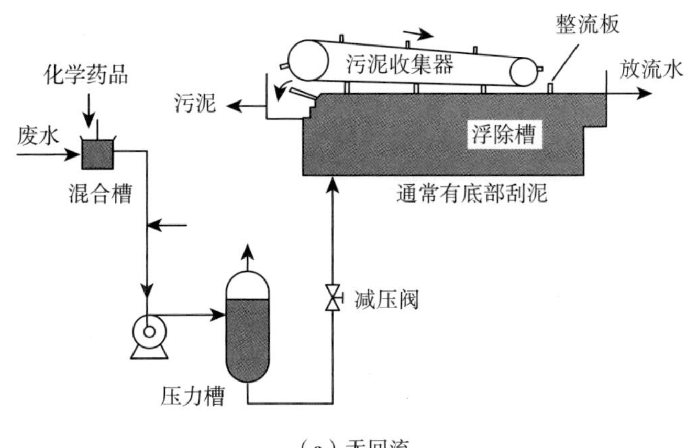

（a）无回流

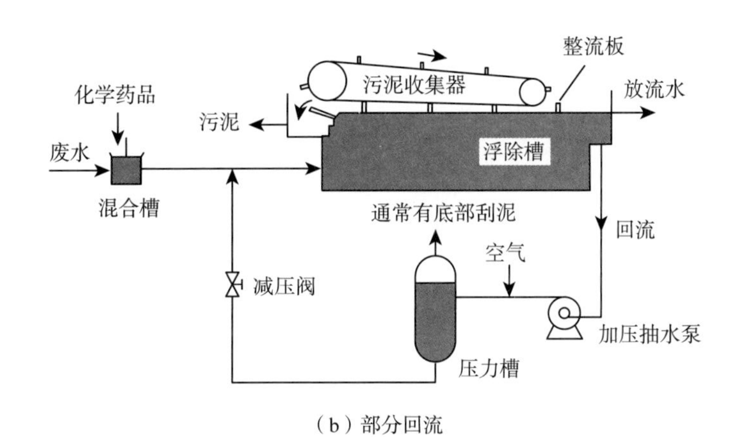

（b）部分回流

图 12-2　加压气浮法流程示意图

不断开发新型高效气浮设备，由于工作效率的提高，已使能耗减少到传统气浮的一半或三分之一。目前，国内绝大多数废纸再生工厂的废水处理都是采用絮凝气浮的手段。气浮对SS的去除率可达80%以上，对COD的去除率大约在30%～50%，对BOD仅有少量去除。我国引进的脱墨废水处理系统基本都是采用气浮法。

较成熟的气浮澄清装置有美国Krofta工程公司的Supracell气浮澄清器（见图12-3），澄清器直径16.8m，处理废水量1 662m^3/h。

从图12-3可以看出，进水管、出水管和污泥出口均设置在中央旋转部分内，这一中央旋转部分与螺旋形戽斗沿着圆槽以同进水流速一致的速度回转。

废水首先通过三根压力管，这种压力管的大小与所处理废水量的大小有关。废水由离心泵加压到400～600 kPa后从管的一端成切线方向进入压力管并从另一端排出，压力管上多个等距离的插入件不断向管内输入压缩空气，水与空气的不断混合使空气在压力下溶解于水中。溶有空气的废水通过管3进入槽中央的回转连接头，通过分配管进入槽内。分配管的移动速度与进水流速相同，从而产生了“零速度”，即“零速原理”。浮选和沉淀就是在这种静态状况下进行的。

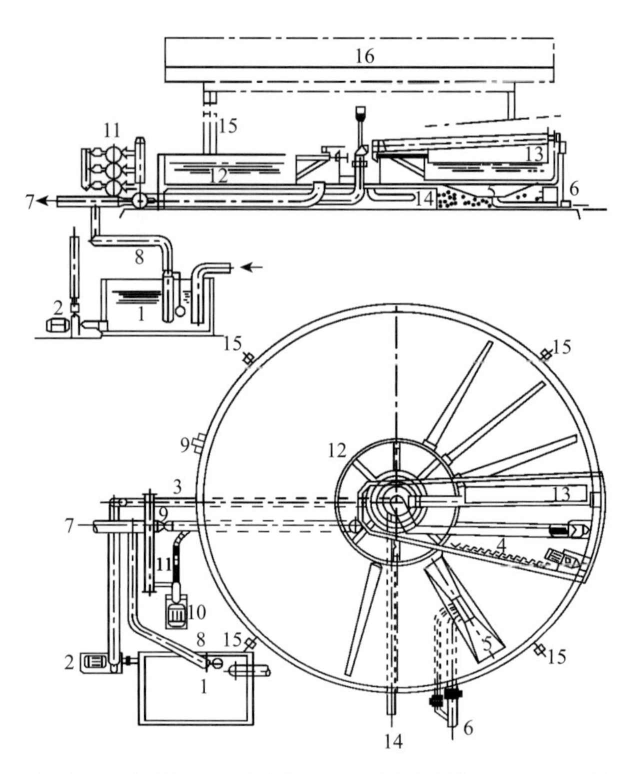

1—废水收集槽；2—进水泵；3—进水管；4—进水室；5—沉降污泥收集坑；6—污泥排出；7—澄清水出口；
8—澄清水回流供液位控制；9—液位控制；10—供回到空气溶解管（压力管）澄清水用的压力泵；
11—压力管；12—气浮澄清槽体；13—螺旋形戽斗；14—气浮物出口；15—钢架；
16—立于第一台上面的第二台气浮澄清器

图 12-3　Supracell 气浮澄清器

去除气浮物的螺旋形戽斗见图12-4。一根轴上装1～3个戽斗，视处理量大小而定。戽斗将气浮物戽起，借重力作用排入槽中央静止部分并从管14排出。与移动的分配管相连接的刮板则将槽边和槽底的污泥刮到槽底的收集坑5并间歇地从管6排出。

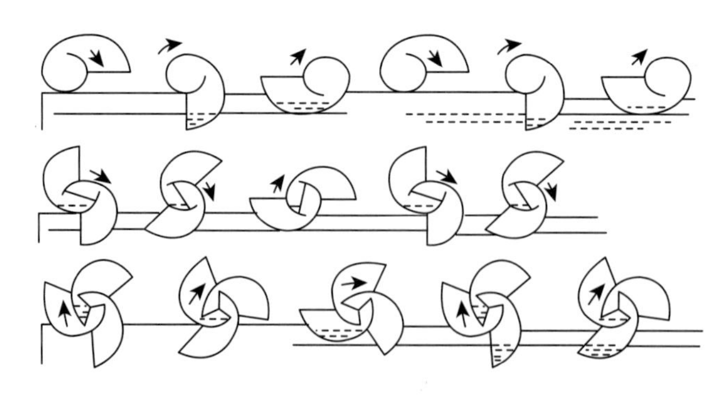

图 12-4　去除气浮物的螺旋形戽斗

经压力气浮澄清器气浮后的澄清水，其悬浮物量一般不超过30mg/kg，因而可回用到脱墨生产流程中去。

据资料介绍，这种气浮澄清器还有如下优点：

a. 废水在槽内停留时间很短，只有2.5min左右；

b. 高单位面积澄清能力［0.16～0.2t /（m^2・min）］，从而节约了占地面积；

c. 澄清池可直接安放在地面上，如要增加澄清容量，可将增加的池重叠在原有池上，最多可重叠3个，从而节省了地面面积和投资；

d. 由于槽是敞开式的，故易于清洗，槽底部在运转时可以自行清洁；

e. 气浮池池深仅650 mm（有效水深550 mm）。

Krofta公司与我国合资生产这种气浮澄清器，国内已有多家工厂用于回收白水和脱墨车间废水。某厂以粉煤灰作为絮凝剂，对废纸脱墨废水进行絮凝气浮法处理，SS去除率可达90%，COD去除率可达65%。由于粉煤灰的化学组分与黏土相似，其中含约30%的Al_2O_3和10%的Fe_2O_3，在酸性条件下铝和铁可变为无机盐，从而起到絮凝剂的作用。同时，粉煤灰具有较大的比表面积，具有一定的吸附悬浮物和脱色能力。该法投资少、管理简单、运行稳定，适合小型废纸脱墨工厂采用。

例如某包装材料工厂使用废纸为原料，年生产能力2万吨。其综合废水水质为：SS 900～1 200mg/L、COD_{Cr} 800～1 100mg/L、BOD 150～350mg/L、色度100倍，每日废水产生量2 800～3 000m^3/d。该工厂选用过滤—沉淀—气浮方法作为废水处理工艺，经实践证明可达到最大限度地分离去除悬浮物的目的。工艺流程见图12-5。

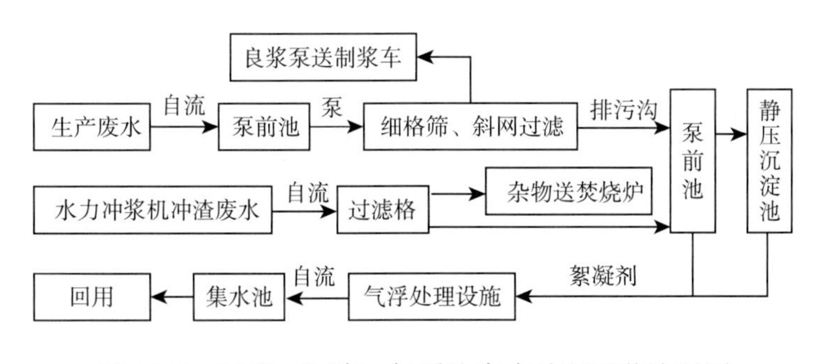

图 12-5　过滤—沉淀—气浮法废水处理工艺流程图

采用该系统后，处理效果为：SS去除率81.6%、COD_{Cr}去除率74%。该系统使水的重复利用率达到95%以上。这种工艺的处理成本较低，适合无化学制浆的中、小型企业使用。

④膜分离

膜分离造纸废水处理技术的原理是根据废水中各种成分的差异，将水中废物进行选择性分离。该处理方式的优势在于设备简单、处理效率高、分离过程无相变、可在常温下处理、节能以及占地面积小等。膜分离技术适用范围也非常广泛，分离后的净化水可重复用于生产，能够实现废水的零排放、低排放。

目前常见的膜分离法有微滤（MF）、超滤（UF）、纳滤（NF）和反渗透（RO）等，多用于造纸废水物理生化处理后的深度处理，特别是对废水的有机物、毒性、色度和悬浮物的去除有明显效果。

微滤膜（MF）的膜内孔孔径在0.2～1.2μm，通过压力势差的驱动作用过滤分离造纸废水中的颗粒悬浮物、胶质物体和大分子有机物等，但是由于许多细小的纤维和胶体杂质直径也在微米范围，易发生膜结构堵塞。因此其在造纸废水处理工艺中主要应用在物理/生化处理后、超滤膜/反渗透膜分离单元前。有研究者采用聚丙烯酰胺（PAM）为絮凝剂对造纸中段废水进行预处理后，用微滤膜过滤废水，最终实现处理后废水的 COD由原废水的815mg/L减少到19.3mg/L，电导率由785μs/cm减少到265μs/cm，达到造纸行业污染物排放标准，并能回收利用。

超滤膜（UF）的膜内孔孔径为2～100nm，其分离过程与微滤膜相似，但由于其孔径较小，可进一步分离废水中的病毒、微生物和高分子、蛋白质、木质素等大分子溶质，在造纸废水中的应用非常广泛。有研究者使用超滤膜分离造纸黑液中的木质素，可以实现木质素85%以上的脱除率，同时COD和BOD的脱除率可以达65%和80%以上。超滤分离技术与传统的脱墨废水处理进行改进可以进一步提高脱除效率，其在处理水基油墨废纸脱墨废水上可以实现88%以上的脱除率。

反渗透膜（RO）的孔径一般在0.5～10nm之间，其分离原理为，以压力差为推动力，使水分子溶质由高浓度向低浓度方向流动，实现了单价离子、小分子物质的截留分离，其多与微滤膜、超滤膜结合共同处理造纸废水。超滤膜+反渗透膜（UF+RO）的双膜法为主体的造纸废水处理工艺流程图如图12-6所示。实验结果显示，采用此工艺最终出水脱盐率达到 97%左右，出水的 COD_{Cr} 降至10～15mg/L，SS和浊度几乎为0，达到了我国GB/T 19923—2005《城市污水再生利用 工业用水水质标准》的要求。

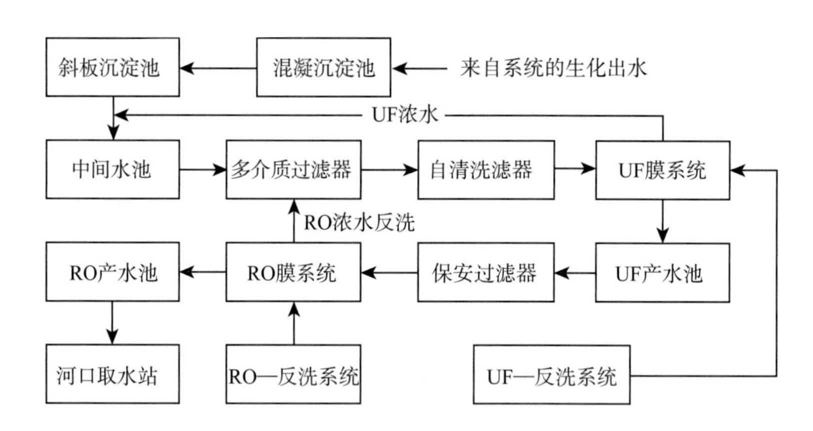

图 12-6 超滤膜 + 反渗透膜（UF+RO）的双膜法为主体的造纸废水处理工艺流程

纳滤膜（NF）的内孔孔径只有几纳米，是一种分离性能介于超滤和反渗透之间的新技术，能截流二价和多价离子、200～1000的高相对分子质量有机物和部分无机盐，在造纸废水处理应用方面具有较大的发展潜力。有研究者用5种不同的纳滤膜处理经混凝沉淀和活性污泥法处理后的造纸综合废水，对污染物的截留率见表12-7。其中，芳香聚酰胺膜对污染物的截留率最好，COD、TOC、色度的去除率分别达到96.1%、98.5%、99.5%。

表12-7　不同纳滤膜对污染物的截留率

截留率/ %	NTR7450（SEPS）	NTR7410（SEPS）	NTR7250（PVA）	NTR749HF（PVA）	NTR759HR（芳香聚酰胺）
COD	85.3	71.4	94.6	91.6	96.1
TOC	88.3	67.5	95.1	95.6	98.5
色度	95.7	83.9	96.4	97.3	99.5
木质素	90.1	71.2	97.5	97.2	99.8
电导率	64.9	16.9	72.3	86.9	98.7

为防止膜分离技术的净化效果不达标，也可以在处理废水时配合电渗析、微电解技术，借助阴阳离子交换和电化学方法，快速达到净化废水的目的，同时也可以实现部分产物的回收。

膜分离技术在发达国家已经广泛应用于造纸工业的废水处理，但是在我国约占造纸废水三级处理10%～20%份额。这是由于造纸废水中富含的纤维、填料悬浮物和无机盐结晶等容易污染膜表面并堵塞膜孔，废水中的细菌等黏附在膜表面也容易对膜造成有机污染。因此，膜污染控制与清除方法是膜法造纸废水处理目前急需解决的关键问题之一。此外，运行成本、高浓度废水处理和膜寿命等问题也限制了其在造纸废水领域的应用。

（2）生物方法

生物方法指利用活的生物体分解、吸收水中可利用的养分、有机物，与天然环境中的自然净化过程相类似，主要去除水中溶解性的有机物和氮、磷等营养物质，该工艺根据对氧的要求又分为好氧生物处理法和厌氧生物处理法。

①好氧生物氧化

废纸脱墨废水还含有一定的溶解性有机物，如果未经处理直接排放，会对环境水体造成污染，危害水生生物的生存和水体的环境质量。好氧生物氧化最适于去除负荷较低的、易于降解的溶解性有机物。最为常见的形式是活性污泥，由于其承受能力强、系统稳定、出水水质好的特点，受到广泛推荐，但其对外部条件的波动很敏感，常会发生污泥膨胀，从而影响出水的水质。针对这一问题，可以通过调节食物与微生物的比率F/M、采用序批式反应器（SBR）来控制污泥膨胀问题。

生物接触氧化法也十分适合于废纸脱墨废水的处理，在选用生物接触氧化工艺时，需要注意的是填料的选择。由于原废水中悬浮物较多，细小纤维可能会造成填料的堵塞，使孔隙内出现厌氧，导致出水水质恶化。好氧生物处理工艺的优点是污泥量少、出水水质稳定、污染物去除率高，出水可以回用。缺点是占地面积大。对SS的去除率可达到70%～80%；对COD的去除率大约为60%～85%；对BOD的去除率高达95%以上。好氧生物氧化不仅可用来处理废纸脱墨废水，而且也适用于其他废水（如污冷凝水、中段水）的二级处理。

②厌氧生物氧化

厌氧生物氧化通常用来去除水中难降解的有机物，首先在酸化阶段，产酸菌使有机大分子变成生物易于分解的小分子，然后在厌氧条件下氧化成最终产物甲烷和水。生成的甲烷可以再次作为燃料资源用于生产中。厌氧生物氧化常规构筑物包括上流式厌氧污泥床UASB、厌氧滤池、厌氧硫化床、膨化颗粒污泥床EGSB、厌氧内循环反应器 IC 和上流式多级厌氧反应器UMAR等。厌氧生物氧化的优点是承受能力强，可承受十倍于好氧生物氧化的负荷，最终产物可以作为新能源再利用，污泥量少。缺点是基建投资大，设备复杂，对管理水平要求高。

有研究表明，将好氧与厌氧生物氧化结合可以得到更好的处理效果，比如活性污泥法联合上流式厌氧污泥床处理造纸废水的效果比单一使用活性污泥法更好，废水经厌氧污泥床预处理后，污泥龄不但增加了3～4倍，其活性还得到了改善，避免了污泥易出现的波动性；COD_{Cr}能降低至80mg/L，大大节约了能耗，从而降低了运行成本。

（3）化学方法

化学方法是利用H_2O_2、ClO_2、O_3 等氧化剂的氧化作用或氧化手段，将废水中的某些溶解性污染物转化为低毒或无毒的无机物的深度处理方法，其中通过产生氢氧自由基（·OH）氧化污染物的工艺称为高级化学氧化法。

①Fenton及类Fenton法

Fenton及类Fenton法的实质是利用Fe^{2+}或紫外光（UV）、氧气等与H_2O_2之间发生链式反应，催化生成具有很高氧化能力的羟基自由基（·OH），它不仅能够氧化打破有机共轭体系结构，破坏发色基团，还可以使有机分子进一步矿化成CO_2和H_2O等小分子。另外，生成的$Fe(OH)_3$胶体具有絮凝、吸附功能，可去除水中部分悬浮物和杂质。

Fenton 法具有操作简单、反应物易得、无复杂设备等优点。Fenton 试剂及各种改进系统在废水处理中的应用可分为两个方面，一是单独作为一种处理方法氧化有机废水；二是在处理成分复杂的造纸废水时，Fenton法与其他方法联用，如混凝沉降法、活性炭法、生物处理法等，以达到较好的处理效果。

Fenton氧化法特别适用于制浆造纸污水生物处理后出水的进一步深度处理，当生物处理后出水COD为550mg/L时，可以通过Fenton深度处理达到COD40mg/L以下、色度5倍以下。当体系pH=2～3、H_2O_2/ Fe^{2+}摩尔比为5：1、投加30% H_2O_2量为1ml/L时，出水COD_{Cr}可降低至50mg/L以下，色度去除率大于80%，可满足更为严格的造纸废水排放标准。

②臭氧法及组合臭氧法

臭氧法是利用臭氧在不同的催化剂条件下产生羟基自由基（·OH）的一种高级氧化工艺，它在改善水的臭和味、去除色度及氧化有机和无机微污染物等方面发挥了较大作用，且处理后废水中的臭氧易分解，不产生二次污染。

臭氧与水中有机物的反应通常有两条途径，即臭氧直接反应（D反应）和臭氧分解产生羟基自由基（·OH）的间接反应（R反应）。R反应产生的羟基自由基氧化能力更强，且无选择性；D反应速度较慢且有选择性，是去除水中污染物的主要反应。此外，由于臭氧在水中的溶解度很小且不稳定，导致其不能氧化一些难降解的有机物，如氯仿等；而且，臭氧也会被水中的竞争基质所消耗。

因此，单一的臭氧氧化技术不能将有机物彻底分解为CO_2和H_2O，而是通过直接反应将它们转化成中间产物，从而达到较高的COD去除效果。为此，出现了各种臭氧联用技术，如O_3/H_2O_2、O_3/BAC、O_3/UV和O_3/UV/TiO_2等，通过它们的协同效应可以促进臭氧的分解，产生更多的羟基自由基（·OH），提高其利用率和适用范围。

有研究者针对废纸造纸废水的生化二沉池出水能否达到工业回用要求或生活杂用水标准进行了工艺研究。结果表明，采用Ca（OH）$_2$和PAM进行混凝，再利用O_3/UV组合高级氧化技术进行深度氧化，最后通过生物活性炭滤池（BAC），使处理后出水COD＜50mg/L，去除率达79.1%，且出水pH无须调节，SS<10mg/L，碱度<100mg/L，总运行成本为3.05元/吨。

还有针对臭氧-曝气生物滤池（BAF）工艺对造纸废水二级生化出水的深度处理的研究。结果表明，臭氧预氧化能将难降解的大分子有机物分解成小分子有机物，废水的可生化性得到了显著提高，B/C由0.21提高到0.45。BAF联合工艺对各种污染物都有很好的去除效果，在臭氧投加量50mg/L、接触时间8min、BAF流量为4L/h、气水体积比3：1的条件下，最终出水中COD平均为77.7mg/L，平均去除率为54.9%；UV254平均为0.35cm^{-1}，平均去除率为74.5%；氨氮质量浓度平均为1.04mg/L，平均去除率为88.3%；色度平均为24.8，平均去除率为88.8%；浊度平均为7.0NTU，平均去除率为92.2%，出水达到国家标准GB 3544—2008的要求。

③湿式氧化及湿式催化氧化技术

湿空气氧化技术（WAO）是在高温（125～320℃）、高压（0.5～20MPa）条件下通入空气，使废水中的高分子有机化合物直接氧化降解为无机物或小分子有机物。WAO反应比较复杂，主要包括传质和化学反应两个过程，目前的研究结果普遍认为WAO反应属于自由基反应。

催化湿式氧化是对湿式氧化的一种改进，催化剂的存在能提高氧化速率，缩短处理时间，降低设备腐蚀和投资费用，是一种对高浓度、难降解有机废水的处理有效且可回收能源的先进治理技术。在催化湿式氧化反应引发期，氧攻击有机物RH形成（R·），在传播期（R·）与氧结合形成过氧化物自由基（ROO·），它使原始有机物RH脱氢形成新的自由基（R·）和过氧化氢物，该过程属于控制步骤；过氧化物分解生成低分子醇、酮、酸和CO_2等；非均相催化剂通过下式的氧化-还原催化循环引起过氧化氢物分解：

还原：$ROOH + Me^{(n-1)+} \rightarrow RO\cdot + Me^{n+} + OH^-$

氧化：$ROH + Me^{n+} \rightarrow ROO\cdot + Me^{(n-1)+} + H^+$

在国外，日本用湿式氧化法分别在170℃、190℃、210℃下对造纸废水预处理1h。在210℃时，总COD_{Cr}和纤维素的去除率最高，分别为40%和69%；在190℃时，木素的去除率最高，为65%；对190℃预处理后的废水进行甲烷发酵时，甲烷转化率最高，COD_{Cr}去除率为59%、纤维素去除率为74%～88%。在国内，有学者以过渡金属氧化物CuO为活性组分，采用催化湿式氧化法处理造纸废水，考察Cu负载量、催化剂用量、反应温度对废水COD去除率的影响。结果表明，固定氧气分压在2.5MPa和反应时间3h、催化剂用量为3g、Cu负载量为4%、反应温度为220℃，500mL浓度为3 250mg/L造纸废水的COD去除率为90%、色度去除率为89%、pH由9.6变为7.8。另外，对催化剂进行再生处理和稳定性测试，结果表明：450℃下活化3h，在上述相同反应条件下，对原废水的COD去除率降低为88%，重复使用9次后对原废水的COD去除率仍能保持在85%左右。

3. 废水处理方法比较及综合应用

各种处理技术各有其自身的优缺点和适用条件，参见表12-8。废水处理工艺流程的选择，应根据原废水的水质、出水要求、处理规模、污泥处理方法以及当地的具体条件，作慎重分析研究后选定。废水处理工程设计的合理性主要体现在经济效益、技术性能、操作管理和占地面积等方面。

表12-8　各种废水处理方法比较

处理方法	主要处理项目	优　点	缺　点
沉淀、气浮法	SS、脱色	气浮法沉淀处理效果较好、占地省、污泥容易处理；沉淀法能耗低、成本低	能耗气浮略高于沉淀，设备费用高；沉淀排泥困难
混凝法	SS	操作简单、产品易得、效率高、能耗小	污泥产生量大、后期处理困难，易产生二次污染
生化法	BOD	对于可降解性有机废物处理效果较好	难降解有机物残留、处理工艺较为复杂
膜分离法	SS、COD、色度	操作简便、处理效率高、无二次污染	膜易堵塞，需要经常清洗，不适合大规模污泥处理
高级化学氧化法	COD	氧化能力强，反应速率快，可将难以生化降解的有机污染物快速分解；无二次污染；其中（催化）湿式氧化工艺还具有去除效率高、占地面积小、处理周期短、对外零排放、催化剂可多次利用等优点	水质波动较大时处理效果不稳定，适用于高浓度有机废水的处理，试剂设备、运行成本较高
物化–生化联合处理法	SS、BOD、COD、色度	物化–生化联合处理同时具备了物化法和生物化学法的优点，可以较好地去除SS、BOD、COD和色度	物化法在前，相对投药量和污泥量较多；生化法在前，相对曝气电耗增加，曝气池容积增大

目前最常用的处理技术是以生化或物理处理为主体的三级处理技术。一级处理一般以混凝沉淀或气浮技术为主的预处理阶段，二级处理是生化处理阶段，包括好氧技术和厌氧等生化处理技术，三级处理则是以物化手段为主的深度处理阶段，主要包括高级化学氧化法及膜分离技术等。

关于部分废纸脱墨废水脱色问题（印刷颜料导致），一般都采用脱色剂处理。脱色剂为高分子化合物，其分子上的活性基团与颜料分子相互作用，在电荷平衡时形成颗粒较大的污泥，可以通过沉淀或气浮分离。脱色效果的好坏主要看脱色剂的质量，一般使用成本较高。

（1）处理工艺

目前纸浆模塑废水处理工艺主要有以下几种方案可供选择。

①处理达标排放：物化处理，以气浮为主或以沉淀、混凝为主。

②处理回用与达标排放相结合。其典型的工艺流程为：

a. 成型机废水→气浮/混凝→回用

剩余废水→物化（或加生化）→排放

回用

↗

b. 混合废水→一级物化（气浮/混凝）+二级生化（三级深度处理）

↘

气排放

（2）污泥处理

对于污泥的合理处置，是废水处理厂的重要组成部分，也是其正常运行的必要条件，但在实际工作中易被忽视。废水处理后，废水中的SS有80%～90%从废水中分离出来成为污泥，通常原料废纸有5%进入废水，随废水排出，一般每吨产品将产生70～80kg的绝干污泥。

①浓缩污泥（气浮污泥）含水率97%，污泥量约2.3～2.6m^3/t产品；

②脱水污泥含水率约为75%，干污泥量约0.3～0.4m^3/t产品；

③自然干化污泥含水率约为90%，湿污泥量约0.8～0.9m^3/t产品。

因此在确定污泥处理方案时，必须予以充分重视。

例如，可以选择湿式氧化法进行污泥处理，这一方法不仅具有高效、无二次污染、环保等优点，而且能够将有害污染物降解，实现污泥的稳定化、无害化、减量化和资源化的目的。在氧化过程中添加催化剂，能够提高处理效率，降低反应条件，节省经济成本，提高处理工艺的可行性。曾有研究者对多种污泥进行湿式氧化处理，并对处理后的产物进行资源化，应用于纸板、纸浆模塑和代木材料等包装材料领域。

（3）废水处理工段的运行管理

对于废水处理而言，废水处理工程的设计是重要的，但更重要的是废水处理工程的管理。一个好的运行管理，不仅可以使废水处理装置运行好，而且可以与生产过程的清洁生产相结合，控制并减少污染物的发生量，提高水的回用率，为企业创造直接的经济效益。

三、废水综合处理应用实例

1. 气浮–生物接触氧化法处理废纸再生利用废水

国内某废纸再生利用工厂每天生产30t包装材料。水量Q＝2 500m^3/d，COD_{Cr}＝1 200mg/L，SS＝700mg/L，pH＝7～8。处理后出水：COD_{Cr} ≤300mg/L，SS ≤150mg/L，pH=6～9。工艺流程见图12-7。

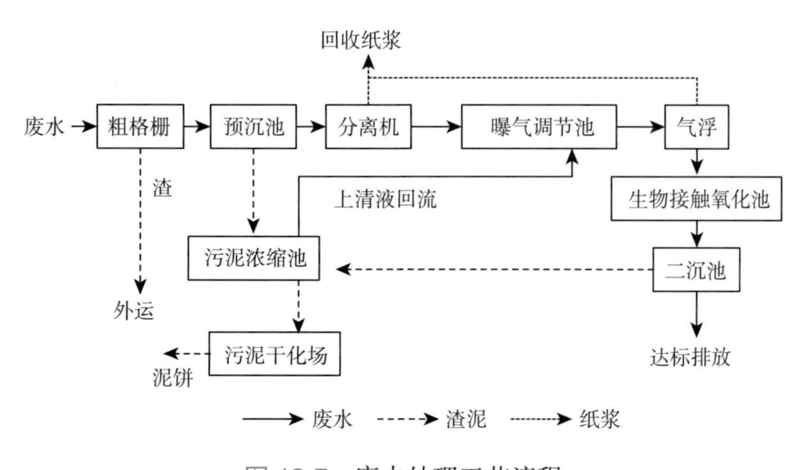

图 12-7　废水处理工艺流程

（1）处理规模及工艺

①工艺预处理严格，采用预沉→格栅→气浮三道固液分离措施，最大限度地去除悬浮固体，减少后续处理负荷，回收纸浆、纤维；

②工艺简易可行，投资省，低能耗，充分利用当地的地理环境，减少了一次性投资；

③工艺有较大灵活性、可操作性和耐负荷性。

（2）主要构筑物

①预沉池：HRT = 1h，L × W × H = 16m × 5m × 2m，V=160m^3。

②曝气调节池：HRT = 6h，L × W × H = 16m × 10m × 5m，V=800m^3。

③生物接触氧化池：容积负荷1.5～3.0kg COD /（m^3 · d），内装软性填料。池底布高效曝气器：HRT = 8h，L × W × H = 21m × 10m × 5m，V=1 050m^3。

④二沉池：HRT = 1.5h，L × W × H = 10m × 10m × 2m，V=200m^3。

⑤污泥浓缩池：HRT = 12h，3.5m × 4m，2个，每个体积V = 38m^3。

⑥污泥干化池：L × W × H = 12m × 12m × 1m。

以上污水处理池均采用普通钢筋混凝土结构。为了保证污水处理池不发生渗漏，在所用混凝土中掺抗渗透剂，使用前要求对混凝土进行试配，合格后才能施工。为了保证贮液池不发生渗漏，应适当加厚池壁、池底的截面厚度，以提高结构的抗渗能力。

提高结构的防渗性能，对防腐也是有利的，对贮存腐蚀性介质的不同贮液池，要根据防腐规范要求作防腐处理。池壁厚度一般不少于120mm，池底板厚度不小于150mm，垫层不少于70mm。

（3）处理效果

该厂的实际运行效果如表12-9所示。

表12-9 脱墨废水处理效果

处理工段 项目	水样	预处理后	气浮后	生物接触氧化池后	二沉池后
COD_{Cr} /（mg/L）	1 200	968	625	146	105
BOD_{Cr}去除率 / %	0	19	52	88	91
SS /（mg/L）	700	381	90	90	76
SS去除率 / %	0	46	87	87	89

2. 过滤/混凝沉淀→水解酸化→好氧→砂滤工艺处理废纸制浆废水

某包装纸生产企业新建一条瓦楞纸、牛皮纸生产线，为保护环境、节约成本，拟采用国内废纸为原料，需新建一套废水处理系统，确保处理出水优先回用于生产，多余出水达标外排。根据该企业废水排放情况，确定本工程设计水量为6 000m^3/d，废水经处理后，1 000m^3/d出水回用于制浆车间，4 000m^3/d 出水回用于造纸车间，剩余1 000m^3/d 出水达到排放标准限值后外排。设计进出水水质项目参数如表12-10所示。

表12-10　进出水水质项目参数设计

项目	pH	进水温度/℃	ρ（COD）/（mg·L^{-1}）	ρ（BOD_5）/（mg·L^{-1}）	ρ（SS）/（mg·L^{-1}）
进水	7～8	≤ 50	≤ 1 800	≤ 800	≤ 1 500
出水	6～9		≤ 90	≤ 20	≤ 30

该废纸废水的特点是 SS 和 COD 浓度均较高，可生化性一般，色度较深，非溶解性 COD 浓度较高，约占 60% 以上，而部分溶解性 COD 又较难生物降解，含少量酚类、酯类等物质，污染物浓度相对稳定。

（1）处理工艺

本项目针对废水悬浮物较高且来水不规律的特点，综合采用了一级过滤–混凝处理、二级水解酸化–好氧处理和砂滤处理的技术手段。

一级物化处理中，首先采用格栅对废水中的大颗粒悬浮物进行去除，然后通过斜筛回收纸浆纤维（可重复利用），再投加絮凝剂使废水中的小颗粒悬浮物以及悬浮性COD 类物质等进行絮凝、吸附并沉淀，最终废水经调节池部分回流至制浆车间，其余进入水解酸化池。二级生化处理主要采用了水解酸化（厌氧或兼氧）—好氧生化工艺，去除废水中大部分的有机污染物。之后废水进入二沉池，废水沉淀的部分污泥回流至生化系统，补充微生物量，剩余生化、物化污泥浓缩、压滤得到脱水泥饼；而上清液流入砂滤池，去除废水中呈胶体和微小悬浮状态的有机和无机污染物，降低废水的色度和浊度。具体的工艺流程见图12-8。

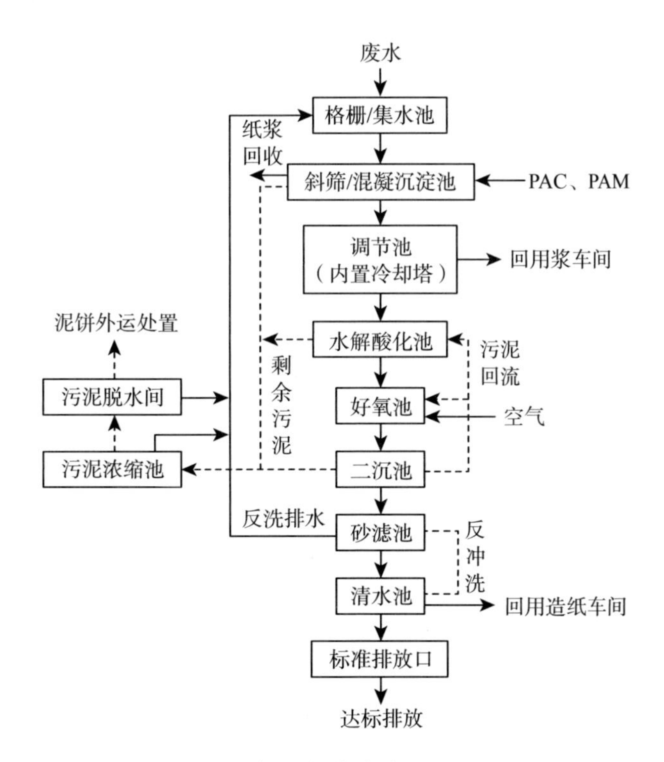

图 12-8　废纸制浆废水处理工艺流程

（2）关键工艺单体及设计参数

斜筛/混凝沉淀池：设计水量为6 000m^3/d，尺寸为25m×6m×4m，混凝池停留时间10min，絮凝池停留时间20min。

水解酸化池：设计水量为5 000m^3/d，尺寸为20m×14m×7m，停留时间17.5h，有效水深6.5m，上升流速0.8m/h。

好氧池：设计水量为5 000m^3/d，尺寸为28m×12m×5.8m，停留时间为16.1h，污泥质量浓度为3 500mg/L，污泥回流比为100%，污泥负荷为0.28kg［COD］/（kg［MLSS］·d），气水比为15：1，曝气器采用射流曝气器。

二沉池：设计水量为5 000m^3/d，尺寸为ϕ18m×4.5m，采用辐流式沉淀池，沉淀区表面负荷为0.84m^3/（m^2·h）。

砂滤池：设计水量为5 000m^3/d，尺寸为3m×3m×4m，正常滤速为7.7m/h（强制滤速为11.6m/h），反冲洗强度为14.08L/（s·m^2），反冲洗时间为5min，反冲洗周期为24h。

（3）最终处理效果

该工艺出水COD质量浓度维持在75～85mg/L，SS质量浓度维持在10mg/L以下，各处理单元实际处理结果如下表12-11所示，满足国家排放标准限值要求，同时回收的浆料和83.3%的出水可分段回用于生产，实现了废水治理和资源化。

表12-11 主要工艺单元实测出水水质

构筑物	pH	ρ（COD）/（mg·L^{-1}）	ρ（BOD_5）/（mg·L^{-1}）	ρ（SS）/（mg·L^{-1}）
集水池	7～8	1 600	500	1 500
调节池	6～9	960	300	200
水解酸化池	6～9	680	250	100
二沉池	6～9	95	10	20
砂滤池	6～9	85	6	8

3. 预处理+BAF+ Fenton非均相催化氧化工艺处理废纸制浆废水

某造纸厂主要利用废纸生产报纸和书籍用纸，有关废水主要来源于造纸生产过程，出水水质要求达到DB 12/356—2018《污水综合排放标准》一级排放标准要求。废水水质情况如表12-12所示。与其他造纸厂相比，该企业产生的造纸废水相对干净，可生化性在0.3左右。

表12-12 某造纸厂造纸废水水质情况及相关标准

参数名称	pH	COD_{Cr}/（mg·L^{-1}）	BOD_5/（mg·L^{-1}）	SS/（mg·L^{-1}）	色度	NH_3-N（mg·L^{-1}）
车间外排水	6.7	2 000～2 600	600～800	1 500～2 000	150～200	1.5～2.0
标准	6～9	≤50	≤10	≤10	≤50	≤5

由于该厂对废水水质标准要求较高，采取了一级物化、二级生化和三级深度氧化处理的工艺，如图12-9所示。

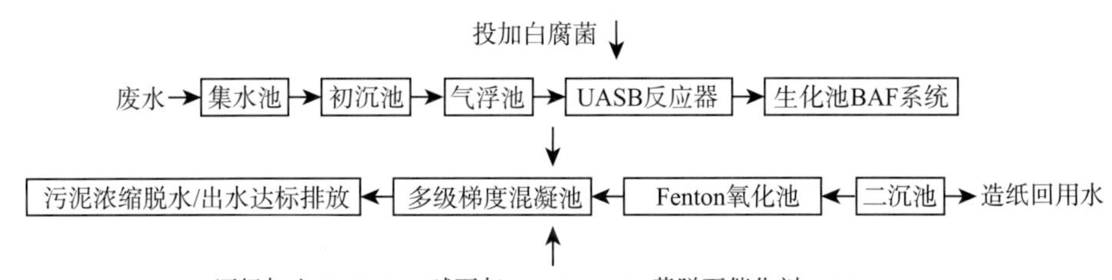

图 12-9　污水处理流程

首先，一级物化处理采用了混凝、气浮、沉淀等多种物理手段，去除了大部分的SS物质。然后，废水进入二级生化处理阶段，这一过程采取了厌氧（UASB 反应器）和好氧（BAF）手段相结合的处理方案，废水进入UASB反应器后在污泥流化床和三相分离器的共同作用下，将大分子有机物转化成小分子有机物，废水的可生化性提高；之后废水进入BAF中，加入固定填料和移动式填料，形成固定床+移动床生物膜一体化的处理单元，可去除水体中的大部分有机物。

经一级和二级处理后，废水进入二沉池，利用重力沉降使泥水分离，上部清液可作为造纸回用水，剩余部分排入 Fenton 氧化池，即三级处理阶段。三级深度处理采用Fenton 氧化处理，通过投加一定比例的 H_2SO_4、Fe/蒙脱石催化剂、H_2O_2，深度去除废水中的难降解有机物。最后废水进入多级梯度混凝池，调整 pH并进一步去除 SS，使出水符合相关标准。

本次设计针对造纸废水水质特性，采用“预处理+BAF+非均相催化氧化”工艺，处理环节简单。方案采用非均相催化氧化、Fe/蒙脱石催化剂进行固定化处理后，与废水形成非均相处理系统，不会引入新的污染离子，而且固定化后的催化剂可循环回用；采用多级梯度混凝技术，提高絮凝剂的使用效率，同时降低了处理成本，运行稳定可靠，废水处理效率高，处理结果如表12-13所示，可达到DB 12/356—2018《污水综合排放标准》一级排放标准要求，最终实现达标排放。

表12-13　工艺运行效果分析

单　元	位　置	pH	COD/（mg/L）	BOD /（mg/L）	SS/（mg/L）	色度倍数
气浮池	进水	6.7	2 288	720	1 200	160
	出水	6.7	1 830	612	240	144
	去除率	—	20%	15%	80%	10%
UASB	进水	6.7	1 830	612	240	144
	出水	7	366	183	144	144
	去除率	—	80%	70%	40%	—
生化池BAF	进水	7	366	183	144	144
	出水	7	110	36.6	130	144
	去除率	—	70%	80%	10%	—
高级氧化池	进水	7	110	40	65	140
	出水	4	33	14	60	14
	去除率	—	70%	65%	7%	90%
多级梯度混凝池	进水	4	33	14	60	16
	出水	7	25	10	6	10
	去除率	—	24%	28%	90%	37%

四、废水的封闭循环和零排放

目前，欧洲与北美及日本等发达国家以废纸为原料的产品生产厂对废水处理和循环回用比较重视，现在非脱墨再生利用工厂的废水已基本做到“零排放”，即完全没有废水的排放，脱墨再生利用工厂正在努力实现“零排放”。因此参考和借鉴国外在废纸再生利用工厂实行废水治理、循环回用和零排放上的做法和经验，有助于国内废纸再生利用工厂相关工作的改进。

废纸再生利用废水的回用技术已经成熟，对于脱墨或非脱墨的废纸处理工艺，在技术上均可达到零排放。全封闭循环和零排放需要工艺水的外部处理，生物处理是必不可少的，厌氧/好氧结合的处理方法是特别适用于这一目的的生物处理方法。

1. 非脱墨废纸再生利用工厂的废水治理和零排放

非脱墨废纸再生利用工厂的废水治理比较容易，大部分废纸再生利用排出的水经过适当处理，即可回用于生产。因此，国外对这类废水排入水体的污染负荷要求也较严格。美国环境保护局（EPA）在新公布的联合法案初稿中已要求，新污染源的（即新建的）非脱墨废纸再生利用工厂不应将废水排入美国的任何水体，即必须做到零排放。废水零排放的概念是，进入系统的清水和原料中水分应等于蒸发汽化水、成品水分和筛渣（及污泥）中水分的总和。

目前我国的废纸再生利用工厂，包括纸浆模塑制品工厂使用的废纸绝大多数是非脱墨性的，即利用废旧瓦楞箱纸板（OCC）等废纸制造产品，用水量还较高。这些工厂应该加强废水的循环利用，做到封闭循环，不再往水体排放废水。

2. 脱墨废纸再生利用工厂的废水治理

与非脱墨废纸再生利用工厂相比，脱墨废纸再生利用工厂的废水处理和零排放要复杂和困难得多。脱墨废纸再生利用工厂主要生产高级纸制品或纸浆模塑制品。这类废纸在脱墨过程中需要加入大量各种化学品，以确保在洗涤阶段和浮选阶段能有效地脱墨。此外，还必须对再生纤维进行漂白，即须加入必要的漂白化学品，以获得所要求的白度。据统计，在脱墨系统中所用的化学品有氢氧化钠、氯化钙、硅酸钠、分散剂、螯合剂、次氯酸钠、过氧化钠、连二亚硫酸钠、表面活性剂等10余种，其中对封闭循环有害、增加治理难度的主要成分是含钠化学品。

一般来说，纸厂废水都要经两级或三级处理后达标排入水体，如果脱墨废纸再生利用工厂要封闭循环回用废水，则由于脱墨过程中进入的各种含钠化学品，无法用物理或生化方法加以去除，会使系统中钠离子逐渐积聚，其浓度越来越高，从而对系统产生高度腐蚀作用，使生产无法进行。而且外排废水中如含有大量的钠离子，用于农田灌溉也极为不利，过量的钠将使土地盐碱化，使土壤板结，阻碍水的渗透。

虽然废纸再生利用系统本身使用了部分回水，但仍有不少废水需排入废水处理系统进行处理。脱墨废纸再生利用工厂要实现零排放，必须对废水进行五级处理（即澄清、生化曝气、过滤、微过滤和反向渗透）才能将处理过的废水再循环回用。图12-10所示为一脱墨废纸再生利用工厂废水封闭循环系统的方案。

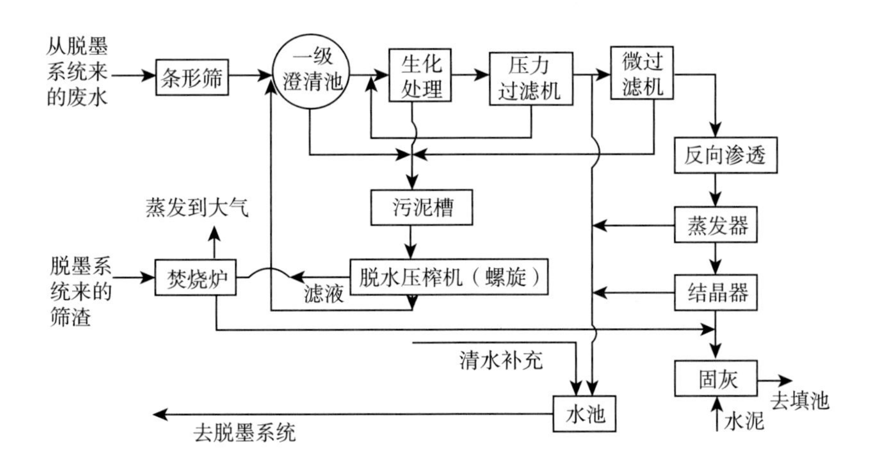

图 12-10　脱墨废纸再生利用工厂废水封闭循环系统

从图12-10可以看出，脱墨系统出来的筛渣弃物经压榨脱水后在燃烧炉中焚烧，然后送去填池。废水则先通过一条形筛，脱去较大的碎片。然后加入聚合物，将水送去一级澄清池（一级处理）。澄清池的沉淀物送脱水压榨机脱水，澄清水则送往后面的间歇反应器（SBR）进行处理，在处理前加入营养物（SBR即为生化曝气二级处理），处理后废水污染负荷一般为总SS 30 mg/L。再经压力过滤机将总SS降到 1～3mg/L（三级处理）。过滤后的水约有55%返回到脱墨系统，不再进行处理，其余废水则经过微过滤机（四级处理），将总SS进一步降到1mg/L以下。经微过滤的水再经过反向渗透装置（五级处理），除去约80%的钠离子和85%的总可溶性固形物（TDS）。经微过滤和反向渗透的水返回脱墨系统循环回用，含TDS的滤液则送往蒸发器增浓。TDS浓度可由2%浓缩到75%，浓缩TDS在结晶器中结晶成固形物后送去填池处理。

3. 零排放和封闭循环中的问题

在封闭循环和零排放的工厂中，废水不断地循环使用，有害的物质逐渐积累，达到很高的浓度。有害物质的积累将引起以下问题：

（1）微生物生长问题

水循环后，有机物大量积累，同时水温上升，从而为微生物的生长创造了条件。微生物中那些形成黏液和丝状生长的微生物因为能够附着在容器壁面而易于生长，成团的带黏液的微生物与纤维一起形成所谓的腐浆（Slime），腐浆的存在可造成产品的质量缺陷。溶解性有机质浓度的增高使工艺水呈缺氧状态，这必然导致厌氧微生物的生长，它们将硫化合物还原成H_2S，并产生大量的挥发性脂肪酸（VFA），它们散发出臭气，不但恶化操作环境，而且在产品中残留。

（2）盐的积累和腐蚀问题

废水中的$CaCO_3$（来自废纸中的填料与涂布层）和微生物产生的VFA缓慢进行以下反应：

$$2CH_3COOH + CaCO_3 \rightarrow 2CH_3COO^- + Ca^{2+} + H_2O + CO_2\uparrow$$

CO_2的产生引起气泡和泡沫，影响生产操作和产品质量。Ca^{2+}还会和树脂酸、SO_4^{2-}在成型网模上形成树脂酸钙和石膏（$CaSO_4$）垢层，造成糊网等类似树脂障碍的操作故障。形成石膏的

SO_4^{2-}来源于废纸，因为纸张在施胶中采用矾土［主要成分为$Al_2(SO_4)_3$］作为沉淀剂或采用硫酸盐法制浆。在利用旧纸箱进行生产的零排放工厂中，在废水处理前，Ca^{2+}和SO_4^{2-}的积累分别达到2 600mg/L和1 400mg/L，而VFA的浓度高达10 000～13 000mg/L。

与盐积累有关的是腐蚀问题。盐引起化学和电化学腐蚀。SO_4^{2-}在腐蚀中扮演重要的角色，但腐蚀也由高浓度的挥发性有机酸引起，细菌的生长同样引起腐蚀问题。温度的上升增加了腐蚀速度。

（3）二次胶黏物

二次胶黏物是指工艺过程中形成的具有胶黏性的憎水的和部分憎水的物质。二次胶黏物是废纸再生利用时的典型问题，它们可以来自印刷油墨、胶黏剂、涂布组分、各类添加剂等。二次胶黏物可以存在于水中，也可沉积于设备表面。它们虽然憎水，大部分却也带有离子电荷，这使它们能暂时稳定于水中，在适当的条件下，危害生产过程。

（4）阴离子垃圾

阴离子垃圾是指溶解的或胶体的对生产操作过程有害的阴离子，它们是亲水的、带较高电荷的和较高分子量的阴离子物质。阴离子垃圾能导致浆料添加剂的用量增加。阴离子垃圾的含量与原料的来源有关，一般来说，原纸浆中，主要的阴离子垃圾是半纤维素的降解组分（如葡萄糖醛酸）、果胶酸和木素衍生物（如木素磺酸盐）；涂布纸作为原料时，涂料的组分会引入废水中，例如羧甲基纤维素，此外增白剂也成为阴离子垃圾的成员，废纸回用时不可避免地含有以上物质；回收的废纸含有油墨成分、添加剂、表面处理的添加剂如淀粉或合成施胶剂。

4. 封闭循环和零排放系统的废水处理主要工艺原则

零排放的废纸再生利用工厂外加处理系统除去循环水中的大量有害物质，包括各类阴离子、二次胶黏物、Ca^{2+}和SO_4^{2-}等有害离子，必须选择适当的处理方法。厌氧方法应当是首选的方法。厌氧处理能够迅速地将VFA和其他有机物转化为甲烷，例如：

$$CH_3COOH \rightarrow CH_4 + CO_2$$

厌氧生物处理可显著节能、占地少、剩余污泥量少，并且还有其他一些技术上的优势。

好氧方法也可降解有机物，但是相当多的有机物转化为细胞物质，即成为剩余污泥：

$$CH_3COOH \rightarrow H_2O + CO_2 + \text{细胞物质}$$

这些剩余污泥需要专门的设施处理，增加相当多的投资和运行费用。

厌氧方法的其他技术优势之一是它的除钙软化作用。厌氧处理产生大量的CO_2，水中CO_2处于过饱和状态，从而与水中的Ca^{2+}作用产生$CaCO_3$沉淀，水的硬度大大下降，因此解决了循环水的Ca^{2+}积累问题。$CaCO_3$沉淀实际发生在厌氧后的好氧处理中，曝气作用使CO_2气体除去，pH的上升使$CaCO_3$沉淀发生。这使活性污泥沉降性能增加，有利于好氧处理出水的澄清。

挥发性脂肪酸可以容易地在厌氧过程中除去，去除率高达99.9%。

胶黏物和阴离子垃圾在生物处理中大部分可以降解，一些不可降解的组分也可转至剩余污泥中。生物处理后，如果再经过过滤，会获得更好的胶黏物和阴离子垃圾的处理效果。

SO_4^{2-}在厌氧系统中，很容易全部转变为H_2S，其大部分随生物气逸出，一小部分在好氧段再转变为SO_4^{2-}，但其浓度已非常小，能够满足工艺用水的要求。也可以通过除硫系统净化。

5. 封闭循环和零排放系统的废水处理实例

HNP-BT集团所属德国 Kappa Zulpich纸厂废水处理采用厌氧/好氧处理工艺。

（1）处理流程

该厂零排放的封闭循环系统可简要示意如图12-11。图中的虚线部分是废水循环处理厌氧/好氧处理系统，其进一步的细节见图12-12。

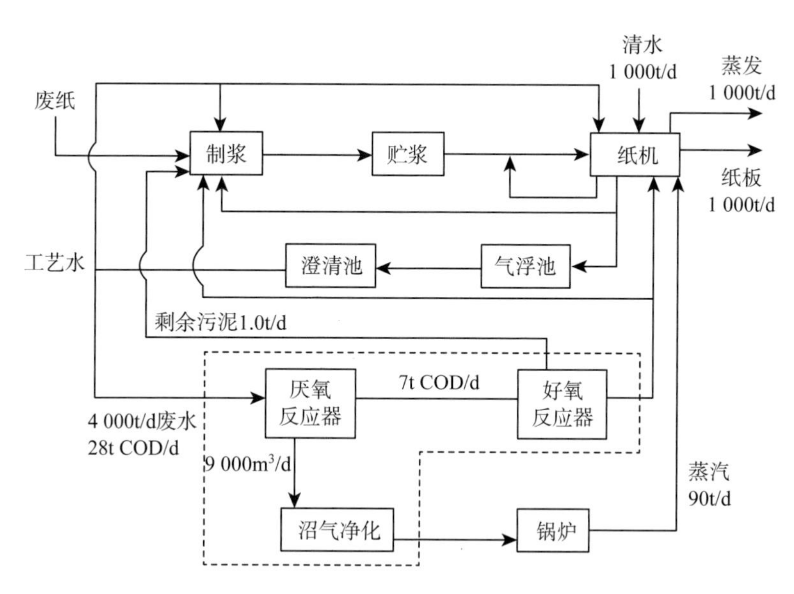

图 12-11　Kappa Zulpich 纸厂零排放的封闭循环系统示意

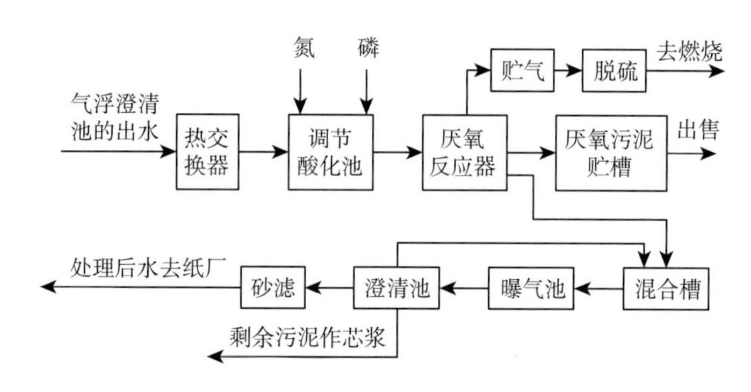

图 12-12　Kappa Zulpich 纸厂废水循环处理厌氧 / 好氧处理系统

由图12-11可以看出，Kappa Zulpich纸厂以气浮和澄清作为内部处理手段，从澄清池出来的废水并不排放，它们的绝大部分直接回用，因此这些废水被称为“工艺水”。进入厌氧 / 好氧的外部处理系统的工艺水，每日每吨产品仅有4m^3。

采用厌氧/好氧的方法，废水有机物的去除率稳定在90%以上，其中75%的COD在厌氧段除去，好氧段除去其余的15%。在节约电耗的同时，全部过程产生的剩余污泥仅相当于活性污泥法的1/10，污泥量与同期的产品产量相比仅为其1/20，因此把这些剩余污泥直接混入芯浆中，既节约了污泥处置的费用，又降低了纸浆的消耗量。

生产中每吨产品补充清水1m³，完全没有废水排放。

（2）处理效果

生物处理对污染的去除效率如表12-14所示。经过砂滤之后，出水悬浮物浓度小于10mg/L。

表12-14　生物处理系统的平均处理效果

项　　目	COD	BOD	VFA	SO_4^{2-}	Ca^{2+}
进水 /（mg/L）	8000	4000	3040	550	680
厌氧出水 /（mg/L）	1950	400	75	<5	580
好氧出水 /（mg/L）	780	30	<20	280	405
总去除率 /（mg/L）	90	99	99	49	40

（3）对生产的影响

工艺水COD、BOD浓度大幅度下降的同时，水的pH由6.25上升到7.25，因此极大地减少了溶解$CaCO_3$的量，这反映在水的硬度大大减少和剩余污泥灰分的增加，污泥灰分相当稳定地停留在50%的水平，与此同时，设备结垢现象大为减轻。工艺水的VFA比以前减少了73%～80%，环境和产品的臭味完全消失。

以上系统运行后，产品产量增加了3%，这归因于水的有机物浓度下降引起的黏度降低和腐浆的减少。黏度的降低使脱水速率增加，腐浆的减少大大提高了产品的质量，同时工厂的杀菌剂用量减少了30%。

（4）高度封闭循环在废纸再生利用工厂的应用

采用厌氧/好氧技术处理废纸再生利用的废水在欧洲已取得丰富的经验。以下是工厂操作及废水处理的设计运行的经验。

①施胶工艺的改变。酸性施胶在采用较多废纸的工厂已逐渐被合成胶料所取代。这是因为废纸的涂布层中含有大量$CaCO_3$填料，它们在酸性施胶条件下溶解（pH=4.5时可以全部溶解），这不仅导致矾土用量加大、pH波动和填料损失，而且产生大量CO_2气泡和泡沫，影响操作和产品质量。它使水的硬度提高，引起水处理系统的结垢等问题。如果在高度封闭循环的工厂，系统内的$CaCO_3$沉淀将会比较严重。因此酸性施胶逐渐被中性施胶或表面施胶所取代。

②清水和循环水的使用。零排放的工厂，清水主要用于成型网部的喷淋以及水力碎浆机和真空泵的密封水。

处理过的工艺水成为回用的循环水，它们回用的主要部位是制浆的水力碎浆机、稀释、喷淋和真空泵的水封。多数情况下，循环水用于水力碎浆机。浆料的稀释通常多使用经过气浮澄清的工艺水。

喷淋水堵塞可能被认为是回用中常见的问题，使用循环水时，应使用高压自净的铜制喷嘴。

高度封闭循环的工厂，真空泵循环水在清水用量中可能占有很大的比例，因为温度高的循环水会造成真空度的损失，使能耗上升。

③封闭的程度。封闭的程度取决于清水的用量。提高水循环的封闭程度，即减少清水用量，使工艺水温自然升高，由于水温每升高10℃，生产速率可提高4%，其经济效益是明显的。

在封闭循环系统中，工艺水温可提高到50℃以上，温度的高低与清水用量有直接关系。温度提高达到45℃以上，可以抑制丝状菌的生长，避免腐浆的形成。高的水温易于形成雾，因此应加强车间的通风。

6. 废水处理新技术进展

随着废纸处理技术的发展，废水处理的工艺和设备也在不断改进。

（1）絮凝气浮法

①洗涤和澄清能力的进一步提高。由于废纸质量的不断下降，近年来废纸处理系统的设计趋向于更多的洗涤以提高废纸的质量，与此同时，相应地增加更多的废水气浮澄清处理能力。水基油墨的日益广泛应用也需要更有效的洗涤将它去除。过去废纸再生利用工厂为了节约装备和运行费用，使用较小的气浮澄清器，但由于其处理能力不足，导致废纸脱墨纸浆质量的下降和化学品耗用量的增加。因此应选用处理能力更大的气浮澄清装置。

②尽可能回收纤维。在废纸脱墨生产过程中，纤维流失最多的地方，一是来自浮选槽的泡沫，二是来自洗浆机的过滤水。对于前者可以采用增加浮选段数或利用稀释／筛选的措施解决，即将浮选泡沫稀释并使之通过细筛将纤维筛出，此法的缺点是回收纤维所含杂质较多，需返回处理浮选泡沫的浮选槽和除渣系统作进一步处理，才能减少浮选泡沫的纤维流失。对于后者，纤维流失大小则与洗浆机的选型关系很大，在选用洗浆机时应充分考虑各种因素。如果在废水送往气浮澄清器前将可以回收的纤维回收，不但提高了纸浆得率，降低了生产成本，也减轻了气浮澄清器的负荷，总污泥抛弃量也相应减少。

③絮凝化学理论。化学方面的进展使气浮澄清器能运行得更好，费用更低。废纸质量的日趋下降，回水量更多的循环使用，废纸浆中含有更多的胶状细小物质和新型油墨，也需要更好的絮凝化学。正确的化学絮凝对气浮澄清器的运行是至关重要的，如果絮凝固形物不够大，则液体／固体的分离就不好，过度的湍流会使固形物破裂，空气溶解系统释放出的空气泡太大，分布不均匀，废水中固形物过多均会使化学品用量和费用增加，因此化学品制造者和设备制造者之间需要有更好的协调和配合。

（2）膜生物反应器

膜生物反应器（MBR）工艺是活性污泥法与膜分离技术相结合产生的新型制浆废水深度处理技术，此技术通常采用膜生物分离反应器，通过膜分离装置将废水中的活性污泥和有机物质截留，将水力停留时间和污泥停留时间分别控制，使难降解的有机物留在反应池中反复处理。该工艺的优势在于固液分离效率高、易于控制、高容积负荷和强大的抗毒能力等。生物膜的载体能够直接对废水处理中的挂膜和处理效果产生影响，为开发性能更好的载体提供参考依据，进而提升 MBR 深度废水处理工艺的效率和质量。

但同时，膜生物反应器也具有膜污染、运行费用较高等缺点。膜污染会导致膜通量下降，使废水中的有害物质不能得到充分分解，因此需要定期地清洗和更换，但这样又会增加运行费用，所以膜污染成了制约 MBR 在污水处理中得到广泛推广使用的关键因素。为了使 MBR 更好地应用于污水处理还需研究以下几个方面：①研制开发高通量、耐污染的廉价膜材料，节约运行成本；②研究有效的膜清洗与再生技术，使膜寿命更长，能够重复使用；③研究 MBR 组合工艺，使水质处理成果更好；④探求更为有效的膜污染预防及控制措施。

（3）光催化氧化技术

光催化氧化是以半导体，如n型半导体（如TiO_2、ZnO、WO_3、Cd等）作催化剂的氧化过程。当催化剂受到紫外光照射时，表面的价带电子（e^-）就会被激发到导带，同时在价带产生空穴（h^+），形成电子空穴对（$h^+–e^-$）。这些电子和空穴迁移到粒子表面后，由于空穴有很强的氧化能力，使水在半导体表面形成氧化能力极强的羟基自由基（·OH），羟基自由基再与水中有机污染物发生氧化反应，最终生成CO_2及无机盐等物质，其催化原理如图12-13所示。

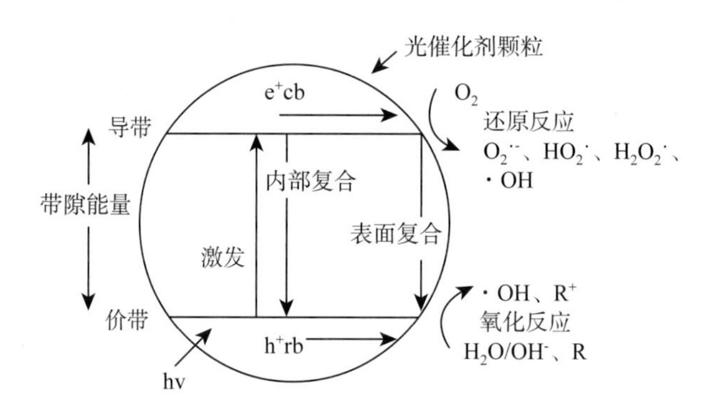

图 12-13　光催化反应机理

光催化氧化法处理造纸废水工艺过程简单、反应条件温和、氧化能力强、适用范围广，节能，设备少，可处理难降解毒性有机污染，将具有一定的应用前景，处理工艺示例如图12-14所示。

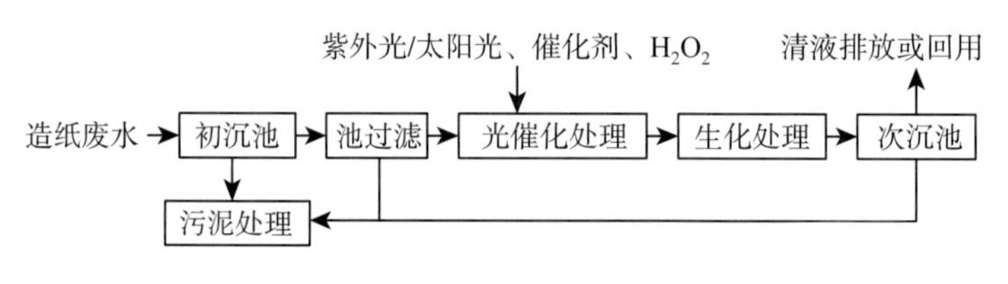

图 12-14　造纸废水光催化工艺示例

最初的光催化氧化废水处理器是将光催化剂粉体投加到水体中，混合均匀后，利用紫外灯照射进行光催化氧化反应。虽然此法中光催化剂的比表面积较大，催化活性较好，但是催化剂粉体不能回收、流失率大、成本较高。例如利用光催化性能优良的德国Degussa公司生产的纳米TiO_2光催化剂P25（粒径21nm，比表面积$50m^2/g$），其成本达到了150元/吨，因此必须要进行催化剂的回收。于是开发了对光催化氧化反应后催化剂与水体的固液分离技术，如加速沉降法、磁分离法和膜分离法等。

此外，针对催化剂的回收问题，提出了将催化剂固定于基质材料表面的方法，但是这会大大降低催化剂的比表面积，降低光催化效率。光催化氧化法在降解水中的有机污染物和利用太阳能降低能耗等方面有突出的优点，特别是在处理制浆造纸工业产生的有机污染物含量较高、成分复杂、用其他方法难以取得良好处理效果的废水时，具有更明显的优势，是传统的生物降解、物理沉降等方法无法比拟的。近年来高效光催化剂、纳米粒子负载和金属（非金属）掺杂、光电结合催化法以及太阳能技术的研究开发，使得光催化氧化技术在废水处理领域有着良好的应用前景和经济、社会效益。

但是，目前有关光催化氧化法的研究及应用尚存在一些不足，未来该方法的主要发展方向是：

①反应机理、对中间产物及活性物种的鉴定、反应动力学的研究。

②目前的研究主要是对含单一组分污染物的水质进行处理，难以适用于实际生产中造纸废水这种复杂的多组分有机污染物体系。今后要从处理实际生活污水、生产废水出发，进行更多的研究探索。

③与其他方法联合处理取得更好的废水处理效果。

④为实现工业化应用，应重点研制能在可见光下发挥作用的新型高效的光催化剂、开发优良的催化剂改性技术、合成新型的光催化剂载体、采用低耗能高效光源（如日光）、研制低成本光催化反应器。

⑤从实验室的小型反应系统向工业化发展的初期，要加快将理论研究成果付诸实践。

（4）超声波化学氧化

超声波化学是利用超声波辐射以加速化学反应，提高化学产率的一门新兴的交叉学科。超声波氧化技术主要是基于声空化理论和自由基理论，利用频率超过20kHz的声波在水中的正负半周期幅值与液体空化核的内外压差的不同，使得空化核从迅速膨胀到绝热受压破裂，而在液体内局部产生的高温高压（5 000K和100MPa）环境的同时发出速率为110m · s^{-1}的强冲击微射流，使得液体内有机物受自由基氧化、热解、机械剪切和絮凝作用等而被降解。

超声空化技术很少单独使用，研究通常与其他氧化工艺的联用，实现多项单元技术的优化组合，将会使其在技术和经济上更为可行。例如，超声-O_3联用（US-O_3）技术，在超声辐照下，O_3不稳定被分解，在溶液中产生了更多的具有化学活性的 · OH，并且加快了向溶液中的传质速率，从而提高了有机物的去除率；超声-H_2O_2联用（US-H_2O_2）技术，其原理类似超声-O_3联用技术；超声-紫外光联用（US-UV）技术，它不仅利用了US技术和UV技术各自降解能力的叠加或互补作用，还具有协同作用，同US技术单独使用相比，US-UV工艺大大提高了有机物的去除速率；还有超声同紫外光催化氧化联用（US-UV/TiO_2）技术等。

这些联用技术的使用不仅大大提高了处理效果，同时也减少了处理造纸废水的成本。超声波降解污染物今后的环保与综合利用要着重以下几个方面：①使用催化剂，进一步提高反应速度；②与其他技术耦合，开发超声波与其他技术相耦合的新工艺，提高降解速度，降低费用；③采用连续操作，在实现连续化操作上进行必要探索，加大处理量，减少成本。

（5）与封闭循环有关的水处理新技术进展

传统的生物处理多在中温条件（25～40℃）下进行，对此人们积累了较多的经验。但是，封闭循环后的工艺水温度通常在50℃以上，采用中温工艺就要降低水温，这意味着能耗的增加和成本的升高。

对此，由欧盟委托的一项旨在发展零排放和高度封闭的造纸厂废水高温厌氧处理及其后处理工艺研究，由三家来自荷兰和德国的水处理公司（Pagues和Koch、Cadaguadeng）与两家造纸厂（Oudege-VPK和Saica）共同完成，由Pagues承担工艺的核心部分，即高温厌氧处理的研究。工厂进行的厌氧中试结果为：反应器容积负荷30kg/（m^3·d），污泥负荷2.3kg COD/kg VSS，水力停留时间5.6h，COD去除率达到80%以上。

另外一个重要进展是厌氧和好氧反应器的改进。Pagues取得专利的内循环反应器（即IC反应器）是厌氧技术的重大突破，它的负荷等于UASB（上流式厌氧污泥床）反应器的2～3倍，高度 3～4倍，因此占地面积只相当于UASB反应器的1/6以下。CircoxR气提反应器（AirLiftReactor）将占地面积很大的传统好氧反应器（如曝气池、SBR、接触氧化等）改变为20多米的塔形，它的单位容积负荷相当于传统好氧活性污泥法的10倍，只有极小的占地面积，且外形美观，投资成本进一步降低。因此，这个厌氧／好氧结合的系统具有一个很大的优势，就是可将废水处理系统建在距离生产车间很近的地方，这就非常便于工艺的改造。

总体说来，新的高温处理工艺、内循环（IC）反应器和气提反应器成为新一代先进技术组合。

我国废纸再生利用工厂的废纸原料和产品种类繁多，原料有进口废料、国内废纸，有脱墨的、非脱墨的，规模都比较小，而且有的工厂除再生纤维系统外还有原纤维制浆系统，更增加了废水治理的难度和复杂性。应参照国外经验，根据各厂具体情况，对废水进行认真治理。对非脱墨废纸再生利用工厂，封闭循环比较容易，投资较少，应在减少清水用量的基础上，做到至少80%的废水能循环回用；对外观质量要求不高的产品，废水可不经过处理，或只经澄清处理后即可全部回用，实现零排放。

脱墨废纸再生利用工厂暂时难以实现零排放，必须对废水治理引起足够的重视，要尽快实现三级处理后达标排放，或并入城市废水处理站集中处理。

总之，对废纸再生利用工厂的废水治理问题，不应掉以轻心，要先易后难，从尽量减少清水用量和增加回用率入手，逐步实现封闭循环。

第二节　纸浆模塑生产过程中的废渣处理

一、废渣的来源及其特性

废渣是指废纸经水力碎浆机碎解、脱墨浮选、除渣及筛选以后，剩下来的杂质。它是废纸生产纸模制品工艺过程中的必然产物，其种类很多。这些废渣处理通常包括浓缩、脱水、破碎、压榨、干燥、焚烧和固化等过程。

（1）塑料类。这类物质包括泡沫塑料、塑料薄膜。主要来自部分废纸的塑料包装以及商品包装中的泡沫塑料，还有一些过塑（或喷塑）的书刊、塑料计算机纸等。此类废渣约占全部废渣的60%～70%。

（2）生活垃圾类。如办公用品、快餐盒、废弃CD和VCD光盘、破布、棉纱及家庭生活用品等。它们约占总废渣的20%～30%。

（3）硬物质类。如铁丝、铁屑、订书钉等。

（4）胶物质类。如胶、乳胶等。

（5）污泥。如废纸脱墨渣、生物处理过程中的污泥等。

一般进口废纸的废渣量能占到总数量的5%～7%。我国2005年进口各类废纸1 703万吨，那么其中所含的废渣量约有85～110万吨。以生产过程而言，脱墨过程中15%左右的废纸被作为废渣排掉。这些废渣主要是筛渣、洗浆机浆渣、沉淀污泥等。这么多的废渣，如果不妥善处理，必将对我国环境造成严重污染。因此必须采取妥善的处理方式，尽量减少环境污染并达到有效利用的目的，如用于热量回收、土壤改良、建材、化工黏结剂和助燃剂等。

二、废渣的处理方法

1. 废塑料、金属

采用废纸原料制浆时，会夹杂包装胶带、塑料薄膜、订书钉以及打包废纸用的铁丝等杂质，目前主要通过水力碎浆机绞绳或转鼓碎浆机排渣、圆筒筛轻渣以及粗筛尾渣等主要形式排出。

早先国内制浆造纸企业对于上述废渣的处理模式相对简单，利用劳动力密集的优势人工进行分拣，可用的废料如铁材、塑料等可以分类售给废品回收站，其他废料则按国家规定运往指定地点丢弃并支付一定费用。

但是随着环保政策的日益严格，未经处理的潮湿废纸制浆废渣很难运出厂区，其中的废塑料、废金属也变得难以销售，加之低密度、潮湿废渣高昂的运输成本以及日益上涨的能源成本，在厂区内实现废渣的资源化分解利用越来越受到造纸企业的重视。

以废旧瓦楞箱纸板回收造纸过程中废渣处理为例，其处理过程主要包括压榨脱水、破碎、铁性金属分离、非铁性金属分离、振动分离（可将塑料与金属分离）、废塑料近红外分选以及最终分选废渣打包输送等处理方法。图12-15为国内某纸业公司OCC废纸制浆废渣处理系统，联合处理了水力碎浆和转鼓碎浆排出的废渣，逐一对金属、玻璃、塑料和胶类物质等进行了分离。

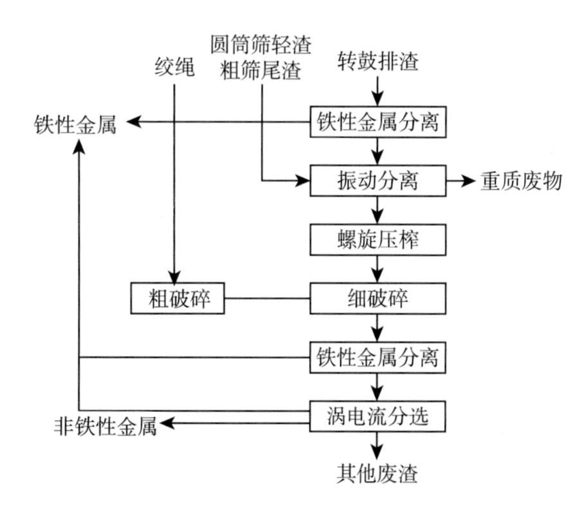

图 12-15 国内某纸业公司OCC废纸制浆渣处理系统流程

筛选出的干净金属可直接进行废品回收，而通过将从废渣中分离出来的塑料、胶渣等物质清洗、筛分，加热融熔、挤出再造可生产成再生塑料，俗称“纸厂料”，作原料供给塑料制品生产厂，广泛用于制造低档的塑料制品，如一次性托盘、周转箱、陶瓷包角、压板、排水管道以及用作低档家电的注塑件等。由这些再次利用的废弃塑料制成的产品不仅性能良好，而且价格低廉，在市场上供不应求。此外，最终分选出来的塑料类物质也可以进行裂解生产油及油气产品，或是作为垃圾衍生燃料（RDF）再次利用。

2. 污泥

从生产流程中出来的细小固体废物——高固含物（污泥），则可在脱水后再作进一步处理（如抛弃、填土等）。目前普遍采用的处理方法主要有三种：填埋法、焚烧法和资源化。

（1）填埋法

这是最经济的一种方法，将废渣用车辆运到低洼地方，然后用泥土覆盖。该法简便易行，投资少，缺点是会占用不少土地资源，而且易形成污水渗透，会造成新的环境污染。一般来说，一个日生产能力为250t的废纸脱墨工厂，以得率75%计，每天要产生约70t的污泥。这些污泥按固形物40%计，每天需要145m^{3}的堆放空间。堆放场所要向政府申请批准，批准后政府通常要求堆放周围要进行衬砌，建造沥滤液收集系统和地下水检测系统等。

有的污泥可作为耕地土壤的补充，或进行生物降解，但这种成功的例子很少，其原因是需要大量土地面积；细小的白土和填料会影响水的排泄，可能会引起多氯联苯（PCBS）和重金属的积累。

（2）焚烧法

国内由于长期以来对环境不太重视以及经济原因，一般采用填埋法随意堆放，未经无害化处理易造成污染。而国外则多采用焚烧法。焚烧法是最好的处理方法，将废渣送入焚烧炉完全燃烧，既可减少堆放废弃物的面积（只有湿的污泥堆放面积的20%～30%），又可回收热能用于发电或作其他利用，但该方法投资较大。含固形物40%～50%的污泥的回收热量视其无机物含量多少而变动于0～7 000kJ/kg之间，含无机物高的脱墨污泥燃烧比较困难，故有的工厂用树皮等废弃物来改善其燃烧能力。

废渣脱水可使用螺旋压榨机或双网浆料压榨机。20世纪80年代后期最普遍用来除去污泥中水分的设备如表12-15所示。污泥处理方法是，将表12-15中的各个步骤适当地组合起来，对很难脱水的污泥采用喷雾方式，将液态污泥、泥状污泥直接干燥、焚烧处理。

表12-15 废渣处理的步骤及设备

脱水方式		含水率 / %	处理装置
浓缩	重力沉降	94～98	浓缩池
脱水	重力脱水 真空过滤 离心脱水 压滤 加压脱水 预滤层过滤 压缩脱水	85～95 70～96 70～92 65～88 65～88 65～88 65～88	转筒脱水机 带式过滤机 倾斜式离心脱水机 压滤机 辊压脱水机 预滤层过滤机 螺旋压榨机
干燥	热风输送 搅拌 输送 传导	5～55 5～55 5～55 5～55	闪击干燥机 转筒干燥机 带式干燥机 槽沟式干燥机
焚烧	焚烧炉	0	窑、多段炉等

污泥燃烧后的炉灰如果准备填土的话，则必须对炉灰进行分析，看它是否有害。主要关注

的是如汞、砷、铬这类金属在堆放场堆灰中的沥滤情况。如果分析结果表明是无害的，则这些灰可以按通常的废渣进行填土，或用来作为添加剂加在水泥、混凝土之中或作为道路建筑材料。

废渣焚烧处理装置见图12-16，其主要参数为：废渣日处理量7t（按含水小于45%），废渣的发热值11 723kJ/kg干质，焚烧炉用往复式炉排，配用电机功率 22.5kW，热水量3.2t/h，热水温度80℃，冷水温度20℃，炉膛出口温度700～900℃，排烟温度小于200℃。

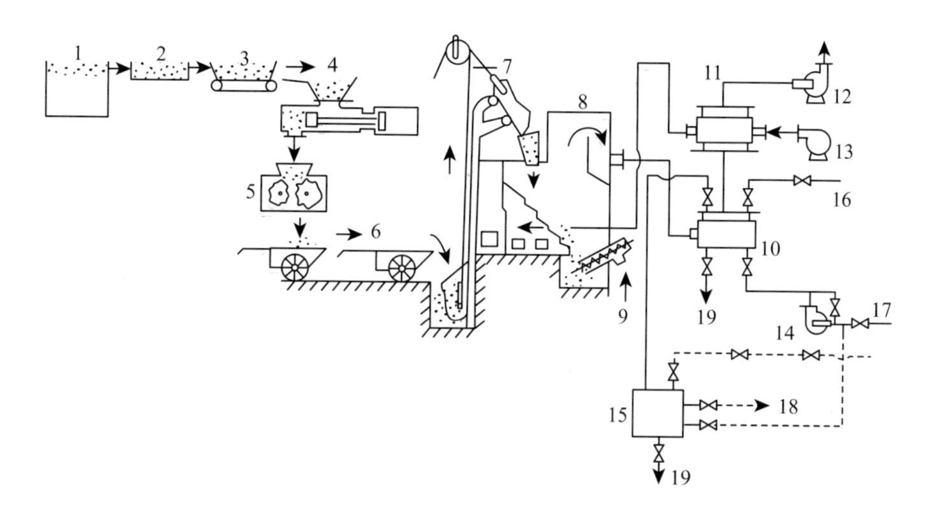

1—废渣沉淀池；2—废渣淋干槽；3—磁选机；4—压榨脱水机；5—废渣粉碎机；6—小推车；7—斗式提升翻转机；8—焚烧炉；9—螺旋排灰机；10—热水锅炉；11—空气预热器；12—引风机；13—鼓风机；14—供水泵；15—热水箱16—送锅炉给水；17—冷气；18—供浴室热水；19—排污

图 12-16　废渣焚烧处理装置工艺流程

（3）资源化

污泥经处理后可用作建筑材料、工业填料、造纸原料、活性炭原料，或者用来堆肥等，如图12-17所示。

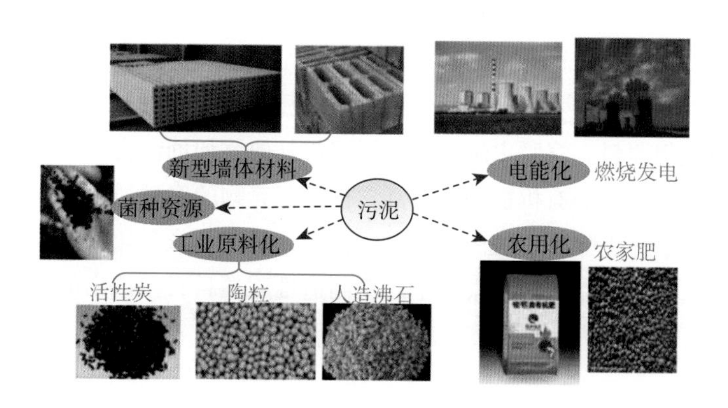

图 12-17　造纸废水污泥的资源化

①建筑材料

污泥还可制成供建筑用的轻质团粒。以废水处理产生的污泥作为原料，在1 000℃温度的旋转窑中烧成轻质团粒，用以替代造价高的天然石材加工制成的轻质团粒，使用效果很好。这种轻质团粒体积比一般常用的建筑材料——砂石体积要大两倍，调制成混凝土后，可达到同样的抗压强度，而质量要比一般混凝土轻20%～30%，不但能减少钢筋消耗，还经久耐用。20世纪80年代以来，美国已将这种轻质团粒用于建造高楼大厦、桥梁和铺路等。轻质团粒与沥青的结合能在表面产生阻止滑动的摩擦作用，可减少碎石粒产生的粉尘和防止地湿路滑，做到废物的充分利用。

②工业用填料

据研究报道称，含有50%填料的污泥在煅烧后，碳酸钙并不生成氧化钙，高岭土也不生成煅烧白土，而是生成一种十分均匀的矿物——硅酸铝钙，这种矿物可用来生产高级填料并重新回用。

这种矿物经加工并与沉淀碳酸钙化合后生产的填料，与原来的沉淀碳酸钙十分相似，不透明度要高些，白度低些，磨蚀性则超过沉淀碳酸钙。其特性的差异取决于锻烧后灰的特性，灰中含碳越高，这种回收的矿物就越近似沉淀碳酸钙。反之，其磨蚀性则近似煅烧白土或二氧化钛。通常灰的掺用量为10%～20%灰，80%～90%沉淀碳酸钙。

脱墨残余物烟烧时，所生成的热可作为能量回收，所生成的CO_2可回收到与灰化合物在一起的沉淀碳酸钙中去。

③污泥造纸或纸板

造纸污泥中含有高质量、高含量的纤维，因此可以利用此特性将纤维回收，再次造纸。然而造纸污泥的颜色会对回收再造纸产生影响，使回收再造纸的光学性能、白度及透明度等较差，因此回收再造的纸张常用于对外观质量要求不高的应用中。

④作为活性炭原料

造纸污泥在受热后会分解产生生物炭，这种生物炭是活性多孔结构的颗粒物，具有良好的物理吸附及化学吸附的作用。它不仅可以用于制造生物质燃料，还可以对其进行改性以产生良好的吸附剂，用于清洁空气以及净化水质等，将污泥变废为宝，也减少了对环境的污染。

⑤堆肥

造纸污泥中的主要成分为木素、植物纤维等有机质（含量高达40%），且富含氮、磷、钾等物质，是制肥的理想原料。将脱水洗涤后的污泥与其他添加剂混合，再采用好氧发酵为主的方法，利用微生物将污泥中的有机物转化为富含植物营养物的腐殖质，并利用反应过程中产生的热能使物料干燥脱水、去除有害病菌，使对污泥的处置达到减量化、稳定化、无害化和资源化的目的。目前，山东的某制肥厂就采用了污泥制造堆肥项目，生产出的堆肥产品可以用于粮食、蔬菜、园林和花卉等产品，产品质量符合国家标准。

第十三章　纸浆模塑生产信息化管理

第一节　纸浆模塑信息化管理的发展方向

企业信息化管理（Enterprise Informatization Management，简称EIM）是指对企业信息实施过程进行的管理。它是信息技术由局部到全局、由战术层次到战略层次向企业全面渗透、运用于各个流程、支持企业经营管理的过程。企业信息化管理主要包括信息技术支持下的企业变革过程管理、企业运作管理以及对信息技术、信息资源、信息设备等信息化实施过程的管理。企业信息化管理的三方面的实现是不可分割的，它们互相支持、彼此补充，达到融合又相互制约。企业信息管理属于企业战略管理范畴，对企业发展具有重要意义。

一、纸浆模塑信息化概述

纸浆模塑行业作为新兴行业也不例外，实现信息化是必然的趋势。纸浆模塑信息化可以分为评估阶段、开发阶段和量产阶段。纸浆模塑信息化全程实施数据化管理，有输入数据和输出信息，并直接用软件评估和计算。如图13-1所示。纸浆模塑信息化要借助专用的信息化处理软件来计算并存储甚至导出表单，从而实现标准化并达到节约人力成本的目的。

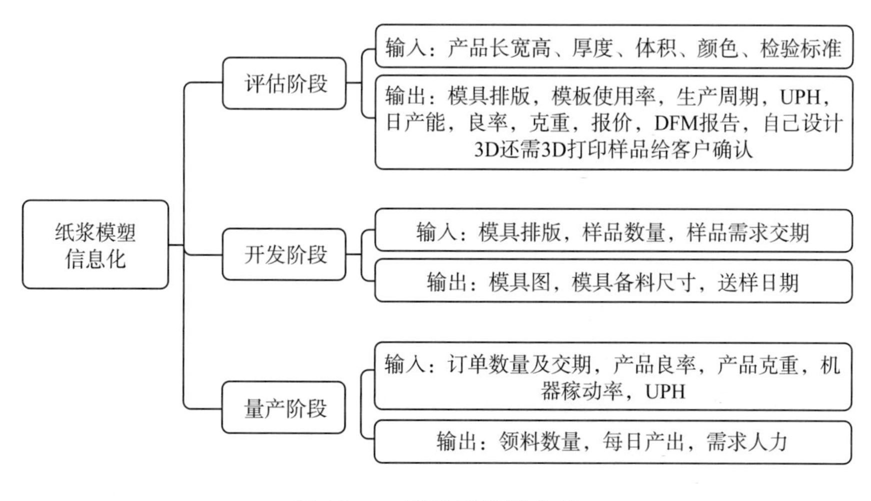

图 13-1　纸浆模塑信息化

企业信息化管理的精髓是信息集成，其核心要素是数据平台的建设和数据的深度挖掘，通过信息管理系统把企业的设计、采购、生产、制造、财务、营销、经营和管理等各个环节集成起来，共享信息和资源，同时利用现代的技术手段来寻找自己的潜在客户，有效地支撑企业的决策系统，达到降低库存、提高生产效能和质量、快速应变的目的，增强企业的市场竞争力，以5G、AI、大数据、物联网等为代表的新基建，作为信息数字化的基础设施，正在驱动企业信息化建设和数字化转型，在全球疫情笼罩的形势下，线下业务和工作难以开展，不得不转移到线上，倒逼企业提升信息化能力，并逐渐过渡到向5G、AI等新基建落实的新周期。

ERP、OA、CRM、BI、PLM、电子商务等都已经成为企业在管理信息化过程中不可或缺的应用系统。其中，ERP正在向高度整合的全程管理信息化迈进。当前，国内企业如何更大程度参与国际化市场竞争，怎样摆脱繁复的组织架构，打造最优价值网络，成为困扰已久的问题。

二、企业信息化管理系统的层次结构

企业信息化管理分为决策层、战略层和战术层，相应地，企业信息化管理系统包括战略管理、实施管理、运行和维护管理三个层面。战略管理是企业信息化管理的龙头，企业信息化建设必须服从于企业的总体规划和战略。战略管理层面主要包括信息技术如何与企业的中长期规划和发展战略相适应、相融合；信息技术如何有效地保障企业的可持续发展；如何利用信息技术规划企业业务流程、提升企业的竞争力。企业信息化的实施管理层面主要包括商业软件实施、软件开发、硬件部署等方面的内容，通过有效的管理保障软件开发项目、系统集成项目得以顺利实施。运行和维护管理层面的重点则是保障已经实施的项目发挥其应有的作用，保障各种系统能够正常、稳定、高效和安全运行。

信息技术飞速发展改变着我国传统经济结构和社会秩序，企业所处的不再是以往物质经济环境，而是以网络为媒介、客户为中心，将企业组织结构、技术研发、生产制造、市场营销、售后服务紧密相连在一起的信息经济环境。信息带动管理的转变对企业成长有着全方位影响，它将彻底改变企业原有经营思想、经营方法和经营模式，通过业务模式创新、产品技术创新，或对各种资源加大投入，借助信息化提供强有力的方法和手段来实现，其成功的关键是企业不同成长阶段与信息化工具的有机结合。传统软件厂商提供的信息化产品，以及附带的相关服务，仅局限于厂商本身产品范围，从而形成只为销售某种产品交易而交付活动，忽略了客户对这种有机结合衍生的多样需求，以及随着业务发展而不断出现的新需求，形成了国内ERP 软件行业普遍存在与客户间的阶段合作、产品更新、反复维护和频繁支持等问题的发生。

企业成长路径会随着组织规模不断扩大、业务模式不断转变、市场环境不断变化，导致对信息管理的要求从局部向整体、从总部向基层、从简单向复合进行演变，企业信息化从初始建设到不断优化、升级、扩展和升迁来完成整个信息化建设工作，体现了企业信息管理由窄到宽、由浅至深、由简变繁的特性需求变化。ERP 软件系统对推动企业管理变革、提高绩效管理、增强企业核心竞争力等方面发挥越来越重要的作用，面对互联网时代信息技术革新和中国企业成长路径的需要，通过B/S 模式完成对C/S 模式的应用扩展，实现了不同人员在不同地点，基于IE 浏览器不同接入方式进行共同数据的访问与操作，极大地降低了异地用户系统维护与升级成本，打造了“及时便利+准确安全+低廉成本”效果。纸浆模塑行业具有特殊性，ERP在信息化过程中不可或缺，但是行业技术要求特别高，计算量特别大，故整合了一款专用软件，实现从评估报价到设计参数，甚至切边排线，人员和产能评估高度智能化，以达到为企业节约成本并提高标准化的目的。

三、企业信息化管理系统的特点

企业信息化管理系统的计算机操作界面如图13-2所示。其具有以下几方面的特点：

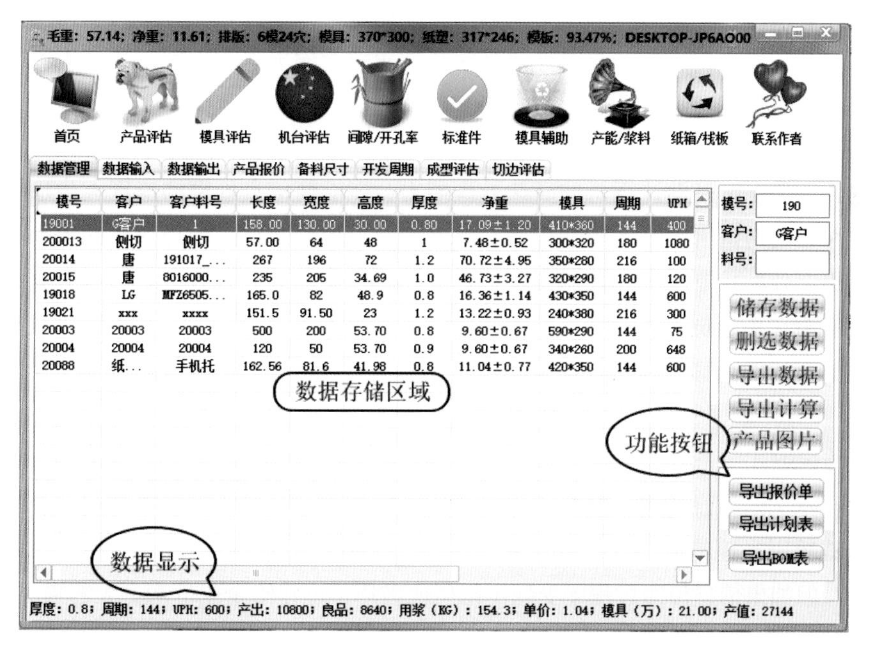

图 13-2　企业信息化管理系统操作界面

（本章图片来源：昆山市海派环保科技有限公司）

纸浆模塑行业不同于其他劳动密集型行业，其生产工艺非常简单，主要分为制浆、成型、干燥、整型切边等工艺过程。其中自动成型机和自动切边技术等都相对成熟，很多企业已经实现无人化作业。但是开发前期产品评估、模具排版、模具设计、产能评估、人力评估等，大量数据需要计算处理，信息量特别巨大，需要消耗大量人力资源来处理数据，而且还很容易出错，数据存储和调用也是一大问题。纸浆模塑信息化管理系统是数据计算处理和数据计算集成一起的软件，同时方便导出常用的表单，使得各个纸浆模塑生产各环节标准化、数据化。

中小纸浆模塑企业既要信息化管理，又要节约成本，可以导入钉钉/企业微信。其人事功能、OA表单/流程审批功能非常简单实用。企业评估等可以用纸浆模塑管理系统进行一站式计算、评估、存储，并导出表单。

四、企业信息化管理未来发展的方向

1. 改变获取方式

传统方式下，原始数据的获取靠的是企业员工肉眼观察、手工计数或使用仪器测量。在信息化条件下，可以利用传感设备全自动地获取所需的数据或信息。例如：用装有重量感应装置的货架自动测量存货数量、用自动监控装置代替值班人员等。利用自动传感设备具有高度自动化、准确性高、24小时不间断、数据实时获取、不受恶劣环境影响等优点，为企业实施更有效的内部控制奠定了基础。

2. 改变存储方式

存储介质由纸变为磁盘或光盘。与纸介质相比，磁介质或光介质具有存储密度大、擦写不留痕迹的特点，对内部控制的影响是双方面的。存储密度大使得企业可以集中保存数据和信息资源，便于对其加以保护，但一旦毁损或被盗将使企业遭受更大的损失。擦写不留痕迹使得数据被篡改的可能性增大，需要加强内部控制。

3. 提高处理效率

在信息化环境下，借助计算机的高速处理能力，能够使信息处理的速度大为加快，效率大为提高。然而，这对内部控制的影响也是双方面的。一方面，信息处理效率的提高有利于企业实施更复杂更有效的控制措施和控制方法，提高内部控制的效果和效率。另一方面，借助高速的信息处理能力，企业员工或管理层造假的能力也能得到提高，例如，利用随机数产生程序伪造应收款项或存货的金额、利用报表编制程序快速编制多份虚假财务报表等，这又要求企业加强内部控制。

4. 改变传递方式

信息化环境下的信息传递，改变了手工环境下的传票、报告、电话等方式，利用电缆、光缆、无线电波等以光速传递信息，而且传递的信息量远非传统方式可比，为企业加强内部控制奠定了基础。但如果信息传递过程中受到了阻碍或破坏，也将给企业带来更大的损失。

5. 提高信息集成

在完善的企业信息系统的支持下，企业领导足不出户就能够在计算机屏幕前对遍布世界的跨国公司了如指掌。轻点几下鼠标就能成交生意、调动资金、指挥员工。企业信息系统为企业加强内部控制奠定了基础，同时也对企业的内部控制提出了更高的要求。

6. 提高信息价值

在信息时代，人们对信息资源的利用能力得到提高。人们已经认识到企业的数据和信息资源，是企业最宝贵的资产之一。而信息是无形的，与有形的资产相比，对信息的窃取更为隐蔽，更不易被发现。这要求内部控制不但要保护有形资产，更要对企业的数据和信息资产加以保护。同时应当针对信息的特点，采用有效的保护措施。

7. 改变工作方式

在信息化环境下，人们可能越来越多地通过计算机网络进行联系和沟通，人与人之间的直接接触将有所减少。网络世界的无形性和匿名性将对人的心理造成一定的影响，从而影响控制环境。

第二节　纸浆模塑评估开发阶段信息化管理

新产品代表着企业后继的活力和利润源泉，也是企业成功增长的驱动器，可以给客户和消费者更多的信心和无限的遐想，特别是从21世纪起，跨界竞争甚至都不知道竞争对手是从哪里冒出来的，工业4.0和高度信息化使竞争环境发生了急剧性的变化，变化的速度随着市场分割、多样化和复杂性的增加而激增，新产品开发在充满着竞争环境中的地位就更为重要，成为公司的战略计划的最关键的要素。

纸浆模塑开发阶段需求的信息量太大，要根据客户产品图纸得到各类数据，要产能最大化，必须要合理地排版，才能在确保品质的基础上实现产能最大化，这是一个复杂而烦琐且专业性非常强的评估过程。

纸浆模塑模具管理系统是纸模企业信息化管理的重要一环。本节以此为例进行阐述。

纸浆模塑模具管理系统能够实现数据输入、数据计算、数据存储、数据输出一条龙服务。将产品的长、宽、高、厚、体积输入到软件蓝色框内，模板默认是华工环源标准机型机器950mm × 750mm，也可以手动输入其他尺寸。再调整排版数量，通过软件算出成型机台排布，产品毛重、净重，模具评估，产品报价，切边评估，人力评估等信息，根据需要调整参数修正结果。可以直接存储方便后续调用，也可以直接导出报价单、模具开发计划表、模具BOM表等信息，如图13-3所示，上下栏目为产品和模具评估信息，可以根据变化因子来调整最终数据，增加模板使用率，确保产能最大化，一般大于80%就比较理想。还要根据公司的模具使用习惯，精品模具尺寸不宜太大。

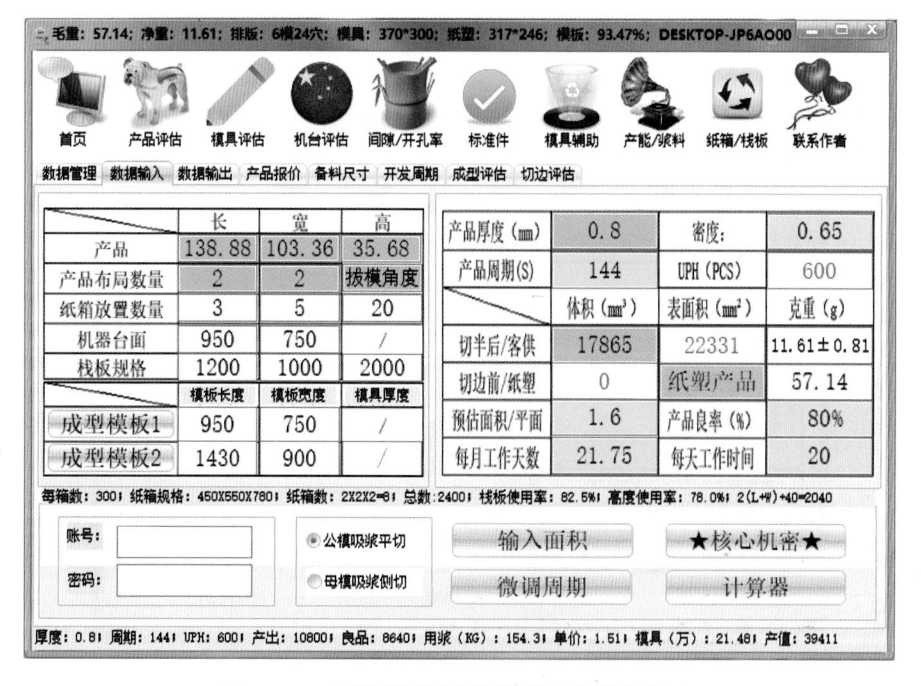

图 13-3　纸浆模塑模具管理系统数据输入

图13-3中纸浆模塑精品产品尺寸：138.88mm × 103.36mm × 35.68mm；厚度0.8mm；华工环源机台模板950mm × 750mm；排6模24穴比较合理；纸模产品尺寸为317mm × 246mm；模具尺寸为370mm × 300mm；模板使用率为93.47%；周期预估：144秒；UPH：600；每天产出：10800PCS；良品数量：8640PCS；每天用浆料：154.3kg，等等。

图13-4为评估后纸模产品在模具里的排布和边距。图13-5为模具在机器上的排布和边距，一目了然。排布数量分为两种，一种为几个产品共用翅膀，而上图调整数量是不同翅膀排一模。以便满足不同需求。

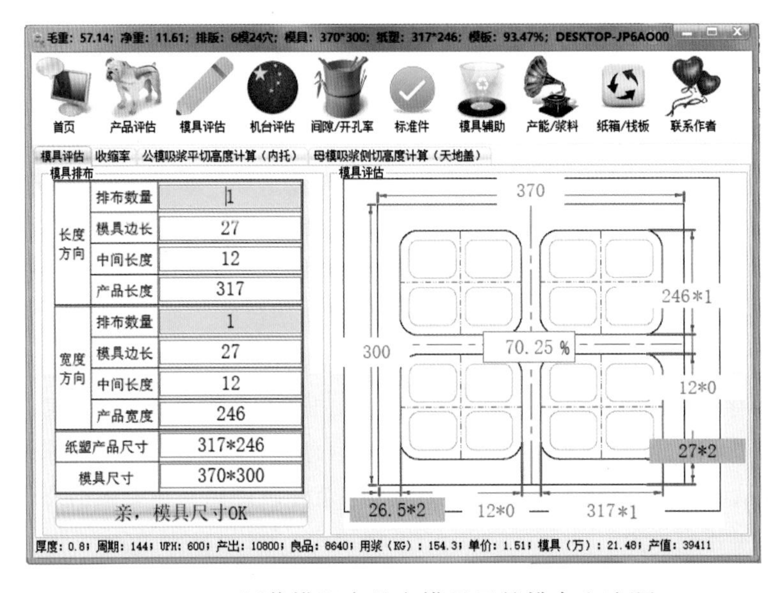

图 13-4　纸浆模塑产品在模具里的排布和边距

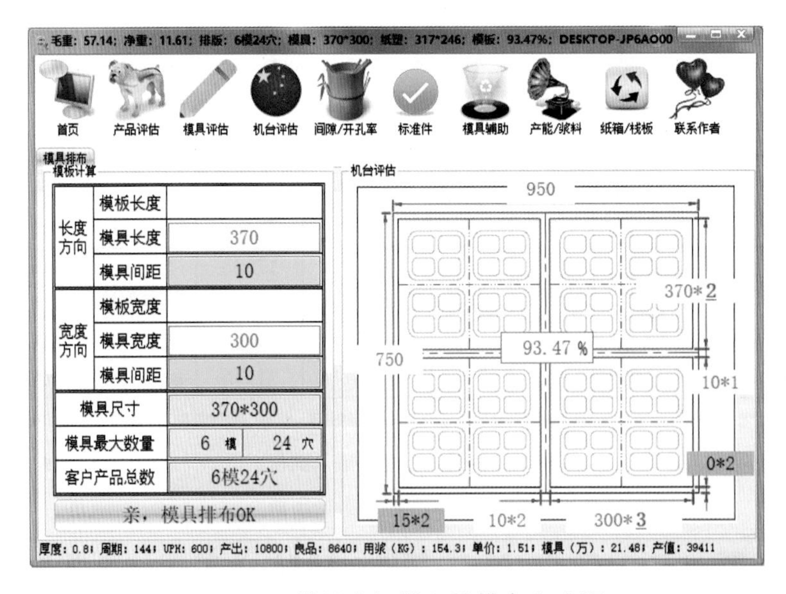

图 13-5　模具在机器上的排布和边距

图13-6为公模（凸模）吸浆模具尺寸和备料厚度，图13-7为母模（凹模）吸浆模具尺寸和备料厚度。设计、备料可同步进行，以减少开发周期，提高竞争能力。

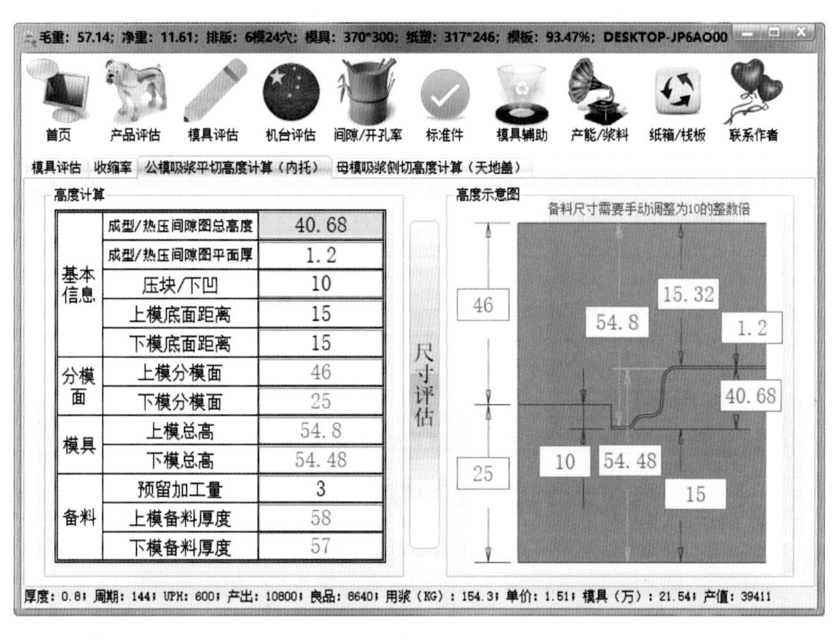

图 13-6　公模吸浆模具尺寸和备料厚度

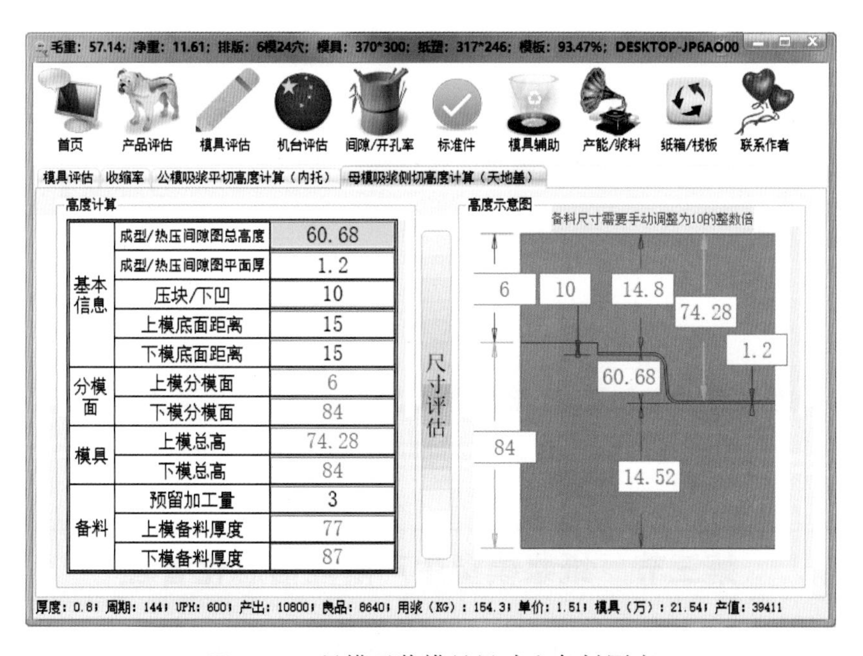

图 13-7　母模吸浆模具尺寸和备料厚度

图13-8为报价和报价验证模块，可以根据每吨售价来调整单品报价，图13-9为数据存储和调用、导出表单模块，同时产品图按钮存储了对应产品的图片，以便记住料号。

毛重：57.14；净重：11.61；排版：6模24穴；模具：370*300；纸塑：317*246；模板：93.47%；DESKTOP-JP6AO00

首页 产品评估 模具评估 机台评估 间隙/开孔率 标准件 模具辅助 产能/浆料 纸箱/栈板 联系作者

数据管理 数据输入 数据输出 产品报价 备料尺寸 开发周期 成型评估 切边评估

产品计算

毛重（g）	57.14	产品价格预估			
净重（g）	11.61	原料（元/吨）	6500	原材料	0.12
产品尺寸（mm）	138.88*103.36*35.68	设备折旧年数	5	机器折旧	0.12
纸塑尺寸（mm）	317*246	总人数/成型机数	8	人力	0.19
模具尺寸（mm）	370*300	每克成本费用	0.03	水电气网等	0.44
排版汇总	6模24穴	利润（%）	20	利润	0.17
材质	60%BAMBOO+40%BAGASSE	每天工作时间	21.75	单价(RMB未税)	1.04
良率	80 %	每月工作天数	20	人均产值	27144
成型周期（S）	144	UPH（pcs）	600	每吨售价（万）	8.96
产品厚度（mm）	0.80	汇率（$/¥）	6.0	美金($未税)	0.1733

废料占比%	18.73
模具使用率%	70.25
模板使用率%	93.47

计算成本 报价验证

厚度：0.8；周期：144；UPH：600；产出：10800；良品：8640；用浆（KG）：154.3；单价：1.04；模具（万）：21.00；产值：27144

图 13-8 报价和报价验证模块

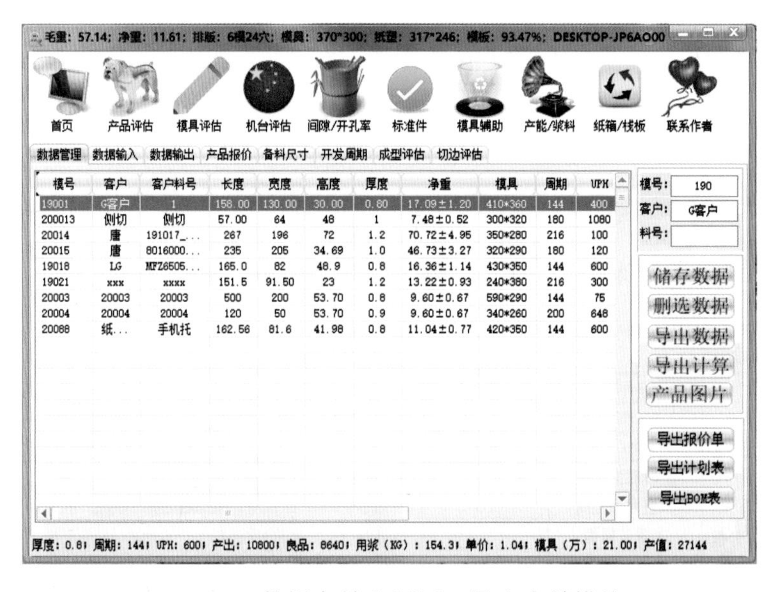

模号	客户	客户料号	长度	宽度	高度	厚度	净重	模具	周期	UPH
19001	G客户	1	158.00	130.00	30.00	0.80	17.09±1.20	410*360	144	400
200013	侧切	侧切	57.00	64	48	1	7.48±0.52	300*320	180	1080
20014	唐	191017_...	267	196	72	1.2	70.72±4.95	350*280	216	100
20015	唐	8016000...	235	205	34.69	1.0	46.73±3.27	320*290	180	120
19018	LG	MFZ6505...	165.0	82	48.9	0.8	16.36±1.14	430*350	144	600
19021	xxx	xxxx	151.5	91.50	23	1.2	13.22±0.93	240*380	216	300
20003	20003	20003	500	200	53.70	0.8	9.60±0.67	590*290	144	75
20004	20004	20004	120	50	53.70	0.9	9.60±0.67	340*260	200	648
20088	纸...	手机托	162.56	81.6	41.98	0.8	11.04±0.77	420*350	144	600

图 13-9 数据存储和调用、导出表单模块

第三节 纸浆模塑生产阶段信息化管理

生产过程信息化是指将信息技术用于产品的制造过程，使制造活动更加高效、敏捷、柔性。在制造过程中采用信息技术，可以实现对制造过程的监控和管理，提高加工效率和保证加工精度，完成对复杂产品的加工，实现制造过程的自动化、信息化和集成化。制造过程信息化包括数控技术、柔性制造单元和柔性制造系统、分布式数字控制、快速成型制造技术、自动化

物流技术、制造执行系统等内容。

制造业信息化将信息技术、自动化技术、现代管理技术与制造技术相结合，可以改善制造企业的经营、管理、产品开发和生产等各个环节，提高生产效率、产品质量和企业的创新能力，降低消耗，带动产品设计方法和设计工具的创新、企业管理模式的创新、制造技术的创新以及企业间协作关系的创新，从而实现产品设计制造和企业管理的信息化、生产过程控制的智能化、制造装备的数控化以及咨询服务的网络化，全面提升制造企业的竞争力。

信息化代表了一种信息技术被高度应用、信息资源被高度共享，从而使得人的智能潜力以及社会物质资源潜力被充分发挥，个人行为、组织决策和社会运行趋于合理化的理想状态。同时信息化也是IT产业发展与IT在社会经济各部门扩散的基础之上的，不断运用IT改造传统的经济、社会结构从而通往如前所述的理想状态的一段持续的过程。

实现企业管理产销一体化，主要业务与财务管理的集成，推进企业全面面向市场和适应市场的变化，促使企业管理由粗放型转向集约化、精细化，全面提升企业的现代化管理水平。

纸浆模塑生产阶段信息化管理也是纸模企业生产管理的一项重要工作。生产管理也是一直采用数据管理，评估达到产能、达到良率、产线平衡、人力平衡、产线和切边机台数量平衡等。软件同时计算出产品数据，评估时存储，生产时调用。

图13-10为纸模企业制浆工段根据配比计算浆料和辅料添加数量、浓浆段水的重量、稀释段加水重量等。

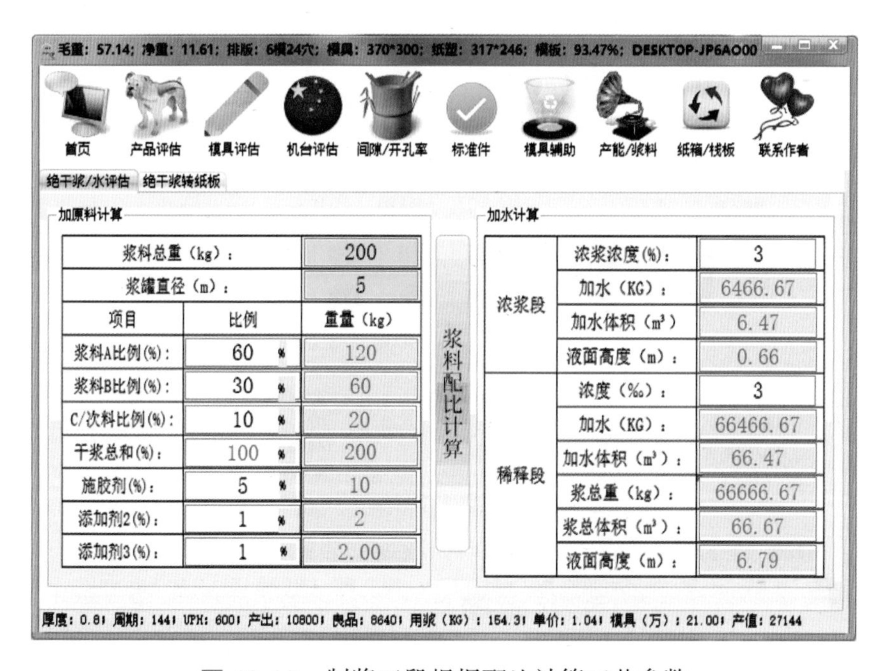

图 13-10　制浆工段根据配比计算工艺参数

纸浆模塑成型工段自动化生产是未来发展方向，机器一般都有计数功能，每台机器生产的数量统计到终端计算机就能通过显示屏获得成型产能，切边也可以同样原理来实现数据化管理。如图13-11所示。

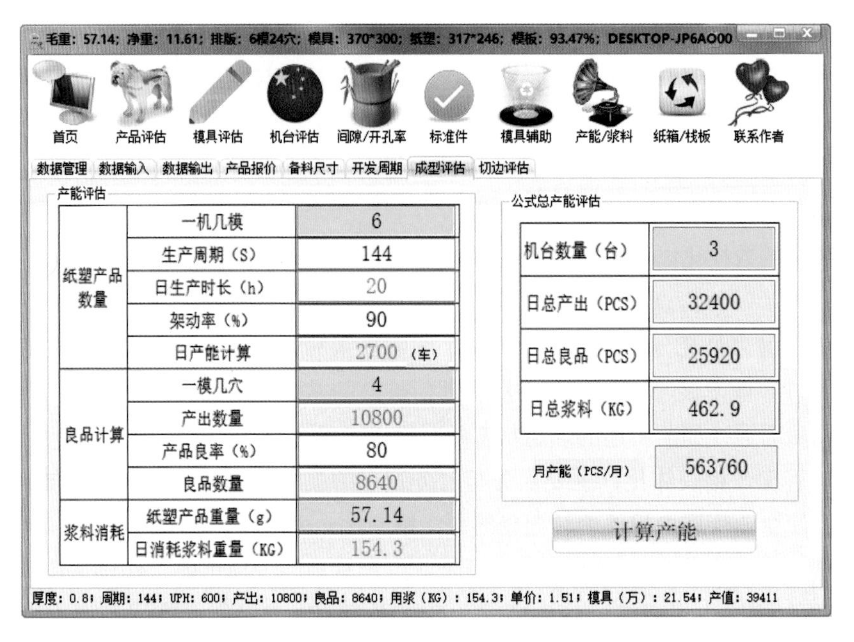

图 13-11　纸浆模塑成型工段产能数据化管理

图13-12为切边流水线人员评估，以及一台成型机所需切边时间等信息。

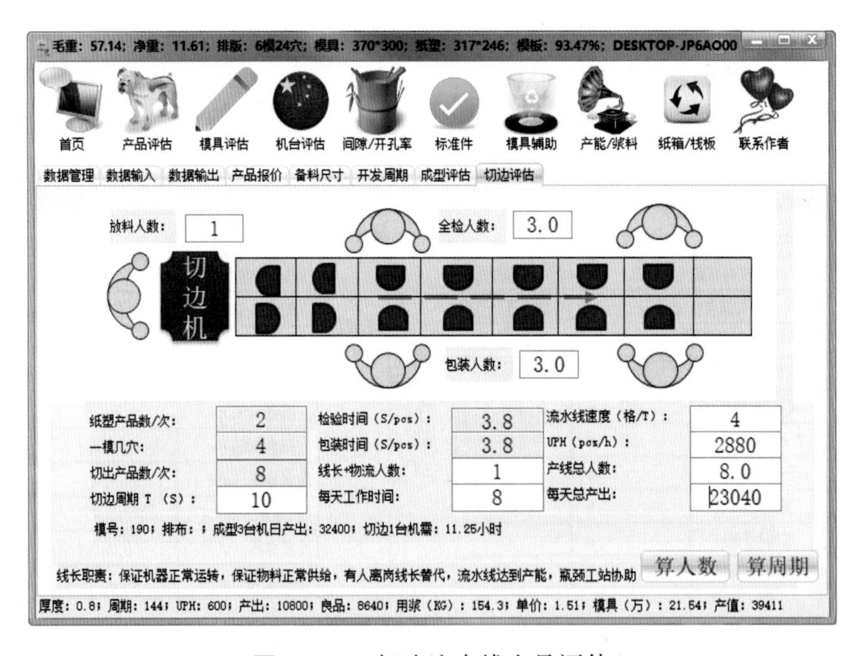

图 13-12　切边流水线人员评估

随着我国纸浆模塑行业的蓬勃发展，纸浆模塑生产信息化管理的功能也在不断地完善，效率也在不断地提高，可以预料，纸浆模塑生产信息化管理将助推我国纸浆模塑行业走向更加辉煌的明天。

第十四章　纸浆模塑生产创新技术与展望

第一节　纸浆模塑制品创新技术

一、瓶类纸浆模塑制品创新设计

1. 瓶类纸浆模塑制品的设计理念

纸浆模塑瓶是一种纸模设计理念上的创新，其瓶身的结构部分采用纸浆模塑成型，而承装内容物的内胆部分则采用更轻薄的塑料制造，这样可以使塑料的使用量减少一半以上。对于饮料生产企业来说，在成本允许的前提下建议选择壁较厚的PET瓶，有利于瓶内气体的保持。实际包装运输中，瓶体厚度的均匀性更加重要，这是由于饮料瓶在运输搬运过程中难免发生挤压碰撞，外力容易造成瓶壁或瓶盖处磨损，使之局部厚度变薄，使气体容易从局部渗透。纸浆模塑瓶的外部结构可以有效地缓冲外力带来的冲击，使内部的PET瓶无须设计成过厚的结构，便可达到保护产品、方便储运的目的。

2. 瓶类纸浆模塑制品的类型

（1）分部组合式瓶类纸模制品

分部组合式纸模瓶是通过传统的纸浆模塑生产技术先生产出两片完全相同或相互啮合的半瓶身结构，再装入内胆，最后通过黏合剂黏合，组装成整体结构。如图14-1所示。

（2）一体成型式瓶类纸模制品

一体成型式纸模瓶应用了一种新型的纸模生产技术。其吸浆挤压阶段和湿坯热压阶段均采用一种新型的模具结构，即上下模具组成的具有中部空心腔体的外模和由耐高温气袋组成的内模。湿坯成型阶段，由真空吸浆模具将浆料均匀吸附在模具内壁，再将内模气袋充气挤压浆料，抽真空脱水形成湿坯。热压成型阶段，通过转移机构将预压的湿坯转移到热压下模，热压上模采用耐高温200℃以上的气袋，上下模合模后，热压上模充气通过膨胀的气袋直接将湿坯很均匀地挤压在热压下模表面，热压下模有加热和排气功能，将湿坯直接烘干，

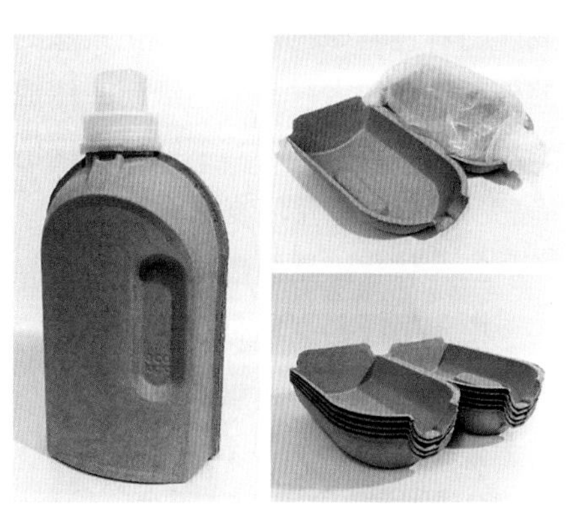

图 14-1　分部组合式纸浆模塑瓶

成型后内模排出气体从瓶身内脱出，上下外模分离脱模得到完整的瓶身结构，从而制作出一体成型式纸模瓶。如图14-2所示。

对于用于盛装内容物的内胆，可以采用更薄的PET制造成瓶坯（壁厚可以做到0.05mm以下），再在纸模瓶身内吹塑成型，也可以采用直接瓶内喷涂可降解的防水涂层的方式，制作出用于盛装液体的纸模瓶。如图14-3所示。

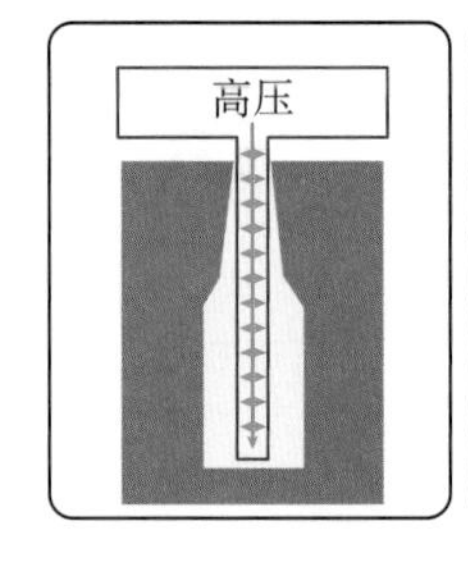

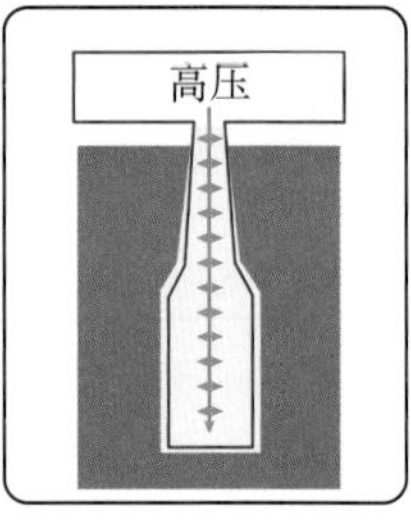

图 14-2　挤压模具和热压模具示意图

图 14-3　一体成型式纸模瓶

（图片来源：永发模塑科技发展有限公司研发中心）

二、内部缓冲和外部包装一体化设计

1. 一体化纸浆模塑礼盒的设计理念

传统的纸质礼品包装盒都是采用灰板纸盒作为盒体内部材料，再包一层面纸而制成的套盒结构，以塑料材料等作为内衬材料制作而成。这种纸盒具有较好的外观效果但成本较高，同时受到纸盒材料的限制，一般外形为规则的长方体，表面采用平面印刷或者烫金等工艺制作而成。随着包装绿色化和减塑化概念的流行，一种内外一体化的纸模包装盒开始出现，其包装盒的外部结构和内衬都采用纸模一体成型，通过组装或黏合成型成为一体化包装。这种包装全部采用纸质材料，符合当下绿色环保的理念，同时可以通过造型或表面纹理来赋予其高级感、时尚感，是一种礼盒包装的新思路。

2. 一体化纸浆模塑礼盒的结构特点

由于纸模制品具有立体造型的特点，其外包装造型不仅局限于普通的长方体，还可以实现包装的异形化，同时也可以在长方形的基础上进行倒角、圆角、凹印等各种加工（如图14-4所示）。另一方面，其表面图案不仅局限于平面印刷，也可以设计一些复杂纹理和有凹凸感的LOGO或图案，如图14-5所示。

图 14-4　一体化纸浆模塑礼盒
（图片来源：永发模塑科技发展有限公司研发中心）

图 14-5　纸浆模塑礼盒表面图案和纹理
（图片来源：永发模塑科技发展有限公司研发中心）

三、功能性纸浆模塑结构创新设计

1. 功能性纸浆模塑结构创新设计的理念

目前市场上常见的纸浆模塑制品主要是鸡蛋托、工业品衬垫等低端缓冲包装制品，虽然有厂家在尝试将纸浆模塑制品用于高端产品的内衬，但是仍存在展示效果不佳、防护性能不足、不美观等共性问题。随着限塑、禁塑政策的推进，更多应用领域的需求，为纸浆模塑制品带来了新的发展空间。

纸浆模塑制品应用功能的实现需要同时满足两方面的要求，一方面是利用浆内改性提升制品用料的基本性能或通过如表面施胶、复合、淋膜等工艺提升工艺水平，使纸浆模塑制品的强度、缓冲、抗水、防油等性能满足使用场景的需求。另一方面，纸浆模塑制品适用于不同的应用场景都要依赖特定的结构来实现其功能。而后者不仅需要考虑纸模制品使用过程中结构的功能性，还必须考虑纸模制品结构对成型制造过程的影响。因为纸模结构改变可能导致吸浆成型压力有限，纸浆纤维排列紧密度不足，降低制品承载力，尽管可通过增加纸模制品厚度来提高制品承载力，但厚度的增加会导致纸模制品干燥周期变长、生产效率下降，且纸模制品尺寸精度难以保证。因此纸浆模塑新型结构制品的开发，往往需要结合新结构吸浆成型模具的开发来实现。

2. 功能性纸浆模塑结构设计技术方案

（1）为了适应各行各业限塑、禁塑的发展需求，基于高性能特种浆料配方与制品加工工艺，进行多元化的纸浆模塑结构功能创新设计已成为纸浆模塑行业的发展趋势。目前开发的医疗针盒、花盆、方便面餐盒、衣架、挂扣等新型功能性纸浆模塑制品突破了传统纸模制品在包装中的应用局限，使纸浆模塑制品成功拓展到医疗、餐饮、服饰、农业、日化等领域，功能性纸浆模塑新产品的开发对于塑料制品的替代提供了根本性的解决方案。图14-6为基于高性能纸质材料开发的多元化代塑纸浆模塑制品。

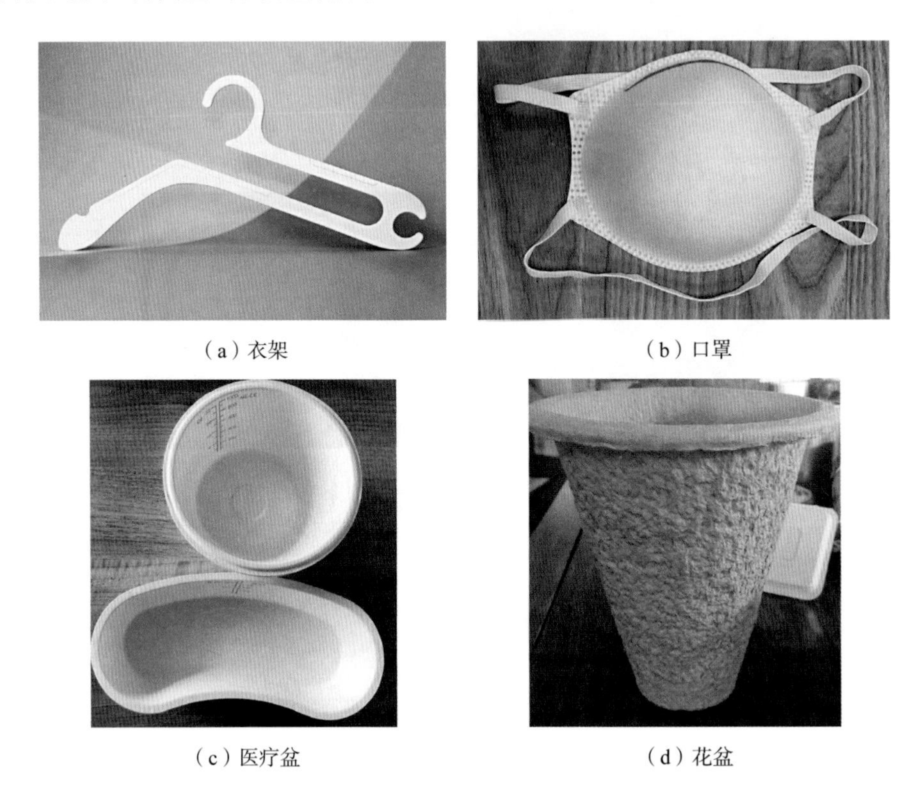

（a）衣架　（b）口罩　（c）医疗盆　（d）花盆

图 14-6　多元化代塑纸浆模塑制品

（2）针对纸浆模塑制品结构和功能过于单一的现状，基于机械力学、缓冲力学、人机工程学原理，业内专业人员对纸浆模塑结构的承载机理和成型特点进行了系统研究，创新性地将模切、折叠、黏贴成型等工艺引入纸浆模塑制品设计生产过程中，开发出折叠型结构、复杂缓冲腔结构、侧壁微倾斜结构、内外复合结构等纸浆模塑制品新结构。大幅提升了纸浆模塑的承载性能、空间利用率和展示性能。侧壁微倾斜制品的侧壁斜度可减小50%（由3°缩小到1.5°），复杂缓冲腔纸浆模塑制品的抗压性能提升3倍以上。

（3）针对纸浆模塑托盘承载能力不足的共性问题，以结构创新、成型工艺创新为着力点，提出模块化纸浆模塑托盘设计思想，业内研发人员开发了分层式和组合可拆卸式重载纸浆模塑托盘，解决了传统一次性成型纸浆模塑托盘承载能力差的问题。以组合创新为着力点，充分发挥蜂窝材料、瓦楞材料与纸浆模塑材料的优点，提出了“纸包纸”的设计思想，创新性地研发了纸浆模塑材料与蜂窝纸板材料/瓦楞纸板材料组合托盘，新型组合托盘的承载能力提升5倍以上，推动了“以纸代木”技术的发展。图14-7为代表性的创新结构纸浆模塑包装制品。

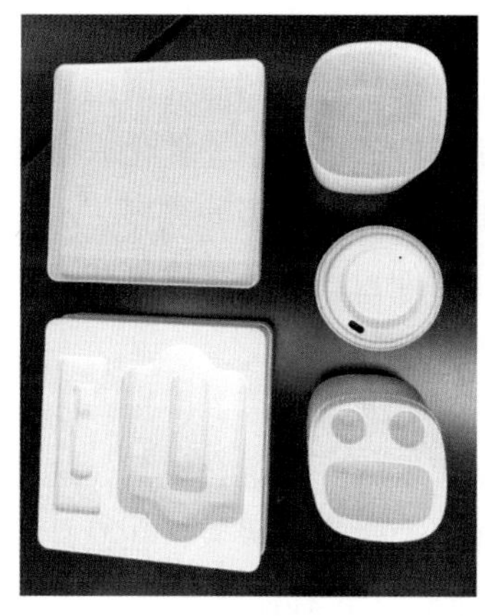

（a）内外复合结构组合型制品

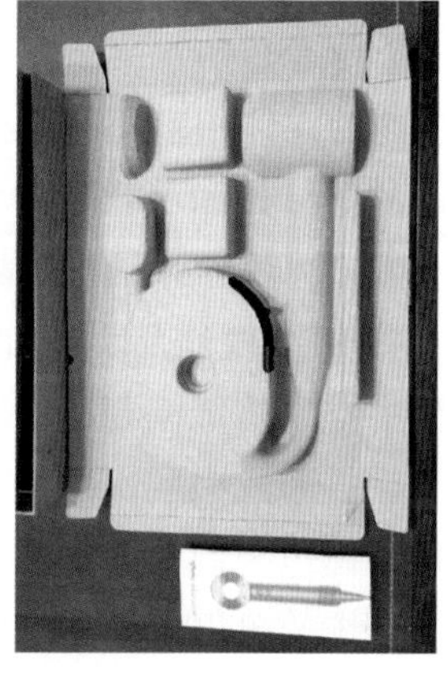

（b）四边折叠结构制品

图 14-7　代表性的创新结构纸浆模塑包装制品

四、立体中空蜂格纸浆模塑创新技术

纸浆模塑制品具有原料来源广泛、无污染、易降解、可回收和再生利用等环保特色，已广泛地应用于家电、电子、通信器材、计算机配件、陶瓷、玻璃、仪表仪器、玩具和工艺品等产品的内衬防震包装。但将其应用于大型机电产品、托盘运输包装等重型包装方面还有很大的开发应用空间。国内某企业研发人员在成功开发纸浆模塑中空成型技术基础上取瓦楞纸板和蜂窝纸板之长，利用现代仿生学原理研究开发出“纸模中空蜂格包装制品及其制造方法”（发明专利：ZL 200510045966.8），并设计制造出“纸模中空蜂格包装制品成型机”（实用新型专利：ZL 200520089532.3），试制生产出“纸模中空蜂格包装制品”（发明专利：ZL 200520089531.9），开创了纸浆模塑制品可以替代EPS塑料、木质包装材料，包装承载较大型机电产品和制作物流运输托盘的先河。

1. 技术原理

该技术利用纸浆模塑吸滤成型的原理，采用上下两副模具组成双面组合模具，通过上下模具开合、双面立体吸滤一体化成型，形成由纸浆双面吸滤层和若干立体管孔状支撑构成的产品结构，制作成立体中空蜂格状、平凸凹结构相结合的纸浆模塑包装制品。因此其制品具有优异的承载强度、缓冲性能和超高（厚）尺寸。该项技术制造方法简单、一体化成型纸模制品质量高、结构稳定、结构变化多样、成本低，弥补了传统纸浆模塑单面吸滤成型、凸凹薄壁结构、不能承载重物的缺陷，也可以避免现有蜂窝板材料制作缓冲包装制品工序复杂、质量难以保证等技术弊病，可以替代蜂窝板材料制成重型包装的缓冲材料。

2. 制造工艺及方法

该技术关键是吸滤成型过程：①双面组合模具合模，形成一个组合模具，这种组合模具并有一个或多个进浆口；②双面组合模具进入成型机浆箱，通过真空吸浆，在模具模腔内壁上形成湿纸模坯；③双面组合模具升出浆箱，进行真空脱水；④转移湿纸模坯，双面组合模具开模，通过真空吸附，使湿纸模坯吸留在上模具上，湿纸模坯再由上模具转移出成型机，完成湿纸模坯的成型过程。

采用该工艺技术生产的立体中空蜂格纸模制品是由上下两面层和中间的型腔结构组成，模具型腔结构决定了制品的结构和承载能力。传统的纸模制品都是在单个凸或凹模模具网模表面上成型，制成的单层纸模制品只能依靠改变凸凹形状、厚度来适应制品在应用功能方面的要求。单层凸凹形状的纸模制品无论如何变化，其受力时易变形、承载能力小、刚性较差。而立体吸滤成型中空蜂格纸模制品是双模立体成型，制品的承重是依靠不同形状、不同密度的管孔由立面支撑，形成多层次的纸模制品，上下面的凸凹形状只起到包装物的定位作用，故立体中空蜂格纸模包装制品强度大、刚性大、承载能力强、吸收能量大、缓冲性能好、不易变形。弥补了传统的单层纸模制品的缺陷和不足，拓宽了纸浆模塑制品在重型产品包装领域的应用。

3. 制品性能特点

（1）立体中空蜂格纸浆模塑制品利用回收废纸作原材料，原料来源广泛，价格低廉，制品质量轻、强度高、成本低。

（2）立体中空蜂格纸浆模塑制品用作重型机电产品的缓冲包装材料，可以满足包装物“定位、承载、缓冲”的三大要求。用于制作物流货物托盘可承重2 000kg以上（静载荷8 000kg）。经国家包装检测中心按GB/T 19450—2004《纸基平托盘》全项检测，其承载、振动、跌落等指标均超过其他纸基托盘的指标，可用于各类货物的运输包装。

（3）立体中空蜂格纸浆模塑制成的托盘与木制托盘相比，制造过程无高温产生的有毒物质，重量只有木制托盘的1/2，并且比木制托盘价格更便宜，废弃物在自然环境中可完全降解。

（4）立体中空蜂格纸浆模塑制品成型技术和成型设备已达到了产业化、市场化的要求。

4. 制品的应用

立体中空蜂格纸浆模塑制品的研发成功，使纸浆模塑制品完全可以替代木质包装制品、EPS发泡塑料等应用于重型工业品的包装领域，突破了原有纸浆模塑制品应用的局限性，拓宽了纸浆模塑制品的应用领域。

图14-8所示是立体中空蜂格纸浆模塑制品在工业产品包装上的应用。

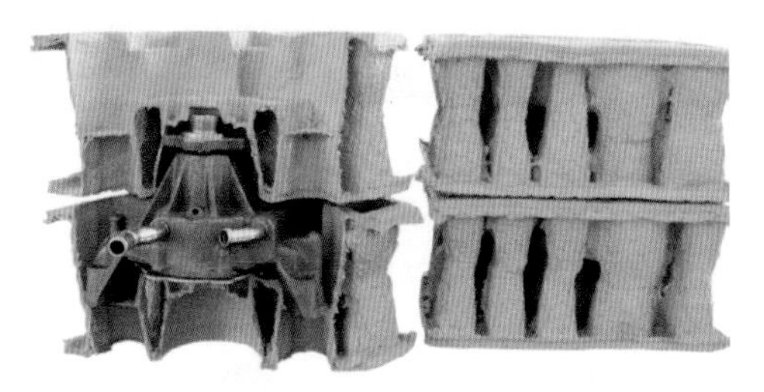

（a）汽车水泵缓冲包装

（b）汽车轮毂缓冲包装

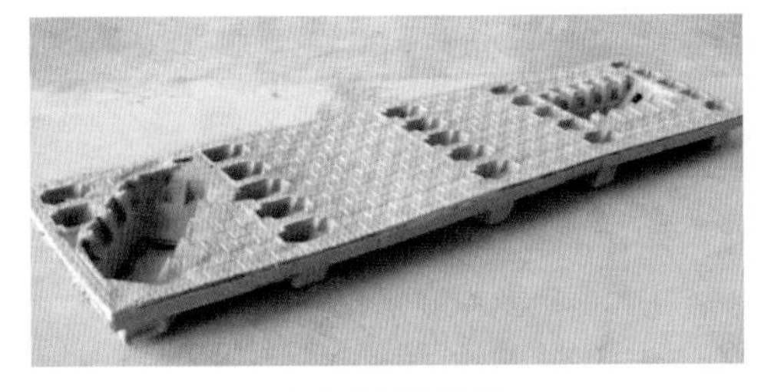

（c）摩托车底托

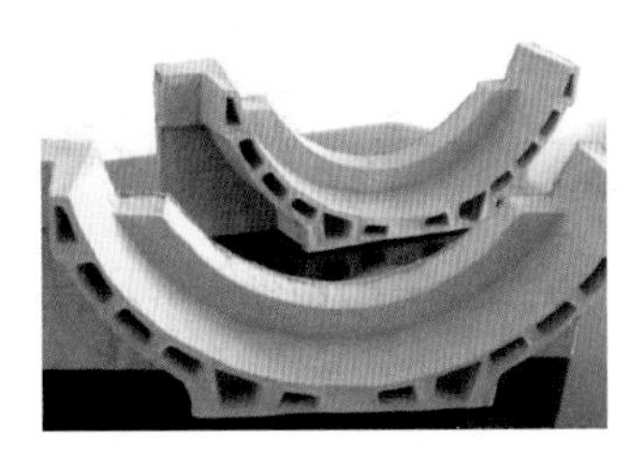

（d）太阳能水箱底托

图 14-8　立体中空蜂格纸浆模塑制品的应用

第二节　纸浆模塑模具创新技术

目前，纸浆模塑制品的生产主要依赖于模具的设计及其制造技术，可靠的模具制造能够提高纸模制品的生产效率，同时也为产品的快速更新换代创造了条件。但纸模模具制造存在一定的局限性，纸模模具开发的技术难度大，纸模制品的外观不同，模具制造的难度也不同，结构越复杂的纸模制品，其模具的制造越难实现。因此，纸模模具设计水平的高低、加工设备的好坏、制造力量的强弱、模具质量的优劣，都会影响纸模新产品的开发和旧产品的更新换代。考虑到市场风险的影响，纸模模具的加工必须保证一定的产品生产量，才能降低纸模制品的生产成本。近年来，3D打印技术的发展和其在纸浆模塑行业的应用，为传统的纸浆模塑模具制造技术提供了重大的改革和突破的可能。

1. 3D打印技术制作模具简介

3D打印是快速成型技术的一种，又称“增材制造”，它是一种以数字模型文件为基础，运用粉末状金属或塑料等可黏合性材料，通过逐层打印的方式来构造物体的技术。利用3D打印技术的原理可以把复杂的三维制造转化为一系列二维制造的叠加，因而可以在不用模具和工具的条件下生成几乎任意复杂度的零部件，极大地提高了生产效率和制造柔性。

3D打印通常是采用数字技术材料打印机来实现的，常应用在模具制造、工业设计等领域。对于需要模具生产的纸浆模塑制品，用3D打印技术制作其生产模具，无论是时间成本还是开模设计费用都将极大地降低。实际生产中，采用3D打印技术，使用PA材料可以快速打印出纸浆模塑生产用模具。图14-9为利用3D打印技术制作的真空吸滤成型模具。

图 14-9　3D 打印技术制作的真空吸滤成型模具

（图片来源：永发模塑科技发展有限公司研发中心）

2. 3D打印技术制作模具的结构特点

传统的真空吸滤成型模具的制造工艺是采用CNC（计算机数字化控制精密机械加工）技术将实心钢材预加工成模具形状，一般传统的3轴CNC技术只能实现在模具顶面打孔，对于模具侧边的吸滤孔，则需要采用人工打孔的方式来制造，制作模具时间长，且由于CNC本身技术的限制，其表面孔距一般为12mm × 12mm左右，直径一般在2～3mm。吸滤孔距和孔径过大会造成吸浆不均匀，湿纸模坯表面凹凸不一的现象导致湿坯厚度不均，从而影响产品外观。

3D打印技术制作的真空吸滤成型模具，是通过3D设计软件设计出中空的形状，其中空部分采用支架结构支撑，如图14-10所示，这样既加快了排气速度也节约了模具制造成本，其加工过程可直接使模具一体化成型，节约了模具制造时间，同时制造精度高，其表面孔距可缩小至1mm，孔径可缩小至0.5mm，其吸浆效率高，湿纸模坯表面均匀。图14-11展示了用3D打印技术制作的模具和CNC技术加工的模具的对比情况，以及用各个模具成型的湿纸模坯之间的差别。

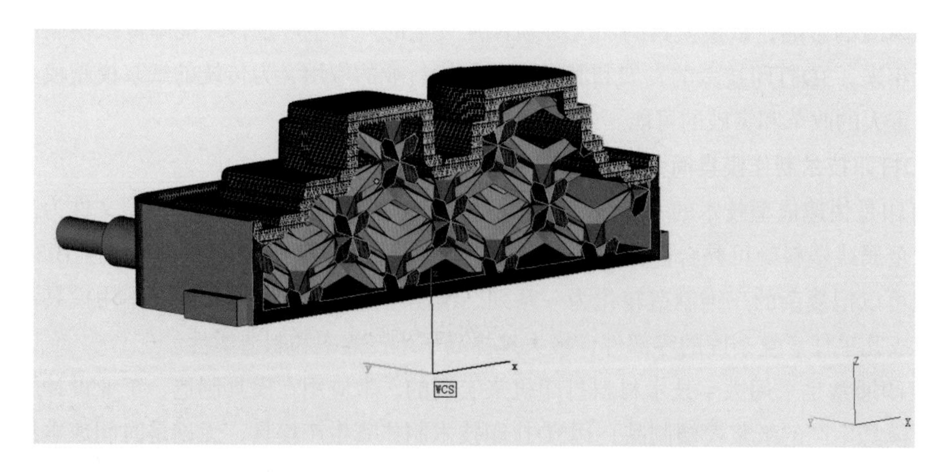

图 14-10　3D 打印模具内部结构示意图

（图片来源：永发模塑科技发展有限公司研发中心）

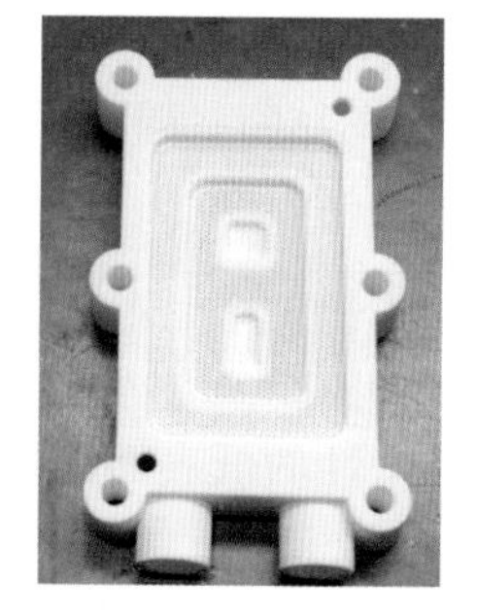

（a）3D打印制作的吸滤成型模具

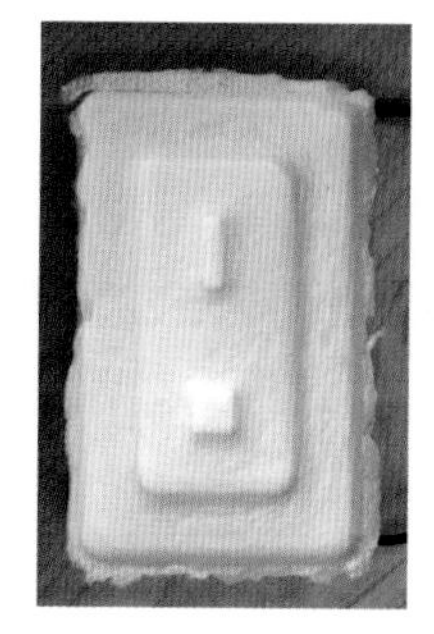

（b）成型纸模坯表面很均匀

（c）CNC加工的吸滤成型模具

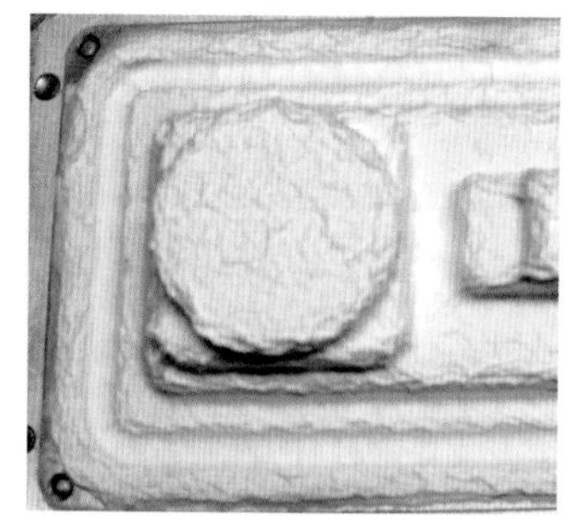

（d）成型纸模坯表面不均匀

图 14-11　3D 打印制作的模具和 CNC 加工的成型模具及纸模坯的对比

（图片来源：永发模塑科技发展有限公司研发中心）

第三节　纸浆模塑生产创新技术

一、纸浆模塑制品疏水抗污新技术

1. 技术研发背景

纸制品的性能在吸潮后会迅速下降，因此应用在开放环境中的纸浆模塑制品往往会被要求具备防潮性能。部分电子产品包装对于防水性要求很高，传统的方法是先用防水性很好的塑料袋或铝塑复合袋包装后再用纸盒包装。近年来，随着全球限塑的发展，很多电子产品将包装的选择方向投向环保型纸浆模塑制品，而普通的纸浆模塑制品防水性能达不到电子产品的防水要求，这就需要研发纸浆模塑包装制品新的防水技术以适应相关电子产品对包装的防水要求。此外，大多数纸浆模塑包装制品废弃后将被回收再次进入制造纸浆模塑制品的循环生产中，而纸浆模塑包装制品在使用过程中一旦被污水或浓稠液体污染后，将会增加循环生产的处理工序、处理难度和处理成本，纸浆模塑包装制品制造企业迫切希望纸浆模塑包装制品具有较强的抗液体粘附和易于清洁的性能，以确保纸浆模塑废弃品再次循环生产的环保性和便利性。为了满足客户对纸浆模塑包装制品提出的高防水性、抗液体污染性和易清洁的需求，开展了防潮、超疏水纸浆模塑制品的开发。

2. 超疏水技术原理

图14-12所示为不同纸浆模塑制品表面润湿状态原理示意图。如图14-12（a）所示，普通纸浆模塑制品表面通常是亲水性（未经过防水处理，接触角小于90°）或一般疏水性的（采用松香、石蜡等防水剂进行防水处理，接触角大于90°，但通常小于110°）。如图12-14（b）所示，根据超疏水表面的基本理论，要在纸浆模塑制品表面产生超疏水性，其表面首先需要具有一定的微纳粗糙度，然后在微纳粗糙表面修饰一层疏水性的低表面能物质，便有望获得超疏水性。

（a）普通纸浆模塑制品

（b）超疏水纸浆模塑制品

图 14-12　不同纸浆模塑包装制品表面润湿状态示意

首先，纸浆模塑包装制品对于商品来说通常是附属品，客户出于市场竞争压力和成本考虑，对于包装往往有严格的成本控制，也就是纸浆模塑包装制品的性能提升要尽量避免成本的增加，否则市场难以接受。这样就导致很多制备超疏水表面的原料和设备在制造超疏水纸浆模塑制品中不能使用，只能尽量选用成本低、用量少的原料和工艺简单、设备要求不高的制造工艺，这实际上增加了研发超疏水纸浆模塑制品的难度。再者，超疏水性的实现，其表面需要一定粗糙度的微纳结构，微纳结构在外界摩擦的作用下易损坏，从而导致超疏水性失效，因此，如何在纸浆模塑包装制品上制备出适合于包装领域应用的超疏水表面是一个具有挑战性的课题。

3. 解决方案

（1）超疏水纸浆模塑制品制备方法一

纸浆模塑包装制品表面如果不进行特别的压光处理，通常其表面具有一定的粗糙度，利用该粗糙度，在其表面修饰疏水性的低表面能物质有望直接获得纸模制品的超疏水表面。采取如下方法可直接获得超疏水表面：首先将全氟十四烷、十七氟三甲氧基乙氧基硅烷添加到无水乙醇中形成浓度为1%～5%的乙醇混合溶液，然后将成型的纸浆模塑包装制品置于乙醇混合溶液中浸泡5～10分钟，再将浸泡后的纸模制品取出干燥后便获得了接触角在150°～160°之间的超疏水表面。图14-13为超疏水纸模制品测试样品表面的接触角测试图，其接触角达到158°。

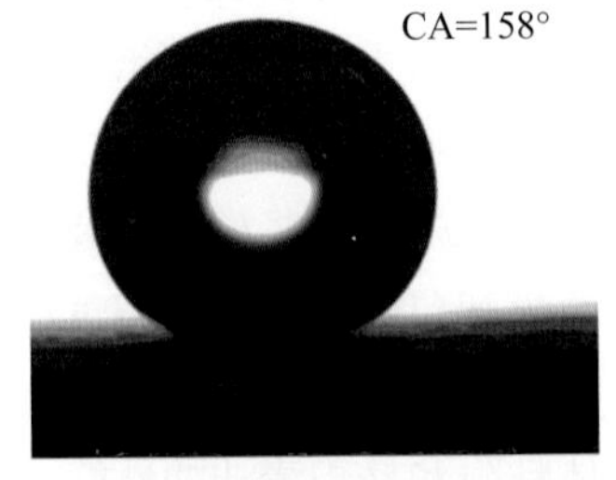

图 14-13　超疏水纸浆模塑样品表面接触角测试

（2）超疏水纸浆模塑制品制备方法二

上述方法制备超疏水纸浆模塑包装制品的优点是浸泡液中的疏水性物质不仅可以覆盖在纸模制品的表面，还可以充分渗透到纸模制品的纤维内部，使得其表面即使被摩擦掉一部分后，仍然具有超疏水性；其缺点是疏水性材料用量大、成本高、浸泡时间长、生产效率低。

为此，可进一步对该方法进行改进，将浸泡改成喷涂，通过喷涂方式可以在纸浆模塑包装制品表面迅速获得一层疏水性的低表面能物质，该涂层覆盖在具有一定粗糙度的纸模制品表面，也可使其表面获得超疏水性。采用喷涂法的优点是生产效率高、原料用量少、成本低，缺点是耐磨性不佳。

为了改进喷涂法制备的超疏水纸浆模塑制品表面耐磨性不佳的状况，可在纸浆模塑热压模具表面雕刻微米尺度的粗糙表面，然后将喷涂过的超疏水纸模包装制品置于模具中加热加压（加热温度在80～120℃之间，压力为3～5MPa）1min，热压后的纸模制品表面的接触角有一定程度的下降，平均接触角在140° 左右，但耐磨性得到了有效提高。

（3）超疏水纸浆模塑制品制备方法三

为了进一步降低成本，采用水性蜡乳液和氧化硅纳米颗粒代替上述方法一中的原料，将水性蜡乳液和氧化硅纳米颗粒喷涂于纸浆模塑制品表面，然后放置在表面具有一定粗糙度的模具中进行加热加压处理，也可获得接触角在140° ～150° 的超疏水纸模包装制品，且获得的超疏水表面也具有一定的耐磨性。

（4）防潮、防霉纸浆模塑制品制备方法

在实际生产试验中，按质量百分数计，将木浆55%～85%、植物淀粉2%～15%、糯米粉0.5%～8%、碳酸钙0.2%～5%、过氧化钠0.05%～1%，聚乳酸胶黏剂0.01%～2%，水8%～15%等原料混合制备纸浆模塑制品。其中的植物淀粉在木浆的基础上作为填料加入；加入的糯米粉不但起到防水作用，而且还可以根据制品的需要，添加不同的数量来控制制品的降解时间；加入碳酸钙不但可以改善制品的强度，并且在糯米粉的配合下，还具有易排湿和易干燥的特性；加入的过氧化钠与水反应生成氢氧化钠，主要对植物淀粉起氧化作用，使用具有上述原料成分的混合材料制成的纸浆模塑制品具有显著的防潮、防霉的性能。

4. 应用效果

试验结果表明，经上述超疏水工艺处理后的纸浆模塑制品，液体不能浸润超疏水纸浆模塑制品表面，表明制得的纸模制品具有超疏水与抗污特性。将合适尺寸的手机等产品置于超疏水纸浆模塑包装制品中，在1米的移动距离范围以0.2～0.3m/s的速度来回移动纸模制品100次，纸模包装制品表面的超疏水性能（接触角）没有明显下降。

超疏水纸浆模塑制品具有优异的防水性和抗液体粘附性，并且极易清洁。解决了部分电子产品对纸浆模塑包装制品高防水性的需求，解决了纸浆模塑包装制品循环再利用的环保处理需求。并且，该技术具有成本低、效率高等优点，获得纸浆模塑制品具有较好的耐磨性，能满足中小型产品的包装耐磨需求。

二、纸浆模塑制品耐磨抗掉粉技术

1. 技术研发背景

当纸浆模塑制品用于包装电子产品时，从纸模制品表面掉落的粉屑不仅影响电子产品表面的美观，若掉落的粉屑贴附于线路板上，还可能引发电路短路等意外事故。因此亚马逊、苹果、华为等企业均对纸浆模塑包装制品提出了具有抗掉粉性能的要求。而早期的解决方案是通过在成型后的纸浆模塑包装制品表面喷一层清漆的方式来解决。然而喷清漆后纸模制品表面有毒有害物质超标，不能通过环保检测；而且喷清漆的过程也污染生产环境，不符合环保包装的生产要求。因此，研发抗掉粉的纸浆模塑制品势在必行。

2. 技术原理

纸浆模塑包装制品掉粉是指在受到外力敲击或包装商品来回摩擦的情况下，纸浆模塑制品表面会掉落一些粉屑的现象，其原因是由于纸浆模塑包装制品表面的纤维、染料等成分之间结合力较低造成的。要解决纸浆模塑包装制品表面掉粉问题，就需要提高其表面纤维、染料和填充料等各种成分之间的结合力，提高表面平整度、致密度和光泽度。该技术初步看起来似乎比较容易，即在纸浆模塑浆料中添加足够数量的施胶剂，或在纸浆模塑包装制品表面覆一层塑料薄膜，或在纸模制品表面喷涂或浸涂黏性涂料，或进行表面施胶即可解决。但实际生产中存在不少问题：①纸浆原料中如果加入施胶剂过多，不但成本增加，而且影响后续的热压整型等工序（热压中可能出现纸模坯粘附模具，导致不易脱模或脱模过程中损坏纸模制品表面等问题），也不利于纸模制品使用废弃后再次循环利用；②纸浆模塑制品是立体结构的产品，采用传统的覆膜方式，或者通过喷涂或浸涂的方式赋予其抗掉粉性能，其效率都较低，而且覆上的薄膜应当是可降解性的，否则不利于纸模制品废弃后再次循环利用；③通过纸模制品表面施胶同样也能提高其抗掉粉的性能，常用的表面施胶剂有天然高分子表面施胶剂（主要是淀粉及其改性物质）和合成高分子表面施胶剂，淀粉及其改性物质是最常用的载体，改性后的淀粉与纤维的结合力更好，对纸模制品掉毛掉粉有一定改善作用，但干燥后施胶层发脆易开裂，受潮后表面发黏；合成高分子表面施胶剂与纤维的亲和力好，能赋予纸模制品更高的表面强度，其中聚丙烯酰胺树脂（PAM）在造纸行业的应用已十分广泛，是一种水溶性高分子材料，符合绿色环保的要求，具有良好的成膜性，用于纸浆模塑制品表面施胶能够提高制品的表面强度和抗掉粉性能。

3. 解决方案

（1）抗掉粉纸浆模塑制品制备方案

要使纸浆模塑制品获得较好的抗掉粉性能，可以通过在纸浆模塑生产流程的调浆池中加入能够增强纤维、染料、助剂之间结合力的物质，使纸模制品成型后各组分之间具有较强的结合力，在热压整型阶段适当增加压力以提高纸模制品表面平整度、光泽度和致密度，从而提高纸浆模塑制品的抗掉粉性能。

国内某企业研究人员在综合分析各种实际因素和研究实验之后，开发出材料A（常温水溶，干燥后可成膜，加入浆料中可增加纤维、染料等成分之间的结合力）、材料B（高温水溶，加入浆料中可使材料A在纸模制品热压整型环节的高温作用下形成光滑的膜层，增加纸模制品表面光泽度和平滑度）、水溶性丙烯酸树脂（加入浆料中可增加浆料各组分之间的结合力，并增强纸模制品的防潮性）等材料，添加到纸浆浆料中，以增加纤维、染料及其他助剂、填料之间的结合力。其基本操作步骤为：

①将浓度为1%～3%的材料A、1%～5%的水溶性丙烯酸树脂溶液和其他材料按比例制成混

合溶液；

②将混合溶液以10～50g/s的速度加入到纸浆中，其加入量为纸浆质量的0.1%～2%，搅拌均匀；

③将充分搅拌混合后的纸浆混合液输送至真空吸滤成型工位；

④由真空吸滤成型模具吸附纸浆并脱水形成湿纸模坯；

⑤将湿纸模坯送至定型模具（模具表面需进行抛光处理）进行定型、干燥和整型，干燥整型后成为纸浆模塑包装制品。

采用上述步骤制备的纸浆模塑包装制品具有表面光泽度高、平整度高、纤维及染料等组分之间结合力强等特点。

经过上述步骤制得的纸浆模塑包装制品在常规跌落试验中不掉粉屑。将测试电子产品放置于纸浆模塑包装制品中，从100cm处跌落，在自然光源下，用肉眼检查电子产品表面上的粉屑，以观察不到粉屑为合格。结果显示，反复跌落100次，未观察到电子产品表面上的粉屑。为了更精确地分析，将跌落100次后的测试电子产品用电子天平称重，与未跌落之前相比，重量没有增加。用放大镜放大5倍后观察，也没有观察到附着在电子产品表面的粉屑等。而且经检测表明，采用该方法生产的纸浆模塑包装制品重金属及有毒有害元素的含量符合GB 4806.8—2016《食品安全国家标准：食品接触用纸和纸板材料及制品》相关指标的规定。

（2）复配施胶抗掉粉技术方案

国内某企业研究人员开发了一种复配表面施胶剂及其制备方法。该方案以淀粉为主要原料，以普通淀粉为黏度调节剂，将两性淀粉与合成高分子施胶剂PAM充分混合均匀，制备出复配表面施胶剂。该施胶剂用于纸浆模塑制品的表面施胶可以使其表观性能得到明显改善，制品表面粗糙度明显降低，掉粉掉屑情况明显减少，施胶后的纸模制品掉粉量较普通施胶剂的制品降低了35%以上，且该复配施胶剂还具有干燥速度快、形成的膜层不易发黏等特点。

复配表面施胶剂的配方比例按重量份计如下：普通淀粉1～2份、两性改性淀粉5～6份、两性聚丙烯酰胺表面施胶剂0.9～2.4份。

复配制备原理：将玉米淀粉、小麦淀粉、马铃薯淀粉或木薯淀粉糊化至呈白色或透明状，溶液黏度适中。然后与两性木薯改性淀粉分别配成水溶液，加热糊化，混合均匀后得到浓度为18%～22%淀粉混合溶液，加入两性聚丙烯酰胺表面施胶剂高速搅拌至溶液混合均匀，即得到复配表面施胶剂。整个反应过程将木薯淀粉通过阴离子试剂的醚化或酯化反应和阳离子试剂的醚化反应进行二重处理，或两亲离子试剂处理的方法进行改性，改性后淀粉既具有阳离子性又具有阴离子性。其中，两性聚丙烯酰胺表面施胶剂由丙烯酰胺及其衍生物、阴离子单体和阳离子单体共聚而成；丙烯酰胺及其衍生物为丙烯酰胺、甲基丙烯酰胺或N-N二甲基丙烯酰胺；阴离子单体为含羧基或磺酸基的阴离子单体，具体为丙烯酸、甲基丙烯酸、3-丙烯酰胺基-3-甲基丁酸、衣康酸、烯丙基磺酸钠、2-丙烯酰胺基-2-甲基丙磺酸等中的一种或几种；阳离子单体为甲基丙烯酰氧乙基三甲基氯化铵、N、N-二甲氨基丙基丙烯酰胺、甲基丙烯酰氧乙基三甲基氯化铵、丙烯酰氧乙基苄基二甲基氯化铵、二甲基二烯丙基氯化铵等中的一种或几种。

复配表面施胶剂的制备工艺步骤如下：

①混合淀粉的制备：取普通淀粉1～2份、两性改性淀粉5～6份，加入31～58份的水，搅拌后在90～95℃的水浴下加热糊化30～45min，然后在60～70℃的水浴中以500～800r/min的速度搅拌，保温25～35min，至溶液呈乳白色，无分层；

②复配：取步骤①制备的混合淀粉，在其中加入两性聚丙烯酰胺表面施胶剂0.9～2.4份，500～1 000r/min的速度搅拌15～25min，直至溶液混合均匀，在60～70℃下保温10～20min，即得到复配表面施胶剂。

研究实验对于复配表面施胶剂的施胶工艺参数也做了优化，复配表面施胶剂的应用温度为50～75℃；将复配表面施胶剂涂布于纸浆模塑制品表面后进行干燥热压整型，热压整型前上述表面施胶剂含水率为10%；热压整型温度为40～60℃，压力为100～200kPa。

4. 应用效果

采用上述方案研发出的具有较好抗掉粉性能的纸浆模塑包装制品，与现有的采用喷清漆、涂光油等方法相比，具有生产过程环保、产品环保、安全性更高等优点，满足了亚马逊、苹果、华为等国际国内高端电子产品客户对于纸浆模塑包装制品抗掉粉性能的实际应用需求，突破了纸浆模塑包装制品在高端电子产品包装中的应用瓶颈，解决了长期困扰纸浆模塑行业的抗掉粉技术难题。所制备的复配表面施胶剂主要原料同时具有阴离子性和阳离子性，能同时与阴离子性的纸纤维和阳离子杂质结合，可针对性地解决以二次纤维为主要原料（杂质含量较高）的纸制品掉粉掉屑问题，对防止纸浆模塑制品掉粉掉屑，效果非常明显。施胶后的纸浆模塑制品表面光滑，摩擦不易掉屑。同时，所选制备复配表面施胶剂的主要原料绿色环保，制备方法简单易行，成本较低，易于工业化生产，施胶后的纸模制品干燥速度较快，膜层不易发黏，并具有一定的防潮性。因此，纸浆模塑包装制品完全可应用于高端电子产品的包装。图14-14所示为高端纸浆模塑包装制品的样品。

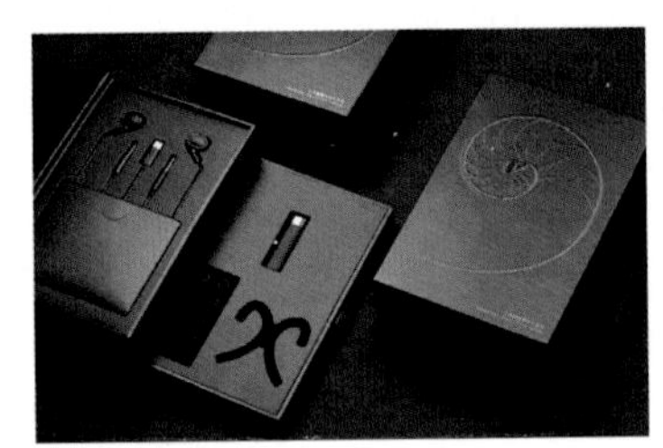

图 14-14　高端纸浆模塑包装制品

三、秸秆育苗基质盘生产技术

以农作物秸秆等废弃物作为生态可持续栽培基质，制作秸秆育苗基质盘，进行作物秸秆的基质化高值利用，是我国作物秸秆综合利用绿色产业化的发展方向。秸秆育苗基质盘的生产技术也可认为是纸模生产的一项创新技术。

1. 生产工艺流程

将秸秆等原料经过前处理、原料配比、保水处理、养分防病配比、混料工艺、包装工艺及保存特性等环节的优化，初步开发出生态育秧散装基质和成型基质产品。

育苗基质盘生产工艺流程如图14-15所示。

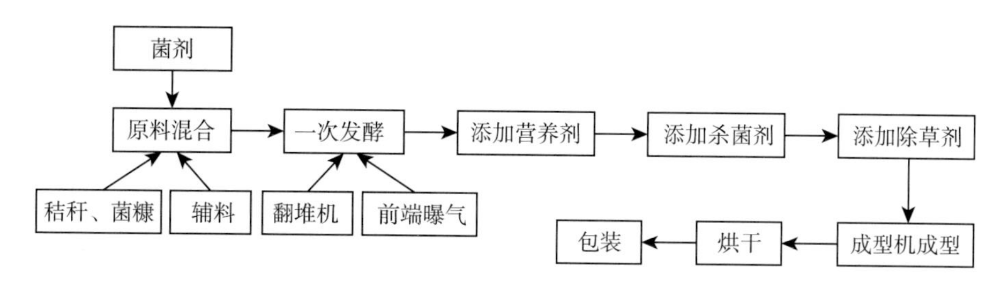

图 14-15　育苗基质盘生产工艺流程

2. 工艺流程说明

（1）原料混合及预处理

目的：原料预处理的目的是调整物料的颗粒度、水分和碳氮比，同时添加菌种以促进发酵过程快速进行。

原料预处理过程：将原料（秸秆或沼渣及辅料）和菌剂等辅料投入到预处理仓中，经混料机混合，添加菌种以促进发酵过程快速进行。各种物料混合后由传送带经布料系统或铲车布置于发酵槽中。

（2）发酵

目的：通过微好氧发酵使原料中的挥发性物质降低，臭气减少，杀灭寄生虫卵和病原微生物，达到水稻育苗无害化的目的。另外，通过高温发酵处理使有机物料含水率降低，有机物得到分解和矿化释放N、P、K等养分，同时使有机物料变得疏松、分散。

发酵过程：一方面，利用翻堆机通过翻拌作用使物料充分混匀，水分快速挥发，同时将物料位移；另一方面，安装在发酵槽底部的曝气系统采用强制通风方式供给氧气，为分解微生物创造良好的条件，同时释放水分和分解气体。一般情况下，根据不同的原料，一次发酵周期为15～20天，堆体温度可以上升至60～70℃，并持续10天以上。经过一个周期的堆制，发酵后的物料含水率大幅度降低（一般下降到40%左右），再经移行出料机的传送带传送到成型车间。

（3）成型及烘干

基质盘成型时，先在成型机的混料罐内添加一定量的水，之后将营养剂、除草剂和杀菌剂添加到混料罐内，加入发酵好的物料，搅拌均匀后，将搅拌混合物料通过管道泵至模块成型机，混合物料在模块成型机中压制成型。利用天然气或煤炭燃烧产生的烟气，通过管道通入育苗基质盘的烘干机中，经30min的烘干，基质盘成型干燥完成，即可进行包装。

如图14-16所示为育苗基质盘生产线设备，图14-17所示为育苗基质盘应用示例。

图 14-16　育苗基质盘生产线设备

（图片来源：湖南双环纤维成型设备有限公司）

3. 制品特点及优势

（1）开发的水稻育秧基质盘，根据实验地区的育苗特点进行原料和营养配比，具有良好的保水、保肥性能，育苗过程操作管理方便。

（2）应用育秧基质盘育苗，秧苗根系发达，盘根效果极佳；地上部生长整齐，适于机械作业，插秧后返青快。

（3）育秧基质盘在成型过程中已加入防病、除草配方，保证了育秧过程中无杂草，可有效防止病虫害。

图 14-17　育苗基质盘应用示例

（4）育秧基质盘使用操作流程简单，不调酸，不备土，不用壮秧剂和苗床除草剂，使用这种全新育秧技术减少了劳动力和人工费，减轻了劳动时间和强度等，可以有效节省育秧成本。

第四节　纸浆模塑生产设备创新技术

一、双吸浆双热压自动成型机创新技术

近几年，纸浆模塑生产设备行业的研发着重放在全自动湿压机的功能创新及优化方面，精品纸浆模塑工业包装产品的研发朝更精美的小拔模角度、小*R*角度、小跑道的产品方面发展。因此在纸浆模塑生产设备的设计上，根据纸浆模塑制品外观造型需求，将吸浆（吸滤）成型工位分化为往复机上（倒）吸浆成型、往复机下（正）吸浆成型、翻转机上（倒）吸浆成型三种方式。如此多种的吸浆方式，各有各的优点，业内一家企业在推出翻转式吸浆成型机，并大量应用于制作精美手机纸托产品后，又独家开发出一款全新的往复式双吸浆双热压纸模自动成型机，可以在同一台设备上采用上、下吸浆成型的方式，来满足不同模具结构设计的产品的生产需求。如图14-18所示为一款往复式双吸浆双热压纸模自动成型机。

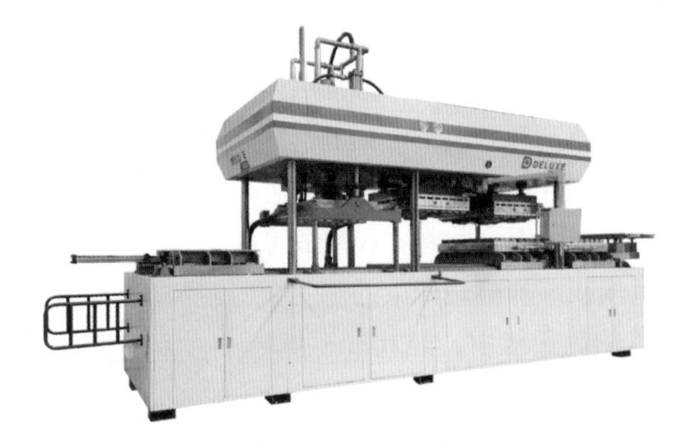

图 14-18　往复式双吸浆双热压纸浆模塑自动成型机

（图片来源：常州市诚鑫环保科技有限公司）

（1）该设备的创新重点，是满足不同吸浆方式的需求，在设备吸浆成型段，设有一个浆槽，可容纳上下两个独立的吸浆模板，每个吸浆模板可以各自或同步进行往复吸浆成型。经此设计，可以选择上方的吸浆模吸浆、下方的吸浆模吸浆、上吸浆模和下吸浆模同步吸浆等方式，将这三种吸浆工艺装置于同一台设备上，可以满足不同产品的生产要求。

（2）该设备的亮点，在于基于上下吸浆模同步吸浆方式，将两个吸浆模成型后的湿纸模坯合模结合一起，使制品的厚度增加至两倍厚，突破了通常单模吸浆模板生产纸模制品厚度的局限性。在纸模制品密度0.7～0.8g/cm^{3}情况下，以往生产的湿压纸模制品最大厚度在1.2mm左右，而采用此设备的生产工艺可以达到2.4～2.8mm。而对于纸浆模塑设计师而言，可以大胆地应用在高厚实质感的外包装盒的设计上，拓宽了纸模制品的应用范围。

（3）该设备的另一个特点，是在机器上设计了冷挤压工位。冷挤压工序可以降低吸浆成型后湿纸模坯的水分，进而减少干燥过程的能耗；同时冷挤压可以对湿纸模坯进行整型，避免侧壁流浆，降低产品不良率。在热压整型工位上，设计了两个热压工位，产品同时在两个热压整型模上干燥整型，比以往单工位的热压时间缩短20%以上。

二、高效节能直压式纸浆模塑生产线

目前的纸浆模塑生产工艺主要区分为干压和湿压两大类。干压工艺是利用大自然的能源，包括太阳能及空气的低蒸汽压，通过干燥去除吸滤成型后湿纸模坯中的大量水分；而湿压工艺直接采用电加热，或是天然气等燃料产生热能来完成纸模干燥过程，两种生产工艺都需要消耗大量能耗去除吸滤成型后湿纸模坯中的大量水分。纸浆模塑生产采用吸滤成型工艺，在生产设备上，至少需要配置碎浆机、磨浆机、浆桶、浆泵、输浆管道、吸滤成型机等设备，不仅设备投资多，而且设备体积庞大，占据厂房面积大，另外耗水量非常大，因为为了产品表面光洁度美观，吸滤成型的浆液的浓度需调制低至3‰。这样，在生产调配30kg干浆重的浆料时，需要搭配接近10m^{3}的水，一般配置的浆桶就会达到50m^3，体积庞大。在热压工位，每生产30kg成品，就有将近60L的水分被干燥蒸发到大气中，消耗了用水，且这些水分一部分变成高温蒸汽排放到管道或厂房内，升高了工作环境的温度，工人夏天工作时，需要额外冷气来降低工作环境的温度，无形中又多了一笔能耗。

为改变传统的低效高能耗的吸滤成型生产工艺，业内一厂家研发出一条针对纸模餐盘的新型生产线，其核心技术：不采用吸滤成型工艺，不需要庞大的碎浆机、浆桶、浆泵等供浆设备，直接使用造纸厂出品的浆板，压制成型。厂家称此条生产线为直压式纸浆模塑生产线，如图14-19所示，其生产工序包括裁切、上胶（防水防油剂）、压制成型、切边、堆叠五个主要工序，各工序之间由输送机构（如输送带、自动吸盘架等自动输送转移机构）串联起来形成整条生产线，后面可以加上自动视觉检测及自动包装等设备，从而达到低人力的全自动化。这条直压生产线的问世，提供了一种全新的纸浆模塑生产工艺选项，不仅设备投资成本低廉，而且生产能耗非常低。在生产过程中，没有大量的废水需要处理，环境保护贡献高，占地面积小，生产环境更舒适，生产自动化更高，产品强度不低于湿压工艺的产品。但其目前的技术还无法全面替代吸滤成型工艺，原因是目前的直压生产线只能做浅盘式产品，而生产较深的、拔模角度小的产品的生产良品率较低。业内厂家也在积极投入直压生产工艺和设备的研发，期望能把直压工艺大量应用在更多的纸模制品生产上，达到生产高效低成本、节能减排的目标。

图 14-19　直压式纸浆模塑生产线

（图片来源：常州市诚鑫环保科技有限公司）

第五节　纸浆模塑生产节能降耗新技术

现有的纸浆模塑生产工艺，都包含纸浆模塑制品的干燥过程，其中采用的模外干燥设备，几乎都是热风循环干燥设备，热风循环干燥的加热源可以是蒸汽、热水、电、远红外线等。这些干燥过程都需要消耗大量能源，使能源费用支出成为生产纸模制品的主要成本。如何降低干燥过程的能耗是纸浆模塑生产过程亟须突破的热点技术课题。业内人士经过不断研究及实验，针对纸浆模塑制品的高含水率及产品尺寸要求精度高的特性需求，开发出一种新型的纸浆模塑干燥设备，该设备采用前段热泵热风干燥、后段微波干燥的一体式设备，以降低生产过程的能源消耗，同时减少干燥过程制品尺寸的变化。

这种热泵热风干燥/微波干燥一体设备的工作原理和特性说明如下：

1. 空气源热泵热风干燥设备工作原理

前段热泵热风干燥是通过空气源热泵实现的。空气源热泵是利用冷媒经过压缩机压缩，成为高温高压的气体，进入冷凝器放热，冷凝放热放出的热量由循环风机送入干燥室，将干燥室空气加热，随着空气温度升高，烘干物料中的水分会逐渐蒸发，再由新风排湿系统进行排湿，从而达到烘干物料的目的。因为空气源热泵是通过蒸发器吸收环境空气中的热量，将空气能“搬运”到干燥室中对物料进行烘干，所以热泵烘干可降低能耗，其耗电量仅为电加热方式的1/2～1/3，所以空气源热泵是一种新型的节能烘干加热装置。空气源热泵与传统供热设备效能对比数据见表14-1，空气源热泵供热与燃气供热特性比较见表14-2。

表14-1　空气源热泵与传统供热设备效能对比

加热方式	电锅炉供热	燃油锅供热	燃气炉供热	空气源热泵系统供热
燃料	电	柴油	天然气	空气能+电
理论热值	860kcal/kW・h	10 300kcal/kg	8 200kcal/m³	860kcal/kW・h
热效率	95%	90%	85%	280%
燃料耗量	1 015kW・h	89千克	106m³	344kW・h
燃烧单价	0.5元/千瓦时	7.8元/千克	3元/米³	0.5元/千瓦时
日燃料总价（元）	507	698	318	172
年燃料总价（万元）	6.09	8.37	3.82	2.07

表14-2　空气源热泵供热与燃气供热特性比较

特性	燃气炉供热	空气源热泵系统供热
安全性	有燃气泄漏危险，同时需保证充分燃烧，否则冬季供热密闭空间，易造成中毒	采用电能驱动，间接加热，做好可靠接地即可，无触电风险，无安全隐患
环保性	燃气炉燃烧的尾气就地排放，污染环境，造成雾霾	采用清洁电能，无任何排放物
运行效率	燃气炉运行效率较低，严重浪费能源，一般只有85%的燃烧效率	空气源热泵是目前最节能的供热设备，平均能效在200%～400%
可靠性	受供气压力的影响，在燃气工业不足的地方严重影响供热效果	只受供电电压的影响，目前国内电力充足，电压稳定，能适应绝大部分气候环境
初投资	初投资较低，但只供热不制冷，需额外增加制冷设备，总投资高，燃气开户费昂贵	初投资较高，但是一套设备解决供热和制冷，综合投资较低
运行费用	供热很容易超过阶梯气价，运行费用较高	采取用谷电避峰电，可大大节省运行费用，综合供热费是燃气的50%
使用寿命	6～10年	15～20年

2. 热泵热风干燥/微波干燥一体设备构成及运转流程

图14-20所示为热泵热风干燥/微波干燥一体设备构成及热泵热风干燥设备运转流程。设备构成如图14-20（a）所示，前段为热泵热风干燥设备，由干燥室1、送风风机2、排风风管3、排风机4、输送带5、空气源热泵系统6组成。后段微波干燥设备，由微波抑制器7，干燥室8，微波发生器9、补风风机10组成。

其中的热泵系统如图14-20（b）所示，由换热器11、低温蒸发器12、电子膨胀阀13、冷凝器14、压缩机15、风机16、汽水分离器17、干燥室18等组成。在空气源热泵系统内，制冷剂置于低温蒸发器12内，它吸收外部周围空气的热量，变成低温低压的制冷剂蒸汽，并由压缩机15吸取进入压缩机15内。通过压缩机15把制冷剂压缩成为高温高压的蒸汽，进入冷凝器14，在冷凝器14中放热凝结成液体，此时外部环境空气由风机吹送经过换热器11、吸收干燥室18排出热风的热量再到达冷凝器14进行热交换，吸收制冷剂释放出的热量，升温形成60～80℃的热风，送入干燥室18内进行物料干燥。液体制冷剂经过电子膨胀阀13降低压力，进入低温蒸发器12，在低温蒸发器12中，制冷剂吸取外部空气热量，提供显热给制冷剂，使制冷剂变成蒸汽，再进入压缩机15，如此循环，实现物料的连续干燥。

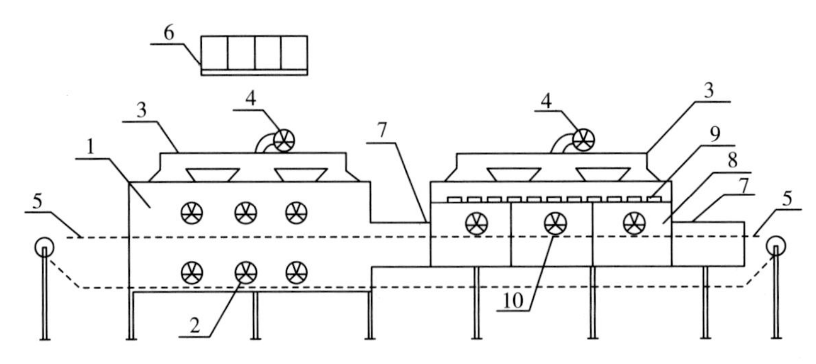

1—干燥室；2—送风风机；3—排风风管；4—排风机；5—输送带；6—热泵系统；
7—微波抑制器；8—干燥室；9—微波发生器；10—补风风机

（a）热泵热风干燥/微波干燥一体设备构成

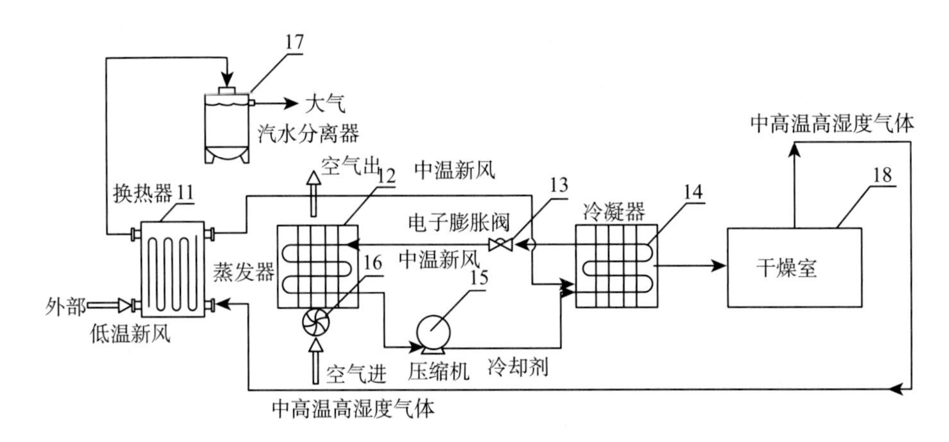

11—换热器；12—低温蒸发器；13—电子膨胀阀；14—冷凝器；15—压缩机；
16—风机；17—汽水分离器；18—干燥室

（b）热泵热风干燥设备运转流程

图 14-20　热泵热风干燥 / 微波干燥一体设备构成及热泵热风干燥设备运转流程
（资料来源：常州市诚鑫环保科技有限公司）

热风干燥工艺，是将热空气送入干燥室，吸收被干燥物体的水分后，由排风机直接排入大气，排出的空气是湿热状态并含有大量的显热及潜热，设备的能量利用率低，可以加装换热器回收湿空气中的热量，节能并减少环境热污染。

该热泵热风干燥/微波干燥一体设备，在干燥过程，刚开始时导入外部新鲜空气由空气源热泵机组加热进入前段干燥室干燥物料，接着干燥室1在排风机4的作用下排出的高湿度高温空气，被引入换热器11和外部低温新风做热交换，回收热量。干燥室排放出的高湿高温空气经过换热器11，再到汽水分离器17，变成干燥空气排到大气中。

后段干燥室采用微波干燥工艺，在干燥室8上方安装有排气管道，用排风机4将干燥室8内的湿热空气抽出到户外，排出的湿热空气温度约为40～60℃，此时的湿热空气富含显热，通过排风管道将其送到换热器11，跟进气空气做热交换，进行热量回收。

在干燥过程中，干燥室8内的湿气需要排除，高湿环境会造成干燥速率降低，所以需要采用排风机4将高湿空气尽快排出，但是过大的排风量反而会带走太多热量，导致能源浪费，因此必须有效控制排风速率。该设备借由干燥室8内的温度计及湿度计回馈即时的测量值传至PLC控制器，通过PLC控制器调控排风扇的变频器，调整最适合的排风量，达到高效节能的干燥效果。

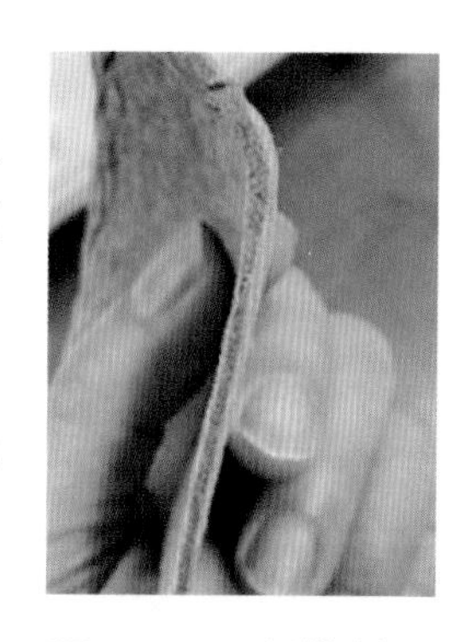

图 14-21　纸模制品表面干燥硬化层

目前在纸浆模塑制品生产中广泛应用的热风干燥工艺，易使纸模制品由于表面高温干燥产生干燥硬化层（见图14-21），导致内部水分无法迁移到外部表面，使纸模制品内部水分干燥效率很低。为解决这一问题，该设备后段采用微波干燥，微波的特性在于可以针对性地对水分子传递微波能量，直接带动纸模制品内部水分吸收微波能转化成热能而升温且蒸发。在微波干燥过程中，物料表面由于水分蒸发，表面温度会低于内部的温度，而内部水分接受微波热能蒸发，蒸汽压不断上升，由此产生由内部高蒸汽压到表面的低蒸汽压的压力梯度，内部水分可以快速排出，提高了“降速干燥阶段”的干燥速率。

根据干燥动力学原理，影响物料干燥速率的关键因素为表面汽化速率和内部水分的扩散速率。干燥速率如图14-22所示。通常干燥前期的干燥速率受表面汽化速率控制，而后，只要干燥的外部条件不变，物料的干燥速率和表面温度即保持稳定，这个阶段称为恒速干燥阶段（图14-22干燥速率图的BC段）；当物料水分含量降低到某一程度，内部水分向表面的扩散速率降低，并小于表面汽化速率时，干燥速率即主要由内部扩散速率决定，并随水分含量的降低而不断降低，这个阶段称为降速干燥阶段（CD和DE段）。

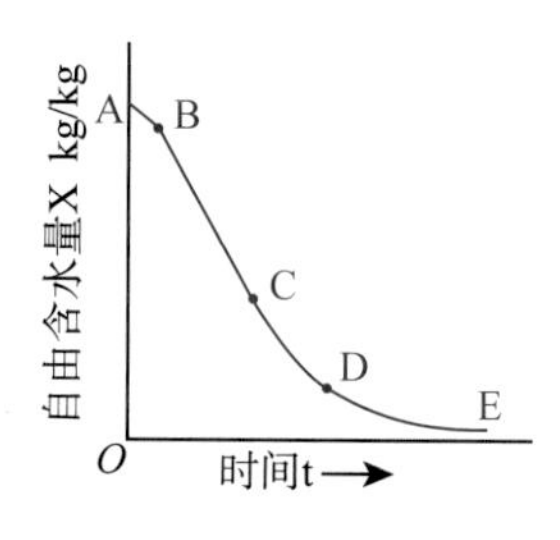

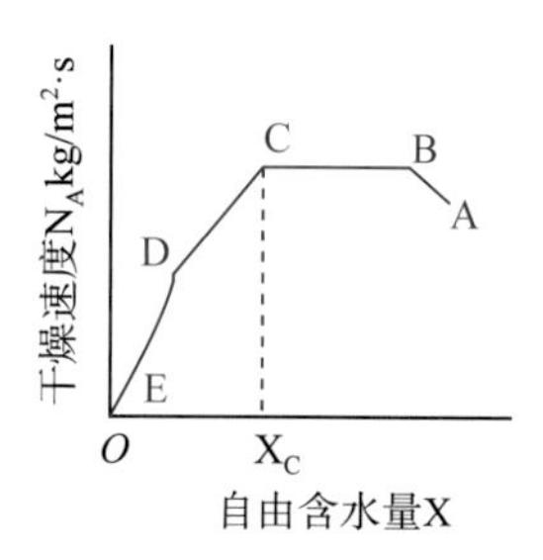

图 14-22　物料的干燥速率

从纸浆模塑制品干燥模式来看，高含水率的湿纸模坯，刚进入干燥设备进行干燥后，从升速阶段（AB段）到达恒速干燥阶段（BC段），去除大比例的水分含量，需要消耗大量的热能。纸模制品在吸浆成型后的含水率约66%～72%，需要经过干燥达到含水率约15%～25%后，再进行后段热压整型工序，总共需要去除的水分高达成品重量的2倍左右，能耗需求非常高。干燥过程刚开始两个阶段，即升温阶段（AB段）及恒速干燥阶段（BC段），采用热泵热风干燥工艺，借由热泵的高制热能效比，在干燥大量的水分过程中消耗最少的能源。干燥过程中，当物料水分含量降低到某一程度，内部水分向表面的扩散速率降低，并小于表面汽化速率时，干燥速率便转换为由内部扩散速率决定，并随水分含量的降低，干燥速率也不断降低，干燥效率处于降速阶段。此时纸模坯的表面硬化、变干，较难采取热风干燥方式去除水分，热风干燥方式的效率就明显降低，能耗提高。因此，在纸模坯表面硬化、变干之前，干燥方式必须切换为微波干燥工艺。

微波具有穿透性能，使纸模坯的内外水分同时加热，内外干燥速率一致，干燥过程不需要热传导，不会造成纸模坯表面硬化、变干而内部水分仍然较高所导致的产品扭曲、变形等缺陷。对于含水率高的物料，微波干燥相对热泵热风干燥方式消耗能量较大，但是当纸模坯含水率在30%以下时，微波干燥速度快，比传统的热风干燥方式节能效果好，可克服常规的干燥物料表面变干，阻隔内部水分向外迁移的问题。微波对物料介质内外同时加热，物料的内外温差小，加热均匀，不会造成纸模制品因为内外温差大而变形。综合热泵干燥及微波干燥特性，这款热泵热风干燥/微波干燥一体设备，非常适合纸模制品的干燥使用。

热泵热风干燥/微波干燥一体设备是专为纸模制品干燥而研发出的创新节能高效设备，其利用热泵的节能特性和微波穿透性的干燥特性，大大降低了纸模制品干燥的能耗。同时，国内工业用空气源热泵干燥技术的不断发展也将助力纸模制品节能降耗干燥技术的持续创新。

第六节　纸浆模塑创新技术展望

一、超高性能纸浆模塑制品开发及应用

目前的纸浆模塑制品高性能化技术虽然克服了纸制品固有的不耐水、不耐油、低强度、易掉屑等缺陷，但是与塑料制品的高阻隔性、高透明性、质轻、高韧等优点相比，纸浆模塑制品的性能还有很大的提升空间。这有赖于行业的科研工作者投入更大的研发热情，在现有技术基础上进一步开发例如纸基高阻隔材料、纸基保鲜包装材料、纸基透明材料、纸基高强度材料、纸基可拉伸材料等超高性能的功能材料，这将为超高性能纸浆模塑制品的开发及其新应用提供足够的施展空间，也为代塑环保事业贡献新的力量。

二、智能辅助浆料配方研制与智慧工厂

现阶段纸浆模塑生产企业开发新产品的基本流程是实验预制配方、简易打样、小批量试制、生产线实验，这一过程周期长且极大依赖实验人员经验，这就造成了行业品控难、次品率高等问题，尤其制品颜色难以管控的问题已成为行业通病。未来随着行业的转型升级及代塑制品发展风口的到来，纸浆模塑行业科研力量的加大，基础原理研究不断深入，基础实验数据不断夯实，在配方研制的过程中引入智能算法，将实际生产环节中的复杂影响因素建立标准预测模型将极大缩短新制品的研发周期。进一步地配套5G物联技术，生产模式未来也将实现升级，将形成纸浆模塑行业的智慧型工厂。

三、新型精品纸浆模塑湿压柔性生产线

随着纸浆模塑生产技术的快速发展，客户对精品湿压纸模制品的品质要求越来越高，精品湿压纸模制品多色图案印刷及多种工艺加工逐渐成为市场必需。目前是通过数码喷印方式以及一些烫金、局部UV等后道分离式加工工艺实现，成本随之增高，效率也随之下降。所以业内人士提出和设计一条在线成型+印刷+后道加工工艺（包括切边）的精品纸模湿压柔性生产线，以适应多样化精品湿压纸模制品的需求。

1. 精品纸模湿压柔性生产线的优点

（1）降低成本。通过工艺集成模块化，把后道加工分散的利润点集中到纸浆模塑生产厂家，成本比单独加工会降低50%以上。通过成熟的自动化设备，降低了工艺技术门槛，可节省约60%的人工成本。柔性生产线比分散式后道设备，整体能耗约降低20%～30%。

（2）提高效率。节省后道工序之间转换时间和调试时间，通过柔性单元模块化，灵活组合，操作便捷。

（3）满足客户日益增长的产品品质需求。通过多种印刷及后道工艺相结合，大大扩大了纸浆模塑的应用范围，增加了产品的美观性和价值。

2. 精品纸模湿压柔性生产线的技术难点

（1）柔性单元模块化多种印刷方式设计；

（2）解决曲面定位套印精度问题；

（3）高智能化设计，减少人为经验操作；

（4）单元模块化之间快速衔接的端口设计。

3. 精品纸模湿压柔性生产线生产工艺流程示意如图14-23所示

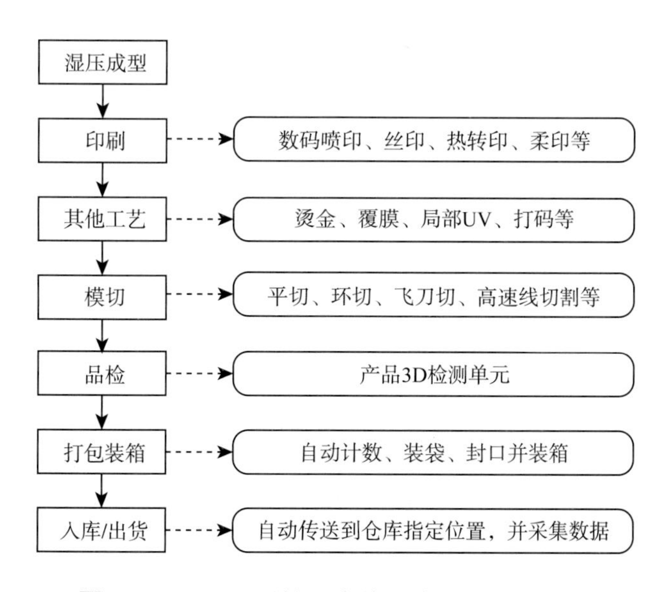

图 14-23　湿压柔性生产线生产工艺流程示意

4. 精品纸模湿压柔性生产线的应用组合

可以按照客户产品要求，短时内完成工序组合，形成一体化湿压柔性生产线。

（1）湿压、覆膜、切边、在线检测、打包装箱。

（2）湿压、硅胶移印、切边、在线检测、打包装箱。

（3）湿压、丝印、表面其他效果加工、切边、在线检测、打包装箱。

（4）湿压、数码印刷、表面其他效果加工、切边、在线检测、打包装箱。

（5）湿压、热转印、表面其他效果加工、切边、在线检测、打包装箱。

（6）湿压、柔印、表面其他效果加工、切边、在线检测、打包装箱。

参考文献

[1] 黄俊彦，朱婷婷. 纸浆模塑生产实用技术[M]. 北京：印刷工业出版社，2008.

[2] 朱圣光，夏欣. 纸浆模塑工艺与技术[M]. 北京：机械工业出版社，2007.

[3] 国家发展改革委生态环境部. 关于进一步加强塑料污染治理的意见[Z]. 发改环资[2020]80号.

[4] 韩娟，于江. 绿色包装材料——纸浆模塑[J]. 上海包装，2009(02)：28-29.

[5] 李新芳. 纸浆模塑材料性能的研究现状和开发应用[J]. 包装工程，2009，30(01)：124-126+165.

[6] 中国包装联合会. “高端纸浆模塑关键技术研发及产业化”项目科技成果评价会在泰州召开[J]. 中国包装，2018，38(09)：25-26.

[7] 叶柏彰. “绿色”将成为电子信息产品包装发展的主旋律[J]. 上海包装，2019(5)：8-10.

[8] 孙艳华. “以纸代塑”——纸浆模塑包装的现状与发展趋势[J]. 今日印刷，2008，04(4)：16-17.

[9] 阮金刚. 纸浆模塑制品的研究趋势与发展现状展望[J]. 商讯，2019(06)：132-133.

[10] GB 4806. 8—2016，食品安全国家标准：食品接触用纸和纸板材料及制品[S]. 2016.

[11] GB/T 36787—2018，纸浆模塑餐具[S]. 2018.

[12] 潘梦洁，陈永铭，陈甘霖等. HP Pavilion系列主机纸浆模塑包装及其试验研究[J]. 包装工程，2006(4)：38-40.

[13] 岑蕾，张新昌. 防掉屑纸浆模塑试样的制备及其表征[J]. 纤维素科学与技术，2019(3)：45-50.

[14] 刘志忱，叶柏彰. 封闭式型腔制品使纸浆模塑产业更上一层楼[J]. 中国包装，2006(3)：76-78.

[15] 张洪波，赵子怡，孙昊等. 改性分散松香对纸模制品表观性能的影响[J]. 包装工程，2016，37(15)：78-83.

[16] 张新昌，潘梦洁，林冬鸣. 基于ANSYS模拟分析的纸浆模塑单元结构参数研究[C]. 第十一届全国包装工程学术会议暨包装动力学专委会成立20周年大会，2007.

[17] 厉洪熹，张新昌. 基于SolidWorks的纸浆模塑盘状衬垫参数化设计[J]. 包装工程，2014，35(11)：33-37.

[18] 周小群，张汶亦，曾焕彩等. 基于UV打印技术的工艺礼品设计[J]. 科技创新与应用，2015(22)：116-116.

[19] 巨杨妮，冯建华，江兴亮等. 基于复配发泡剂的纸纤维发泡缓冲包装材料制备工艺[J]. 包装工程，2012，33(5)：43-46.

[20] 岑蕾，张新昌. 基于浆内助剂的纸浆模塑制品强度性能研究[J]. 当代化工，2020，49 (1)：105-108.

[21] 叶柏彰. 家电市场持续走高 包装产业的新契机[J]. 上海包装，2020(4)：4-5.

[22] Salehi K，Latibari A J，Kordsachia O，et al. The potential of bagasse soda pulp as a strength enhancer for old corrugated pulp[J]. Appita Journal，2017，70(4)：371-377.

[23] 汪欣，卜杨，莫灿梁等. 浆内助剂改善纸模制品表观平滑度的研究[J]. 包装工程，2015，36(3)：10-14.

[24] 造纸装备及材料编辑部. 界龙集团新建干压纸模产品项目[J]. 造纸装备及材料，2018，47(2)：41.

[25] 张洪波，赵子怡，孙昊等. 精致化纸浆模塑制品及关键制备工艺参数优化[J]. 轻工机械，2016，34(4)：72-75.
[26] 杨扬. 聚合物改性纳米$CaCO_3$复合填料改善蔗渣浆纸性能的研究[J]. 造纸化学品，2018，30(2)：18-24.
[27] 沈霞，肖建芳，张丽媛. 浅谈《纸浆模塑餐具》行业标准与国家标准的异同[J]. 轻工科技，2019，35(5)：129-130.
[28] 张洪波，赵子怡，孙昊等. 热压工艺对分散松香胶施胶性能的影响[J]. 包装与食品机械，2019，34(4)：20-24.
[29] 张贺傢，王赞，张新昌. 双层纸浆模塑制品成型工艺影响因素的研究[J]. 包装工程，2015，36(1)：90-94.
[30] 尹恩强，李士才，张新昌. 新型纸浆模塑通用平托盘的结构与性能研究[J]. 包装工程，2009，30(8)：10-15.
[31] 汪欣，张新昌. 造纸助剂用于纸浆模塑制品表观性能的改善[J]. 江南大学学报(自然科学版)，2015，14(4)：449-453.
[32] 刘春雷，李京点. 纸浆模塑包装与循环设计[J]. 西部皮革，2018(9)：84-85.
[33] 魏佳星，张新昌. 纸浆模塑包装制品的丝网印刷技术研究[J]. 轻工机械，2017，35(3)：60-64+70.
[34] 边兵兵，李伟平，沈新等. 纸浆模塑包装制品分体式吸滤成型模具设计[J]. 包装工程，2015，36(13)：86-89+100.
[35] 边兵兵，李伟平，沈新等. 纸浆模塑包装制品分体式吸滤成型模具的开孔问题[J]. 包装工程，2015，36(17)：44-48.
[36] 林冬鸣，陈永铭，张新昌. 纸浆模塑材料的弹黏塑性模型及实验验证[J]. 中国造纸学报，2008，23(2)：91-95.
[37] 廖泽顺. 纸浆模塑成型工艺及模具结构优化设计[D]. 株洲：湖南工业大学，2016.
[38] 宋昕. 纸浆模塑成型设备关键技术研究[D]. 无锡：江南大学，2005.
[39] 刘卫涛. 纸浆模塑干燥工艺优化与过程节能研究[D]. 广州：华南理工大学，2015.
[40] 闵诗源. 纸浆模塑干燥模型的建立及烘箱结构优化设计[D]. 武汉：华中科技大学，2019.
[41] 戴宏民，戴佩华. 纸浆模塑缓冲包装六步设计法[J]. 包装工程，2010，31(19)：50-54.
[42] 曲晓晴，黄俊彦. 纸浆模塑快速打样用砂模的制作工艺及其性能[J]. 大连工业大学学报，2012，31(4)：258-261.
[43] 宋昕，张新昌. 纸浆模塑冷压模型的研究[J]. 包装工程，2004，25(6)：26-28.
[44] 曲晓晴，黄俊彦，高娟娟. 纸浆模塑模具材料的性能及其应用[J]. 中国造纸，2010，29(12)：66-70.
[45] 傅妍，杨延梅. 纸浆模塑在运输包装中的缓冲结构优化设计[J]. 包装与食品机械，2007(1)：22-25.
[46] 罗聃，熊梅伶. 纸浆模塑平托盘的发展与未来[J]. 包装世界，2015，(6)：60-62.
[47] 陈海生，熊立贵，皮阳雪等. 纸浆模塑在移动空调产品包装上的应用研究[J]. 机电工程技术，2018，47(2)：57-61.
[48] 高娟娟，黄俊彦，曲晓晴. 纸浆模塑模具的制作材料及其性能[J]. 包装学报，2010，2(4)：10-13.
[49] 于永建，张新昌. 纸浆模塑真空吸滤成型阻力因素分析[J]. 包装工程，2005，26(1)：12-13.
[50] 周防国，袁东亮，张新昌. 纸浆模塑制品单元结构侧壁周长与承压能力的关系[J]. 包装工程，2005，26(4)：12-14.
[51] 黄屹宸. 纸浆模塑制品的加工与设计[J]. 上海包装，2017(1)：42-44.

[52] 任倩倩，和克智. 纸浆模塑制品的染色性能研究[J]. 包装工程，2010，31(5)：49-51.
[53] 王景堂，代传方，刘志忱. 纸浆模塑制品的设计及工艺和模具概述[J]. 包装世界，2006，(5)：42-44.
[54] 刘全祖，沈祖广，黄良等. 纸浆模塑制品的研究现状与发展趋势[J]. 包装工程，2018，38(7)：97-103.
[55] 张琳，张新昌. 纸浆模塑制品对流干燥机理及其节能原理[J]. 包装工程，2006，27(1)：31-33.
[56] 任倩倩，于群. 纸浆模塑制品专利分析[J]. 广东科技，2015(16)：80-81.
[57] 黄俊彦，刘志忱. 纸模包装制品表面装潢设计方法与印刷方式[J]. 包装世界，2002(1)：34-35.
[58] 张洪波. 纸模制品用植绒胶的制备应用及流变性研究[J]. 包装与食品机械，2016，34(5)：11-15.
[59] 王全亮，肖生苓，岳金权等. 重载纸浆模塑托盘研究现状及存在的问题[J]. 化工新型材料，2017，45(4)：7-9.
[60] 冒银彧，纪玉梁，顾玉祥等. 重载纸浆模塑制品的结构及其承载性能分析[J]. 包装工程，2010，31(19)：1-5.
[61] 曹永宁，张凤霞，蔡春林等. 铸造用纸质浇道管成型模具设计研究[J]. 装备制造技术，2013(7)：149-151.
[62] 马斌悍，王利民，邵亮峰等. 铸造用纸质浇道管整型模具设计研究[J]. 铸造技术，2019，40 (12)：1312-1314.
[63] 李士才. 纤维浆同步吸附模塑叠层复合成型工艺方法和其成型机[P]. 中国专利：ZL 201811392942. 3，2019-02-05.
[64] 原亚男. 纸浆模塑装饰材印刷适性及印刷工艺的研究[D]. 大连：大连工业大学，2013.
[65] 张倩. 16寸显示器纸浆模塑衬垫的缓冲性能实验研究与计算机仿真[D]. 西安：西安理工大学，2013.
[66] 何艳萍. 笔记本计算机纸浆模塑缓冲包装结构设计及测试[D]. 西安：西安理工大学，2009.
[67] 费伟民. 不同材质纸浆模塑性能测试与仿真分析[D]. 株洲：湖南工业大学，2017.
[68] 王男. 彩色纸浆模塑食品包装制品染色性能的研究[D]. 大连：大连工业大学，2007.
[69] 唐杰. 吊灯灯罩模塑缓冲包装制品动态仿真及性能的研究[D]. 哈尔滨：东北林业大学，2018.
[70] 史晓娟. 功能性彩色纸浆模塑鲜果托盘的研制[D]. 大连：大连工业大学，2009.
[71] 于岩. 基于RE&RP的纸浆模塑模具关键技术研究[D]. 无锡：江南大学，2008.
[72] 汪欣. 基于浆内工艺的纸模制品表观特种处理技术[D]. 无锡：江南大学，2015.
[73] 陶媛. 基于生命周期理论的纸浆模塑材料产品设计应用研究[D]. 无锡：江南大学，2016.
[74] 朱立学. 基于游戏机产品的纸浆模塑缓冲性能研究[D]. 西安：西安理工大学，2012.
[75] 吴福胜. 精品工业包装纸浆模塑制品成型工艺技术研究[D]. 广州：华南理工大学，2016.
[76] 彭渊. 模塑餐盒用浆技术研究[D]. 哈尔滨：东北林业大学，2006.
[77] 荣人慧. 木质剩余物高木素含量纸浆模塑包装材料的研究[D]. 哈尔滨：东北林业大学，2017.
[78] 华琪. 平板计算机纸浆模塑衬垫的结构设计及其缓冲性能研究[D]. 西安：西安理工大学，2014.
[79] 陆新宗. 漆酶介体体系对纸浆模塑包装材料性能的影响[D]. 哈尔滨：东北林业大学，2018.
[80] 邓瑶瑶. 棋盘式纸浆模塑制品结构研究[D]. 株洲：湖南工业大学，2010.
[81] 赵卫. 全自动纸浆模塑餐具设备的研制[D]. 福州：福建农林大学，2002.
[82] 孙达新. 全自动纸浆模塑餐具生产线的研究[D]. 福州：福建农林大学，2002.
[83] 边兵兵. 新型纸模包装制品及其成型模具研究[D]. 无锡：江南大学，2015.
[84] 韩娟. 液晶显示器的纸浆模塑包装设计[D]. 西安：西安理工大学，2009.
[85] 陈德明. 一体化纸浆模塑平板计算机容器及模具设计[D]. 西安：西安理工大学，2011.

[86] 刘丽. 蔗渣本色浆制备纸浆模塑餐具及其防油防水性能的研究[D]. 广州：华南理工大学，2017.
[87] 张业鹏. 纸浆模塑包装结构的缓冲性能及其可靠性研究[D]. 武汉：武汉理工大学，2007.
[88] 刘洋. 纸浆模塑包装制品的表观处理技术研究[D]. 无锡：江南大学，2014.
[89] 张琳. 纸浆模塑包装制品干燥机理及其工艺参数研究[D]. 无锡：江南大学，2006.
[90] 王均波. 纸浆模塑餐具模具数控加工的研究[D]. 青岛：青岛理工大学，2009.
[91] 林冬鸣. 纸浆模塑缓冲衬垫的结构性能分析与制品设计[D]. 无锡：江南大学，2008.
[92] 万辉. 纸浆模塑家具的设计与研究[D]. 哈尔滨：东北林业大学，2011.
[93] 岳欣. 纸浆模塑热压过程中木素特性变化研究[D]. 哈尔滨：东北林业大学，2018.
[94] 黄帅. 纸浆模塑生产过程节能降耗关键技术研究[D]. 广州：广东工业大学，2014.
[95] 谭焯康. 纸浆模塑生产烘干过程效能优化控制[D]. 广州：广东工业大学，2007.
[96] 袁良鹏. 纸浆模塑室内装饰板的设计及工艺研究[D]. 哈尔滨：东北林业大学，2014.
[97] 邵珍珠. 纸浆模塑在不同温湿度条件下的缓冲性能研究[D]. 株洲：湖南工业大学，2016.
[98] 于永建. 纸浆模塑真空吸滤成型机理及其模具参数研究[D]. 无锡：江南大学，2005.
[99] 宁佑章. 纸浆模塑真空系统噪声分析与降噪研究[D]. 武汉：华中科技大学，2019.
[100] 张洪波. 纸浆模塑制品表观改善及植绒工艺研究[D]. 无锡：江南大学，2016.
[101] 邱仁辉. 纸浆模塑制品成型机理及过程控制的研究[D]. 哈尔滨：东北林业大学，2002.
[102] 周防国. 纸浆模塑制品的结构设计原理初探[D]. 无锡：江南大学，2006.
[103] 陈海燕. 纸浆模塑制品的模具设计研究[D]. 西安：西安理工大学，2007.
[104] 裴璐. 纸浆模塑制品发泡机理的研究[D]. 西安：西安理工大学，2007.
[105] 王博. 纸浆模塑制品干燥机理研究[D]. 西安：西安理工大学，2009.
[106] 赵亚军. 纸浆模塑制品工艺方法及其参数的研究[D]. 西安：西安理工大学，2007.
[107] 王楠. 纸浆模塑制品拱形结构单元的性能研究[D]. 唐山：河北联合大学，2014.
[108] 卫星华. 纸浆模塑制品结构设计的研究[D]. 西安：西安理工大学，2007.
[109] 潘梦洁. 纸浆模塑制品结构设计与计算机模拟[D]. 无锡：江南大学，2007.
[110] 周若兰. 纸浆模塑自动化生产线控制系统设计研究[D]. 武汉：华中科技大学，2019.
[111] 岑蕾. 纸模包装制品表观处理及其质量评价方法研究[D]. 无锡：江南大学，2019.
[112] 宋姝妹. 组合式纸浆模塑结构的缓冲性能及其计算机模拟[D]. 无锡：江南大学，2008.
[113] Gouw V P，Jung J，Simonsen J，et al. Fruit pomace as a source of alternative fibers and cellulose nanofiber as reinforcement agent to create molded pulp packaging boards[J]. Composites Part A Applied ence & Manufacturing，2017(99)：48-57.
[114] Luan P，Li J，He S，et al. Investigation of deposit problem during sugarcane bagasse pulp molded tableware production[J]. Journal of Cleaner Production，2019，237(11)：117856. 1-117856. 9.
[115] Wever R，Twede D. The history of molded fiber packaging：a 20th century pulp story[EB/OL]. https://www. researchgate. net/publication/27352301.
[116] Simple preparation of cellulosic lightweight materials from eucalyptus pulp Elisa Silva Ferreira，and Camila Alves Rezende ACS Sustainable Chem. Eng.，Just Accepted Manuscript • DOI：10. 1021/ acssuschemeng. 8b03071 • Publication Date (Web)：12 Sep 2018.
[117] Research on thermoplastic starch and different fiber reinforced biomass composites[J]. RSC Advances，

2015，5(62)：49824-49830.
[118] Yanqun S，Bo Y，Jingang L，et al. Prospects for Replacement of Some Plastics in Packaging with Lignocellulose Materials：A Brief Review[J]. Bioresources，2018，13(2).
[119] 王建清. 包装材料学[M]. 北京：中国轻工业出版社，2010.
[120] 刘忠. 造纸湿部化学[M]. 北京：中国轻工业出版社，2010.
[121] 金国斌，徐兰萍. 纸浆模塑件生产工艺方法综合研究[J]. 包装工程，2004(3)：1-4.
[122] 金国斌，张华良. 纸浆模塑制品结构强度与缓冲性能综合研究[J]. 包装工程，2004(2)：1-4.
[123] 杨广衍，于谨，赵元等. 真空吸滤过程影响纸浆模塑制品质量问题的分析[J]. 真空，2005(3)：49-50.
[124] 刘雪莹，张丽，陈金周. 纸浆模塑制品的生产技术及其发展状况[J]. 中国包装，2004(4)：43-45.
[125] 邱仁辉，黄祖泰，王克奇. 纸浆模塑餐具热压干燥过程的研究[J]. 农业工程学报，2005(12)：34-38.
[126] 池东明. 纸浆模塑制品及其应用[J]. 陕西科技大学学报，2003(4)：120.
[127] 马海量. 纸浆模塑制品技术[J]. 黑龙江造纸，2003(4)：14-17.
[128] 张以忱，蒋代君，黄英等. 纸浆真空模塑成型技术及应用[J]. 真空，2002(4)：7-13.
[129] 丽平. 纸浆模塑成型设备的选用[J]. 上海包装，2010(2)：44-45.
[130] 刘志忱. 纸浆模塑机理及其模具设计研究[J]. 广东包装，2001(2)：12-15 .
[131] 池东明，张素风. 新技术在纸浆模塑制品生产过程中的应用[J]. 西南造纸，2004(5)：42-43.
[132] 王高升. 废纸制浆工艺与纸浆模塑制品的改进[J]. 包装工程，1999(3)：24-27，72-73.
[133] 王惠书. 纸浆模塑浆液的制备[N]. 中国包装报，2001-3-2.
[134] 王惠书. 谈纸模餐具湿部成型工艺条件[N]. 中国包装报，2000-9-22.
[135] 王惠书. 纸浆模塑工业包装制品的增强防水技术[N]. 中国包装报，2000-10-27.
[136] 王惠书. 纸浆模塑制品应用助留剂的几个问题[N]. 中国包装报，2000-11-24.
[137] 刘志忱. 纸浆模塑机理及其模具设计[N]. 中国包装报，2001-1-3.
[138] 陈港. 现代纸容器[M]. 北京：化学工业出版社，2002.
[139] 康勇刚，何素春. 纸浆模包装制品的结构形式[J]. 中国包装，2002(3)：41-43.
[140] 林润惠. 运用参数化设计纸浆模塑制品及模具的方法[J]. 造纸科学与技术，2002(2)：5-7+4.
[141] 侯秀菊. 纸浆模塑快餐具成型模具结构的设计[J]. 本溪冶金高等专科学校学报，2004(3)：19-20.
[142] 于永建，张新昌. 纸浆模塑产品的模具设计[J]. 机电信息，2003(22)：27-30.
[143] 黄俊彦. 纸浆模塑制品的模具及其设计[J]. 湖南包装，2002(3)：20-23.
[144] 刘志忱，黄俊彦. 纸浆模塑制品的模具设计[J]. 纸和造纸，2001(3)：27-29.
[145] 张光华. 造纸湿部化学原理及其应用[M]. 北京：中国轻工业出版社，2000.
[146] 刘秉钺，韩颖. 再生纤维与废纸脱墨技术[M]. 北京：化学工业出版社，2005.
[147] 徐进，陈再枝，林慧国等. 塑料模具应用手册[M]. 北京：机械工业出版社，2001.
[148] [德] Georg Menges，Walter Michaeli，Paul Mohren. 注射模具制造工程[M]. 北京：化学工业出版社，2003.
[149] 戴宏民，杨祖彬. 全降解植物纤维模塑餐具研发工作的进展[J]. 重庆工商大学学报，2004(3)：221-222+289.
[150] 杨崎峰，宾飞，宋海农等. 降低纸浆模塑餐具生产成本的途径[J]. 中华纸业，2001(11)：31-33.
[151] 吴姣平，詹怀宇，胡健等. 纸浆模塑餐具的生产技术及其发展前景[J]. 广东造纸，2000(1)：24-29.

[152] 张照忠，张兰凤. 纸浆模塑制品生产工艺讨论[J]. 西南造纸，2000(5)：23.

[153] 谭国民. 特种纸[M]. 北京：化学工业出版社，2005.

[154] 谭国民. 纸包装材料与制品[M]. 北京：化学工业出版社，2002.

[155] 刘温霞，邱化玉. 造纸湿部化学[M]. 北京：化学工业出版社，2006.

[156] 刘晔，李求由. 对纸浆模塑餐具成型设备结构及性能的研究[J]. 哈尔滨商业大学学报，2001(4)：73-75.

[157] 刘晔. 对转鼓式成型机的结构及性能的研究[J]. 中国包装，2002(1)：27-29.

[158] 郑天波. 几种全自动纸浆模塑快餐具成型机介绍[J]. 轻工机械，2002(4)：47-50.

[159] 张以忱，姜翠宁. 纸浆模塑设备真空吸滤过程工艺参数研究[J]. 真空与低温，2003(1)：25-28.

[160] 王文生. 纸浆模制品的成型原理[J]. 黑龙江造纸，2004(1)：23-24.

[161] 吴茂昶. 纸浆模制品的有关技术问题[J]. 广东造纸，1999(3)：38-40+35.

[162] 梁景洲，马芝双，张杰等. 纸浆模塑制品技术——新型环保包装技术[J]. 知识经济，2010(3)：117，119.

[163] BB/T 0015—20××，纸浆模塑蛋托[S]. (征求意见稿).

[164] BB/T 0045—20××，纸浆模塑制品 工业品包装[S]. (征求意见稿).

[165] GB/T 462—2008，纸、纸板和纸浆 分析试样水分的测定[S]. 2008.

[166] GB/T 4857.4—2008，包装 运输包装件基本试验 第4部分：采用压力试验机进行的抗压和堆码试验方法[S]. 2008.

[167] GB/T 19437—2004，印刷技术 印刷图像的光谱测量和色度计算[S]. 2004.

[168] GB/T 1541—2013，纸和纸板 尘埃度的测定仪[S]. 2013.

[169] GB/T4857.4—2008，包装 运输包装件基本试验 第4部分：采用压力试验机进行的抗压和堆码试验方法[S]. 2008.

[170] GB/T 24635.3—2009，产品几何技术规范(GPS). 坐标测量机(CMM). 确定测量不确定度的技术. 第3部分：应用已校准工件或标准件[S]. 2009.

[171] GB/T 10739—2002，纸、纸板和纸浆试样处理和试验的标准大气条件[S]. 2002.

[172] GB/T 450—2008，纸和纸板试样的采取及测定[S]. 2008.

[173] 万金泉，马邕文. 废纸造纸及其污染控制[M]. 北京：中国轻工业出版社，2005.

[174] 高玉杰. 废纸再生实用技术[M]. 北京：化学工业出版社，2003.

[175] 绿色包装编辑部. 2019 年“世界之星”包装奖获奖作品赏析[J]. 绿色包装，2020 (1)：64-73.

[176] 黄丽飞，和克智，王大威. 纸浆模塑制品生产工艺、常见问题及对策的研究[J]. 包装与食品机械，2009(3)：51-54.

[177] 展书慧. 浅谈中性施胶在纸餐盒中应用的几点体会[J]. 湖南造纸，1999(3)：24.

[178] 何庆中. 纸浆壳模整型切边脱模自动化生产工艺的实现[J]. 轻工机械，2006(8)：112-114.

[179] 王际超，杨广衍. 纸浆模塑生产线的研制[J]. 沈阳工业大学学报，2000(10)：428-429+444.

[180] 林志平. 新型干燥设备——直热式燃气纸浆模塑烘干线的设计和制造[J]. 化工装备技术，2002(3)：6-8+5.

[181] A. C. SEYDIM and P. L. DAWSON. Packaging Effects on Shell Egg Breakage Rates DuringSimulated Transportation. [J]. 1999 Poultry Science 78：148-151.

[182] X. Ma，A. K. Soh，B. Wang. A design database for moulded pulp packaging structure[J]. Packaging Technology and Science，Volume 17，Issue 4，2 Aug 2004，193 -204.

[183] MOCHIZUKI Masahiko，WADA Yasushi，KAKU Kunio，TOSHIMA Takeaki. Use of Recyclable Packing Materials[J]. Yokogawa Technical Report English Edition，No. 31(2001)，20-21.
[184] 吕鉴涛. 3D打印原理、技术与应用[M]. 北京：人民邮电出版社，2017.
[185] 王颖，袁艳萍，陈继民. 3D打印技术在模具制造中的应用[J]. 电加工与模具，2016(A1)：14-17.
[186] 石海明. 基于3D打印技术的模具制造[J]. 中国战略新兴产业，2018(14)：191.
[187] 徐发根. 谈3D打印技术与模具制造[J]. 百科论坛电子杂志，2020(8)：870.
[188] 陈德明，任鹏刚，孙德强. 纸浆模塑湿压工艺常见问题及解决方案研究[J]. 包装与食品机械，2011(1)：60-62.
[189] 郭盛. 改善纸浆模塑餐具透气度和挺度的研究[J]. 中华纸业，2014(2)：44-46.
[190] 李士才. 纤维浆同步吸附模塑叠层复合成型机[P]. 中国：ZL 201821922741.5，2019-07-12.
[191] 李士才. 纸模中空蜂格包装制品[P]. 中国：ZL 200520089531.9，2006-04-12.
[192] 李士才. 纸浆模塑托盘[P]. 中国：ZL 200520089373.7，2006-06-28.
[193] 李士才. 窄颈口中空纸浆模塑制品成型机[P]. 中国：ZL 03212337.X，2004-05-05.
[194] 李士才. 无环境污染的食品包装及其制造方法[P]. 中国：ZL 94110038.3，1998-04-15.
[195] 李士才. 湿坯制品脱水模总成和带有该总成的植物纤维吸塑成型机[P]. 中国：ZL 201920007537.9，2019-09-10.
[196] 李士才. 纸模中空蜂格包装制品成型机[P]. 中国：ZL 200520089532.3，2006-04-12.
[197] 李士才. 纸模中空蜂格包装制品及其制造方法[P]. 中国：ZL 200510045966.8，2006-09-06.
[198] 李士才. 湿坯制品挤压脱水模总成、带有该总成的植物纤维吸塑成型机及脱水工艺方法[P]. 中国：ZL 201910005273.8，2019-04-05.
[199] 李士才. 一次性餐具覆膜及其配套使用的餐具托[P]. 中国：ZL 94225171.7，1994-12-07.
[200] 李士才. 瓦楞纸模包装制品制造方法[P]. 中国：ZL 200610046804.0，2007-12-05.
[201] 李士才. 纸浆模塑瓦楞板制品[P]. 中国：ZL 200620089218.X，2007-10-03.

后　记

本书经过作者多年的构思和准备，以及半年多的精心组织和编纂，经过30多家企业的业内专家和技术人员共同努力和辛勤付出，即将出版。这是继作者2008年第一版《纸浆模塑生产实用技术》出版之后的又一部新作。

本书内容凝练为十八个字："提炼基本理论，紧贴生产实际，紧跟时代潮流。"旨在建立系统的纸浆模塑基本理论与实践方法，展示纸浆模塑行业主流的生产技术与设备，阐述绿色环保的纸模包装系统工程，拓展未来可持续发展的环保事业。在编写过程中，作者深入企事业单位现场，走访调研了几十家纸浆模塑设备制造企业、制品生产企业、模具研发中心、检测仪器企业、有关高校和科研机构等，结合目前纸浆模塑行业高速发展的新趋势、新潮流，以及纸浆模塑行业的新技术、新工艺、新产品、新设备和新知识，紧密贴近纸浆模塑生产实际进行编写、补充、充实和提升。力求呈献给广大读者一份系统地介绍纸浆模塑专业知识的大餐，以满足纸浆模塑行业从业人员和有关专业人员对纸浆模塑基本理论和实践知识的需求和渴望。

本书编写过程中，得到了有关领导、行业专家、企事业单位和大专院校的大力支持和帮助，在此再次表示衷心的感谢！书中如有疏忽和不妥之处，敬请业内外朋友予以批评指正。

编　者

2021年3月